660MW 及以上等级火电机组
集控运行题库

组　编　陕西商洛发电有限公司

主　编　党　军　汤培英

副主编　袁少东　姜　立

参　编　杨艳龙　李阳卿　刘旭辉

　　　　李　明　冯学鹏

中国电力出版社
CHINA ELECTRIC POWER PRESS

内容提要

本书为陕西商洛发电有限公司《660MW 超超临界机组培训教材》丛书的配套题库，根据培训教材丛书涉及的知识点，结合火力发电厂集控运行培训的实际需要编写。主要内容包括：锅炉设备及系统篇、汽轮机设备及系统篇、电气设备及系统篇，题目涉及设备、系统原理、工艺流程、运行特性及异常处理等方面，题型分为填空题、选择题、问答题及计算题。

本书适合从事 660MW 及以上大型火力发电机组调试、运行等工作的工程技术人员学习或作为培训教材使用，也可供高等院校能源与动力工程、电气工程及其自动化等相关专业师生参考。

图书在版编目（CIP）数据

660MW 及以上等级火电机组集控运行题库 / 陕西商洛发电有限公司组编 . — 北京：中国电力出版社，2024.8
ISBN 978-7-5198-8307-2

Ⅰ . ① 6… Ⅱ . ① 陕… Ⅲ . ① 火电厂－发电机组－仿真系统－电力系统运行－技术培训－教材 Ⅳ . ① TM621.3

中国国家版本馆 CIP 数据核字（2024）第 062942 号

出版发行：中国电力出版社
地　　址：北京市东城区北京站西街 19 号（邮政编码 100005）
网　　址：http://www.cepp.sgcc.com.cn
责任编辑：吴玉贤（010-63412540）
责任校对：黄　蓓　朱丽芳　马　宁
装帧设计：赵姗姗
责任印制：吴　迪

印　　刷：三河市百盛印装有限公司
版　　次：2024 年 8 月第一版
印　　次：2024 年 8 月北京第一次印刷
开　　本：880 毫米 ×1230 毫米　32 开本
印　　张：16.75
字　　数：462 千字
定　　价：98.00 元

　　近年来，随着新能源的快速发展，电力装机结构中新能源占比逐步提高，由于风电、光伏等新能源发电存在波动性和间歇性，火电机组发电曲线发生根本性变化，主要体现在顶两个"高峰"（早高峰和晚高峰），保持最大发电负荷；支撑一个"低谷"，保持最小发电负荷，给新能源发电让出空间。充分体现火力发电机组作为电网压舱石和兜底保障作用，同时对火电机组运行人员提出更高技术要求。为适应新的电力形势对运行人员的技术要求，陕西商洛发电有限公司编写了本套题库。题库分为《660MW及以上等级火电机组集控运行题库》和《660MW及以上等级火电机组辅控运行题库》两册。

　　本书为陕西商洛发电有限公司《660MW超超临界机组培训教材》丛书的配套题库，根据教材丛书涉及的知识点，结合火力发电厂集控运行培训的实际需要编写。主要内容包括：锅炉设备及系统篇、汽轮机设备及系统篇、电气设备及系统篇，题目涉及设备、系统原理、工艺流程、运行特性及异常处理等方面，题型分为填空题、选择题、问答题及计算题。

本分册由陕西商洛发电有限公司党军、汤培英、袁少东、姜立、杨艳龙、李阳卿、刘旭辉、李明、冯学鹏编写。在编写过程中，参阅了专业文献及相关电厂、研究院校、高等院校的技术资料及设备说明书等，得到陕西商洛发电有限公司领导及相关专业技术人员的大力支持和帮助，在此一并表示衷心的感谢。

由于编者水平所限和编写时间紧迫，书中疏漏之处在所难免，敬请读者批评指正。

编者

2024 年 7 月

目 录

第一篇

锅炉设备及系统

第一章

填 空 题

1. 在工程热力学中，基本状态参数为<u>压力</u>、<u>温度</u>、<u>比体积</u>。

2. 流体在管道内的流动阻力分为<u>沿程阻力</u>、<u>局部阻力</u>两种。

3. 热力学第一定律是<u>能量转换</u>与<u>能量守恒</u>在热力学上的应用。

4. 热力学第二定律是表述热力过程的<u>方向</u>与<u>条件</u>的定律，即在热力循环中，工质从热源吸收的热量不可能全部转变为功，其中一部分不可避免地要传递冷源而造成的损失。

5. 蒸汽在节流过程前后的焓值<u>不变</u>。

6. 气体的标准状态是指气体的压力为<u>一个标准大气压</u>和温度为<u>0℃</u>时的状态。

7. 流体的压缩系数越大，表明流体越易<u>压缩</u>。

8. 液体蒸发时只放出汽化潜热，液体的温度<u>不变</u>。

9. 离心泵基本特性曲线中最主要的是<u>Q-H</u>曲线。

10. 流体在运行过程中，质点之间互不混杂、互不干扰的流动状态称为<u>层流</u>。

11. 水的临界状态是指压力<u>22.129MPa</u>，温度<u>374.15℃</u>。

12. 处于动态平衡的汽、液共存的状态叫<u>饱和</u>状态。

13. 火力发电厂的生产过程是将燃料的<u>化学能</u>转变为<u>电能</u>。

14. 水冷壁的传热过程有烟气对管外壁<u>辐射换热</u>、管外壁向管内壁<u>导热</u>、管内壁与汽水之间进行<u>对流放热</u>。

15. 火力发电厂中的<u>空气</u>、<u>燃气</u>和<u>烟气</u>可作为理想气体看待，而<u>水蒸气</u>应作为实际气体看待。

16. 单位数量的物质温度升高或降低1℃，所吸收或放出的热量称为该物质的<u>比热容</u>。

17. 根据过程中熵的变化可以说明热力过程是<u>吸热</u>还是<u>放热</u>。

18. 焓熵图中的一点表示某一确定的<u>热力状态</u>，某一线段表示一个特定的<u>热力过程</u>。

19. 水蒸气的形成经过五种状态的变化，即<u>未饱和水</u>→<u>饱和水</u>→<u>湿饱和蒸汽</u>→<u>干饱和蒸汽</u>→<u>过热蒸汽</u>。

20. 干度等于干饱和蒸汽的<u>质量</u>与整个湿蒸汽的<u>质量</u>的比值。

21. 观察流体运动的两种重要参数是<u>流速</u>和<u>压力</u>。

22. 在管道中流动的流体有两种状态，即<u>层流</u>和<u>紊流</u>。

23. 一般情况下，液体的对流放热表面传热系数比气体的<u>大</u>，同一种液体，强迫流动放热比自由流动放热<u>强烈</u>。

24. 锅炉按照工质的流动特性可分为：<u>自然循环锅炉</u>、<u>强制循环锅炉</u>、<u>低倍率循环锅炉</u>、<u>复合循环锅炉</u>及<u>直流锅炉</u>。

25. 锅炉按照燃烧方式分为：<u>室燃炉</u>、<u>旋风炉</u>、<u>层燃炉</u>、<u>流化床锅炉</u>。

26. 锅炉按照受热面布置方式可分为：<u>塔形锅炉</u>、<u>U形锅炉</u>、<u>倒U形锅炉</u>、<u>L形锅炉</u>等。

27. 锅炉的总有效利用热包括<u>过热蒸汽吸热量</u>、<u>再热蒸汽吸热量</u>、<u>饱和蒸汽吸热量</u>、<u>排污水的吸热量</u>。

28. 锅炉四管具体指<u>水冷壁</u>、<u>过热器</u>、<u>再热器</u>、<u>省煤器</u>。

29. 锅炉主要的热损失有：<u>排烟热损失</u>、<u>气体未完全燃烧热损失</u>、<u>固体未完全燃烧热损失</u>、<u>散热损失</u>、<u>灰渣物理热损失</u>，其中<u>排烟热损失</u>最大。

30. 影响排烟损失的主要因素是<u>排烟温度</u>和<u>排烟量</u>。

31. 在燃烧过程中，未燃烧的固体可燃物随飞灰和炉渣一同排出炉外而造成的热损失称为<u>机械不完全燃烧热损失</u>。

32. 炉膨胀指示的抄录，应在<u>上水前</u>、<u>上水后</u>、<u>点火后</u>、<u>50%机组负荷</u>时进行。

33. 我国习惯上将原煤分为<u>贫煤</u>、<u>无烟煤</u>、<u>烟煤</u>、<u>褐煤</u>这四大类。

34. 无灰干燥基挥发分 V_{daf} 小于 10% 的煤是<u>无烟煤</u>。

35. 无灰干燥基挥发分 V_{daf} 大于 10% 小于 37% 的煤是<u>烟煤</u>。

36. 无灰干燥基挥发分 V_{daf} 大于 37% 的煤是<u>褐煤</u>。

37. 煤炭的元素及工业分析所应用的四种基准分别为<u>收到基</u>、<u>干燥无灰基</u>、<u>空气干燥基</u>、<u>干燥基</u>。

38. 煤炭的工业分析将原煤划分为<u>固定碳</u>、<u>水分</u>、<u>灰分</u>、<u>挥发分</u>四种成分。

39. 煤的元素分析成分包括<u>碳</u>、<u>氢</u>、<u>硫</u>、<u>氮</u>、<u>氧</u>、<u>灰分</u>、<u>水分</u>等 7 种。

40. 煤的组成成分中发热量最高的元素是<u>氢</u>。

41. 挥发分少的煤着火点较<u>高</u>，着火推迟，燃烧缓慢，且不易<u>完全燃烧</u>。

42. 燃煤中灰分熔点越高，越<u>不容易</u>结焦。

43. 每千克标准煤发热量为 <u>29 307.6kJ</u>。

44. 计算发、供电煤耗率时，计算用的热量为煤的<u>低位发热量</u>。

45. 实际空气量与理论空气量之比称为<u>过量空气系数</u>。

46. 水冷壁的传热方式主要是<u>辐射</u>。

47. 高位发热量是指<u>燃料在完全燃烧时能释放出的全部化学热量，其中包括烟气中水蒸气凝结成水所放出的汽化潜热</u>。

48. 低位发热量是指<u>燃料的高位发热量扣除烟气中水蒸气的汽化潜热的剩余热量</u>。

49. <u>供电标准煤耗率</u>和<u>厂用电率</u>两大技术经济指标是评定发电厂运行经济性和技术水平的依据。

50. 火力发电厂发电成本最大的一项是<u>燃料费用</u>。

51. 当锅炉在超临界工况下运行时，汽水密度差为<u>零</u>。

52. 燃油的物理特性包括<u>黏度</u>、<u>凝固点</u>、<u>闪点</u>和<u>密度</u>。

53. 机组控制的方式主要有<u>炉跟机</u>、<u>机跟炉</u>和<u>机炉协调控制</u>、手动控制。

54. 锅炉循环倍率是指进入到水冷壁管的<u>循环水量</u>和在水冷壁中产生的<u>蒸汽量</u>之比值。

55. 煤粉燃烧器按其工作原理可分<u>旋流式</u>和<u>直流式</u>两种。

56. 所有高温管道、容器等设备上都应有保温层，当环境温度在 25℃时，保温层表面的温度一般不超过 50℃。

57. 锅炉的化学清洗一般分为酸洗和碱洗两种。

58. 绝对压力小于当地大气压力的那部分数值称为真空。

59. 当金属在一定温度下长期承受外力，即使金属的应力低于该温度下的屈服点，金属也会发生永久性变形，这种现象称为金属蠕变。

60. 风机特性的基本参数是流量、扬程、功率、效率、转速。

61. 风机的全压是风机出口和入口全压之差。

62. 风机按工作原理分类，主要有离心式和轴流式两种。

63. 风机的轴承主要由支撑轴承、推力轴承等组成。

64. 风机叶轮是用来对气体做功并提高其能量的主要部件。

65. 风机的工作点是指静压性能曲线和管路特性曲线的交点。

66. 一般风机调节方式主要有动叶调节、节流调节、变速调节和进口静叶调节等方式。

67. 风机在不稳定工作区时，所产生的压力和流量脉动现象称为喘振。

68. 离心风机主要由叶轮、主轴、风壳、导流器、集流器、扩散器等部分组成。

69. 磨煤机按照工作转速可分为高速、中速、低速三类。

70. 制粉系统分为中间储仓式和直吹式两大类。

71. 制粉系统的运行必须同时满足干燥出力、制粉出力与通风量要求才行。

72. 制粉系统的干燥出力是指在单位时间内将煤由原煤水分干燥到煤粉水分的原煤量。

73. 直吹式制粉系统中，磨煤机的制粉量随锅炉负荷变化而变化。

74. 磨煤机分离器的作用是分离煤粉，将细度不合格的煤粉返回磨煤机重新磨制、调节磨煤机出口煤粉细度。

75. 煤粉细度是指煤粉经过专用筛子筛分后，留在筛子上面的煤粉质量占筛分前煤粉总质量的百分数值。

76. 煤粉品质主要指标是指<u>煤粉细度</u>、<u>均匀性</u>和<u>水分</u>。

77. 煤粉具有<u>流动性</u>、<u>自燃和爆炸性</u>、<u>可燃性</u>、<u>吸附性</u>等物理性质。

78. 在煤粉的燃烧过程中<u>燃尽</u>阶段所用的时间最长。

79. 煤中的硫常以三种形态存在，即有机硫、<u>硫化铁硫</u>、<u>硫酸盐硫</u>。

80. 电子称重式给煤机的给煤量称重是通过称重跨距长度皮带<u>上的煤的重量 G</u>，再测得皮带转速 v，得到给煤机在此时的给煤量 B，即 $B = G \times v$。

81. 磨煤机的出力一般是指<u>干燥出力</u>、<u>磨煤出力</u>、<u>通风出力</u>三种。

82. 等离子点火装置具有锅炉<u>启动点火</u>及<u>低负荷稳燃</u>两种功能。

83. 按传热方式不同将空气预热器（简称空预器）分为<u>传热式</u>和<u>蓄热式</u>两大类。

84. 空气预热器的轴承按其作用分为<u>支持轴承</u>和<u>导向轴承</u>两种形式。

85. 锅炉 MFT 后，应保持不少于 <u>30%</u> 的额定总风量，进行不少于 <u>5</u> 分钟的通风，以保证设备的安全。

86. 等离子体发生器采用稳压、<u>洁净</u>、<u>干燥</u>的压缩空气作为等离子体载体。

87. 烟道再燃烧的主要现象：炉膛的负压<u>剧烈变化</u>，烟气的含氧量<u>减小</u>，再燃烧处烟气温度、<u>工质温度</u>及<u>排烟温度</u>不正常升高。

88. 锅炉尾部受热面的磨损主要因素有<u>飞灰速度</u>、<u>飞灰浓度</u>、<u>灰粒特性</u>、<u>管子排列</u>等。

89. 压缩空气系统的主要作用是向系统用户提供符合技术参数要求的压缩空气，以满足系统中如<u>气动阀门</u>、<u>仪表</u>等仪用气，以及检修、吹扫等杂用气。

90. 油气分离器主要是利用油气之间的<u>密度差</u>，将油气<u>切</u>向送入油气分离器中，利用<u>重力</u>和<u>离心力</u>原理，对油气进行分离。

91. 火检系统的主要作用是检测炉膛<u>是否有火</u>和<u>火焰燃烧</u>是否

稳定。

92. 红外线火焰检测主要是利用光电元件检测火焰闪烁的频率，然后再转换成电信息的频率变化，从而得到火焰有无的开关量信息。

93. 通常锅炉后竖井包墙内的中隔墙将后竖井分成前、后两个平行烟道，前烟道内布置低温再热器和省煤器，后烟道内布置低温过热器和省煤器。

94. 锅炉在启动过程中由于水冷壁的受热和水循环不均匀，会使同一联箱上的水冷壁之间存在热偏差，从而产生一定的应力，严重时会使下联箱变形及裂纹或管子变形。

95. 炉膛负压过大，会增加炉膛和尾部烟道的漏风引起燃烧恶化，甚至导致灭火。

96. 在炉膛压力调节中，炉膛压力是被调量，引风机出力是调节对象。

97. 蒸汽温度的调节方法从根本上来说分为两种：烟气侧、蒸汽侧。烟气侧的调节是指通过改变锅炉内辐射受热面和对流受热面的分配比例来调节汽温。常用的方法：烟气调节挡板、烟气再循环、摆动燃烧器等。

98. 对机组负荷能够产生重大影响的主要辅助设备：送风机、引风机、一次风机、给水泵、磨煤机等，RB 功能一般针对这类重要辅机设置。

99. 水冷壁结渣会影响水冷壁的吸热，使锅炉蒸发量降低，而且会使过热、再热汽温升高。

100. 运行中如果冷却水漏入润滑油中，可使油氧化和胶化，使油变质。

101. 转动设备试运时，对振动值的测量应取垂直、横向、轴向。

102. 进入炉膛的水与煤的比例称之为水煤比。

103. 直流锅炉运行中，为了维持锅炉过热汽温的稳定，通常在过热区段取一温度测点，将它固定在某一数值，称其为中间点温度。

104. 直流锅炉进入直流运行工况后，应严密监视<u>中间点温度</u>的变化，保持合适的<u>水煤比</u>，控制过热汽温度稳定。

105. 直流锅炉热态清洗时，要求分离器出口温度达到 <u>190℃</u> 左右时进行。

106. 空气预热器的漏风系数指空气预热器烟气侧进口与<u>出口</u>过量空气系数的差值。

107. 当空气预热器严重堵灰时，其入口烟道负压<u>减小</u>，出口烟道负压<u>增大</u>。

108. 锅炉上水速度要求夏季不少于 <u>2h</u>，冬季不少于 <u>4h</u>。

109. 随着锅炉容量的增大，散热损失相对<u>减小</u>。

110. 锅炉水冷壁管管内结垢后将造成传热<u>减弱</u>和管壁温度升高。

111. 锅炉安全门校验顺序是按照压力<u>先高后低</u>。

112. 再热蒸汽温度的调节方式有<u>烟气挡板</u>调节和<u>事故减温水</u>调节。

113. 再热汽温采用<u>喷水</u>调节比烟气挡板调节的经济性差。

114. 锅炉送风量越大，烟气量<u>越多</u>，烟气流速<u>越大</u>，对流传热增强，则再热器的吸热量<u>越大</u>。

115. 水压试验是为了鉴别锅炉受压元件的<u>强度</u>和<u>严密性</u>。

116. 直流锅炉主蒸汽温度控制主要靠<u>水煤比</u>调节，<u>一、二级喷水减温</u>作为辅助调整手段。

117. 磨煤机堵煤时，磨煤机电流<u>增大</u>，磨煤机出口温度<u>下降</u>，一次风量下降。

118. 煤粉燃烧的过程分为<u>着火前准备</u>、<u>燃烧</u>、和<u>燃尽</u>三个阶段。

119. 煤粉越细，总表面积<u>越大</u>，接触空气的机会越多，挥发分析出越快，容易着火。

120. 煤的发热量有<u>高位发热量</u>和低位发热量两种。

121. 采用等离子点火方式的锅炉启动时，<u>磨煤机通风前应先启动等离子</u>。

122. 省煤器的作用是利用锅炉尾部烟气的<u>余热</u>加热锅炉给水。

123. 锅炉一次风是用来输送并干燥煤粉的，二次风用来助燃的。

124. 脱硝运行中注意监视 SCR 出口氨逃逸率 < 2.5μ L/L。

125. 当锅炉灭火后，要立即切断燃料供给，严禁用爆燃法恢复燃烧。

126. 锅炉吹灰前应适当提高炉膛负压，并保持燃烧稳定。

127. 炉膛压力低保护的作用是防止炉膛内爆。

128. 炉底水封的作用主要有冷却、粒化炉渣和防止冷空气从冷灰斗漏入炉膛。

129. 锅炉负荷增加时，对流过热器汽温随负荷增加而升高，辐射过热蒸汽温度随负荷增加而降低。

130. 锅炉正常运行中风量过大时，烟气流速有所上升，使辐射吸热量减少，对流吸热上升，因而汽温上升。

131. 当锅炉负荷增加时，燃料量增加，烟气量增多，烟气流速相应增大。

132. 锅炉安全性的衡量指标有连续运行小时数、事故率、可用率。

133. 汽压变化实质上反映了锅炉蒸发量与外界负荷之间的平衡关系。

134. 锅炉启动初期主要靠调节给水旁路调节门开度来控制给水流量。

135. 锅炉运行过程中，过热器出口蒸汽温度偏差不超过 ±5℃，屏式过热器出口蒸汽温度偏差不超过 ±10℃，再热蒸汽出口蒸汽温度偏差不超过 ±10℃，并且运行中按照温度高点控制蒸汽温度。

136. 机组滑停过程中，屏式过热器、高温过热器和高温再热器出口蒸汽温度的变化率不高于 2℃/min。

137. 提高机组蒸汽初参数主要受金属材质性能的限制。

138. 在锅炉启动、停止、锅炉负荷低于 25% 额定负荷时，应投入空预器进行连续吹灰。

139. 空预器出口烟气温度低于 60℃，方可停运火检冷却风机。

140. 当锅炉主汽压力降到 0.2MPa 时开启空气门。

141. 温度不变时，过热蒸汽的焓随压力增大而减小。

142. 造成锅炉部件寿命老化损伤的因素主要是疲劳、蠕变、腐蚀、磨损。

143. 超临界锅炉采用内螺纹水冷壁，可以有效避免传热恶化。

144. 水蒸气凝结放热时，其温度保持不变，主要是通过蒸汽凝结放出汽化潜热而传递热量的。

145. 管道外部加保温层使管道对外界的热阻增加，传递的热量减少。

146. 锅炉受热面外表面积灰或结渣，会使管内介质与烟气热交换时的热量减弱，因为灰渣的导热系数小。

147. 过热器顺流布置时，由于传热的平均温差小，所以传热效果较差。

148. 表示灰渣熔融特性的三个温度分别称为变形温度、软化温度和融化温度。

149. 在出口门关闭的情况下，风机运行时间过长会造成机壳过热。

150. 油滴的燃烧包括蒸发、扩散和燃烧三个过程。

151. 影响蒸汽压力变化速度的主要因素：负荷变化速度、锅炉储热能力、燃烧设备的惯性及锅炉的容量等。

152. 汽压变化无论是外部因素还是内部因素，都反映在蒸汽流量上。

153. 锅炉启动点火前，应进行不少于 5min 的通风时间，以便彻底清除可能残存的可燃气体，防止点火时爆炸。

154. 影响过热汽温变化的主要因素有燃烧工况、风量变化、锅炉负荷、汽压变化、给水温度及减温水量等。

155. 锅炉的蓄热能力越大，保持汽压稳定能力越大。

156. 强化锅炉燃烧时，应先增加风量，然后增加燃料量。

157. 联箱的主要作用是汇集、分配工质，消除热偏差。

158. 锅炉迅速而又完全燃烧的条件：要向炉内供给足够的空

气量，炉内维持足够高的温度，燃料与空气要良好混合，还要有足够长的燃烧时间。

159. 影响锅炉受热面积灰的因素主要有烟气流速、飞灰颗粒度、管束的结构特性及烟气和管子的流向。

160. 锅炉停炉冷备用防锈蚀方法主要分为干式、湿式与气体防锈蚀。

161. 当汽轮机高压加热器（简称高加）投入后，将使给水温度升高引起过热蒸汽温度降低。

162. 换热器一般分为表面式和混合式两种。

163. 过热器的热偏差主要是受热面吸热不均和蒸汽流量不均及设计安装时结构不均所造成的。

164. 润滑油对轴承起润滑、冷却和清洗等作用。

165. 锅炉的蒸汽参数一般指锅炉出口处蒸汽的压力和温度。

166. 炉膛火焰电视采用压缩空气来冷却和吹扫。

167. 锅炉效率是指有效利用热量占输入热量的百分数。

168. 火焰充满度高，呈明亮的金黄色火焰，为燃烧正常。当火焰明亮刺眼且呈微白色时，往往是风量过大的现象。风量不足时，火焰发红、发暗。

169. 过热蒸汽流程中进行左右交叉，有助于减轻沿炉膛方向由于烟温不均而造成热负荷不均的影响，也是有效减少过热器左右两侧热偏差的重要措施。

170. 膜式水冷壁的炉膛气密性好，减少了排烟热损失，提高了锅炉效率。

171. 煤粉着火太早则可能烧坏燃烧器，或使燃烧器周围结焦。

172. 传热量是由三个方面的因素决定的，即冷、热流体传热平均温差、换热面积和传热系数。

173. 提高预热器入口空气温度可以提高预热器冷端受热面壁温，防止结露腐蚀。

174. 止回阀的作用是在该泵停止运行时，防止压力管路中介质向泵内倒流，致使转子倒转，损坏设备或使压力管路压力急剧下降。

175. 安全阀的作用是当锅炉<u>压力</u>超过规定值时能<u>自动开启</u>，排出蒸汽，使压力恢复正常，以确保锅炉承压部件和汽轮机工作的安全。

176. 风量的调节依据是<u>过量空气系数</u>，方法是依靠<u>送风机动叶调节</u>。

177. 为防止炉膛发生爆炸而设的主要热工保护是<u>炉膛灭火保护</u>。

178. 当风机发生喘振时，风机的<u>流量</u>和<u>压力</u>发生周期性地反复变化，且电流摆动，风机本身产生剧烈<u>振动</u>。

179. 制粉系统试验的目的是确定制粉系统<u>出力</u>和<u>单位耗电量</u>，调整煤粉细度，以及确定制粉系统各种最有利的运行方式和参数。

180. 安全阀的总排汽量，必须大于锅炉最大连续蒸发量，并且在锅炉和过热器上所有安全阀开启后，汽包内蒸汽压力不得超过设计压力 <u>1.1</u> 倍。

第二章

选 择 题

1. 火力发电厂的生产过程是将燃料的（D）转变为电能。

　　A. 动能　　　　　　B. 热能　　　　　　C. 机械能　　　　D. 化学能

2. 蒸汽动力设备循环广泛采用（B）。

　　A. 卡诺循环　　　　B. 朗肯循环　　　　C. 回热循环　　　D. 任意循环

3. 造成火力发电厂效率低的主要原因是（D）。

　　A. 锅炉效率低　　　　　　　　　　B. 汽轮机机械损失

　　C. 发电机热损失　　　　　　　　　D. 汽轮机排汽热损失

4. 水在水泵中压缩升压可以看作是（B）。

　　A. 等温过程　　　B. 绝热过程　　　C. 等压过程　　　D. 等容过程

5. 流体在运行过程中，质点之间互不混杂、互不干扰的流动状态称为（C）。

　　A. 稳定流　　　　B. 均匀流　　　　　C. 层流　　　　　D. 紊流

6. （B）是由于流体的黏滞力所引起的流动阻力损失。

　　A. 局部阻力损失　　　　　　　　　B. 沿程阻力损失

　　C. 局部阻力损失和沿程阻力损失　D. 节流阻力损失

7. 在液体内部和表面同时进行（D）的现象称为沸腾。

　　A. 缓慢蒸发　　　B. 快速蒸发　　　C. 缓慢汽化　　　D. 强烈汽化

8. 当管内的液体为紊流状态时，管截面上流速最大的地方（B）。

　　A. 在靠近管壁处　　　　　　　　　B. 在截面中心处

　　C. 在管壁和截面中心之间　　　　　D. 根据截面大小而不同

9. 不论是层流还是紊流，当管内流体的流动速度增大时，流动阻力（C）。

 A. 不变   B. 减小

 C. 增大   D. 前三者都不是

10. 一定压力下，水加热到一定温度时开始沸腾，虽然对它继续加热，可其（C）温度保持不变，此时的温度即为饱和温度。

 A. 凝固点   B. 熔点   C. 沸点   D. 过热

11. 处于动态平衡的汽、液共存的状态叫（A）。

 A. 饱和状态   B. 不饱和状态   C. 过热状态   D. 再热状态

12. 在湿蒸汽定压加热使之成为干饱和蒸汽的过程中（B）。

 A. 干度减少   B. 比焓增大   C. 比焓减少   D. 比熵不变

13. 朗肯循环中汽轮机排出的乏汽在凝汽器中的放热是（C）过程。

 A. 定压但温度降低的   B. 定温但压力降低的

 C. 既定压又定温的   D. 压力、温度都降低的

14. 水冷壁的传热方式主要是（C）。

 A. 导热   B. 对流   C. 辐射   D. 电磁波

15. 影响导热系数数值的主要因素是物质的种类和（C）。

 A. 尺寸   B. 表面状况   C. 温度   D. 物理性质

16. 绝对压力就是（A）。

 A. 容器内工质的真实压力   B. 压力表所指示的压力

 C. 真空表所指示压力   D. 大气压力

17. 物质的温度升高或降低（A）所吸收或放出的热量称为该物质的热容量。

 A. 1℃   B. 2℃   C. 5℃   D. 10℃

18. 流体流动时引起能量损失的主要原因是（D）。

 A. 流体的压缩性   B. 流体膨胀性

 C. 流体的不可压缩性   D. 流体的黏滞性

19. 热力学第（D）定律是能量转换与能量守恒在热力学上的应用。

 A. 四   B. 三   C. 二   D. 一

20. 蒸汽在节流过程前后的焓值（D）。
    A. 增加　　　　　　　　　　B. 减少
    C. 先增加后减少　　　　　　D. 不变化

21. 液体和固体分子间相互吸引的力为（C）。
    A. 摩擦力　　B. 内聚力　　C. 附着力　　D. 撞击力

22. 每千克燃料燃烧所需要的理论空气量可以计算出来，实际燃烧中所要供应的空气量应（A）理论空气量。
    A. 大于　　　　　　　　　　B. 小于
    C. 等于　　　　　　　　　　D. 无明确规定

23. 油的黏度随温度升高而（B）。
    A. 不变　　B. 降低　　C. 升高　　D. 凝固

24. 一般燃料油的燃点温度比闪点温度（A）。
    A. 高 3 ～ 6℃　　　　　　　B. 高 10 ～ 15℃
    C. 低 3 ～ 6℃　　　　　　　D. 低 10 ～ 15℃

25. 油燃烧火焰紊乱的原因为（A）。
    A. 风油配合不佳　　　　　　B. 燃烧强烈
    C. 风量不足　　　　　　　　D. 雾化太好

26. 燃油的发热量高，主要是因为它含有 83% ～ 87% 的碳，以及含有（C）的氢。
    A. 1% ～ 4%　　　　　　　　B. 5% ～ 8%
    C. 11% ～ 14%　　　　　　　D. 18% ～ 21%

27. 油品的危险等级是根据（A）来划分的，闪点在 45℃ 以下为易燃品，45℃ 以上为可燃品，易燃品防火要求高。
    A. 闪点　　B. 凝固点　　C. 燃点　　D. 着火点

28. 油中带水过多会造成（A）。
    A. 着火不稳定　　　　　　　B. 火焰暗红稳定
    C. 火焰白橙光亮　　　　　　D. 红色

29. 油的黏度随温度升高而（C）。
    A. 升高　　B. 不变　　C. 降低　　D. 凝固

30. 流体对固体表面在单位时间、单位面积上对流换热过程强弱的一个指标是（C）。

　　A. 导热系数　　　　　　　　　B. 传热系数

　　C. 对流放热表面传热系数　　　D. 黑度

31. 下列几种物质，以（C）的导热本领最大。

　　A. 钢　　　　　B. 铝　　　　　C. 铜　　　　　D. 塑料

32. 在流速较小，管径较大或流体黏滞性较大的情况下（A）的流动。

　　A. 才发生层流状态　　　　　　B. 不会发生层流状态

　　C. 不发生紊流状态　　　　　　D. 才发生紊流状态

33. 流体的静压力总是与作用面（C）。

　　A. 平行　　　　　　　　　　　B. 垂直

　　C. 垂直且指向作用面　　　　　D. 倾斜

34. 黏度随温度升高变化的规律是（C）。

　　A. 液体和气体黏度均增大

　　B. 液体黏度增大，气体黏度减小

　　C. 液体黏度减小，气体黏度增大

　　D. 液体和气体黏度均减小

35. 液体蒸发时只放出汽化潜热，液体的温度（B）。

　　A. 升高　　　　　　　　　　　B. 不变化

　　C. 降低　　　　　　　　　　　D. 升高后降低

36. 水在汽化过程中，温度（C），吸收的热量用来增加分子的动能。

　　A. 升高　　　　　　　　　　　B. 下降

　　C. 既不升高也不下降　　　　　D. 先升高后下降

37. 轴与轴承配合部分称为（C）。

　　A. 轴头　　　　　B. 轴肩　　　　　C. 轴颈　　　　　D. 轴尾

38. 水泵并联运行的特点：每台水泵的（A）相同。

　　A. 扬程　　　　　B. 流量　　　　　C. 功率　　　　　D. 转速

39. 金属的机械性能是指金属材料抵抗（C）作用的能力。

　　A. 物体　　　　　B. 重力　　　　　C. 外力　　　　　D. 扭力

40. 泵的轴功率 P 与有效功率 Pe 的关系是（B）。
    A. $P=Pe$　　　　B. $P>Pe$　　　　C. $P<Pe$　　　　D. 无法判断

41. 离心泵中将原动机输入的机械能传给液体的部件是（B）。
    A. 轴　　　　B. 叶轮　　　　C. 导叶　　　　D. 压出室

42. 单位时间内通过泵或风机的液体实际所得到的功率是（A）。
    A. 有效功率　　B. 轴功率　　C. 原动机功率　D. 电功率

43. 轴流泵的动叶片是（A）型的。
    A. 机翼　　　　　　　　　B. 后弯
    C. 前弯　　　　　　　　　D. 前弯和后弯两种

44. 风机特性的基本参数是（A）。
    A. 流量、压头、功率、效率、转速
    B. 流量、压头
    C. 轴功率、电压、功率因数
    D. 温度、比体积

45. （C）是风机产生压头、传递能量的主要构件。
    A. 前盘　　　B. 后盘　　　C. 叶轮　　　D. 轮毂

46. 介质只作一个方向的流动，而阻止其逆向流动的阀门是（B）。
    A. 截止阀　　B. 止回阀　　C. 闸阀　　D. 截出阀

47. 风机的全压是风机出口和入口全压（B）。
    A. 之和　　　B. 之差　　　C. 乘积　　　D. 之商

48. 泵的扬程是指单位重量的液体通过泵后所获得的（D）。
    A. 压力能　　B. 动能　　C. 分子能　　D. 总能量

49. 离心泵基本特性曲线中最主要的是（A）曲线。
    A. $Q\text{-}H$　　　B. $Q\text{-}P$　　　C. $Q\text{-}\eta$　　　D. $q\text{-}\Delta h$

50. 锅炉水循环倍率越大，水循环（B）。
    A. 越危险　　B. 越可靠　　C. 无影响　　D. 阻力增大

51. 锅炉寿命的管理对象是锅炉本体部分，需要监测的是（A）等部件。
    A. 汽包、联箱、主蒸汽管道
    B. 水冷壁、过热器、再热器
    C. 汽包、过热器、再热器、水冷壁

D. 水冷壁、过热器、再热器、省煤器

52. 锅炉省煤器出口水温达到其出口压力下的饱和温度，并产生（B）的饱和蒸汽的省煤器称为沸腾式省煤器。

A. 2%～5%   B. 10%～15%

C. 20%～25%   D. 30%～35%

53. 汽水共腾是指炉水含盐量达到或超过（C），使汽包水面上出现很厚的泡沫层而引起水位急剧膨胀的现象。

A. 最低值   B. 给定值   C. 临界值   D. 试验值

54. 锅炉启动时，应对角投入油燃烧器，目的是使炉内（C）。

A. 工质温升加快   B. 烟气扰动加强

C. 热负荷均匀   D. 后部烟道烟气流速均匀

55. 测量炉膛压力一般采用（B）。

A. 弹簧管压力表   B. U 形管式压力计

C. 活塞式压力表   D. 三者均可

56. 燃烧室及烟道内的温度在（D）以上时，不准入内进行检修及清扫工作。

A. 30℃   B. 40℃   C. 50℃   D. 60℃

57. 将磨煤机制成的煤粉送至炉内燃烧此风机是（A）。

A. 一次风机   B. 送风机   C. 引风机   D. 密封风机

58. 锅炉过热器超水压试验的试验压力应是工作压力的（B）倍。

A. 1.05   B. 1.1   C. 1.2   D. 1.5

59. 锅炉再热器超水压试验的试验压力应是工作压力的（D）倍。

A. 1.05   B. 1.1   C. 1.2   D. 1.5

60. 锅炉水压实验时，远传、就地压力表偏差大于（B）MPa 时停止升压，联系热工人员查明原因并消除后方可继续升压。

A. 0.15   B. 0.2   C. 0.3   D. 0.5

61. 一般情况下，裂纹处理消除后应进行（A）检查。

A. 无损探伤   B. 表面打磨后渗透

C. 磁粉探伤   D. 涡流探伤

62. 提高蒸汽初压力主要受到（D）。

A. 汽轮机低压级湿度的限制   B. 锅炉汽包金属材料的限制

C. 工艺水平的限制　　　　　　D. 材料的限制

63. 提高蒸汽品质的根本方法是（D）。

    A. 加强汽水分离　　　　　　B. 对蒸汽彻底清洗

    C. 加强排污　　　　　　　　D. 提高给水品质

64. （C）是煤的组成成分中发热量最高的元素。

    A. 碳　　　　B. 硫　　　　C. 氢　　　　D. 氧

65. 低温腐蚀是（B）腐蚀。

    A. 碱性　　　　B. 酸性　　　　C. 中性　　　　D. 氧

66. （B）克服空气侧的空气预热器、风道和燃烧器的流动阻力。

    A. 引风机　　　B. 送风机　　　C. 一次风机　　　D. 磨煤机

67. 克服烟气侧的过热器、再热器、省煤器、空气预热器、除尘器等的流动阻力的锅炉主要辅机是（A）。

    A. 引风机　　　B. 送风机　　　C. 一次风机　　　D. 磨煤机

68. 采用中间再热器可以提高电厂（B）。

    A. 出力　　　　B. 热经济性　　　C. 煤耗　　　　D. 热耗

69. 锅炉各项热损失中，损失最大的是（C）。

    A. 散热损失　　　　　　　　B. 化学未完全燃烧损失

    C. 排烟热损失　　　　　　　D. 机械未完全燃烧损失

70. 实际空气量与理论空气量之比称为（A）。

    A. 过量空气系数　　　　　　B. 最佳过量空气系数

    C. 漏风系数　　　　　　　　D. 漏风

71. 直流锅炉的中间点温度一般不是定值，而随（D）而改变。

    A. 机组负荷的改变　　　　　B. 给水流量的变化

    C. 燃烧火焰中心位置的变化　D. 主蒸汽压力的变化

72. 随着锅炉容量的增大，散热损失相对（B）。

    A. 增大　　　　B. 减小　　　　C. 不变　　　　D. 不能确定

73. 火力发电厂的汽水系统主要由锅炉、汽轮机、凝汽器和（D）组成。

    A. 加热器　　　B. 除氧器　　　C. 凝结水泵　　　D. 给水泵

74. 挥发分含量对燃料燃烧特性影响很大，挥发分含量高，则容易燃烧，（B）的挥发分含量高，故很容易着火燃烧。

  A. 无烟煤   B. 烟煤   C. 贫煤   D. 石子煤

75. 煤粉品质主要指标是指煤粉细度、均匀性和（C）。

  A. 挥发分   B. 发热量   C. 水分   D. 灰分

76. 锅炉水冷壁管管内结垢后可造成（D）。

  A. 传热增强，管壁温度升高 B. 传热减弱，管壁温度降低

  C. 传热增强，管壁温度降低 D. 传热减弱，管壁温度升高

77. 机组启动初期，主蒸汽压力主要由（D）调节。

  A. 锅炉燃烧   B. 锅炉和汽轮机共同

  C. 发电机负荷   D. 汽轮机旁路系统

78. 当机组负荷、煤质、燃烧室内压力不变的情况下，烟道阻力增大将使（A）。

  A. 锅炉净效率下降   B. 锅炉净效率不变

  C. 锅炉净效率提高   D. 风机效率升高

79. 在一般负荷范围内，当炉膛出口过量空气系数过大时，会造成（C）。

  A. q_2 损失降低，q_3 损失增大 B. q_2、q_3 损失降低

  C. q_3 损失降低，q_4 损失增大 D. q_4 损失可能增大

80. 对于整个锅炉机组而言，最佳煤粉细度是指（C）。

  A. 磨煤机电耗最小时的细度

  B. 制粉系统出力最大时的细度

  C. 锅炉净效率最高时的煤粉细度

  D. 总制粉单耗最小时的煤粉细度

81. 轴流式风机采用（C）时，具有效率高、工况区范围广等优点。

  A. 转数调节   B. 入口静叶调节

  C. 动叶调节   D. 节流调节

82. 轴流式风机（C）。

  A. 流量大、风压大   B. 流量小、风压小

  C. 流量大、风压低   D. 流量小、风压大

83. 泵运行中发生汽蚀现象时，振动和噪声（A）。

    A. 均增大   B. 只有前者增大

    C. 只有后者增大   D. 均减小

84. 减压阀是用来（B）介质压力的。

    A. 增加   B. 降低   C. 调节   D. 都不是

85. 对管道的膨胀进行补偿是为了（B）。

    A. 更好地疏放水   B. 减小管道的热应力

    C. 减小塑性变形   D. 减小弹性变形

86. 单位体积气体中所含的粉尘（D），称为气体中的粉尘浓度。

    A. 数量   B. 容量   C. 占有量   D. 质量

87. 水冷壁管外壁向内壁的传热方式是（C）。

    A. 辐射传热   B. 对流传热

    C. 导热   D. 辐射和对流

88. 煤粉着火的主要热源来自（A）。

    A. 炉内高温烟气的直接混入   B. 二次风的热量

    C. 炉膛辐射热   D. 挥发分燃烧的热量

89. 火力发电厂的汽水损失分为（D）两部分。

    A. 自用蒸汽和热力设备泄漏   B. 机组停用放汽和疏放水

    C. 经常性和暂时性的汽水损失   D. 内部损失和外部损失

90. 风机在工作过程中，不可避免地会发生流体（D），以及风机本身的传动部分产生摩擦损失。

    A. 摩擦   B. 撞击

    C. 泄漏   D. 摩擦、撞击、泄漏

91. 离心式风机导流器的作用是使流体（B）。

    A. 径向进入叶轮   B. 轴向进入叶轮

    C. 轴向与径向同时进入叶轮   D. 切向进入叶轮

92. 停炉过程中的最低风量为总风量的（B）以上。

    A. 20%   B. 30%   C. 0%   D. 50%

93. 直流锅炉在省煤器水温降至（B）时，应迅速放尽锅内存水。

    A. 120℃   B. 180℃   C. 100℃   D. 300℃

94. 如发生烟道再燃烧事故，当采取措施而无效时应（A）。
    A. 立即停炉　　　　　　　　　B. 申请停炉
    C. 保持机组运行　　　　　　　D. 向上级汇报

95. 离心式风机的调节方式不可能采用（C）。
    A. 节流调节　　　　　　　　　B. 变速调节
    C. 动叶调节　　　　　　　　　D. 轴向导流器调节

96. 锅炉腐蚀除了烟气腐蚀和工质腐蚀外，还有（B）。
    A. 汽水腐蚀　　　　　　　　　B. 应力腐蚀
    C. 硫酸腐蚀　　　　　　　　　D. 电化学腐蚀

97. 锅炉给水、锅水或蒸汽品质超出标准，经多方调整无法恢复正常时，应（B）。
    A. 紧急停炉　　B. 申请停炉　　C. 化学处理　　D. 继续运行

98. 停炉后，空预器入口烟气温度小于（C）℃时，允许停止空预器。
    A. 80　　　　　B. 120　　　　　C. 130　　　　　D. 150

99. 直流锅炉的汽温调节一般用（A）粗调。
    A. 燃水比　　　B. 给水流量　　C. 燃烧器运行　　D. 减温水

100. 锅炉由 50% 负荷到额定负荷，效率的变化过程是（D）。
    A. 升高　　　　　　　　　　　B. 下降
    C. 基本不变　　　　　　　　　D. 由低到高再下降

101. （A）和厂用电率两大技术经济指标是评定发电厂运行经济性和技术水平的依据。
    A. 供电标准煤耗率　　　　　　B. 发电标准煤耗率
    C. 热耗率　　　　　　　　　　D. 锅炉效率

102. 回转式空气预热器密封装置的主要作用是（A）。
    A. 减少空气向烟气中泄漏
    B. 防止烟气漏到空气中
    C. 防止烟气漏到炉外

103. 受热面酸洗后进行钝化处理的目的是（A）。
    A. 在金属表面形成一层较密的磁性氧化铁保护膜
    B. 使金属表面光滑

C. 在金属表面生成一层防磨保护层

D. 冲洗净金属表面的残余铁屑

104. 在锅炉正常运行中，（B）带压对承压部件进行焊接、检修、紧螺丝等工作。

  A. 可以   B. 不准

  C. 经领导批准可以   D. 可随意

105. 下列因素中不会对煤粉细度造成影响的是（C）。

  A. 磨煤机筒体内部的通风量   B. 分离器折向挡板的开度

  C. 磨煤机筒体料位的高低   D. 原煤颗粒的大小

106. 当中间点温度过热度较小时，应适当调整（C），控制主蒸汽温度正常。

  A. 送风量   B. 减温水量   C. 水煤比   D. 燃料量

107. 调峰机组的负荷控制应选用（D）方式。

  A. 机跟炉   B. 炉跟机   C. 滑压控制   D. 协调控制

108. 中速磨正常运行中，一次风量发生异常降低，机组负荷下降，磨煤机出口温度下降，进出口差压异常增大，表明（C）。

  A. 一次风量测量故障

  B. 一次风门突然关小

  C. 磨煤机堵塞

109. 炉膛负压和烟道负压急剧变化，排烟温度不正常升高，烟气中含氧量下降，热风温度、省煤器出口温度等介质温度不正常升高，此现象表明发生（A）。

  A. 烟道再燃烧   B. 送风机挡板摆动

  C. 锅炉灭火   D. 引风机挡板摆动

110. 提高蒸汽品质的根本方法是（D）。

  A. 加强汽水分离   B. 对蒸汽彻底清洗

  C. 加强排污   D. 提高给水品质

111. 锅炉过热蒸汽调节系统中，被调量是（D）。

  A. 过热器进口温度   B. 减温水量

  C. 减温阀开度   D. 过热器出口汽温

112. 煤粉与空气混合物浓度在（C）时，最容易爆炸。

    A.0.1kg/m³　　　　　　　　　　B.0.2kg/m³

    C.0.3 ～ 0.6kg/m³　　　　　　　D. 0.25kg/m³

113. 炉跟机的控制方式特点是（C）。

    A. 主汽压力变化平稳　　　　　B. 负荷变化平稳

    C. 负荷变化快，适应性好　　　D. 锅炉运行稳定

114. 超临界锅炉冷态清洗水质合格指标中，铁含量应小于（C）。

    A. 500 μg/L　　B. 50 μg/L　　C. 200 μg/L　　D. 1000 μg/L

115. （C）的特点是含碳量低、易点燃、火焰长。

    A. 无烟煤　　　B. 贫煤　　　C. 褐煤

116. 煤中的水分增加时，将使对流过热器的吸热量（A）。

    A. 增加　　　　B. 减小　　　C. 不变

117. 在监盘时若看到风机因电流过大或摆动幅度大的情况下跳闸时，（C）。

    A. 可以强行启动一次

    B. 可以在就地监视下启动

    C. 不应再强行启动

118. 当炉内空气量不足时，煤燃烧火焰是（B）。

    A. 白色　　　B. 暗红色　　　C. 橙色　　　　D. 红色

119. 影响煤粉着火的主要因素是（A）。

    A. 挥发分　　B. 含碳量　　　C. 灰分　　　　D. 氧量

120. 煤粉过细可使（A）。

    A. 磨煤机电耗增加　　　　　　B. 磨煤机电耗减小

    C. q_4 增加　　　　　　　　　　D. 排烟温度下降

121. 高参数、大容量机组对蒸汽品质要求（A）。

    A. 高　　　　　B. 低　　　　C. 不变　　　　D. 放宽

122. 对流过热器在负荷增加时，其温度（B）。

    A. 不变　　　　B. 升高　　　C. 降低　　　　D. 骤变

123. 随着锅炉压力的逐渐提高，它的循环倍率（C）。

    A. 固定不变　　B. 逐渐变大　　C. 逐渐减小　　D. 突然增大

124. 水冷壁受热面无论是积灰、结渣或积垢，都会使炉膛出口烟

温（B）。

　　A. 不变　　　　B. 增加　　　　C. 降低　　　　D. 突然降低

125. 在结焦严重或有大块焦渣掉落可能时，应（A）。

　　A. 停止除焦　　　　　　　　B. 应在锅炉运行过程中除焦

　　C. 由厂总工程师决定　　　　D. 由运行值长决定

126. 锅炉点火初期是一个不稳定的运行阶段，为确保安全应（A）。

　　A. 投入锅炉所有保护

　　B. 加强监视调整

　　C. 加强联系和监护

127. 中间再热机组在启动过程中，保护再热器的手段是（A）。

　　A. 控制烟气温度、合理使用旁路系统

　　B. 加强疏水

　　C. 轮流切换四角油枪，使再热器受热均匀

128. 在空预器前布置暖风器的目的是为了（C）。

　　A. 提高热风温度

　　B. 减少空预器受热面

　　C. 避免低温腐蚀

129. 容克式空预器漏风量最大的一项是（B）。

　　A. 冷端径向漏风

　　B. 热端径向漏风

　　C. 轴向漏风

130. 调节煤粉细度主要靠改变（A）。

　　A. 动态分离器频率

　　B. 风煤比

　　C. 磨煤机通风量

131. 在允许范围内，尽可能保持高的蒸汽温度和蒸汽压力则使（C）。

　　A. 锅炉热效率下降

　　B. 锅炉热效率提高

　　C. 循环热效率提高

132. 加强水冷壁吹灰时，将使过热蒸汽温度（A）。

    A. 降低 　　　　　　　　　　B. 升高

    C. 不变 　　　　　　　　　　D. 按对数关系升高

133. 造成锅炉部件寿命老化损伤的因素，主要是疲劳、蠕变（D）。

    A. 磨损 　　　　　　　　　　B. 低温腐蚀

    C. 高温腐蚀 　　　　　　　　D. 腐蚀与磨损

134. 在其他条件不变的情况下，锅炉送风量越大，烟气量越多，烟气流速越大，烟气温度就越高，则再热器的吸热量（B）。

    A. 越小 　　　　　　　　　　B. 越大

    C. 不变 　　　　　　　　　　D. 按对数关系减小

135. 锅炉计算发供电煤耗时，计算用的热量为（B）。

    A. 煤的高位发热量 　　　　　B. 煤的低位发热量

    C. 发电热耗量 　　　　　　　D. 煤的发热量

136. 低氧燃烧时，产生的（C）较少。

    A. 硫 　　　　B. 二氧化硫 　　　C. 三氧化碳 　　　D. 二氧化碳

137. 锅炉煤灰的熔点主要与灰的（A）有关。

    A. 组成成分 　　　B. 物理形态 　　　C. 硬度 　　　　D. 可磨性

138. 对流特性的过热器，其出口汽温随负荷的上升而（A）。

    A. 上升 　　　B. 不变 　　　C. 下降

139. 发生低温腐蚀时，硫酸浓度（C），腐蚀速度最快。

    A. 愈大 　　　B. 愈小 　　　C. 等于56% 　　　D. 大于56%

140. 锅炉膨胀指示的检查，应在（A）开始进行。

    A. 上水前、后 　　　　　　　B. 点火时

    C. 投入煤粉后 　　　　　　　D. 达到额定负荷时

141. 火力发电厂主要采用自然循环、强迫循环锅炉、（D）、复合循环锅炉。

    A. 层燃锅炉 　　　　　　　　B. 固态排渣锅炉

    C. 液态排渣锅炉 　　　　　　D. 直流锅炉

142. （D）地质年代最长，炭化程度最高。

    A. 褐煤 　　　B. 烟煤 　　　C. 贫煤 　　　D. 无烟煤

143. 煤中氢的含量大多在（A）。

    A. 3% ～ 6%　B. 6% ～ 9%　　C. 9% ～ 12%　D. 12% ～ 15%

144. 无灰干燥基挥发分 V_{daf} 小于 10% 的煤是（A）。

    A. 无烟煤　　B. 烟煤　　　C. 褐煤　　　D. 贫类

145. 给水泵至锅炉省煤器之间的系统称为（B）。

    A. 凝结水系统　B. 给水系统　C. 除盐水系统　D. 补水系统

146. 锅炉停炉后，蒸汽压力未降到 0.2MPa，汽包及过热器（C）未开者称热炉。

    A. 安全门　　B. 疏水门　　C. 空气门　　D. 检查门

147. 燃煤中灰分熔点越高，（A）。

    A. 越不容易结焦　　　　　B. 越容易结焦

    C. 越容易灭火　　　　　　D. 越容易着火

148. 理论计算表明，如果锅炉少用 1% 蒸发量的再热减温喷水，机组循环热效率可提高（B）。

    A. 0%　　　　B. 0.2%　　　C. 0.8%　　　D. 1.5%

149. 水冷壁的传热方式主要是（C）。

    A. 导热　　　B. 对流　　　C. 辐射　　　D. 电磁波

150. 单位重量气体，通过风机所获得的能量用风机的（C）来表示。

    A. 轴功率　　B. 进口风压　C. 全压　　　D. 出口温升

151. 在外界负荷不变时，如强化燃烧，汽包水位将会（C）。

    A. 上升　　　　　　　　　B. 下降

    C. 先上升后下降　　　　　D. 先下降后上升

152. 在燃烧过程中，未燃烧的固体可燃物随飞灰和炉渣一同排出炉外而造成的热损失叫（D）。

    A. 散热损失　　　　　　　B. 气体未完全燃烧热损失

    C. 排烟热损失　　　　　　D. 固体未完全燃烧热损失

153. 凝汽式汽轮机组的综合经济指标是（C）。

    A. 发电煤耗率　　　　　　B. 汽耗率

    C. 热效率　　　　　　　　D. 厂用电率

154. 煤失去水分以后，置于与空气隔绝的容器中加热到（D），保持 7min，煤中分解出来的气态物质称为挥发分。

A. 550℃+20℃　　　　　　　B. 650℃+20℃

C 750℃+20℃　　　　　　　D. 850℃+20℃

155. 锅炉吹灰前，应（B）燃烧室负压并保持燃烧稳定。

A. 降低　　　　B. 适当提高　　　C. 维持　　　　D. 必须减小

156. 随着运行小时增加，引风机振动逐渐增大的主要原因一般是（D）。

A. 轴承磨损　　　　　　　　B. 进风不正常

C. 出风不正常　　　　　　　D. 风机叶轮磨损

157. 锅炉正常停炉一般是指（A）。

A. 计划检修停炉　　　　　　B. 非计划检修停炉

C. 因事故停炉　　　　　　　D. 节日检修

158. 由于水的受热膨胀，点火前锅炉进水至 –100mm 时停止，此时的汽包水位称为（B）

A. 正常水位　　B. 点火水位　　C. 最低水位　　D. 最高水位

159. 锅炉负荷低于某一限度，长时间运行时，对水循环（A）。

A. 不安全　　　B. 仍安全　　　C. 没影响　　　D. 不确定

160. 自然循环锅炉水冷壁引出管进入汽包的工质是（C）。

A. 饱和蒸汽　　B. 饱和水　　　C. 汽水混合物　D. 过热蒸汽

161. 在表面式换热器中，冷流体和热流体按相反方向平行流动称为（B）。

A. 混合式　　　B. 逆流式　　　C. 顺流式　　　D. 双顺流式

162. 中间再热机组的主蒸汽系统一般采用（B）。

A. 母管制系统　　　　　　　B. 单元制系统

C. 切换母管制系统　　　　　D. 高低压旁路系统

163. 预热器管壁在低于露点（C）℃的壁面上腐蚀最为严重。

A. 5 ～ 10　　　B. 10 ～ 15　　　C. 15 ～ 40　　　D. 50 ～ 70

164. 中间再热锅炉在锅炉启动过程中，保护再热器的手段有（C）。

A. 轮流切换四角油枪，使再热器受热均匀

B. 调节摆动燃烧器和烟风机挡板

C. 控制烟气温度或正确使用一、二级旁路

D. 加强疏水

165. 事故停炉是指（A）。

A. 因锅炉设备故障，无法维持运行或威胁设备和人身安全时的停炉

B. 设备故障可以维持短时运行，经申请停炉

C. 计划的检修停炉

D. 节日检修停炉

166. 蒸汽流量不正常地小于给水流量，炉膛负压变正，过热蒸汽压力降低，说明（D）。

A. 再热器损坏   B. 省煤器损坏

C. 水冷壁损坏   D. 过热器损坏

167. 锅炉烟道有泄漏响声，省煤器后排烟温度降低，两侧烟温、风温偏差大，给水流量不正常地大于蒸汽流量，炉膛负压减少，此故障是（B）。

A. 水冷壁损坏   B. 省煤器管损坏

C. 过热器管损坏   D. 再热器管损坏

168. 直流锅炉控制、工作安全门的整定值为（C）倍工作压力。

A. 1.02/1.05   B. 1.05/1.08   C. 1.08/1.10   D. 1.25/1.5

169. 再热器和启动分离器安全阀整定值是（A）倍工作压力。

A. 1.10   B. 1.25   C. 1.50   D. 1.05

170. 锅炉运行中，汽包的虚假水位是由（C）引起的。

A. 变工况下无法测量准确

B. 变工况下炉内汽水体积膨胀

C. 变工况下锅内汽水因汽包压力瞬时突升或突降而引起膨胀和收缩

D. 事故放水阀忘关闭

171. 随着锅炉参数的提高，过热部分的吸热量比例（B）。

A. 不变   B. 增加

C. 减少   D. 按对数关系减少

172. 炉管爆破，经加强给水仍不能维持汽包水位时，应（A）。

　　A. 紧急停炉　　B. 申请停炉　　C. 加强给水　　D. 正常停炉

173. 复合硫酸盐对受热面管壁有强烈的腐蚀作用，尤其烟气温度在（C）时腐蚀最强烈。

　　A. 450～500℃　　　　　　　　B. 550～600℃

　　C. 650～700℃　　　　　　　　D. 750～800℃

174. 超临界压力直流锅炉，由于不存在蒸发受热面，因此，工质液体吸热量所占比例较大，约占总吸热量的（B），其余为过热吸热量。

　　A. 20%　　　　B. 30%　　　　C. 40%　　　　D. 50%

175. 锅炉运行过程中，机组负荷变化，应调节（A）流量。

　　A. 给水泵　　B. 凝结水泵　　C. 循环水泵　　D. 冷却水泵

176. 如发现运行中的水泵振动超过允许值，应（C）。

　　A. 检查振动表是否准确　　　　B. 仔细分析原因

　　C. 立即停泵检查　　　　　　　D. 继续运行

177. 离心泵运行中如发现表计指示异常，应（A）。

　　A. 先分析是不是表计问题，再到就地找原因

　　B. 立即停泵

　　C. 如未超限，则不管它

　　D. 请示领导后再做决定

178. 泵在运行中，如发现供水压力低、流量下降、管道振动、泵窜动，则为（C）。

　　A. 不上水　　　　　　　　　　B. 出水量不足

　　C. 水泵入口汽化　　　　　　　D. 入口滤网堵塞

179. 增强空气预热器的传热效果应该（A）。

　　A. 增强烟气侧和空气侧的放热系数

　　B. 增强烟气侧放热系数、降低空气侧放热系数

　　C. 降低烟气侧放热系数、增强空气侧放热系数

　　D. 降低烟气侧和空气侧的放热系数

180. 在锅炉蒸发量不变的情况下，给水温度降低时，过热蒸汽温

度升高，其原因是（B）。

  A. 过热热增加   B. 燃料量增加

  C. 加热热增加   D. 加热热减少

181. 变压运行时机组负荷变化速度快慢的关键在于（A）。

  A. 锅炉燃烧的调整   B. 汽轮机调门的控制

  C. 发电机的适应性   D. 蒸汽参数的高低

182. 当火焰中心位置降低时，炉内（B）。

  A. 辐射吸热量减少，过热汽温升高

  B. 辐射吸热量增加，过热汽温降低

  C. 对流吸热量减少，过热汽温升高

  D. 对流吸热量增加，过热汽温降低

183. 过热器前受热面长时间不吹灰或水冷壁结焦会造成（A）。

  A. 过热汽温偏高   B. 过热汽温偏低

  C. 水冷壁吸热量增加   D. 水冷壁吸热量不变

184. 轴流式风机采用（C）时，具有效率高、工况区范围广等优点。

  A. 转数调节   B. 入口静叶调节

  C. 动叶调节   D. 节流调节

185. 当锅炉蒸发量低于（A）额定值时，必须控制过热器入口烟气温度不超过管道允许温度，尽量避免用喷水减温，以防止喷水不能全部蒸发而积存在过热器中。

  A.10%   B.12%   C.15%   D.30%

186. 为减少管道局部阻力损失，弯管时应尽量采用（A），以降低阻力系数。

  A. 较大的弯曲半径   B. 较小的弯曲半径

  C. 随便   D. 增加粗糙度

187. 在锅炉水循环回路中，当出现循环倒流时，将引起（C）。

  A. 爆管   B. 循环流速加快

  C. 水循环不良   D. 循环流速降低

188. 再热汽温采用喷水调节比烟气侧调节的经济性（B）。

  A. 好   B. 差

C. 相同   D. 以上三种答案都不是

189. 安全阀回座压差一般应为开始启动压力的 4%～7%，最大不得超过开始启动压力的（A）。

    A. 10%   B. 15%   C. 20%   D. 25%

190. 当锅炉上所有安全阀均开启时，锅炉的超压幅度，在任何情况下，均不得大于锅炉设计压力的（B）。

    A. 5%   B. 6%   C. 2%   D. 3%

191. 采用蒸汽作为吹扫介质时，防止携水，一般希望有（B）的过热度。

    A. 50℃   B. 100～150℃

    C. 80℃   D. 90℃

192. 输入锅炉的总热量主要是（B）。

    A. 燃料的物理显热

    B. 燃料的收到基低位发热量

    C. 燃料的高位发热量

    D. 外来热源加热空气时带入的热量

193. 煤的外部水分增加，引起过热汽温（A）。

    A. 升高   B. 下降

    C. 不升不降   D. 先升高后下降

194. 锅炉负荷增加时，辐射式过热器和对流式过热器内单位质量蒸汽的吸热量变化将出现（B）种情况。

    A. 辐射式过热器吸热量相对增大，对流式过热器吸热量相对减少

    B. 辐射式过热器吸热量相对减少，对流式过热器吸热量相对增大

    C. 两种过热器吸热量相对增大

    D. 两种过热器吸热量相对减少

195. 在机组甩负荷或减负荷速度过快时，会造成锅炉汽包水位瞬间（B）。

    A. 急剧上升   B. 急剧下降   C. 缓慢升高   D. 缓慢下降

196. 自然循环锅炉的蓄热能力（A）直流锅炉的蓄热能力。

    A. 大于   B. 等于   C. 小于   D. 小于等于

197. 当炉水含盐量达到临界含盐量时，蒸汽湿度将（D）。

    A. 减小   B. 不变   C. 缓慢增大   D. 急剧增大

198. 借助循环水泵压头而形成水循环的锅炉称为（B）锅炉。

    A. 自然循环   B. 强制循环

    C. 直流锅炉   D. 不受炉型限制

199. 为了降低汽轮机的热耗，通常要求再热系统的总压降不超过再热器入口压力的（C）。

    A. 4%   B. 6%   C. 10%   D. 15%

200. 要获得洁净的蒸汽，必须降低炉水的（C）。

    A. 排污量   B. 加药量   C. 含盐量   D. 补水量

201. 若按煤的无灰干燥基挥发分 V_{daf} 进行分类：V_{daf} 在 0%～10% 之间的煤为无烟煤，V_{daf} 在（C）的为烟煤。

    A. 小于10%   B. 10%～20%   C. 20%～40%   D. 大于40%

202. 燃油丧失流动能力时的温度称（D），它的高低与石蜡含量有关。

    A. 燃点   B. 闪点   C. 沸点   D. 凝固点

203. 锅炉管道选用钢材主要根据在金属使用中的（B）来确定。

    A. 强度   B. 温度   C. 压力   D. 硬度

204. 锅炉燃烧时，产生的火焰（B）色为最好。

    A. 暗红   B. 金黄   C. 黄   D. 白

205. 在动力燃烧过程中，燃烧速度主要取决于（B）。

    A. 物理条件   B. 化学条件   C. 外界条件   D. 锅炉效率

206. 在扩散燃烧过程中，燃烧速度主要取决于（A）。

    A. 物理条件   B. 化学条件   C. 外界条件   D. 锅炉效率

207. 轴承主要承受（D）载荷。

    A. 轴向   B. 径向

    C. 垂直   D. 轴向、径向和垂直

208. 汽包内饱和水的温度与饱和蒸汽的温度相比是（C）。

    A. 高   B. 低   C. 一样高   D. 高 10℃

209. 水泵密封环的作用是减少（A），提高水泵效率。

    A. 容积损失   B. 流动损失   C. 摩擦损失   D. 机械损失

210. 由于从锅炉排出的炉渣具有相当高的温度而造成的热量损失称为（D）。

    A. 机械不完全燃烧损失   B. 散热损失

    C. 化学不完全燃烧损失   D. 灰渣物理热损失

211. 给水温度若降低，则影响到机组的（A）效率。

    A. 循环   B. 热   C. 汽轮机   D. 机械

212. 煤中的水分是（C）。

    A. 有用成分   B. 杂质   C. 无用成分   D. 可燃物

213. 离心式水泵一般只采用（A）叶片叶轮。

    A. 后弯式   B. 前弯式   C. 径向式   D. 扭曲形

214. 水压试验介质温度不宜高于（A）。

    A. $80 \sim 90℃$ B. $120℃$ C. $150℃$ D. $180℃$

215. 高压高温厚壁主汽管道在暖管升压过程中其管内承受（A）。

    A. 热压应力   B. 热拉应力   C. 冷热应力   D. 剪切应力

216. 介质通过流量孔板时，速度有所（B）。

    A. 降低   B. 增加   C. 不变   D. 不确定

217. 节流阀主要是通过改变（C）来调节介质流量和压力。

    A. 介质流速   B. 介质温度   C. 通道面积   D. 阀门阻力

218. 直流锅炉为了达到较高的质量流速，必须采用（B）水冷壁。

    A. 大管径   B. 小管径   C. 光管   D. 鳍片式

219. 锅炉停用时，必须采用（B）措施。

    A. 防冻   B. 防腐   C. 防干   D. 增压

220. 对流过热器平均传热温差最大的布置方式是（B）。

    A. 顺流布置   B. 逆流布置   C. 混流布置   D. 都不是

221. 提高蒸汽初压力主要受到（A）。

    A. 汽轮机低压级湿度的限制 B. 汽轮机低压级干度的限制

    C. 锅炉汽包金属材料的限制 D. 工艺水平的限制

222. 提高蒸汽初温度主要受到（D）。

    A. 锅炉传热温差的限制   B. 锅炉传热温度的限制

C. 热力循环的限制 D. 金属高温性能的限制

223. 防止制粉系统放炮的主要措施有（A）。

A. 清除系统积粉，消除火源，控制系统温度

B. 防止运行中断煤

C. 认真监盘，精心调整

D. 减少系统漏风

224. 烟气密度随（A）而减小。

A. 温度的升高和压力的降低 B. 温度的降低和压力的升高

C. 温度的升高和压力的升高 D. 温度的降低和压力的降低

225. 高压锅炉给水泵采用（C）。

A. 轴流泵 B. 混流泵 C. 离心泵 D. 叶片泵

226. 煤粉气流的着火温度随着煤粉变细而（B）。

A. 升高 B. 降低 C. 不变 D. 无法确定

227. （B）后期的一、二次风混合较好，对于低挥发分的煤燃烧有很好的适应性。

A. 旋流燃烧器 B. 直流燃烧器

C. 船形稳燃器 D. 浓淡形稳燃器

228. 直流锅炉蒸发受热面的传热恶化是由（D）引起的。

A. 泡状沸腾 B. 弹状沸腾 C. 柱状沸腾 D. 膜态沸腾

229. 随着锅炉参数的提高，锅炉水冷壁吸热作用（A）变化。

A. 预热段加长，蒸发段缩短 B. 蒸发段加长，预热段缩短

C. 预热段缩短，蒸发段缩短 D. 蒸发段加长，预热段加长

230. 高参数大容量的锅炉水循环安全检查的主要对象是（D）。

A. 汽水分层 B. 水循环倒流 C. 下降管含汽 D. 膜态沸腾

231. 在锅炉的汽水管道中，工质的流动状态一般是（B）流动。

A. 层流 B. 紊流 C. 层流及紊流 D. 都不是

232. 闸阀的作用是（C）。

A. 改变介质的流动方向 B. 调节介质的浓度

C. 截止流体的流量 D. 改变流体的流速

233. 风量不足，油燃烧器火焰成（B）。

A. 白色 B. 暗红色 C. 橙色 D. 红色

234. 摆动式直流燃烧器的喷嘴可向上或向下摆动，调整火焰中心位置，起到调节（A）的作用。

　　A. 再热汽温　　B. 燃烧稳定　　C. 锅炉效率　　D. 经济性

235. 锅炉使用的风机有（A）。

　　A. 送风机、引风机、一次风机、密封风机

　　B. 点火增压风机

　　C. 轴流风机、离心风机

　　D. 吸、送风机

236. 锅炉低温受热面的腐蚀，属于（B）。

　　A. 碱腐蚀　　　B. 酸腐蚀　　　C. 氧腐蚀　　　D. 烟气腐蚀

237. 煤粉着火准备阶段主要特征为（B）。

　　A. 放出热量　　　　　　　B. 析出挥发分

　　C. 燃烧化学反应速度快　　D. 不受外界条件影响

238. 高压系统循环清洗应在直流锅炉（B）进行。

　　A. 进水前　　B. 进水后　　C. 点火后　　D. 并网后

239. 受热面定期吹灰的目的是（A）。

　　A. 减少热阻　　　　　　　B. 降低受热面的壁温差

　　C. 降低工质的温度　　　　D. 降低烟气温度

240. 在锅炉热效率试验中（A）工作都应在试验前的稳定阶段内完成。

　　A. 受热面吹灰、锅炉排污　　B. 试验数据的确定

　　C. 试验用仪器安装　　　　　D. 试验用仪器校验

241. 滑参数停机的主要目的是（D）。

　　A. 利用锅炉余热发电

　　B. 均匀降低参数，增加机组寿命

　　C. 防止汽轮机超速

　　D. 降低汽轮机缸体温度，利于提前检修

242.（A）用于高热负荷区域，可以增强流体的扰动作用，防止发生传热恶化，使水冷壁得到充分冷却。

　　A. 内螺纹膜式水冷壁　　　B. 带销钉的水冷壁

　　C. 光管水冷壁　　　　　　D. 渗铝水冷壁

243. 高温段过热器的蒸汽流通截面（A）低温段的蒸汽流通截面。

　　A. 大于　　　　　　　　　　B. 等于

　　C. 小于　　　　　　　　　　D. 无任何要求

244. 就地水位计指示的水位高度，比汽包的实际水位高度（B）。

　　A. 要高　　　　B. 要低　　　　C. 相等　　　　D. 稳定

245. 在锅炉启动中为了保护省煤器的安全，应（A）。

　　A. 正确使用省煤器的再循环装置

　　B. 控制省煤器的出口烟气温度

　　C. 控制给水温度

　　D. 控制汽包水位

246. 滑停过程中主汽温度下降速度不大于（B）。

　　A. 1℃/min　　　　　　　　　B. 1.5 ～ 2.0℃/min

　　C. 2.5℃/min　　　　　　　　D. 3.5℃/min

247. 过热器和再热器管子的损伤主要是由于（B）造成的。

　　A. 腐蚀疲劳　　B. 高温蠕变　　C. 腐蚀磨损　　D. 低温腐蚀

248. 炉内烟气对水冷壁的主要换热方式是（B）。

　　A. 导热换热　　　　　　　　B. 辐射换热

　　C. 对流换热　　　　　　　　D. 导热和辐射换热

249. 煤灰中氧化铁的含量越高，煤的灰熔点（B）。

　　A. 越低　　　　B. 越高　　　　C. 不变　　　　D. 忽高忽低

250. 泵运行中发生汽蚀现象时，振动和噪声（A）。

　　A. 均增大　　　　　　　　　B. 只有前者增大

　　C. 只有后者增大　　　　　　D. 均减小

251. 轴流式风机比离心式风机效率（C）。

　　A. 低　　　　B. 低一倍　　　　C. 高　　　　D. 高一倍

252. 从燃煤（A）的大小，可以估计出水分对锅炉的危害。

　　A. 折算水分　　B. 内在水分　　C. 外在水分　　D. 挥发分

253. 某厂在技术改造中，为增强锅炉省煤器的传热，拟加装肋片，则肋片应加装在（B）。

　　A. 管内水侧　　　　　　　　B. 管外烟气侧

　　C. 无论哪一侧都行　　　　　D. 省煤器联箱处

254. 在截面积比较大的弯管道内安装导流叶片会（C）。
    A. 增大局部阻力损失　　　　　　B. 增大沿程阻力损失
    C. 减小局部阻力损失　　　　　　D. 减小沿程阻力损失

255. 大容量锅炉都应该用（D）计算锅炉效率和煤耗。
    A. 热平衡法　　　　　　　　　　B. 正平衡法
    C. 反平衡法　　　　　　　　　　D. 正反两种平衡法

256. 锅炉运行中的过量空气系数，应按（B）处的值进行控制。
    A. 炉膛内　　　　　　　　　　　B. 炉膛出口
    C. 省煤器前　　　　　　　　　　D. 锅炉出口排烟处

257. 影响锅炉受热面磨损最严重的因素是（D）。
    A. 飞灰颗粒大小　　　　　　　　B. 飞灰浓度
    C. 飞灰性质　　　　　　　　　　D. 烟气流速

258. 锅炉超压水压试验时，再热器的试验压力应为（D）。
    A. 汽包工作压力的 1.25 倍
    B. 过热器出口联箱压力的 1.25 倍
    C. 再热器出口联箱压力的 1.5 倍
    D. 再热器进口联箱压力的 1.5 倍

259. 蒸汽压力越高，能溶解的盐类（A）。
    A. 越多　　　　B. 越少　　　　C. 维持不变　　　　D. 接近饱和

260. 超临界参数的锅炉炉型是（D）。
    A. 自然循环汽包炉　　　　　　　B. 强制循环汽包炉
    C. 复合循环汽包炉　　　　　　　D. 直流炉

261. 锅炉受热面磨损最严重的是（A）。
    A. 省煤器管　　B. 再热器管　　C. 过热器管　　D. 水冷壁管

262. 在煤粉火焰中，煤中的硫主要生成的气体物质是（A）。
    A. SO　　　　B. SO_2　　　　C. SO_3　　　　D. H_2SO_4 蒸气

263. 燃料燃烧时，过量空气系数越大，二氧化硫生成量（A）。
    A. 越多　　　　B. 越少　　　　C. 不变　　　　D. 都不是

264. 影响煤粉着火的主要因素是（A）。
    A. 挥发分　　　B. 含碳量　　　C. 灰分　　　　D. 氧

265. 高参数、大容量机组对蒸汽品质要求（A）。

    A. 高   B. 低   C. 不变   D. 放宽

266. 对流过热器在负荷增加时，其温度（C）。

    A. 下降   B. 不变   C. 升高   D. 骤变

267. 空气预热器是利用锅炉尾部烟气热量来加热锅炉燃烧所用的（B）。

    A. 给水   B. 空气   C. 燃料   D. 燃油

268. 煤粉在燃烧过程中（C）所用的时间最长。

    A. 着火前准备阶段   B. 燃烧阶段

    C. 燃尽阶段   D. 着火阶段

269. 标准煤的发热量为（C）kJ/kg。

    A. 20 934   B. 25 120.8   C. 29 307.6   D. 12 560.4

270. 利用烟气再循环燃烧技术来控制 NO_x 生成这一方法特适用于（A）的燃料。

    A. 含氮量比较少   B. 含氮量比较多

    C. 含氮量一般   D. 含硫量较低

271. 烟气中的主要成分有：CO_2、SO_2、H_2O、N_2、O_2。如果在不完全燃烧时，烟气中除上述成分之外，还会有（A）。

    A. CO   B. HS   C. H_2O D. H_4C_2

272. 部件持续在高温和应力的共同作用下而造成的材质损伤是（B）。

    A. 疲劳损伤   B. 蠕变损伤

    C. 腐蚀和磨损   D. 酸性腐蚀

273. 锅炉寿命管理着重在于保证设备的（C）。

    A. 使用寿命   B. 安全运行   C. 机械强度   D. 耐磨性

274. 离心泵试验需改变工况时，输水量靠（D）来改变。

    A. 再循环门   B. 进口水位   C. 进口阀门   D. 出口阀门

275. 在启动时，电动主汽阀前蒸汽参数随转速和负荷的增加而升高的启动过程为（C）。

    A. 冷态启动   B. 额定参数启动   C. 滑参数启动   D. 热态启动

276. 锅炉点火后，随着工质温度的上升，当水中含铁量增加超过规定值时，应进行（D）。

    A. 加强燃烧　　B. 连排　　　　C. 减弱燃烧　　D. 热态清洗

277. 直流锅炉启动流量的选择原则是在可靠的冷却水冷壁的前提下，通常取锅炉额定蒸发量的（C）。

    A.10%～15%　　　　　　　　B.15%～20%

    C.25%～30%　　　　　　　　D.35%～40%

278. 直流锅炉在给水泵压头的作用下，工质顺序一次通过加热、蒸发和过热面，进口工质为水，出口工质为（B）。

    A. 饱和蒸汽　　B. 过热蒸汽　　C. 湿蒸汽　　　D. 高压水

279. 锅炉冷态空气动力场试验，是根据（B），在冷态模拟热态的空气动力工况下所进行的冷态试验。

    A. 离心原理　　B. 相似理论　　C. 节流原理　　D. 燃烧原理

280. 过量空气系数大时，会使烟气露点升高。增大空气预热器（A）的可能。

    A. 低温腐蚀　　B. 高温腐蚀　　C. 碱性腐蚀　　　D. 磨损

281. 锅炉跟踪控制方式按照给定功率信号的变化，利用（A）的蓄热量，使机组实发功率迅速随之变化。

    A. 锅炉　　　　　　　　　　B. 汽轮机

    C. 锅炉和汽轮机　　　　　　D. 发电机

282. 风机风量调节的基本方法有（D）。

    A. 节流调节

    B. 变速调节

    C. 轴向导流器调节

    D. 节流、变频、轴向导流器调节

283. 锅炉"MFT"动作后，联锁（D）跳闸。

    A. 送风机　　　B. 引风机　　　C. 空气预热器　D. 一次风机

284. 机组启动过程中，应先恢复（C）运行。

    A. 给水泵　　　　　　　　　B. 凝结水系统

    C. 闭式冷却水系统　　　　　D. 烟风系统

285. 筒式钢球磨煤机主要是以（A）磨制煤粉的。

    A. 撞击作用、碾压作用　　　B. 碾压作用

C. 冲击作用   D. 摩擦作用

286. 当炉内空气量不足时，煤粉燃烧火焰是（B）。

A. 白色   B. 暗红色   C. 橙色   D. 红色

287. 防止制粉系统爆炸的主要措施有（A）。

A. 清除系统积粉，维持正常气粉混合物流速，消除火源，控制系统温度在规程规定范围内

B. 认真监盘，细心调整

C. 防止运行来煤中断

D. 投入蒸汽灭火装置

288. 当发生锅炉熄火或机组甩负荷时，应及时切断（C）。

A. 引风   B. 送风   C. 减温水   D. 冲灰水

289. 在低负荷，锅炉降出力停止煤粉燃烧器时应（A）。

A. 先投油枪助燃，再停止煤粉燃烧器

B. 先停止煤粉燃烧器再投油枪

C. 无先后顺序要求

D. 在关闭一次风后停止煤粉燃烧器运行

290. 随着锅炉的升温升压，当主蒸汽再热蒸汽压力达到规定值时，要分别关闭（C）。

A. 过热蒸汽及再热蒸汽管道疏水

B. 汽轮机各抽汽管道疏水

C. 锅炉过热器及再热器联箱上的疏水

D. 全部疏水

291. 滑压运行的协调控制系统是以（A）为基础的协调控制系统。

A. 锅炉跟踪协调   B. 汽轮机跟踪协

C. 锅炉跟踪   D. 汽轮机跟踪

292. 停炉过程中的降压速度每分钟不超过（A）。

A. 0.05MPa   B. 0.1MPa   C. 0.15MPa   D. 0.2MPa

293. 当锅炉主汽压力降到（C）时开启空气门。

A. 0.5MPa   B. 1MPa   C. 0.2MPa   D. 3.5MPa

294. 炉膛负压增大，瞬间负压到最大，一、二次风压不正常降低，

水位瞬时下降，汽压、汽温下降，说明此时发生（C）。

A. 烟道面燃烧　　　　　　B. 吸、送风机入口挡板摆动

C. 锅炉灭火　　　　　　　D. 炉膛掉焦

295. 水冷壁、省煤器、再热器损坏不严重或联箱发生泄漏时，应（B）。

A. 紧急停炉　　　　　　　B. 申请停炉

C. 维持运行　　　　　　　D. 待节日停炉检修

296. 锅炉在正常运行过程中给水调节阀开度一般保持在（B）为宜。

A. 70%～80%　　　　　　B. 40%～70%

C. 50%～100%　　　　　　D. 80%～90%

297. 锅炉在正常运行过程中，在吹灰器投入前，将吹灰系统中（A）排净，确保是过热蒸汽，方可投入。

A. 凝结水　　B. 汽水混合物　C. 空气　　　　D. 过热蒸汽

298. 排烟温度急剧升高，热风温度下降，这是（D）故障的明显象征。

A. 引风机　　B. 送风机　　　C. 暖风器　　　D. 空气预热器

299. 风机启动前检查风机、电机轴承油位计指示在（B）。

A. 最低处　　B. 1/2 处　　　C. 1/3 处　　　D. 加满

300. 送风机启动前检查确认送风机出口挡板及动叶在（A）位置，送风机出口联络挡板在开启位置。

A. 关闭　　　B. 开启　　　　C. 2/5　　　　D. 1/2

301. 风机运行中产生振动，若检查振动原因为喘振，应立即手动将喘振风机的动叶快速（B），直到喘振消失后再逐渐调平风机出力。

A. 开启　　　　　　　　　B. 关回

C. 立即开启后关闭　　　　D. 立即关闭后开启

302. 锅炉启动时，控制锅炉上水速度，夏季上水时间不小于（C）小时，冬季不小于 4 小时。

A. 1　　　　　　B. 1.5　　　　C 2　　　　　D. 3

303. 吹灰器的最佳投运间隔是在运行了一段时间后，根据灰渣清

扫效果、灰渣积聚速度、受热面冲蚀情况、（A）以及对锅炉烟温、汽温的影响等因素确定的。

A. 吹扫压力　　B. 吹扫温度　　C. 吹扫时间　　D. 吹扫顺序

304. 运行中的两台回转式空气预热器发生故障都停止运行时，应（A）。

A. 紧急停炉　　　　　　　　B. 申请停炉

C. 手动盘车　　　　　　　　D. 与风烟系统隔绝

305. 锅炉的升温升压以及加负荷速度在机组并网后主要取决于（B）。

A. 汽包　　　　　　　　　　B. 汽轮机

C. 锅炉的燃烧情况　　　　　D. 入炉煤的热值

306. 锅炉投燃料发生熄火后，应立即采取（C）。

A. 投入油枪或增投油枪只数快速点火恢复

B. 停止引、送风机运行

C. 切断燃料供应并进行吹扫5分钟，然后点火

D. 加强磨煤机给煤，增大制粉系统出力

307. 锅炉在升温时通常以（D）来控制升温速度。

A. 削弱燃烧　　　　　　　　B. 增加减温水量

C. 提高给水压力　　　　　　D. 控制升压速度

308. 在检修或运行中，如有油漏到保温层上，应将（A）。

A. 保温层更换

B. 擦干净

C. 管表面上油再用保温层遮盖

D. 管表面上油用皮棉层遮盖

309. 锅炉烟、风速的测量，一般采用的标准测量元件是（B）。

A. 靠背管　　B. 皮托管　　C. 笛形管　　D.U 形管

310. 炉膛除焦时工作人员必须穿着（A）的工作服、工作鞋，戴防烫伤的手套和必要的安全用具。

A. 防烫伤　　　　　　　　　B. 防静电

C. 尼龙、化纤、混纺衣料制作　D. 防水

311. 所有高温管道、容器等设备上都应有保温层，当室内温度在

25℃时，保温层表面的温度一般不超过（B）。

A. 40℃　　　B. 50℃　　　C. 60℃　　　D. 30℃

312. 壁温小于等于580℃的过热器管的用钢为（C）。

A. 20钢　　　B. 15CrMo　　C. 12CrMoV　D. 22钢

313. 12Cr2MoWVB（钢102）允许受热面壁温为（A）。

A. 600℃　　　B. 620℃　　　C. 580℃　　　D. 650℃

314. 材料的强度极限和屈服极限是材料机械性能的（A）指标。

A. 强度　　　B. 塑性　　　C. 弹性　　　D. 硬度

315. 在管道上由于不允许有任何位移的地方，应装（A）。

A. 固定支架　B. 滚动支架　C. 导向支架　D. 弹簧支架

316. 下列四种泵中相对压力最高的是（C）。

A. 离心泵　　B. 轴流泵　　C. 往复泵　　D. 齿轮泵

317. 在发电厂中最常用的流量测量仪表是（C）

A. 容积式流量计　　　　　B. 靶式流量计

C. 差压式流量计　　　　　D. 累积式流量计

318. 为提高钢的耐磨性和抗磁性需加入的合金元素是（B）。

A. 锌　　　　B. 锰　　　　C. 铝　　　　D. 铜

319. 离心泵的轴向推力的方向是（B）。

A. 指向叶轮出口　　　　　B. 指向叶轮进口

C. 背离叶轮进口　　　　　D. 不能确定

320. 理论上双吸式叶轮的轴向推力（C）。

A. 较大　　　　　　　　　B. 比单吸式叶轮还大

C. 等于零　　　　　　　　D. 较小

321. 两台泵串联运行时，总扬程等于（B）。

A. 两台泵扬程之差　　　　B. 两台泵扬程之和

C. 两台泵扬程平均值　　　D. 两台泵扬程之积

322. 备用泵与运行泵之间的连接为（B）。

A. 串联　　　　　　　　　B. 并联

C. 备用泵在前的串联　　　D. 备用泵在后的串联

323. 罗茨风机是（C）。

A. 通风机　　B. 压气机　　C. 鼓风机　　D. 不确定

324. 电动机轴上的机械负荷增加，电动机的电流将（ C ）。

    A. 减小　　　　　　　　　　B. 不变

    C. 增大　　　　　　　　　　D. 增大后立即减小

325. 齿轮传动中，两齿轮的接触是（ A ）。

    A. 点线接触　　B. 面接触　　C. 空间接触　　D. 根部接触

326. 经济负荷一般在锅炉额定负荷的（ C ）。

    A. 55% ～ 65%　　　　　　B. 65% ～ 75%

    C. 75% ～ 90%　　　　　　D. 90% ～ 95%

327. 利用（ C ）称为固体膨胀式温度计。

    A. 固体膨胀的性质制成的仪表

    B. 物体受热膨胀的性质制成的仪表

    C. 固体受热膨胀的性质而制成的测量仪表

    D. 物体受热膨胀制成的仪表

第三章

问 答 题

第一节 锅炉本体设备

1. 水冷壁的作用是什么？型式有哪些，用在哪里？

答： 水冷壁是蒸发系统中唯一的受热面，它一般布置在炉膛内壁四周，其主要作用：

（1）吸收炉膛辐射热量，使水部分蒸发成饱和蒸汽。

（2）保护炉墙，简化炉墙结构。

（3）节省金属，降低锅炉造价。

水冷壁的主要型式有光管式（主要用于中小容量锅炉）、膜式（主要用于现代大型锅炉）、销钉式（主要用于固定卫燃带）、内螺纹管式（主要用于亚临界及以上压力锅炉的高热负荷区域和水冷壁出口区域）。

2. 过热器的作用是什么，有哪些型式？

答： 过热器的作用是将锅炉产生的饱和蒸汽加热成具有一定温度的过热蒸汽，然后送往汽轮机做功。按传热方式的不同过热器分为：对流过热器、辐射过热器和半辐射过热器。对流过热器布置在对流烟道内，顺流、逆流、混合流、双逆流四种辐射过热器布置在炉膛上方或炉墙上，顶棚过热器、屏式过热器、墙式过热器三种半辐射过热器布置在炉膛出口（常采用屏式过热器）。一般中低压锅炉只有对流过热器，高压及以上锅炉则采用了"辐射 -

半辐射 - 对流"组合式过热器。

3. 再热器的作用是什么? 型式有哪些?

答: 再热器的作用是将汽轮机高压缸排出的蒸汽重新送回锅炉, 再加热成具有一定温度的再热蒸汽后, 送往汽轮机中低压缸做功。再热器的型式主要有: 对流式、辐射式和半辐射式。对流式布置在对流烟道内, 辐射式布置在炉膛上方的炉墙上, 半辐射式布置在炉膛出口。一般超高压锅炉只采用对流式, 现代亚临界压力及以上锅炉的再热器则多采用"辐射式 - 半辐射式 - 对流式"串联组合式再热器。

4. 省煤器的作用是什么? 类型有哪些?

答: 省煤器是利用锅炉尾部烟气热量加热锅炉给水, 其作用包括:

（1）节省燃料。

（2）降低锅炉造价。

（3）改善了汽包的工作条件。

省煤器按照出口工质状态分为沸腾式和非沸腾式。中低压锅炉多采用沸腾式, 超高压及以上压力锅炉则采用非沸腾式。

5. 空气预热器的作用是什么? 类型有哪些?

答: 空气预热器是利用锅炉尾部烟气热量加热空气。其主要作用包括:

（1）降低锅炉排烟温度, 提高锅炉效率。

（2）提高了炉膛温度改善了燃料的着火与燃烧条件, 减少了不完全燃烧损失。

（3）节省金属, 降低锅炉造价。

（4）用于干燥煤粉, 有利于制粉系统工作。

（5）降低了排烟温度, 改善了引风机的工作条件。

空气预热器主要有管式和回转式两大类。管式一般用于中小锅炉, 大型锅炉主要采用受热面回转式空气预热器。

6. 简述回转式空气预热器的工作原理?

答: 受热面回转式空气预热器的工作原理: 当受热面转子通过减速装置由电动机带动转动时, 转子中的传热元件（蓄热板）

便交替地被烟气加热和被空气冷却，烟气的热量也就传给了空气，使冷空气的温度得到提高。受热面转子每转一圈，传热元件吸热、放热一次。

7. 正常运行时空预器应监视的参数有哪些?

答：空预器运行监视主要内容：转子运转情况，要求无异常振动、噪声。传动装置，要求无漏油现象和电动机电流正常。转子轴承和润滑油系统，要求油泵出力正常，油压稳定，无漏油，油温和油位正常。空预器进出口烟气和空气的温度，如发现异常及时查明原因。如进出口压差大，即气流阻力大，需加强吹灰。

第二节 锅炉燃烧设备及控制

1. 煤粉气流燃烧过程包括哪三个阶段?

答：着火前预备阶段、燃烧阶段、燃尽阶段。

2. 煤粉迅速完全燃烧的条件是什么?

答：相当高的炉内温度、合适的空气量、燃料与空气的良好混合、足够的燃烧时间。

3. 一次风、二次风、三次风的作用是什么?

答：一次风的作用是携带煤粉进入炉膛，并满足挥发分着火燃烧的需要；二次风的作用是助燃并起到扰动和强化燃烧的作用；三次风的作用是将细粉分离器分离出来的乏气送进炉膛，以减轻污染，针对仓储式制粉系统，其作用是提高锅炉热效率。

4. 燃烧器的作用是什么? 主要有哪些类型?

答：燃烧器的作用：将燃料和燃烧所需空气送进炉膛并形成一定的气流结构，使燃料能迅速稳定地着火，及时供给空气，使燃料与空气充分混合在炉内达到完全燃烧。燃烧器按出口气流特征分为直流燃烧器和旋流燃烧器两大类。直流燃烧器一般采用四角布置，切圆燃烧方式旋流燃烧一般采用一面墙布置或两面墙布置的方式。

5. 简述点火装置的作用和点火方式。

答：点火装置的作用是启动时点燃煤粉低负荷时稳定燃烧。点火多采用分级点火方式，即由高能点火器先引燃油、再由油点燃煤粉气流。

6. 锅炉有哪些项损失？

答：排烟热散失、散热损失、固体未完全燃烧热损失、气体未完全燃烧热损失和灰渣物理热损失。

7. 何谓正平衡效率？何谓反平衡效率？如何计算？

答：（1）通过输入热量 Q_r 和有效利用热量 Q_1 求得锅炉的效率，称为正平衡效率。

（2）通过各项热损失，求得锅炉的效率，称为反平衡效率，计算公式：$\eta = [100-(q_2+ q_3+q_4+q_5+q_6)]\%$

8. 旋流燃烧器一次风、内二次风、外二次风、中心风的作用是什么？

答：（1）一次风：干燥原煤并输送煤粉及提供煤粉中挥发分着火燃烧所需氧量。

（2）内二次风：扰动煤粉气流并提供煤粉气流燃烧所需氧量，达到分级燃烧的目的，降低 NO_x 的生成量。

（3）外二次风：进一步补充煤粉气流燃烧所需氧量形成富氧区，达到分级燃烧的目的，降低 NO_x 的生成量，同时扰动煤粉气流并防止煤粉外溢，并可调节整个燃烧器的旋流强度、射流气流距离及内回流区大小，达到最佳的燃烧效果。

9. 什么是低氧燃烧？低氧燃烧有何特点？

答：为了使进入炉膛的燃料能够完全燃烧，减少气体未完全燃烧热损失和固体未完全燃烧热损失，送入炉膛的空气量要大于理论空气量。根据现有的技术水平，如果可以将炉膛出口的烟气含氧量控制在 1% 或以下，并且能保证燃料完全燃烧，即为低氧燃烧。

低氧燃烧可有效减轻空气预热器的低温腐蚀。空气预热器的低温腐蚀与烟气中的三氧化硫含量有很大的关系。三氧化硫的生成量不仅与燃料的含硫量有关，还和烟气中的含氧量有关。低氧燃烧则可以使烟气中的含氧量降低，这样就大大减少了三氧化硫的含量，可以有效减轻空气预热器的低温腐蚀。同时，低氧燃烧还可降低烟风系统内相关风机的电耗，并减轻受热面的磨损情况。

10. 直流锅炉汽温调节特性是怎样的？

答：如锅炉效率、燃料发热量、给水焓值（决定于给水温度和压力）保持不变，则过热蒸汽温度只决定于燃料量和给水量的比例 B/G，即燃水比（或称水燃比）。如果比值 B/G 保持一定，则过热蒸汽温度基本能保持稳定，反之，比值 B/G 的变化，则是造成过热汽温波动的基本原因。因此，在直流锅炉中汽温调节主要是通过给水量和燃料量的调整来进行。但在实际运行中，考虑到上述其他因素对过热汽温的影响，要保证 B/G 比值的精确值是不现实的。特别是在燃用固体燃料的锅炉中，由于不能精确地测定送入锅炉的燃料量，所以仅仅依靠 B/G 比值来调节过热汽温，则不能完全保证汽温的稳定。一般来说，在汽温调节中，将 B/G 比值作为过热汽温的一个粗调，然后用过热器喷水减温作为汽温的细调。

11. 防止锅炉灭火的重点要求有哪些？

答：（1）锅炉炉膛安全监控系统的设计、选型、安装、调试等各阶段都应严格执行 DL/T 1091—2018《火力发电厂锅炉炉膛安全监控系统技术规程》中的安全规定。

（2）根据 DL/T 435—2018《电站锅炉炉膛防爆规程》中有关防止炉膛灭火放炮的规定以及设备的实际状况，如煤质监督、混配煤、燃烧调整、深度调峰运行等内容，制定防止锅炉灭火放炮的措施并严格执行。

（3）加强燃煤的监督管理，制定配煤掺烧管理办法，完善混煤设施。加强负荷预测和煤质分析，根据负荷和煤质变化做好深度调峰用煤管理和调整燃烧的应变措施，防止煤质突变引发燃烧失稳和锅炉灭火事故。

（4）锅炉新投产、改进性大修后或入炉燃料与设计燃料有较大差异时，应进行燃烧调整，以确定合理的配风方式、过量空气系数、煤粉细度、燃烧器倾角或旋流强度及不投油最低稳燃负荷等。

（5）当锅炉已经灭火或全部运行磨煤机的多个火检保护信号闪烁失稳时，严禁投油枪、微油点火枪、等离子点火枪等引燃。当锅炉灭火后，要立即停止燃料（含煤、油、燃气、制粉乏气风）供给，严禁用爆燃法恢复燃烧。重新点火前必须对锅炉进行充分通风吹扫，以排除炉膛和烟道内的可燃物质。

（6）100MW及以上等级机组的锅炉应装设锅炉灭火保护装置。该装置应包括但不限于以下功能：炉膛吹扫、锅炉点火、主燃料跳闸、全炉膛火焰监视、灭火保护和主燃料跳闸首出等。

（7）锅炉灭火保护装置和就地控制设备电源应可靠，电源应采用两路交流220V供电电源，其中一路应为交流不间断电源，另一路电源引自厂用事故保安电源。当设置冗余不间断电源系统时，也可两路均采用不间断电源，但两路进线应分别取自不同的供电母线，防止因瞬间失电造成失去锅炉灭火保护功能。

（8）参与灭火保护的炉膛压力测点应单独设置并冗余配置，必须保证炉膛压力信号取样部位设计合理、安装正确，各压力信号的取样管相互独立，系统工作可靠。炉膛负压模拟量测点应冗余配备4套或以上，各套测量系统的取样点、取样管、压力变送器均单独设置：其中3套为调节用，量程应大于炉膛压力异常联跳风机定值，另1套作监视用，其量程应大于炉膛瞬态承压能力极限值。

（9）炉膛压力保护定值应综合考虑炉膛防爆能力、炉底密封承受能力和锅炉正常燃烧要求，合理设置新机启动或机组检修后启动时必须进行炉膛压力保护带工质传动试验。

（10）加强锅炉灭火保护装置的维护与管理，防止发生火焰探头烧毁和污染失灵、炉膛负压管堵塞等问题，确保锅炉灭火保护装置可靠投用。

（11）每个煤、油、气燃烧器都应单独设置火焰检测装置。火焰检测装置应精细调整，保证锅炉在全负荷段（含深度调峰工况）和全适用煤种条件下都能正确检测到火焰。火焰检测装置冷却用气源应稳定可靠。

（12）锅炉运行中严禁随意退出锅炉灭火保护。因设备缺陷需部分退出锅炉灭火保护时，应严格履行审批手续，事先做好安全措施并及时恢复。严禁锅炉在灭火保护装置退出情况下启动。

（13）加强设备检修管理和运行维护，防止出现炉膛严重漏风、一次风管不畅、送风不正常脉动、直吹式制粉系统磨煤机堵煤断煤和粉管堵粉、中储式制粉系统给粉机下粉不均或煤粉自流、热控设备失灵等问题。

（14）加强点火油、气系统的维护管理，消除泄漏，防止燃油、燃气漏入炉膛发生爆燃。燃油、燃气速断阀要定期试验，确保动作正确、关闭严密。

（15）加强锅炉点火（稳燃）系统的检查和维护，定期对各型油枪进行清理和投入试验，确保油枪动作可靠、雾化良好，定期对等离子点火系统进行拉弧试验，确保点火（稳燃）系统可靠备用，能在锅炉深度调峰运行或燃烧不稳时及时投入。

（16）在停炉检修或备用期间，必须检查确认燃油或燃气系统阀门关闭的严密性。锅炉点火前应进行燃油、燃气系统泄漏试验，合格后方可点火启动。

（17）配置少油／无油点火系统煤粉锅炉的灭火保护应参照有关规范。采用中速磨煤机直吹式制粉系统时，180s 内未点燃时应立即停止相应磨煤机的运行，中储式制粉系统在 30s 内未点燃时，应立即停止相应给粉机的运行。

（18）启动点火期间，严禁磨煤机出力超出等离子或小油枪最大允许范围运行。锅炉点火失败后，必须经充分通风吹扫、查明原因后再重新投入。锅炉点火时严禁解除全炉膛灭火保护，严禁强制火检信号。

（19）加强热工控制系统的维护与管理，防止因分散控制系统死机导致的锅炉炉膛灭火放炮事故。

（20）锅炉实施灵活性改造应全面考虑掉渣、塌灰、辅机跳闸、负荷突变等。

（21）各类内扰或外扰对稳燃的影响，充分论证并制订可靠的燃烧器改造方案，消除燃烧器缺陷，确定深度调峰工况下的锅炉合理的燃烧方式和制粉系统组合方式。

（22）应通过试验确定锅炉深度调峰运行稳燃安全边界，并制定可靠的稳燃运行技术措施。当深度调峰运行出现燃烧不稳或达到稳燃安全边界时，应及时调整燃烧或投入稳燃系统。深度调峰工况不应采取煤质特性差异较大的煤种掺烧运行。

（23）完成灵活性改造的锅炉，应通过燃烧调整确认深度调峰工况下主辅机运行方式，并建立相应的风煤比、一次风压、二次风量、直流燃烧器摆角或旋流燃烧器旋流强度等参数的控制策略，完善深度调峰运行措施和应急预案。锅炉所有保护和自动投入率不应因深度调峰运行而降低。

12. 防止锅炉严重结渣的重点要求有哪些?

答:（1）锅炉炉膛的设计、选型应参照 DL/T 831—2015《大容量煤粉燃烧锅炉炉膛选型导则》的有关规定进行。

（2）重视锅炉燃烧器的安装、检修和维护，保留必要的安装记录，确保安装角度正确，避免一次风射流偏斜产生贴壁气流。燃烧器改造后的锅炉投运前应进行冷态炉膛空气动力场试验，以检查燃烧器安装角度是否正确，确定锅炉炉内空气动力场符合设计要求。

（3）加强氧量计、一氧化碳测量装置、风量测量装置及二次风门等锅炉燃烧监视、调整相关设备的管理与维护，形成定期校验制度，确保其指示准确，动作正确，避免在炉内近壁区域形成还原性气氛，从而加剧炉膛结渣。

（4）采用与锅炉相匹配的煤种，是防止炉膛结渣的重要措施，当煤种改变时，要进行变煤种燃烧调整试验。

（5）加强运行培训，使运行人员了解防止炉膛和燃烧器结渣的要素，熟悉燃烧调整手段。

（6）运行人员应监视和分析炉膛结渣情况，发现结渣，应及时处理。

（7）应加强锅炉吹灰器维护、检修，设置合理的吹灰参数，严格执行定期吹灰制度，防止受热面结渣沾污造成超温。

（8）锅炉受热面及炉底等部位严重结渣，影响锅炉安全运行时，应立即停炉处理。

第三节　制粉系统

1. 何谓制粉系统？典型的制粉系统有哪些？

答：（1）在火力发电厂中，以磨煤机为中心，将原煤磨制成合格的煤粉，并输送到煤粉仓储存起来或直接送到炉内的系统，称为制粉系统。

（2）典型的制粉系统有中间储仓式和直吹式两种。

2. 制粉系统运行的主要任务是什么？

答：（1）以满足锅炉最大出力为前提，保证合格的煤粉细度和适宜的水分。

（2）保持制粉系统的经济运行。

（3）保证设备处于安全的运行工况。

3. 磨煤机的作用是什么？种类有哪些？常用的磨煤机有哪些？

答：磨煤机的作用是将具有一定尺寸的煤块破碎并磨制成煤粉。磨煤机按转速分为：低速磨煤机（$14 \sim 25r/min$）、中速磨煤机（$50 \sim 300r/min$）、高速磨煤机（$500 \sim 1500r/min$）。常用的低速磨煤机是球磨机、中速磨煤机是碗式磨煤机、MPS 磨煤机等高速磨煤机是风扇磨。

4. 制粉系统的任务是什么？形式有哪些？

答：制粉系统的任务是将原煤磨制成煤粉，并干燥到一定程度，然后经燃烧器送进炉膛燃烧。常用的制粉系统有直吹式和中间储仓式两大类。

5. 制粉系统的主要设备有哪些？

答：原煤仓、给煤机、磨煤机、分离器、密封风机、锁气器，中间储仓式系统还有细粉分离器、煤粉仓、给粉机等。

6. 直吹式制粉系统在自动投入时，运行中给煤机皮带打滑，

对锅炉燃烧有何影响？

答：磨煤机瞬间断煤，磨出口温度上升，给煤机给煤指令增大，汽温、汽压下降，处理不当磨煤机将产生强烈振动，燃烧不稳。

7. 中速磨煤机运行中进水有什么现象？

答：磨煤机出口温度下降，冷空气进入炉膛，造成燃烧不稳，可能发生灭火，蒸汽压力和温度下降，机组负荷下降。

8. 什么是直吹式制粉系统，有哪几种类型？

答：磨煤机磨出的煤粉，不经中间停留，而被直接吹送到炉膛去燃烧的制粉系统，称直吹式制粉系统。直吹式制粉系统大多配用中速磨煤机或高速磨煤机（风扇磨或锤击磨）。

根据排粉机安装位置不同，直吹式制粉系统分为正压系统与负压系统两类。

9. 制粉系统为何在启动、停止或断煤时易发生爆炸？

答：（1）煤粉爆炸的基本条件是合适的煤粉浓度、较高的温度或火源以及有空气扰动等。

（2）制粉系统在启动与停止过程中，由于磨煤机出口温度不易控制，容易发生因超温而使煤粉爆炸；运行过程中，因断煤而处理又不及时时，使磨煤机出口温度过高而引起爆炸。

（3）在启动或停止过程中，磨煤机内煤量较少，研磨部件金属直接发生撞击和摩擦，易产生火星而引起煤粉爆炸。

（4）制粉系统中，如果有积粉自燃，启动时由于气流扰动，也可能引起煤粉爆炸。

（5）制粉浓度是产生爆炸的重要因素之一。在停止过程中，风粉浓度会发生变化，当具备合适浓度又有产生火源的条件，也可能发生煤粉爆炸。

10. 为什么在启动制粉系统时要减小锅炉送风，而停止时要增大锅炉送风？

答：运行时要维持炉膛出口过量空气系数为定值。制粉系统投入时，有漏风存在，制粉系统漏风系数为正值，则空气预热器出口空气侧过量空气系数值应减小，即送入炉膛的空气量应减小。

当制粉系统停运时，制粉系统漏风系数为零，则空气预热器出口空气侧过量空气系数值应增大，即送入炉膛的空气量应增大。

11. 磨煤机停止运行时，为什么必须抽净余粉？

答：停止制粉系统时，当给煤机停止给煤后，要求磨煤机、排粉机再运行一段时间方可相继停运，以便抽净磨煤机内余粉。这是因为磨煤机停止后，如果还残余有煤粉，就会慢慢氧化升温，最后会引起自燃爆炸。另外磨煤机停止后还有煤粉存在，下次启动磨煤机时，会造成带负荷启动，本来电动机启动电流就较大，这样会使启动电流更大，特别对于中速磨煤机会更明显些。

12. 锅炉停用时间较长时，为什么必须把原煤仓和煤粉仓的原煤和煤粉用完？

答：按照有关规程要求，在锅炉停炉检修或停炉长期备用时，停炉前必须把原煤仓中的原煤用完，才能停止制粉系统运行；把煤粉仓中的煤粉用完，才能停止锅炉运行。其主要目的是防止在停用期间，由于原煤和煤粉的氧化升温而可能引起自燃爆炸。另外，原煤、煤粉用完，也为原煤仓、煤粉仓的检修以及为下粉管、给煤机、一次风机混合器等设备的检修，创造良好的工作条件。

13. 磨煤机为什么不能长时间空转？

答：磨煤机在试运行时，停磨抽净煤粉时或启动时，都要有一段时间的空转。但根据有关规程要求，钢球筒式磨煤机的空转时间，不得大于10min；中速磨煤机断煤情况下的空转时间，一般不得大于1min。这样要求的原因是磨煤机空转时，研磨部件金属直接发生撞击和摩擦，使金属磨损量增大；钢球与钢球、钢球与钢甲发生撞击时，钢球可能碎裂；金属直接发生撞击与摩擦，容易发生火星，又有可能成为煤粉爆炸的火源。所以，必须严格控制磨煤机的空转时间。

14. 煤的元素分析成分有哪些？

答：煤的元素分析成分有碳（C）、氢（H）、氧（O）、氮（N）、硫（S）、水分（M）和灰分（A）。其中碳、氢、硫是可燃成分，氧、硫、水分、灰分是主要有害成分。

15. 煤的工业分析成分有哪些?

答：煤的工业分析成分包括：水分、挥发分、固定碳和灰分。其中挥发分和固定碳是可燃成分。挥发分的多少对煤燃烧过程的发生和发展有重大影响，挥发分含量越多，着火越轻易，燃烧越完全。

16. 电厂用煤分哪几类? 燃烧特点是什么?

答：电厂用煤按照干燥无灰基的挥发分含量将煤主要分为无烟煤、贫煤、烟煤和褐煤等。其中无烟煤（$V_{daf} \leqslant 10\%$），其发热量高，但不易着火，燃烧缓慢；贫煤（$10\% < V_{daf} < 20\%$）；烟煤（$V_{daf} = 20\% \sim 40\%$），其轻易着火和燃烧，且发热量较高；褐煤（$V_{DA} > 40\%$）着火燃烧轻易，但发热量较低。此外，还有洗中煤、泥煤、油页岩和煤矸石等。

17. 什么是磨煤出力与干燥出力?

答：（1）磨煤出力是指单位时间内，在保证一定煤粉细度条件下，磨煤机所能磨制的原煤量。

（2）干燥出力是指单位时间内，磨煤系统能将多少原煤由最初的水分 M_{ar}（收到基水分）干燥到煤粉水分 M_{mf} 的原煤量。

18. 简述磨煤通风量与干燥通风量的作用，两者如何协调?

答：（1）送入磨煤机的风量，同时有两个作用，一是以一定的流速将磨出的煤粉输送出去，另一作用是以其具有的热量将原煤干燥。考虑这两个方面，所需的风量分别称为磨煤通风量与干燥通风量。

（2）协调这两个风量的基本原则：首先，满足磨煤通风量的需要，以保证煤粉细度及磨煤机出力；其次，保证干燥任务的完成是用调节干燥剂温度实现的。

19. 煤粉细度是如何调节的?

答：（1）煤粉细度可通过改变通风量、粗粉分离器挡板开度或转速来调节。

（2）减小通风量，可使煤粉变细，反之，煤粉将变粗。当增大通风量时，应适当关小粗粉分离器折向挡板，以防煤粉过粗。同时，在调节风量时，要注意监视磨煤机出口温度。

（3）开大粗粉分离器折向挡板开度或转速，或提高粗粉分离器出口套筒高度，可使煤粉变粗，反之则变细。但在进行上述调节的同时，必须注意对给煤量的调节。

20. 磨煤机运行时，如原煤水分升高，应注意些什么？

答：原煤水分升高，会使煤的输送困难，磨煤机出力下降，出口气粉混合物温度降低。因此，要特别注意监视检查和及时调节，以维持制粉系统运行正常和锅炉燃烧稳定。主要应注意以下几方面：

（1）经常检查磨煤机出、入口管壁温度变化情况。

（2）经常检查给煤机落煤有无积煤、堵煤现象。

（3）加强磨煤机出入口压差及温度的监视，以判断是否有断煤或堵煤的情况。

（4）制粉系统停止后，应打开磨煤机进口检查孔，如发现管壁有积煤，应予铲除。

21. 制粉系统漏风过程对锅炉有何危害？

答：制粉系统漏风，会减小进入磨煤机的热风量，恶化通风过程，从而使磨煤机出力下降，磨煤电耗增大。漏入系统的冷风，最后要进入炉膛，结果使炉内温度水平下降，辐射传热量降低，对流传热比例增大，同时还使燃烧的稳定性变差。由于冷风通过制粉系统进入炉内，在总风量不变的情况下，经过空气预热器的空气量将减小，结果会使排烟温度升高，锅炉热效率将下降。

22. 制粉系统启动前应进行哪些方面的检查与准备工作？

答：（1）设备检查。设备周围应无积存的粉尘、杂物，各处无积粉自燃现象，所有挡板、锁气器、检查门、人孔等应动作灵活，均能全开及关闭严密，防爆门严密并符合有关要求，粉位测量装置已提升到适当高度，灭火装置处于备用状态。

（2）转动机械检查。所有转动机械处于随时可以启动状态，润滑油系统油质良好，温度符合要求，油量合适，冷却水畅通。转动机械在检修后均进行过分部试运转。

（3）原煤仓中备用足够的原煤。

（4）电气设备、热工仪表及自动装置均具备启动条件。如果检修后启动，还需做下列试验：拉合闸试验、事故按钮试验、联锁装置试验等。

23. 运行过程中怎样判断磨煤机内煤量的多少？

答： 在运行中，如果磨煤机出入口压差增大，说明存煤量大，反之是煤量少。磨煤机出口气粉混合物温度下降，说明煤量多；温度上升，说明煤量减少。电动机电流升高，说明煤量多（但满煤时除外）；电流减小，说明煤量少。有经验的运行人员还可根据磨煤机发生的音响，判断煤量的多少：声音小、沉闷，说明磨煤机内煤量多；如果声音大，并有明显的金属撞击声，则说明煤量少。

24. 试述氧和氮在煤中的含量和危害？

答： 氧在煤中的含量最高可达 40%，随着煤化程度的提高，煤中氧的含量逐渐减少。氮在煤中的含量只有 0.5% ~ 2.0%。两者都是煤中的杂质。氮在燃烧时会转化成氧化氮，造成大气污染，是有害物质。

25. 试述硫在煤中的存在形式和危害？

答： 硫以有机硫、黄铁矿硫、硫酸盐硫三种形式存在于煤中。前两种硫是可燃物质，每千克硫完全燃烧时可释放出 9040kJ 的热量。硫在燃烧时生成二氧化硫，对受热面产生腐蚀，并对大气造成污染，是煤中的有害物质。

26. 试述水分在煤中的含量及对燃烧的影响？

答：（1）煤样在 102 ~ 105℃条件下干燥到恒重，失去的质量就是全水分。水分含量从 2% ~ 60% 不等，随着煤化年代的增加，煤中水分逐渐减少。

（2）煤中的水分不利于燃烧，它会降低燃烧温度。燃料燃烧后，水分吸收热量转变为水蒸气，随烟气排入大气，降低锅炉效率，增大烟气量，同时给低温腐蚀创造了条件。

27. 什么叫灰分？灰分对锅炉燃烧的影响有哪些？

答：（1）将煤样在空气中加热到（800±25）℃，灼烧 2h，余下的质量就是灰分。

（2）灰分非但不可以燃烧，而且还阻碍氧与可燃物质的结合，造成着火和燃尽困难。另外，灰分是造成结焦、积灰和磨损的直接原因，同时灰分还会造成大气污染。

28. 磨煤机温度异常及着火后应如何处理？

答：（1）正常运行中，磨煤机出口温度应小于设定Ⅰ值，当磨煤机出口温度大于Ⅰ值时，应适当增加磨煤机煤量、关小热风调节挡板、开大冷风调节挡板，以控制磨煤机出口温度在正常范围内。

（2）当磨煤机出口温度上升到设定Ⅱ值时，磨煤机热风隔离门自动关闭，否则应手动关闭热风隔离门，同时开大冷风调节挡板，对磨煤机内部进行降温。

（3）经上述处理后，磨煤机出口温度仍继续上升，当升至Ⅲ值时，应保护或人为停止磨煤机及相应的给煤机运行，关闭磨煤机热风、冷风隔离门，关闭磨煤机出口门及给煤机出口煤闸门，关闭磨煤机密封隔离门，关闭磨煤机石子煤排放阀，将磨煤机完全隔离，然后开启磨煤机蒸汽灭火装置，对磨煤机进行灭火。

（4）等磨煤机出口温度恢复正常后，停止磨煤机蒸汽灭火，做好安全隔离措施后，由检修人员进行处理，确认火源消除且设备无异常可重新启动。

29. 如何防止制粉系统爆炸？

答：（1）坚持执行定期降粉制度和停炉前煤粉仓空仓制度。

（2）根据煤种控制磨煤机的出口温度，制粉系统停止运行后，对输粉管道要充分进行抽粉。有条件的，停用时宜对煤粉仓实行充氮或二氧化碳保护。

（3）加强燃用煤种的煤质分析和配煤管理，燃用易自燃的煤种应及早通知运行人员，以便加强监视和巡查，发现异常及时处理。

（4）粉仓应设置足够的粉仓温度测点和温度报警装置。当发现粉仓内温度异常升高或确认粉仓内有自燃现象时，应及时投入灭火系统，防止因自燃引起粉仓爆炸。

（5）加强防爆门的检查和管理工作，防爆薄膜应有足够的防爆面积和规定的强度。防爆门动作后喷出的火焰和高温气体，要改变排放方向或采取其他隔离措施，以避免危及人身安全、损坏设备和烧损电缆。

（6）粉仓铰龙的吸潮管应完好，管内通畅无阻，运行中粉仓要保持适当的负压。

（7）杜绝外来火源。

30. 配有直吹式制粉系统的锅炉如何调整燃料量？

答：配有直吹式制粉系统的锅炉，由于无中间储粉仓，它的出力大小将直接影响到锅炉的蒸发量，故负荷有较大变动时，需启动或停止一套制粉系统运行。在确定启停方案时，必须考虑到燃烧工况的合理性及蒸汽参数的稳定。

增加负荷时应先增加引风量，再增加送风量，最后增加燃料量，降负荷时相反。若锅炉负荷变化不大，则可通过调节运行的制粉系统出力来解决。当锅炉负荷增加，应先开启磨煤机的进口风量挡板，增加磨煤机的通风量，以利用磨煤机内的存粉作为增加负荷开始时的缓冲调节，然后再增加给煤量，同时相应地开大二次风门。反之，当锅炉负荷降低时，则减少磨煤机的给煤量和通风量及二次风量，必要时投油助燃。负荷变化较大时，通过启、停制粉系统的方式满足负荷要求。

31. 煤粉达到迅速而又完全燃烧必须具备哪些条件？

答：（1）要供给适当的空气量。

（2）维持足够高的炉膛温度。

（3）燃料与空气能良好混合。

（4）有足够的燃烧时间。

（5）维持合格的煤粉细度。

（6）维持较高的空气温度。

32. 什么是煤粉的均匀性指数 n？

答：表征煤粉颗粒均匀程度指标，称均匀性指数，也称煤粉颗粒特性系数，用 n 表示。

33. 什么是经济细度？如何确定经济细度？

答：锅炉运行中，应综合考虑确定煤粉细度，把固体未完全燃烧热损失 q_4、磨煤电耗及金属磨耗 q_{p+m} 都核算成统一的经济指标，它们之和为最小时，所对应的煤粉细度，称经济细度或最佳

细度 R_{90ZJ}。经济细度可通过试验绘制的曲线来确定。

34. 影响煤粉细度的因素有哪些?

答:影响煤粉细度的因素有燃料的燃烧特性、磨煤机及分离器的性能等。

35. 煤粉的主要物理特性有哪些?

答:(1)颗粒特性:煤粉由尺寸不同、形状不规则的颗粒组成,一般煤粉颗粒直径范围为 $0 \sim 1000\,\mu m$,大多为 $20 \sim 50\,\mu m$。

(2)煤粉的密度:煤粉密度较小,新磨制的煤粉堆积密度约为 $0.45 \sim 0.5 t/m^3$,储存一定时间后堆积密度变为 $0.8 \sim 0.9 t/m^3$。

(3)煤粉具有流动性:煤粉颗粒很细,单位质量的煤粉具有较大的表面积,表面可吸附大量空气,从而使其具有流动性。这一特性,使煤粉便于气力输送,缺点是易形成煤粉自流,设备不严密时容易漏粉。

36. 灰的性质指标用什么来表示?

答:将灰制成底面为等边三角形的灰堆,然后逐步加热,根据灰堆的形态变化确定三个温度指标来表示灰的融化性质:

(1)变形温度 DT(原 t_1),指堆顶变圆或开始倾斜。

(2)软化温度 ST(原 t_2),堆顶弯至堆底或萎缩成球形。

(3)熔化温度 FT(原 t_3),堆体呈液态沿平面流动。

实践表明,相对于固态排渣炉,当灰的软化温度 ST 大于 1350℃时,结渣的可能性不大。

37. 旋流煤粉燃烧器配风的种类有哪些? 各自的作用是什么?

答:旋流煤粉燃烧器配风分为一次风、内二次风和外二次风。

(1)一次风:直流,用于输送煤粉,并满足煤粉气流初期燃烧所需氧量由制粉系统风量确定。

(2)内二次风:直流,由套筒调节风量。

(3)外二次风:旋流,与内二次风一起供给燃烧器充足氧量,并组织起合适的气流结构,保证燃烧稳定完全;由套筒调节风量,调风器调节旋流强度。

第四节　风烟系统

1. 简述风烟系统由哪些重要设备组成。

答：锅炉的烟风系统主要由一次风机及其附属设备、送风机及其附属设备、引风机及其附属设备、空气预热器及其附属设备、暖风器、火检风机等设备组成。

2. 简述火电机组风烟系统流程。

答：火电机组风烟系统流程：空气→送风机→暖风器→空气预热器→二次风箱→炉膛→水平烟道→尾部烟道→脱硝系统→空气预热器—电除尘→引风机→脱硫系统→烟囱→排大气。

3. 简述送风机的作用。

答：送风机是为炉膛内燃料提供燃烧所需的新鲜空气（二次风）的设备。二次风由送风机从空气吸入，经暖风器和空气预热器的加热后进入位于锅炉前、后墙的二次风箱，再由二次风箱分配给煤粉助燃。

4. 简述引风机的作用。

答：引风机是将炉膛内由于燃烧产生的高温烟气吸出炉膛并排向大气的设备。同时引风机还可以起到维持炉膛微负压状态的作用。

5. 简述空气预热器的作用。

答：空气预热器是为高温烟气、燃烧所需空气（二次风）和制粉系统所需空气（一次风）提供换热条件的热交换平台。空气预热器的作用可以概括如下：可降低锅炉的排烟损失，提高锅炉效率，同时也可为锅炉提供热空气，帮助煤粉燃烧和干燥制粉系统的所属设备，同时还起到输送煤粉的作用。

6. 回转式空气预热器的密封部位有哪些？什么部位的漏风量最大？

答：回转式空气预热器的径向、轴向、周向上均设有密封额件。其中径向密封的漏风量最大。

7. 简述暖风器的位置及作用。

答：暖风器一般布置在空气预热器入口的一、二次风道处，其作用主要是提高空气预热器的冷端温度，以达到减轻空气预热器低温腐蚀的目的。

8. 简述火检风机的作用。

答：火检风机主要是为炉膛的煤、油火检探头、等离子提供冷却风源。

9. 炉膛火焰监视系统由哪些设备组成？

答：（1）炉膛火焰场景潜望镜和控制、保护系统。

（2）电视摄像机和保护系统。

（3）电视信号传输电缆。

（4）电视信号监视器。

10. 简述轴流式风机的工作原理。

答：当轴流式风机的叶轮在电动机带动下旋转时，叶片在气体中运行，给气体一个作用力，气体受到叶片的推挤后便沿着风机轴的方向不断由进口流向出口。

11. 离心式风机的工作原理是什么？

答：离心式风机是利用离心力来工作的，当离心式风机的叶轮在电机拖动下转动时，叶轮间的气体也随之转动，气体本身由于离心力的作用被甩出，并从叶轮出口外送出去。气体的流出造成了叶轮进口空间的真空，于是外界空气自动补入，又在旋转中获得能量，再从叶轮出口输送出去，这样形成了气体的连续流动。

12. 如何选择并联运行的离心风机？

答：（1）最好选择两台特性曲线完全相同的风机并联。

（2）每台风机流量的选择应以并联工作后工作点的总流量为依据。

（3）每台风机配套电机容量应以每台风机单独运行时的工作点所需的功率来选择，以便发挥单台风机工作时最大流量的可能性。

13. 简述离心式风机的调节原理。

答：风机在实际运行中流量总是跟随锅炉负荷发生变化，因此，需要对风机的工作点进行适当的调节。所谓调节原理就是通过改变离心式风机的特性曲线或管路特性曲线人为地改变风机工作点的位置，使风机的输出流量和实际需要量相平衡。

14. 什么是离心式风机的特性曲线？风机实际性能曲线在转速不变时的变化情况？

答：当风机转速不变时，可以表示出风量 Q- 风压 P，风量 Q- 功率 P，风量 Q- 效率 η 等关系曲线称为离心式风机的特性曲线。

由于实际运行的风机，存在着各种能量损失，所以 Q-P 曲线变化不是线性关系。由 Q-P 曲线可以看出风机的风量减小时全风压增高，风量增大时全风压降低。这是一条很重要的特性曲线。

15. 风机的启动主要有哪几个步骤？

答：（1）具有润滑油系统的风机应首先启动润滑油泵，并调整油压、油量正常。

（2）采用液压联轴器调整风量的风机，应启动辅助油泵对各级齿轮和轴承进行供油。

（3）启动轴承冷却风机。

（4）关闭出入口挡板或将动叶调零，保持风机空载启动。

（5）启动风机，注意电流回摆时间。

（6）电流正常后，调整出力至所需。

16. 风机喘振有什么现象？

答：运行中风机发生喘振时，风量、风压周期性的反复，并在较大的范围内变化，风机本身产生强烈的振动，发出强大的噪声。

17. 轴流式风机有何特点？

答：在同样流量下，轴流式风机体积可以大大缩小，因而它占地面积也小。轴流式风机叶轮上的叶片可以做成能够转动的，在调节风量时，借助转动机械将叶片的安装角改变一下，即可达到调节风量的目的。

18. 什么是离心式风机的工作点？

答：由于风机在其连接的管路系统中输送流量时，它所产生的全风压恰好等于该管路系统输送相同流量气体时所消耗的总压头。因此它们之间在能量供求关系上是处于平衡状态的，风机的工作点必然是管路特性曲线与风机的流量 - 风压特性曲线的交点，而不会是其他点。

19. 风机运行中发生哪些异常情况应加强监视？

答：（1）风机突然发生振动、窜轴或有摩擦声音，并有所增大时。

（2）轴承温度升高，没有查明原因时。

（3）轴瓦冷却水中断或水量过小时。

（4）风机室内有异常声音，原因不明时。

（5）电动机温度升高或有异音时。

（6）并联或串联风机运行，其中一台停运，对运行风机应加强监视。

20. 风机运行中常见故障有哪些？

答：风机的种类、工作条件不同，所发生的故障也不尽相同，但概括起来一般有以下几种故障：

（1）风机电流不正常的增大或减小，或摆动大。

（2）风机的风压、风量不正常变化，忽大忽小。

（3）机械产生严重摩擦、振动撞击等异常响声，地脚螺栓断裂，台板裂纹。

（4）轴承温度不正常升高。

（5）润滑油流出、变质或有焦味，冒烟，冷却水回水温度不正常升高。

（6）电动机温度不正常升高，冒烟或有焦味，电源开关跳闸等。

21. 风机按其工作原理是如何分类的？

答：风机按其工作原理可分为叶轮式和容积式两种。火电厂常用的离心式和轴流式风机属于叶轮式风机而空气压缩机则属于容积式风机。另外一些不常用的如叶氏风机、罗茨风机和螺杆风机等也属于容积式风机。

22. 离心式风机启动前应注意什么？

答：风机在启动前，应做好以下主要工作：

（1）关闭进风调节挡板。

（2）检查轴承润滑油是否完好。

（3）检查冷却水管的供水情况。

（4）检查联轴器是否完好。

（5）检查电气线路及仪表是否正确。

23. 离心式风机投入运行后应注意哪些问题？

答：（1）风机安装后试运转时，先将风机启动 1 ～ 2h，停机检查轴承及其他设备有无松动情况，待处理后再运转 6 ～ 8h，风机大修后分部试运不少于 30min，如情况正常可交付使用。

（2）风机启动后，应检查电机运转情况，发现有强烈噪声及剧烈振动时，应停车检查原因予以消除。启动正常后，风机逐渐开大进风调节挡板。

（3）运行中应注意轴承润滑、冷却情况及温度的高低。

（4）不允许长时间超电流运行。

（5）注意运行中的振动、噪声及敲击声音。

（6）发生强烈振动和噪声，振幅超过允许值时，应立即停机检查。

24. 风机发生喘振和失速的原因？怎样预防？

答：风机动叶片前后压差大小决定于动叶冲角的大小，在临界冲角值以内其压差大致与叶片冲角成正比，不同的叶片叶型有不同的临界冲角数值。翼型的冲角不超过临界值，气流沿叶片凸面平稳地流过，一旦叶片的冲角超过临界值，气流会离开叶片凸面发生边界层分离现象，产生大区域的涡流，此时风机的全压下降这种情况被称作风机失速现象。轴流风机在不稳定工况区运行时，还可能发生流量、全压和电流的大幅度的波动，气流会发生往复流动，风机及管道会产生强烈的振动，噪声显著增高，这种不稳定工况称为喘振。

在选择轴流风机时应仔细核实风机的经常工作点是否落在稳定区内，同时在选择调节方法时，需注意工作点的变化情况，动叶可调轴流风机由于改变动叶的安装角进行调节，所以当风机减少流量时，小风量使轴向速度降低而造成的气流冲角的改变，恰好由动叶安装角的改变得以补偿，使气流的冲角不至于增大，于是风机不会产生旋转脱流，更不会产生喘振。动叶安装角减小时，风机不稳定区越来越小，这对风机的稳定运行是非常有利的。

防止喘振的具体措施：

（1）使泵或风机的流量恒大于 Q_K。如果系统中所需要的流量小于 Q_K 时，可装设再循环管或自动排出阀门，使风机的排出流量恒大于 Q_K。

（2）如果管路性能曲线不经过坐标原点时，改变风机的转速，也可能得到稳定的运行工况，通过风机各种转速下性能曲线中最高压力点的抛物线，将风机的性能曲线分割为两部分，右边为稳定工作区，左边为不稳定工作区，当管路性能曲线经过坐标原点时，改变转速并无效果，因此时各转速下的工作点均是相似工况点。

（3）对轴流式风机采用可调叶片调节，当系统需要的流量减小时，则减小其安装角，性能曲线下移，临界点向左下方移动，输出流量也相应减小。

（4）最根本的措施是尽量避免采用具有驼峰形性能曲线的风机，而采用性能曲线平直向下倾斜的风机。

25. 轴流风机喘振有何危害？

答：当风机发生喘振时，风机的流量周期性的反复，并在很大范围内变化，表现为零甚至出现负值。风机流量的这种正负剧烈的波动，将发生气流的猛烈撞击，使风机本身产生剧烈振动，同时风机工作的噪声加剧。特别是大容量的高压头风机产生喘振时的危害很大，可能导致设备和轴承的损坏，造成事故，直接影响锅炉的安全运行。

26. 漏风对锅炉运行的经济性和安全性有何影响？

答：不同部位的漏风对锅炉运行造成的危害不完全相同。但不管哪些部位漏风，都会使气体体积增大，使排烟热损失升高，引风机电耗增大。如果漏风严重，引风机已开到最大还不能维持规定的负压（炉膛、烟道），被迫减小送风量时，会使不完全燃烧热损失增大，结渣可能性加剧，甚至不得不限制锅炉出力。炉膛下部及燃烧器附近漏风可能影响燃料的着火与燃烧。由于炉膛温度下降，炉内辐射传热量减小，并降低炉膛出口烟温。炉膛上部漏风，虽然对燃烧和炉内传热影响不大，但是炉膛出口烟温下降，对漏风点以后的受热面的传热量将会减少。对流烟道漏风将降低漏风点的烟温及以后受热面的传热温差，因而减小漏风点及以后受热面的吸热量。由于吸热量减小，烟气经过更多受热面之后，烟温将达到或超过原有温度水平，会使排烟热损失明显上升。

综上所述，炉膛漏风比烟道漏风的危害大，烟道漏风的部位越靠前，其危害越大。空气预热器以后的烟道漏风，只使引风机电耗增大。

27. 简述锅炉尾部烟道发生二次燃烧的现象。

答：当锅炉尾部烟道发生二次燃烧时，燃烧处的烟温、工质温度将会突然升高。当引风机投自动调节时，将观察到引风机的动叶频繁动作，炉膛负压大幅波动。当引风机为手动调节时，将观察到锅炉烟道及炉膛负压剧烈变化并偏向正值。锅炉的排烟温度异常升高，并从引风机轴封和烟道的不严密处向外冒烟或喷火星。

如果二次燃烧现象发生在空气预热器处，将发现锅炉的一、二次风温异常增大，并且空气预热器电动机电流指示晃动，严重时空气预热器的外壳将烧红，转子与外壳还可能存在金属摩擦声。

28. 简述锅炉尾部烟道发生二次燃烧的原因。

答：锅炉尾部烟道的二次燃烧现象是沉积在尾部烟道或受热面上的可燃物和未燃尽物达到着火条件后的复燃现象。烟道内可燃物的沉积，主要由以下原因形成：

（1）对锅炉燃烧工况的调整不当。当燃料品质或运行工况发生变化时，对燃烧调整不及时或调整不当，从而使得锅炉的一、二次风量过小、煤粉过粗或自流、油枪雾化不良，使未燃尽的可燃物随烟气进入烟道并与受热面接触或撞击后沉积在锅炉的受热面或尾部烟道处。

（2）炉膛温度低，燃料着火困难。当锅炉处于低负荷运行、点火初期或停炉等过程中时，由于炉膛温度过低，使得燃料着火困难，造成部分燃料在炉膛内无法完全燃烧而被烟气带至烟道内。由于在这些过程中烟气的流速很低，因此极易发生烟气中可燃物沉积在锅炉的受热面或尾部烟道处。

（3）燃料切断不及时。发生紧急停炉时未能及时切断燃料，停炉后或点火前炉膛吹扫时间过短或吹扫风量过小，造成可燃物质沉积在尾部烟道内或受热面处。

（4）吹灰器投入不及时。在机组正常运行中，由于空气预热器的吹灰器长期故障或停用，使尾部受热面上的积灰和可燃性沉积物不能及时得到清除，将增加受热面表面粗糙程度，使得受热面表面更容易黏附烟气中的固态物质。如此恶性循环，使尾部烟道受热面上的可燃物质逐渐积聚起来，导致锅炉尾部烟道发生二次燃烧。

29. 简述锅炉尾部烟道二次燃烧的处理。

答： 发现烟气温度不正常升高时，应立即查明原因，改变不正常的燃烧方式，并对预热器和烟道用蒸汽进行吹灰，及时消除可燃物在烟道内的再燃烧。如已影响到参数变化时，应立即调整，设法尽快恢复正常。

当达到烟道内可燃物再燃烧的紧急停炉条件时，应立即手动MFT紧急停炉。发生烟道内可燃物再燃烧时紧急停炉的处理方法和要求除以下不同点外，其余与常规紧急停炉相同。

（1）立即停用所有引风机、送风机，严密关闭风烟系统的所有风门、挡板和炉膛、烟道各门、孔，保持炉底及烟道各灰斗水封正常，使燃烧室及烟道处于密闭状态，严禁通风，开启蒸汽灭火装置或利用蒸汽吹灰器向燃烧室、烟道及预热器内喷入蒸汽进行灭火。待各点烟温明显下降，均接近喷入的蒸汽温度并稳定后，方可停止蒸汽灭火或蒸汽吹灰设备。小心开启检查门进行全面检查，确认烟道内燃烧已熄灭无火源后，方可开启风烟系统的风门、挡板，启动引风机和送风机保持额定风量30%的风量对燃烧室和烟道进行吹扫，吹扫时间不少于10min。

（2）停炉后回转式预热器应继续运行，必要时应采用电动或手动盘车装置使转子继续保持转动，以防止预热器停转后发生变形损坏。

（3）若引风机处烟温过高或发现轴封处冒烟、喷火星时，在引风机停用后应设法使引风机定期转动，防止引风机叶轮或主轴变形。

（4）由于再燃烧现象发生，使省煤器处烟温不正常地升高时，为防止省煤器管系的损坏，应在停炉后对省煤器进行小流量通水冷却，以确保省煤器管系的安全。再燃烧现象确已不再存在，并按规定要求通风吹扫完毕，经进入烟道复查设备确无损坏时，锅炉方可重新启动。

第五节　超超临界锅炉的积盐及腐蚀

1. 什么是锅炉的蒸汽品质？

答： 电厂锅炉生产的蒸汽必须符合设计规定的压力和温度，蒸汽中的杂质含量也必须控制在规定的范围内。通常所说的蒸汽品质是指杂质在蒸汽中的含量，换句话说就是蒸汽的洁净程度。

2. 锅炉对给水和炉水品质有哪些要求？

答：（1）对给水品质的要求：硬度、溶解氧、pH 值、含油量、含盐量、联氨、含铜量、含铁量、电导率必须合格。

（2）对炉水品质的要求：悬浮物、总碱度、溶解氧、pH 值、磷酸根、氯根、固形物（导电度）等必须合格。

3. 进入锅炉的给水为什么必须经过除氧？

答： 这是因为如果锅炉给水中含有氧气，将会使给水管道、锅炉设备及汽轮机通流部分遭受腐蚀，缩短设备使用寿命。防止腐蚀最有效的办法是除去水中的溶解氧和其他气体，这一过程称为给水的除氧。

4. 为什么要对新装和大修后的锅炉进行化学清洗？

答： 锅炉在制造、运输和安装、检修的过程中，在汽水系统各承压部件内部难免要产生和粘污一些油垢、铁屑、焊渣、铁的氧化物等杂质。这些杂质一旦进入运行中的汽水系统，将对锅炉和汽轮机造成极大的危害，所以对新装和大修后正式投运前的锅炉必须进行化学清洗，清除这些杂物。

5. 影响停用锅炉腐蚀的因素有哪些？

答：对于采用热炉放水保护受热面和汽水管路的锅炉，影响停用腐蚀的因素主要有温度、湿度、金属表面的清洁程度和水膜的化学成分等，对于采用充水防腐方法保护受热面及汽水管路的锅炉，影响停用腐蚀的因素主要有水温、溶氧量、水的化学成分和金属表面的清洁度等。

6. 蒸汽品质恶化的危害有哪些？

答：（1）造成过热器积盐，引起腐蚀并影响传热，导致过热器超温爆管。

（2）在汽轮机通流部位积盐，减小通流面积，导致汽轮机腐蚀，影响汽轮机效率。

（3）在汽轮机调速汽门处积盐，造成汽门、门杆、门座腐蚀及卡涩，影响调速系统的灵活性，以致影响安全运行。

7. 三级处理值的含义是什么？

答：（1）一级处理值——有因杂质造成腐蚀的可能性，应在72h 内恢复到标准值。

（2）二级处理值——肯定有因杂质造成腐蚀的可能性，应在24h 内恢复到标准值。

（3）三级处理值——正在进行快速腐蚀，如水质不好转，应在 4h 内停炉。

在异常处理的每一级中，如果在规定的时间内尚不能恢复正常则应采用更高一级的处理方法。

8. 停炉保养的原则。

答：（1）不让空气进入锅炉的汽水系统。

（2）在金属表面形成具有防腐作用的薄膜，以隔绝空气。

（3）保持停用后锅炉汽水系统金属表面干燥或使金属浸泡在含有保护剂的水溶液中。

（4）根据锅炉停用时间长短、停用后有无检修工作以及当时的环境条件来确定停炉保养方法。

（5）冬季停炉，保养同时做好锅炉防冻措施。

（6）停炉保养期间，不仅要注意管内的防腐，也应重视受热面外部的防腐。

9. 锅炉保养方法如何选择？

答：（1）锅炉运行设备作短期备用，承压部件没有检修工作，并且准备随时启动时采用"加热充压法"进行保养。超超临界压力直流锅炉停炉保养方法的标准规范见表 1-3-1。

表 1-3-1　　　超超临界压力直流锅炉停炉保养方法的标准规范

锅炉本体	$t < 60h$	$60h \leqslant t < 2$ 周	$t \geqslant 2$ 周
操作	保持正常的停运状态	当锅炉压力低于 60kPa 后，过热器充入氮气	用氮气置换省煤器以及过热器系统，如果锅炉没有充满水，应首先向锅炉注水，如果锅炉停炉后立即充氮，可在锅炉压力降至 350kPa 时开始置换
省煤器至启动分离器	充满除盐水（pH：9.4～9.5，25℃）	充满除盐水（pH：9.4～9.5，25℃）	充氮密封（设定压力 30～60kPa）
过热器系统	保压密封	充氮密封（设定压力 30～60kPa）	充氮密封（设定压力 30～60kPa）
再热器系统	保持干态（由冷凝器维持真空）		

注 1. 对于化学清洗后的停炉，用联氨浓度为 $100mgN_2H_4/L$ 的除盐水充满保养。

2. 对于停炉时间 < 60h 的停炉保养，使用标准方法，直至锅炉的保养压力 ≤ 60kPa。

（2）锅炉停运超过十天时，采用"带压放水余热烘干法"进行保养。

（3）锅炉停运超过一个月时，应采用"充氮法"进行保养。

（4）冷炉不能转为"干式防腐"。必须转为"干式防腐"，应点火升压至额定压力的30%后再降压，采用"余热烘干法"进行保养。

10. 热炉放水余热烘干法的具体操作方法？

答：（1）锅炉停运以后，确认锅炉上水管道均已隔绝。

（2）锅炉分离器出口压力降压到1.0MPa时，确认所有烟风道挡板关闭。

（3）1号锅炉分离器出口压力降压到1.0MPa时，开启锅炉水冷壁、省煤器放水门、取样门，开启过热器、再热器系统所有疏水门，进行锅炉热炉放水。

（4）汽水分离器压力降至0.2MPa，打开锅炉汽水系统所有空气门。

（5）锅炉放水结束，在辅汽正常的情况下，可以启动水环真空泵对锅炉进行抽真空排汽防腐。尽快关闭过热器、再热器所有空气门、疏水门，关闭水冷壁放水门。关闭过热器、再热器减温水总门，不严者关手动门。

（6）确证锅炉具备抽真空条件，汽轮机重新送汽封，经旁路系统抽真空。

（7）维持凝汽器真空 −50kPa 以上，抽真空 4h，防腐结束。

（8）抽真空结束，对锅炉汽水系统再次放水。

（9）放水结束后，关闭锅炉各疏水、放水、排空、减温水门，锅炉自然冷却。

11. 影响杂质沉积过程的因素有哪些？

答：影响杂质沉积过程的因素包括：各杂质在给水中的含量、各杂质在蒸汽中的溶解度、各杂质在锅内发生的物理化学变化、各杂质在高温水中的溶解度、锅炉运行工况、蒸发管的热负荷及管内传质过程。

由于直流锅炉会发生变化，有时会发生蒸汽含钠量高于给水含盐量的情况。

12. 新建锅炉的清洗要求?

答: (1) 直流炉在投产前必须进行化学清洗。

(2) 再热器一般不进行化学清洗, 出口压力为 17.4 MPa 及以上机组的锅炉再热器可根据情况进行化学清洗, 但必须有消除立式管内的气塞和防止腐蚀产物在管内沉积的措施, 应保持管内清洗流速在 0.15m/s 以上。

(3) 过热器垢量大于 100g/㎡时, 可选用化学清洗, 但必须有防止立式管产生气塞和腐蚀产物在管内沉积的措施, 过热器和再热器的清洗也可采用蒸汽加氧吹洗。

(4) 机组容量为 200MW 及以上机组的凝结水及高压给水系统, 垢量小于 150g/㎡时, 可采用流速大于 0.5m/s 的水冲洗, 垢量大于 150g/㎡时, 必须进行化学清洗。

13. 锅炉清洗质量指标?

答: (1) 清洗后的金属表面应清洁, 基本上无残留氧化物和焊渣, 无明显金属粗晶析出的过洗现象, 不应有镀铜现象。

(2) 用腐蚀指示片测量的金属平均腐蚀速度应小于 8g/ (㎡h), 腐蚀总量应小于 80g/㎡, 除垢率不小于 90% 为合格, 除垢率不小于 95% 为优良。

(3) 清洗后的表面应形成良好的钝化保护膜, 不应出现二次锈蚀和点蚀。

(4) 固定设备上的阀门、仪表等不应受到损伤。

14. 锅炉化学清洗的注意事项?

答: (1) 整个化学清洗过程中, 应严格按规定控制酸 (碱) 的温度、流量、药液浓度等参数。清洗液的排放, 要避免排放超标, 造成环境污染。

(2) 在清洗过程中, 对过热器中可能进入了酸 (碱) 液的水要重新用除盐水或冷凝水置换和清除。

(3) 锅炉化学清洗最好安排在临近锅炉蒸汽吹管阶段进行。如果化学清洗后与锅炉蒸汽吹管时间相隔太长, 可能会使受热面再次腐蚀。

(4) 对清洗液的排放时间应控制在一定范围内, 以免清洗后的脏物又重新附着在下集箱。

（5）361 阀不参加锅炉化学清洗，化学清洗至阀前 1m 处的管道即可。

15. 空气预热器低温腐蚀的原因是什么？

答：当烟气温度低于 200℃时，SO_3 会与水蒸气结合生成硫酸蒸汽。由于硫酸蒸汽的凝结温度比水蒸气高得多（可能达到 $140 \sim 160℃$，甚至更高），因此烟气中只要含有很少量的硫酸蒸汽，烟气露点温度就会明显的升高。当烟气进入低温受热面时，由于烟温降低或在接触到低温受热面时，只要在温度低于露点温度，水蒸气和硫酸蒸汽将会凝结。水蒸气在受热面上的凝结，将会造成金属的氧腐蚀，而硫酸蒸汽在受热面上的凝结，将会使金属产生严重的酸腐蚀。同时，上述腐蚀产物和凝结产物与飞灰反应，生成酸性结灰。酸性黏结灰能使烟气中的飞灰大量黏结沉积，形成不易被吹灰清除的低温黏结结灰。由于结灰，传热能力降低，受热面壁温降低，引起更严重的低温腐蚀和黏结结灰，最终有可能堵塞烟气通道。

16. 运行中采取何措施防止空气预热器低温腐蚀？

答：（1）采用低氧燃烧，可以将烟气中 SO_3 大量降低，烟气露点下降，腐蚀速度减小，但是化学未完全燃烧增加，排烟损失减少，锅炉效率稍有增加。

（2）控制炉膛燃烧温度水平，减少 SO_3 的生成量。

（3）定期吹灰，利于清除积灰，又利于防止低温腐蚀。

（4）定期冲洗。如空预器冷段积灰，可以用碱性水冲洗受热面清除积灰。冲洗后一般可以恢复至原先的排烟温度，而且腐蚀减轻。

（5）避免和减少尾部受热面漏风。因漏风，受热面温度降低，腐蚀加速。特别是空气预热器漏风，漏风处温度大量下降，导致严重的低温腐蚀。

17. 防止锅炉四管爆漏的重点要求有哪些？

答：（1）建立锅炉承压部件防磨防爆设备台账，制定和落实防磨防爆定期检查计划、防磨防爆预案，完善防磨防爆检查、考核制度。

（2）应采用漏泄监测装置。水冷壁、过热器、再热器、省煤器管发生爆漏时，应及时停运，防止扩大冲刷损坏其他管段。

（3）定期检查水冷壁刚性梁四角连接及燃烧器悬吊机构，发现问题及时处理。防止因水冷壁晃动或燃烧器与水冷壁鳍片处焊缝受力过载拉裂而造成水冷壁泄漏。

（4）加强蒸汽吹灰设备系统的维护及管理。在蒸汽吹灰系统投入正式运行前，应对各吹灰器蒸汽喷嘴伸入炉膛内的实际位置及角度进行测量、调整，并定期对吹灰器的吹灰压力进行逐个整定，避免吹灰压力过高。吹灰器投用前应对吹灰管路充分暖管疏水，严禁吹灰蒸汽带水。运行中遇有吹灰器卡涩、进汽门关闭不严等问题，应及时将吹灰器退出并关闭进汽门，避免受热面被吹损，并通知检修人员处理。

（5）锅炉发生四管爆漏后，必须尽快停炉。在对锅炉运行数据和爆口位置、数量、宏观形貌、内外壁情况等信息做全面记录后方可进行割管和检修。应对爆漏原因进行分析，分析手段包括宏观分析、金相组织分析和力学性能试验，必要时对结垢和腐蚀产物进行化学成分分析，根据分析结果采取相应措施。

（6）运行时间接近设计寿命或发生频繁泄漏的锅炉过热器、再热器、省煤器，应对受热面管进行寿命评估，并根据评估结果及时安排更换。

（7）达到设计使用年限的机组和设备，必须按规定对主设备特别是承压管路进行全面检查和试验，组织专家进行全面安全性评估，经主管部门审批后，方可继续投入使用。

（8）对新更换的金属钢管必须进行光谱复核，焊缝100%探伤检查，并按DL/T 869—2021《火力发电厂焊接技术规程》和DL/T 819—2019《火力发电厂焊接热处理技术规程》要求进行热处理。

（9）加强锅炉水冷壁及集箱检查，以防止裂纹导致泄漏。

18. 防止超（超超）临界锅炉高温受热面管内氧化皮大面积

脱落的重点要求有哪些?

答:(1)超(超超)临界锅炉受热面设计必须尽可能减少热偏差,各段受热面必须布置足够的壁温测点,测点应定期检查校验,确保壁温测点的准确性。

(2)高温受热面管材的选取应考虑合理的高温抗氧化裕度。

(3)加强锅炉受热面和联箱监造、安装阶段的监督检查,必须确保用材正确,受热面内部清洁,无杂物。重点检查原材料质量证明书、入厂复检报告和进口材料的商检报告。

(4)必须准确掌握各受热面多种材料拼接情况,合理制定壁温报警定值。

(5)必须重视试运中酸洗、吹管工艺质量,吹管完成过热器高温受热面联箱和节流孔必须进行内部检查、清理工作,确保联箱及节流圈前清洁无异物。

(6)不论是机组启动过程,还是运行中,都必须建立严格的超温管理制度,认真落实,严格执行规程,杜绝超温。

(7)严格执行厂家设计的启动、停止方式和变负荷、变温速率。

(8)机组运行中,尽可能通过燃烧调整,结合平稳使用减温水和吹灰,减少烟温、汽温和受热面壁温偏差,保证各段受热面吸热正常,防止超温和温度突变。

(9)对于存在氧化皮问题的锅炉,不应停炉后强制通风快冷。

(10)加强汽水监督,给水品质达到 GB/T 12145—2016《火力发电机组及蒸汽动力设备水汽质量》。

(11)新投产的超(超超)临界锅炉,必须在第一次检修时进行高温段受热面的管内氧化情况检查。对于存在氧化皮问题的锅炉,必须利用检修机会对弯头及水平段进行氧化层检查,以及氧化皮分布和运行中壁温指示对应性检查。

(12)加强对超(超超)临界机组锅炉过热器的高温段联箱、管排下部弯管和节流圈的检查,以防止由于异物和氧化皮脱落造成的堵管爆破事故。对弯曲半径较小的弯管应进行重点检查。

(13)加强新型高合金材质管道和锅炉蒸汽连接管在使用过程

中的监督检验，每次检修均应对焊口、弯头、三通、阀门等进行抽查，尤其应注重对焊接接头中危害性缺陷（如裂纹、未熔合等）的检查和处理，不允许存在超标缺陷的设备投入运行，以防止泄漏事故。对于记录缺陷也应加强监督，掌握缺陷在运行过程中的变化规律及发展趋势，对可能造成的隐患提前做出预判。

（14）加强新型高合金材质管道和锅炉蒸汽连接管运行过程中材质变化规律的分析，定期对 P91、P92、P122 等材质的管道和管件进行硬度和微观金相组织定点跟踪抽查，积累试验数据并与国内外相关的研究成果进行对比，掌握材质老化的规律，一旦发现材质劣化严重应及时进行更换。对于应用于高温蒸汽管道的 P91、P92、P122 等材质的管道，如果发现硬度低于标准值，应及时分析原因，进行金相组织检验，必要时，进行强度计算与寿命评估，并根据评估结果采取相应措施。焊缝硬度超出控制范围，首先在原测点附近两处和原测点 180° 位置再次测量，其次在原测点可适当打磨较深位置，打磨后的管子壁厚不应小于管子的最小计算壁厚。

第六节　锅炉吹灰系统及设备

1. 受热面积灰有什么危害？

答：灰的导热系数小，在锅炉受热面上发生积灰，将会大大影响锅炉受热面的传热，从而使锅炉效率降低。当烟道截面积的对流受热面上发生积灰时，会使通道截面减小，增加流通阻力，使引风机出力不足，降低运行负荷，严重时还会堵塞尾部烟道，甚至被迫停炉检修。由于积灰使烟气温度升高，还可能影响后部受热面的运行安全。

2. 锅炉蒸汽吹灰器投运时应注意哪些问题？

答：（1）对吹灰蒸汽管道进行暖管和疏水，使供汽温度达到规定值。

（2）每个吹灰器投入前都应就地检查机械装置有无异常。

（3）若发现进汽阀不能按时开启，应及时停止该吹灰器运行并及时退出。

（4）若吹灰过程中吹管卡在炉内，当电动无法退出时，应立即改用手动退出。

（5）在吹灰管退出工作区前，不可以停止供汽，以防烧坏吹灰器。

（6）吹灰时，应沿烟气流动方向吹扫，以提高吹灰效果。

3. 激波吹灰系统的注意事项？

答：（1）乙炔，在空气中的爆炸极限 2.5% ～ 80%。省煤器激波系统吹灰时，禁止乙炔瓶更换或进行压力、流量的调整操作。

（2）激波吹灰系统、乙炔减压站，与明火距离不小于 10m。

（3）乙炔瓶必须直立，不能横躺卧放，严禁敲击、碰撞，乙炔存放处必须设置防倾倒设施。

（4）乙炔瓶严禁暴晒，瓶体表面温度不得超过 40℃。

（5）乙炔减压站减压阀前压力小于 0.3MPa，必须更换气瓶，禁止继续使用。

（6）开启乙炔瓶的瓶阀时，不要超过 1.5 圈，一般情况下只开启 3/4 圈。

（7）乙炔从瓶内输出的压力不得超过 0.15MPa。

（8）就地查看或调整系统压力、流量时，操作人员必须站在标计侧面，禁止正对表计。

（9）激波吹灰系统未运行时，巡检定期对激波吹灰系统压缩空气调整阀下的油水过滤器进行排水。

（10）激波吹灰系统或乙炔瓶使用过程中发现泄漏，立即进行隔离泄压，及时联系检修处理。

4. 影响省煤器飞灰磨损的主要因素有哪些？

答：（1）烟气的流动速度。

（2）气流的运动方向。

（3）管壁的材料和管壁温度。

（4）灰粒的特性。

（5）管束的排列和冲刷方式。

（6）烟气的化学成分。

（7）烟气走廊的设计和安装。

（8）运行调整因素。

5. 煤粉锅炉的积灰及结渣对锅炉运行有何危害？

答：（1）恶化传热，加剧结渣过程。

（2）换热量减少，出口温度升高，热偏差增大。

（3）水冷壁结渣、积灰较多时，易造成高温腐蚀。

（4）降低锅炉效率。

（5）结渣严重时，大块渣落下易砸坏水冷壁，造成恶性事故。

6. 锅炉吹灰器的故障现象及原因有哪些？

答：故障现象：

（1）吹灰器电机过载报警。

（2）吹灰器运行超时报警。

（3）吹灰器电机过流报警。

（4）吹灰器卡涩。

（5）吹灰器泄漏。

故障原因包括：

（1）吹灰器机械传动机构过紧。

（2）吹灰器导轨弯曲。

（3）电动机卡涩。

（4）吹灰器联轴销子断。

（5）吹灰器密封部件损坏。

第七节　脱硝系统

1. 脱硝系统启动前检查项目有哪些？

答：（1）联系化学值班员，确认尿素溶解系统、尿素水解系统具备启动条件。

（2）检查烟道膨胀节连接牢固、无破损，人孔门、检查孔关闭严密。

（3）SCR 反应器进出口差压、压力、温度等热工仪表应完好，投入正常。

（4）检查 SCR 反应器进出口 CEMS 系统各测点投入正常，显示正确。

（5）检查供氨蒸汽伴热系统已投入运行，供氨流量调整平台管道电伴热、蒸汽伴热已投入运行，温度正常。

（6）锅炉运行正常，烟气温度应符合脱硝要求。

（7）送上 DCS、仪表、信号、变送器等装置的操作、保护电源。

（8）各转动设备试转合格，联锁保护试验合格，且 DCS 上各保护投入。

（9）稀释风机启动，稀释风母管风压，A、B 稀释风流量在正常值范围。

（10）检查确认检修工作结束，工作票已终结。

（11）阀门位置正确，管道的连接、布置无误，无松动，检查管道已封闭，堵板已拆除。

（12）检查管路的止回阀安装方向与气流方向一致。

（13）附属设备及管道安装、试压、清洁完成。

（14）各种监控仪表正常。

（15）阀门控制设备开关正常。

2. SCR 反应器运行中的检查项？

答：（1）氨气区域应无漏氨，DCS 无氨泄漏报警，就地无刺鼻的氨味。

（2）氨气分配蝶阀均应在指定开度，不得随意变动。

（3）反应器本体严密无漏烟，膨胀指示正常。

（4）蒸汽吹灰器连接完好，无漏汽。

（5）CEMS 烟气分析仪及其自检系统应正常。

（6）运行中注意监视 SCR 反应器出口 NO_x 排放浓度小于 $50mg/m^3$（标准状态下），反应器出口氨逃逸量不超过 2.3mg/L。

（7）若发生氨逃逸过量，应降低脱硝效率，适当减少尿素溶液流量，直至氨逃逸量调整到正常运行范围，并联系热控人员检查氨逃逸表计指示的准确性。

（8）SCR反应器入口烟气温度小于400℃，若超过400℃，10min内无法恢复正常，汇报值长降低锅炉负荷，直至SCR反应器入口烟气温度低于400℃。

（9）升负荷过程中，适当开启燃尽风门，提前降低NO_x排放浓度，防止启动磨煤机后脱硝系统入口NO_x浓度剧烈上升。

（10）脱硝系统运行监视脱硝系统进出口差压，如若差压大于300Pa，应增加蒸汽吹灰频次。

（11）喷氨格栅在引风机运行后应保持持续通风，防止喷氨格栅积灰堵塞。

（12）氨/空混合器后温度大于120℃，低于120℃存在氨气凝结的可能。

3. 大型燃煤电站锅炉全负荷SCR脱硝技术有哪些？为实现全负荷脱硝对SCR脱硝技术进行改造有哪些简要说明？各有什么优缺点？

答：一般全负荷SCR脱硝技术分为两种：

（1）在确保催化剂可以满足锅炉低负荷时烟气温度运行的要求，将催化剂转变为低温催化剂。

（2）提升进入到SCR装置中烟气的温度，不论在怎样的负荷下，控制机组反应器中烟气温度始终控制为320～420℃。由于低温催化剂还处于不断实验阶段，不能应用于工程当中，故而，只有采用提高低负荷时烟气温度的方式，对SCR脱硝技术进行改造。这种方式的改造手段有四种，分别为增设省煤器烟气旁路、增设省煤器工质旁路、对省煤器进行分组布置以及锅炉低负荷时提高给水温度。

1）增设省煤器烟气旁路：

该项技术就是在省煤器的作用下进一步减少给水加热的烟气，将给水加热烟气通过增设旁路直接进入到SCR装置当中的方法，进而提高SCR装置反应区的烟气温度。在省煤器旁路的烟道出口处设置了专门的烟气挡板，利用挡板的开合状态有效控制SCR装置中烟气的进入量，最终达到控制烟气温度的目的。

上述方式存在的缺陷及不足：

①因为直接进入 SCR 装置的烟气是从省煤器旁路进入的，因此不能加热给水温度，这样一来势必会使锅炉效率下降0.5%～1.5%，所消耗的燃料量增加。

②由于省煤器旁路烟道出口设置了专门的挡板，长时间运行会产生堵灰现象，对系统运行的稳定性造成不利影响。

③烟气由省煤器旁路直接进入 SCR 装置，进入反应区的烟气会对烟气流场造成干扰，扰乱脱硝系统的良好运行。

④鉴于给水加热量较少，应该对锅炉内热平衡及性能进行充分分析并准确计算，随后进行改造。改造技术对挡板性能有着很高的要求，在挡板打开后一旦出现不能关闭现象，就会引发锅炉高负荷，致使更多的高温烟气进入到 SCR 装置的反应区，导致氨这种催化剂迅速烧结。

2）增设省煤器工质旁路：

该项技术主要是在省煤器的换热给水处增设旁路，减少给水在省煤器的换热量，继而有效减少烟气经过省煤器时的热损失，提升 SCR 装置中反应区烟气的温度，由于在水旁路安装了专门的调节门，因此可以通过控制调节门用于烟气温度的调节。

上述技术存在以下几方面缺陷：

上述技术的给水换热系数是烟气换热系数的 1/83，二者相差甚远，尽管提高了烟气进入 SCR 装置反应区的温度，但是收效甚微，这种远不如在省煤器增设烟气旁路的效果要好。这种方式大大减少了省煤器的给水量，造成省煤器出口水温骤然上升，极端情况会造成省煤器出口处给水气化，进而对省煤器造成一定损坏。

由于在省煤器增设了给水旁路，大大弱化了给水换热效果，促使排烟热损失大幅度增加，最终导致锅炉热效率下降。

3）对省煤器进行分级布置：

该项技术的目的就是缩小之前省煤器的换热面，进一步减少SCR 装置中反应区烟气的热损失，进而提升反应区内烟气的温度，与此同时在 SCR 后增设二级省煤器，主要用于给水加热。通过减少 SCR 反应器前省煤器的吸热量，达到提高 SCR 反应器进口温度在 320℃以上的目的。烟气通过 SCR 反应器脱除 NO$_x$ 之后，进一步通过 SCR 反应器后的省煤器来吸收烟气中的热量，以保证空气预热器进、出口烟温基本不变，保证锅炉的热效率等性能指标不受影响。

上述这种方式可以确保空预器前烟气温度以及省煤器出口处给水温度保持不变，增强锅炉的经济性，在确保其热效率的稳定的同时，保障锅炉良好运行，同时还在很大程度上提高了锅炉的安全性及稳定性。尽管这种方法有着很多优势，但是改造成本较高，虽然 SCR 装置反应区的烟气温度会大大提高，但是不具备相应的烟气温度调节功能，加剧了锅炉高负荷运行下烟气温度过高的风险。

4）提高低负荷下锅炉的给水温度：

该项技术主要是通过提高在进入省煤器前给水的温度以达到减少给水在省煤器处的吸热量，从而减少烟气在省煤器处的热量损失，最终达到提高 SCR 反应器中烟气温度的目的，提高给水温度的措施主要有增加 0 号高加。增设 0 号高加提高给水温度就是从汽轮机高压缸上选择一个合适的抽汽点，将该抽汽引入 0 号高加，在机组低负荷时投该路抽汽，来提高给水温度，以提高省煤器出口排烟温度，而保证低负荷时 SCR 催化剂能够安全稳定连续运行，实现全负荷脱硝的功能。此种方法不但能够提高进入 SCR 反应器的烟温度，还能进一步提高机组热效率（约 1%），减少煤耗。

第八节　超超临界锅炉金属材料简介

1. 采用螺旋管圈水冷壁的优点是什么？

答：（1）螺旋管圈的一大特点就是能够在炉膛尺寸一定的条件下，通过改变螺旋升角来调整平行管的数量，保证获得足够的工质质量流速，使管壁得到足够的冷却，保证锅炉的安全。

（2）沿炉膛高度方向热负荷变化平缓，管间吸热偏差小。

（3）抗燃烧干扰能力强。

（4）适于锅炉变压运行。

2. 对锅炉钢管的材料性能有哪些要求？

答：（1）足够的持久强度、蠕变极限和持久断裂塑性。

（2）良好的组织稳定性。

（3）高的抗氧化性。

（4）钢管应有良好的热加工工艺性，特别是可焊性。

3. 什么是钢的屈服强度、极限强度和持久强度？

答：在拉伸试验中，当试样应力超过弹性极限后，继续增加拉力达到某一数值时，拉力不增加或开始有所降低，而试样仍然能继续变形，这种现象称为"屈服"。钢开始产生屈服时的应力称为屈服强度。钢能承受最大载荷（即断裂载荷）时的应力，称为极限强度。钢在高温长期应力作用下，抵抗断裂的能力，称为持久强度。

4. 什么是蠕变，它对钢的性能有什么影响？

答：金属在高温和应力作用下逐渐产生塑性变形的现象叫蠕变。 对钢的性能影响：钢的蠕变可以看成为缓慢的屈服。由于蠕变产生塑性变形，使应力发生变化，甚至整个钢件中的应力重新分布。钢件的塑性不断增加，弹性变形随时间逐渐减少。蠕变使得钢的强度、弹性、塑性、硬度、冲击韧性下降。

5. 20 号优质碳素钢的耐受温度限制是多少？分别用在哪些受热面上？

答：20 号优质碳素钢普遍使用于金属温度不大于 500℃的受热面管，及金属温度不大于 450℃的导管、联箱。分别用在水冷壁、省煤器、低温过热器、低温再热器等受热面。

6. 锅炉不同受热面管用钢应具有哪些性能？选材有哪些要求？亚临界、超临界、超超临界机组水冷壁/省煤器选用什么材质？

答：性能：

（1）较高的室温、中温拉伸强度。

（2）良好的抗腐蚀性能。

（3）良好的抗热疲劳性能。

（4）具有一定的抗汽水腐蚀的能力。

（5）良好的冷、热加工工艺性能和焊接性能。

超临界锅炉水冷壁通常选用 15CrMoG/T12，超超临界锅炉水冷壁低温段选用 15CrMoG，较高温度区段选 12CrlMoVG、T23、T24、T91，亚临界锅炉水冷壁通常选用 20G、SA 210C。省煤器通常选用 SA 210C。

锅炉过热器 / 再热器管选材：

锅炉过热器 / 再热器管用钢相对于主蒸汽管道、高温集箱用钢，还应具有以下更高的要求：

（1）更高的抗氧化性能，所用材料应属 1 级完全抗氧化性材料，工作温度下的氧化速度应小于 0.1mm/a。对于奥氏体不锈耐热钢，还应考虑内壁抗氧化性能。

（2）具有良好的抗腐蚀性能。

（3）具有良好的冷、热加工工艺性能和焊接性能。

锅炉过热器 / 再热器管用钢的选用原则：

（1）主要考虑部件材料应有高的高温拉伸强度、高的持久强度、高的微观组织稳定性和抗高温氧化性能。

（2）对同一牌号的钢材，用于高温受热面管的允许最高服役温度一般可高于主蒸汽管道、高温再热蒸汽管道、高温集箱、高温管件及导汽管等部件。

超（超）临界锅炉过热器 / 再热器管根据不同的温度区段，通常选 T12、12Cr2MoG/T22、12Cr1MoVG、T91、T92、TP304H、TP347H、TP347HFG、TP321H、TP316H，S30432/Super304H、HR3C/TP310HCBN。

第九节　超超临界锅炉的启停

1. 启动过程中记录各膨胀指示值有何重要意义？

答：（1）升温升压时，受热元件必然要发生热膨胀。为了不使受热元件产生较大的热应力，就不能使其膨胀受阻，否则必然使受热元件发生变形或损坏。

（2）记录膨胀指示的意义就是在锅炉工况扰动时能够及时发现膨胀受阻的地方，及时采取措施，避免设备损坏。

2. 为什么直流锅炉启动时必须建立启动流量和启动压力？

答：汽包锅炉启动时，水冷壁的冷却依靠逐步建立的自然循环工质。直流锅炉不同于汽包锅炉，启动过程中必须有连续不断的给水流经蒸发段以冷却。同时为了保证受热的蒸发段不致在压力较低时即发生汽化，使部分管子得不到充分冷却而烧坏，直流锅炉启动时还需建立一定的启动压力。

3. 直流锅炉在启动过程中为什么要严格控制启动分离器水位？

答：控制启动分离器水位的意义如下：

（1）启动分离器水位过高会造成给水经过热器进入汽轮机尤其是在热态启动时会给汽轮机带来严重危害，也会使过热器产生极大的热应力，损伤过热器。

（2）启动分离器水位过低，有可能造成汽水混合物大量排泄，使过热器得不到充足的冷却工质造成超温，即所谓的"蒸汽走短路"现象。

4. 什么是直流锅炉启动时的膨胀现象？造成膨胀现象的原因是什么？启动膨胀量的大小与哪些因素有关？

答：直流锅炉一点火，蒸发受热面内的水是在给水泵的推动下流动的。随着锅炉热负荷逐渐增大，锅炉的水温也不断升高，在水温达到饱和温度后开始汽化，工质比体积也会明显增大。这时会将汽化点以后管内工质向锅炉出口排挤，使进入启动分离器的工质体积流量比锅炉入口的体积流量明显增大，这种现象称为膨胀现象。

产生膨胀现象的基本原因是蒸汽与水的比体积差别太大。启动时，蒸发受热面内流过的全部是水，在加热过程中水温逐渐升高，中间点的工质首先达到饱和温度而开始汽化，体积突然增大，引起局部压力升高，猛烈地将其后面的工质推向出口，造成锅炉出口工质的瞬时排出量很大。启动时，膨胀量过大将使锅内工质压力和启动分离器的水位难以控制。影响膨胀量大小的主要因素有：

（1）启动分离器的位置。启动分离器越靠近出口，汽化点到分离器之间的受热面中蓄水量越多，汽化膨胀量越大，膨胀现象持续的时间也越长。

（2）启动压力。启动压力越低，其饱和温度也越低，水的汽化点前移，使汽化点后面的受热面内蓄水量大，汽水比体积差别也大，从而使膨胀量加大。

（3）给水温度。给水温度高低，影响工质开始汽化的时间。给水温度高，汽化点提前，汽化点后部的受热面内蓄水量大，使膨胀量增大。

（4）燃料投入速度。燃料投入速度即启动时的燃烧率。燃烧率高，炉内热负荷高，工质温升快，汽化点提前，膨胀量增大。

5. 暖管的目的是什么？

答：利用锅炉生产的蒸汽通过主汽旁路阀缓慢加热蒸汽管道，将蒸汽管道逐渐加热到接近其工作温度的过程，称暖管。暖管的目的是通过缓慢加热使管道及附件（阀门、法兰）均匀升温，防止出现较大温差应力，并使管道内的疏水顺利排出，防止出现水击现象。

6. 暖管速度过快有何危害？

答：暖管时升温速度过快，会使管道与附件有较大的温差，从而产生较大的附加应力。另外，暖管时升温速度过快，可能使管道中疏水来不及排出，引起严重水击，从而危及管道、管道附件以及支吊架的安全。

7. 什么是滑参数停炉？

答：停炉时锅炉与汽轮机配合，在降低电负荷的同时，逐步降低锅炉参数的停炉方式称为滑参数停炉，一般只用于单元制机组。

8. 滑参数停炉有什么优点？

答：（1）停炉时的降温降压过程中，保持有较大的蒸汽流量，能够使汽轮机金属温度得到均匀冷却和冷却速度快。对于待检修的汽轮机，可缩短开缸时间。

（2）充分利用余热发电，节约工质，减少了停炉过程中的热损失，热经济性高。

9. 锅炉停炉消压后为何还需要上水、放水？

答：自然循环式锅炉在启动时，需注意防止水冷壁各部位受热不均，出现膨胀不一致现象。锅炉停炉时，则需注意水冷壁各部分因冷却不均、收缩不一致而引起的热应力。停炉消压后，炉温逐渐降低，水循环基本停止，水冷壁内的水基本处于不流动状态，这时，水冷壁会因各处温度不一样，使收缩不均而出现温差应力。

停炉消压后上水、放水的目的就是促使水冷壁内的水流动，以均衡水冷壁各部位的温度，防止出现温差应力。同时，通过上水、放水吸收炉墙释放的热量，可加快锅炉冷却速度，使水冷壁得到保护，也为锅炉检修争取到一定时间。

10. 锅炉升压过程中膨胀不均匀的原因是什么？热力管道为什么要装有膨胀补偿器？

答：升压过程中投入的燃烧器和油枪数目少，火焰充满度差，炉内各部分温度不均匀，水冷壁的吸热不均，各水冷壁管的水循环不一致，就出现膨胀不均的现象，某些管道或联箱在通过护板，或导架、支吊架及其他杂物阻碍，膨胀时受阻，产生较大的热应力，所以对膨胀量大的，自然补偿不满足要求的管道，要装有膨胀补偿装置，以使热应力不超过允许值。

11. 锅炉停炉分哪几种类型，其操作要点是什么？

答：根据锅炉停炉前所处的状态以及停炉后的处理，锅炉停炉可分为如下几种类型：

正常停炉：按照计划，锅炉停炉后要处于较长时间的备用，或进行大修、小修等。这种停炉需按照降压曲线，进行减负荷、降压，停炉后进行均匀缓慢的冷却，防止产生热应力。停机时间超过七天时应将原煤煤粉烧完。

热备用锅炉：按照调度计划，锅炉停止运行一段时间后，还需启动继续运行。这种情况锅炉停下后，要设法减小热量散失，尽可能保持一定的汽压，以缩短再次启动时的时间。

紧急停炉：运行中锅炉发生重大事故，危及人身及设备安全，需要立即停止锅炉运行。紧急停炉后，往往需要尽快进行检修，以消除故障，所以需要适当加快冷却速度。

12. 锅炉启动分为哪几个步骤？

答：启动前的准备→启动前的检查→投入电除尘器→投入脱硫系统→锅炉通风→点火→升温升压→投粉→升温升压到汽轮机要求参数值→汽轮机冲转暖机→汽轮机定速→发电机并网→锅炉继续升温升压到额定参数→视燃烧情况撤除全部点火用燃油或燃气→带负荷至额定。

对于母管制机组，当参数升到略低于额定参数时进行并汽操作，锅炉启动即告完成。

13. 简述点火前锅炉的吹扫如何进行？

答：回转式空气预热器投入运行后，启动引风机、送风机，保持额定风量的 25% ～ 30%，维持一定的炉膛负压持续运行时间应不少于 5min，完成对炉膛烟道的吹扫。

14. 锅炉的热态启动有何特点？

答：（1）点火前即具有一定的压力和温度，所以点火后升压、升温可适当加快速度。

（2）因热态启动时升压、升温变化幅度较小，故允许变化率较大。

（3）极热态启动时，因过热器壁温很高，故应合理使用对空排汽和旁路系统，防止冷汽进入过热器产生较大热应力，损坏过热器。

15. 机组极热态启动时，锅炉如何控制汽压汽温？

答：极热态锅炉启动初期，要采取一些措施提高过热蒸汽温度，如适当加大底层二次风，多投上层油枪，提高火焰中心。风量够用即可，不能过大，温升速度可适当加快，冲转前主要靠加减燃料量来控制汽温，靠调整高低压旁路的开度和向空排汽门的开度控制汽压，并网后，机组尽快带负荷，应适时投入减温水，并改变炉内配风，控制汽温上升的速度，随负荷增长，涨汽压，略涨汽温，等汽温与汽压匹配时，再按升温升压曲线控制机组参数。

16. 滑参数启动有何优点？

答：（1）启动时间短。

（2）工质和热量损失小。

（3）汽轮机暖机充分，热应力小。

（4）自始至终有工质冷却，避免烧坏过热器。

（5）可以有效地改善水循环和控制汽包上下壁温差。

17. 停炉过程中应注意什么？

答：（1）停炉前全面吹灰，解列前全部吹灰工作结束。

（2）停炉前和停炉过程中应及时调整燃料量和风量，保持燃烧的稳定，严密监视分离器水位。

（3）降温、降压应严格按规定执行。

（4）油枪投入运行后应投入空气预热器连续吹灰，监视排烟温度以防止尾部烟道发生二次燃烧，同时停运电除尘。

（5）锅炉熄火后应启动给水泵上水至 +200mm，防止水位下降太快。

（6）当空气预热器进口烟温在 150℃以上时，应注意监视。

（7）停炉热备用时，应紧闭锅炉各风门挡板，尽量减少汽压的下降。

（8）若空气预热器污染严重，停炉后应进行清洗。

（9）冬季停炉后还要做好锅炉的防寒、防冻措施。

18. 什么情况下紧急停炉？

答：（1）汽包水位超过极限值时。

（2）锅炉所有水位计损坏时。

（3）过热蒸汽管道、再热蒸汽管道、主给水管道发生爆破时。

（4）锅炉尾部发生再燃烧时。

（5）所有吸、送风机、空气预热器停止运行时。

（6）再热蒸汽中断时。

（7）锅炉压力升高到安全门动作压力，而所有安全门拒动时。

（8）炉膛内或烟道内发生爆炸，使设备遭到严重损坏时。

（9）锅炉灭火时。

（10）锅炉房内发生火警，直接影响锅炉的安全运行时。

（11）炉管爆破不能维持汽包正常水位时。

（12）所有的操作员站同时黑屏或死机且主要参数失去监视手段时。

19. 简述锅炉紧急停炉的处理方法？

答： 当锅炉符合紧急停炉条件时，应通过显示器台面盘上的紧急停炉按钮手动停炉，锅炉主燃料跳闸（MFT）动作后，立即检查自动装置应按下列自动进行动作，否则应进行人工干预。

（1）切断所有的燃料（煤粉、燃油）。

（2）联跳一次风机，进出口挡板关闭。

（3）磨煤机、给煤机全部停运。

（4）所有燃油进油、回油快关阀、调整阀、油枪快关阀关闭。

（5）汽轮机、发电机跳闸。

（6）全部吹灰器跳闸。

（7）各层二次风门挡板联锁开至吹扫位置。

（8）将引送风机的风量自动控制且为手动调节。

（9）检查关闭Ⅰ、Ⅱ过热器减温水隔离门及调整门，并将过热汽温度控制切为手动。

（10）检查关闭再热器减温水隔离门及调整门，并将再热汽温度控制切为手动。

（11）进行炉膛吹扫，锅炉主燃料跳闸（MFT）复归（MFT动作原因消除后）。

（12）如故障可以很快消除，应做好锅炉极热态启动的准备工作。

（13）如故障难以在短时间内消除，则按正常停炉处理。

20. 锅炉吹扫过程。

答：（1）炉膛吹扫允许条件均成立后，操作员启动吹扫程序，显示炉膛吹扫进行中，吹扫时间为300s。

（2）吹扫过程中，如果任一吹扫条件不满足，画面显示中断吹扫，计时器清零，并自动复位吹扫程序。

（3）当所有吹扫条件全部满足且持续 300s 后，显示炉膛吹扫成功，吹扫结束，MFT 复位。

（4）MFT 再次发生时，通过一个 MFT 脉冲信号清除炉膛吹扫成功信号，同时发送炉膛吹扫请求。

（5）炉膛吹扫指令也可复位炉膛吹扫成功信号。

21. MFT 联锁跳闸设备。

答：软回路（网络变量 +MFT 继电器柜来硬接线点）：

（1）联跳 A ～ F 给煤机。

（2）联跳 A ～ F 磨煤机。

（3）联跳磨煤机变频器 10kV 开关及变频器。

（4）联跳两台一次风机、密封风机。

（5）关闭所有磨煤机出口门。

（6）关闭再热器减温水总门。

（7）关闭过热器减温水总门。

（8）关闭过热器辅助减温水电动截止门。

（9）汽轮机 ETS 保护。

（10）联跳所有等离子点火器。

（11）关闭所有磨煤机入口冷一次气动插板门。

（12）关闭所有磨煤机入口热一次气动插板门。

（13）关闭 SCR 入口供氨管道气动门。

（14）退出所有吹灰器。

（15）联跳给水泵。

（16）锅炉主控、汽轮机主控切至手动状态。

硬回路（注：和 SCS 系统分成两路信号至电气设备）：

（1）联跳 A ～ F 磨煤机。

（2）联跳 A ～ F 给煤机。

（3）关 A ～ F 磨煤机的出口门。

（4）关过热器一、二级减温水电动阀。

（5）关再热器左右侧减温水电动阀。

（6）联跳两台一次风机。

（7）联锁退出吹灰。

（8）至 SOE。

（9）至 ETS。

22. 哪些情况应进行锅炉超压水压试验?

答:（1）一般每两次大修进行一次超压试验，并列入该次大修的特殊项目。

（2）新安装锅炉投运前。

（3）锅炉承压部件经重大检修，如水冷壁更换管数在 50% 以上，过热器、再热器、省煤器等部件成组更换。

（4）锅炉严重超压达 1.25 倍工作压力及以上时。

（5）锅炉严重缺水后受热面大面积变形时。

（6）根据运行情况，对设备安全可靠性有怀疑时。

（7）停用一年以上的锅炉恢复运行时。

23. 锅炉水压试验条件。

答:（1）与水压试验有关的汽水系统检修工作结束或工作票终结。

（2）水压试验用水必须使用除盐水。

（3）水压试验前应将主蒸汽、再热蒸汽管道和下水连接管道、过渡段水冷壁连接管道、启动系统连接管道、集箱等各管道上的恒力弹簧吊架、可变弹簧吊架、炉顶恒力及可变弹簧吊架以及碟簧吊架用插销或定位片予以临时固定，暂当作为刚性吊架用，水压试验后应拆除。

（4）锅炉各阀门的水压试验，应先做二次门，后做一次门。

（5）给水水温一般保持 21 ～ 70℃且高于周围露点温度，不影响炉膛内部受热面检查。

（6）水压试验前必须进行安全检查。

（7）所有外来的材料及工具均已清除。

（8）锅炉内部工作结束，炉内无人。

（9）压力表均已校准，精度满足要求，压力取样管均正确连接，压力表前阀门处于打开位置。

（10）超水压试验前联系检修，将所有安全阀、EBV 阀隔离。

（11）超水压试验前联系热工人员隔离相关测量表计。

（12）检查并确认堵板安装正确。

（13）所有阀门应调节自如，且正确安装就位。

（14）361 阀可不参加水压试验。

24. 锅炉上水要求及操作。

答：（1）上水前通知化学人员。

（2）保证除氧器水温 60 ～ 80 ℃，化验水质合格（Fe ≤ 200 μg/L）。

（3）上水应缓慢、均匀，上水时间夏季不少于 2h，上水流量 80 ～ 90t/h，其他季节不少于 4h，上水流量 40 ～ 45t/h，锅炉给水与锅炉金属温度的温差不允许超过 111℃，若水温与金属壁温接近，可适当加快上水速度。

上水操作：

（1）给水系统所有放水门关闭，锅炉启动分离器前，所有疏水门关闭，锅炉启动分离器后，所有疏水门开启，确认过、再热器减温水门、省煤器出口至 361 阀暖管阀处于关闭状态，锅炉受热面所有空气门开启，对锅炉全面巡检一次，确认锅炉具备上水条件。

（2）开启储水罐至锅炉疏水扩容器排水电动门，关闭锅炉疏水扩容器至凝汽器电动门，投入 361 阀自动，361 阀开度大于 50%，防止储水罐满水。

（3）投入给水泵密封水，启动汽泵前置泵，开启给水旁路调节门前、后电动门，开启给水旁路调节门，锅炉开始上水，上水期间启动给水泵组。

（4）联系化学人员投入给水加药系统。

（5）当储水罐见水后，放慢上水速度，加强监视。

（6）当储水罐水位达到 1200mm，投入 361 阀自动，自动调节正常。

（7）锅炉上水完毕，关闭启动分离器前所有空气门。

（8）上水过程中应巡视给水管路、省煤器、水冷壁、汽水分离器、储水罐、联箱等处无泄漏、无冲击振动，各处膨胀均匀，上水前后各记录一次膨胀指示器指示值。

25. 锅炉启动注意事项。

答：（1）锅炉启动中应严格按照升温升压曲线进行。

（2）锅炉启动过程中，应严密监视给水流量、储水罐水位、炉膛负压、汽水分离器入口温度、锅炉各段受热面管壁温度等参数正常。

（3）应有专人检查燃烧情况，燃烧不良、没着火等现象应及时处理，点火失败必须重新吹扫炉膛后方可再次点火。

（4）锅炉点火前，确认燃烧器冷却风、火检冷却风投运正常。

（5）注意监视炉膛出口烟温及偏差，汽轮机旁路系统投入前，炉膛出口烟温应小于 540℃，两侧烟温差不大于 50℃。

（6）任何情况下，分离器壁温任意两点间的温差不允许超过 50℃。

（7）在锅炉点火升压过程中，应监视锅炉各部分膨胀是否均匀，检查并记录锅炉各部膨胀指示，若有异常应停止升压，查明原因，消除后方可继续升压。

（8）升压过程中注意控制储水罐水位在正常范围内，防止缺水或满水。自动调节失灵时改手动调整。

（9）在锅炉升压过程中，应加强与化学人员联系，当炉水品质超标时，停止升压，并按照规定进行排污，必要时降低汽压，水质合格后方可重新升压。

（10）锅炉负荷低于额定负荷 40%BMCR，空预器、脱硝催化剂应连续吹灰。等离子全部退出后，空预器吹灰恢复到正常程序，并严密监视空预器烟温变化情况，防止发生尾部烟道再燃烧。

（11）退出等离子前应检查"等离子模式"退出，否则相应磨煤机会跳闸，造成锅炉灭火。

（12）等离子点火给煤机煤量不超过 42t/h。

26. 机组温热态启动注意事项？

答：（1）机组温态启动前，主机应在连续盘车状态，如中间因故停止盘车，再次投入需重新连续盘车 4h。

（2）温态启动时冲转参数：根据汽缸温度按制造厂提供的温

态启动曲线，确定冲转参数。应保证主汽温度高于第一级金属温度 50～100℃并至少有 56℃的过热度，但不大于额定主汽温度。再热汽温度高于中压缸持环金属温度 50℃并至少有 56℃的过热度，但不大于额定再热汽温度。若须采用负温差冲转时，蒸汽温度与第一级金属温度不匹配最大不超过 −56～+110℃。

（3）应先投轴封后抽真空。以免汽轮机转子受到骤冷，高中压缸轴封供汽温度与高中压缸转子金属温度差不大于 100℃。

（4）温态启动时注意胀差变化，如果启动过程中出现负胀差，则应加快温升率和升负荷率，以保证胀差在规定的范围内。

（5）机组热态（温态）启动时应打开汽轮机本体疏水门，保证汽轮机本体的疏水畅通。

（6）机组热态（温态）启动时，在汽轮机状况允许时可以不进行中速暖机，尽快的操作汽轮机冲转、升速、并网，按缸温对应曲线快速带负荷，避免汽缸冷却而产生热应力。

（7）热态启动中，必须保证第一级出口蒸汽温度和第一级出口金属温度温差为 −56～+110℃。

（8）对已投入的系统或已承压的电动阀、调节阀均不进行开、关试验。

（9）机组热态（温态）启动时，如锅炉主蒸汽系统仍有压力，凝汽器建立真空后根据实际情况将高旁和低旁适当开启，将主汽系统压力降低到 13MPa 以下，这种状况下无需进行锅炉冷态冲洗操作，但必须加强水质监督。如锅炉主蒸汽系统没有压力，锅炉上水时需开启省煤器出口放空气门并进行冷态冲洗。如启动分离器入口温度在 300℃以上，不需进行锅炉热态冲洗。

（10）温态启动过程中，可适当提高锅炉升温升压速度，但要严密监视螺旋管相邻管壁温差不得高于 30℃，出口温度不得高于对应负荷报警值。极热态启动机组并网后，在不超温的前提下尽量提高锅炉燃烧强度，快速提升机组负荷以适应汽缸温度变化。

（11）锅炉上水时，投入 2 号高加临机加热与除氧器加热，水温应大于 200℃，上水流量应严格控制，一般不大于 50t/h，以保证启动分离器前受热面金属及启动分离器内介质温降速度在

1.5℃/min 以下，水冷壁范围内受热面金属温度偏差不超过 30℃。

（12）监视跳闸后的磨煤机出口温度，使磨煤机处于热备用状态。

（13）机组热态、极热态启动操作方法与冷态启动一致，参数选择按照相应启动曲线执行。

（14）在热态、极热态启动中注意将轴封电加热器投运，维持高、中压缸前汽封供汽温度在 370℃以上。

27. 机组运行调整的主要任务及目的？

答：（1）满足电网负荷的需求，调整机组功率在调度指令范围内。

（2）保持良好燃烧工况，控制机组运行参数符合规定，加强机组设备、系统运行工况监视，维持机组安全、稳定、经济运行。保证炉水和蒸汽品质合格。

（3）定时进行机组有关运行参数的记录。定期进行设备的检查和维护。定期进行有关设备的切换和试验。加强机组运行状态参数的监视与分析，及时发现异常并处理。

28. 机组运行中监视的主要内容有哪些？

答：（1）各岗位每 2h 对所管辖设备进行巡回检查一次，特别注意检查轴承温度、振动、串轴、油压、油温、油位、油质、电机温度等，无渗漏、甩油现象等，转动机械及电机运行平稳，无异音和摩擦现象。备用设备处于良好备用状态。

（2）对 DCS 画面各设备、系统的运行方式、压力、温度、水位、流量、联锁投退等方式或参数定期检查，密切注意报警情况。

（3）集控监盘尤其要加强对负荷、主机转速、主再热蒸汽压力及温度、炉膛负压、中间点温度、各部金属壁温、各监视段压力、背压、TSI 参数、10kV 电机电流、关键调门开度、发电机定子电压、发电机定子电流、励磁电压、励磁电流等关键参数的监视，确保各参数均在正常范围内，且与负荷相匹配。

（4）集控监盘应明确设备、系统运行方式是否合理、可靠、经济。

（5）对润滑油、EH 油、给水泵油质、油位应定期进行检查，并做好记录。

（6）定期对定冷水箱、闭冷水箱、除氧器、机组凝汽器及各加热器水位进行检查核对。

（7）发电机各部温度正常，无局部过热现象，进、出水温、氢温正常。

（8）发电机各部声音正常，轴振正常。

（9）发变组保护投入运行正常，指示灯指示正常。

（10）定子冷却水系统、氢气系统、密封油系统参数符合规定要求，无渗漏现象。

（11）封闭母线无振动、放电、局部过热现象。封闭母线微正压装置运行正常。

（12）GIS 装置的油压、气压正常。

（13）励磁系统的绝缘合格，无接地的现象。

（14）励磁系统各元件无松动、过热、熔断器无熔断的现象，各开关位置符合运行方式，风机运行正常，指示灯指示正常，励磁小间温度正常。

（15）主变、厂高变油位、油面温度、绕组温度及冷却系统运行正常。

（16）各 TA、TV、中性点变压器无发热、振动及异常现象。

29. 燃烧调整的任务是什么？

答：（1）保证锅炉汽压、汽温、蒸发量等参数在正常范围内，满足外界负荷需求。

（2）合理组织炉内燃烧工况，稳定燃烧，维持正常炉膛压力，防止锅炉灭火、爆燃、受热面结焦，减少热偏差。

（3）通过一、二次风配比在炉膛内形成合理的温度场、动力场，使炉膛热负荷分配均匀，燃烧稳定。

（4）调整煤粉细度、过量空气系数和排烟温度，充分提高燃烧的经济性。

30. 燃烧调整过程中的注意事项？

答：（1）定期检查燃烧器和受热面，如有结焦、积灰、堵灰现象，及时采取有效措施。

（2）严禁进行大幅度加减煤量，防止因煤量大幅度变化引起燃烧波动，造成炉内温度交替变化。

（3）煤质变差时，要结合燃煤量、炉内温度、燃烧工况、一次风量、氧量等参数综合比较，进行燃烧调整，防止锅炉灭火。

（4）当锅炉在负荷小于50%运行时，可视作低负荷运行，燃烧不好及时投等离子助燃。

（5）锅炉低负荷运行时，磨煤机组合方式应合理，尽量不用隔层燃烧、单侧燃烧等不合理的组合方式。

（6）锅炉低负荷运行期间，应加强对运行制粉系统的检查，发现异常情况应及时调整。

（7）锅炉低负荷运行期间，应保持合适的风量，保证燃烧稳定和汽温的正常。

（8）锅炉低负荷运行期间，应通过火检信号的强度及就地观火等手段严密监视炉内燃烧情况，当发生异常情况造成燃烧不稳定时，立即投等离子助燃。

（9）低负荷运行期间，应通过提高暖风器温度、提高燃烧器出口煤粉浓度、降低一次风量、增加燃烧器旋流强度等方法，强化燃烧。

（10）低负荷运行期间，加、减负荷应缓慢，不能大幅增加风量、煤量，防止炉膛大幅冷却引起灭火。

31. 发生下列情况，机组自动退出锅炉跟随运行方式：

答：（1）锅炉主控切为手动。

（2）煤量设定值与被调量偏差大（大于 ±10t/h）。

（3）主蒸汽压力信号异常。

（4）MFT 动作。

（5）机组功率信号异常。

（6）汽轮机主控切为自动。

32. 机组停运基本要求有哪些？

答：（1）接到机组停机命令后，应明确停机方式。

（2）机组定参数停机。适用于调峰或进行辅助设备检修而停机，锅炉和汽轮机本体无停机检修项目，不需要对锅炉和汽轮机及相关的管道进行冷却。

（3）机组滑参数停机。适用于机组需要进行检修而停机，为缩短开工检修时间进行的停机。锅炉和汽轮机本体相关的管道存在缺陷，需要尽快冷却进行处理，采用滑参数停机。

（4）紧急停机。适用于机组发生事故、危急人身和设备安全运行、突发的不可抗拒的自然灾害。

（5）机组停机前，在条件允许的情况下应正常完成各项试验工作。

（6）机组停运前应考虑将原煤仓的存煤清空。

（7）滑参数停机时，再热蒸汽温度应同主蒸汽温度同步下降并匹配。

33. 机组停运前的准备工作有哪些？

答：（1）停炉超过 7 天应烧空原煤仓、给煤机、磨煤机中的煤，要提前计算好原煤仓内的煤量，值长应提前通知输煤，合理控制原煤仓煤位。

（2）机组停运前对机组进行全面检查并对机组缺陷进行统计，以便在机组停运后进行处理。

（3）对等离子点火系统进行一次全面检查并进行拉断弧试验，确认等离子点火系统工作良好。

（4）停炉前负荷在 50% 以上时，各受热面进行一次全面吹灰。

（5）停炉前记录锅炉各部膨胀指示。

（6）开启锅炉启动系统暖管水电动门。

（7）检查各自动调节系统，确认其状态正常。

（8）停机前分别进行汽轮机交流油泵、启动油泵、直流事故油泵、直流密封油泵、顶轴油泵的启动试验及主机盘车电机空转试验，检查其正常并备用良好。若试转不合格，非故障停机条件下应暂缓停机，待缺陷消除后再停机。

（9）主机阀门活动试验合格。

（10）空压机冷却水倒换（尽量用运行机组带）。

（11）辅助蒸汽切至邻机或启动锅炉试点火备用，轴封备用汽源暖管。冬季应检查采暖加热器汽源倒至邻机或辅汽带。

（12）全厂单台机组停运，确认启动炉油库燃油存量充足，启动炉试点火正常，确认良好备用。

（13）联系化学值班员，准备停炉保养药品。

（14）全面记录机侧一次蒸汽及金属壁温，然后从减负荷开始，在减负荷过程中每小时记录一次金属壁温。

（15）如需要其他相关试验应做好联系准备，并提前通知相关人员到现场。

（16）停机过程严格按照停机操作票执行。

第十节　超超临界锅炉的正常运行及调整、论述

1. 试述碳粒燃烧的三个不同区域？

答：（1）当环境温度小于1000℃时，碳粒表面化学反应速度很慢，需氧量很少，此时的燃烧速度主要取决于化学反应的动力因素，即温度和燃料的反应特性，故将这个反应温度区称为动力燃烧区，简称为动力区。

（2）当温度大于1400℃时，碳粒表面的化学反应速度显著地超过氧向反应表面的输送速度，由于扩散到碳粒表面的氧远不能满足化学反应的需求，扩散速度已成为制约燃烧速度的主要因素，故将此时的反应温度区称为扩散燃烧区，简称为扩散区。

（3）介于上述两个燃烧区之间的中间温度区，碳粒表面上的化学反应速度同氧的扩散速度相差不多。此时化学反应速度和扩散速度对燃烧速度都有影响。将这个反应温度区称为过渡燃烧区，简称为过渡区。

2. 燃烧调整的基本要求有哪些？

答：（1）着火、燃烧稳定，蒸汽参数满足机组运行要求。

（2）减少不完全燃烧损失和排烟热损失，提高燃烧经济性。

（3）保护水冷壁、过热器、再热器等受热面的安全、不超温

超压、不高温腐蚀。

（4）燃烧调整适当，燃料燃烧完全，炉膛温度场、热负荷分布均匀。

（5）减少 SO_x、NO_x 的排放量。

3. 什么是燃烧反应速度和燃烧程度？

答：（1）燃烧反应速度通常是指单位时间内反应物或生成物浓度的变化。燃烧的快慢决定于燃烧过程中化学反应所需的时间和氧气供给燃料所需的时间，此外，也与某些催化剂有关。

（2）燃烧程度即燃料燃烧的完全程度。表现为燃烧产物离开燃烧室时带走可燃质的多少。

4. 煤粉燃烧器的作用有哪些？

答：（1）炉内输送煤粉和煤粉燃烧所需要的空气。

（2）合理组织，使煤粉和空气得到充分混合。

（3）保证燃料进入炉膛内能够迅速、稳定地着火和完全燃烧。

5. 简述四角布置直流燃烧器的工作原理。

答：在布置有直流燃烧器的锅炉中，一般都将燃烧器在炉膛四角布置。这样当四股一次风气流到达炉膛中心位置时，形成一个旋转切圆，且随着引、送风气流的取向，产生自下而上、旋涡状燃烧气流。同时四股一次风气流冲向下游一次风火嘴，有利于煤粉的着火。

6. 简述旋流燃烧器的工作原理。

答：各种型式的旋流燃烧器均由圆形喷口组成，并装有不同型式的旋转射流发生器。当有风粉混合物（一次风）或热空气通过时，在旋流器的作用下发生旋转，产生旋转射流，在喷口附近形成有利于风粉早期混合的烟气回流区。

7. 风量如何与燃料量配合？

答：（1）风量过大或过小都会给锅炉安全经济运行带来不良影响。

（2）锅炉的送风量是经过送风机进口挡板进行调节的。经调节后的送风机送出风量，经过一、二次风的配合调节才能更好地满足燃烧的需要，一、二次风的风量分配应根据它们所起的作用进行调节。一次风应满足进入炉膛风粉混合物挥发分燃烧及固体焦炭质点的氧化需要。二次风量不仅要满足燃烧的需要，而且补充一次风末段空气量的不足，更重要的是二次风能与刚刚进入炉膛的可燃物混合，这就需要较高的二次风速，以便在高温火焰中起到搅拌混合作用，混合越好，则燃烧得越快、越完全。一、二次风还可调节由于煤粉管道或燃烧器的阻力不同而造成的各燃烧器风量的偏差，以及由于煤粉管道或燃烧器中燃料浓度偏差所需求的风量。此外炉膛内火焰的偏斜、烟气温度的偏差、火焰中心位置等均需要用风量调整。

8. 旋流燃烧器怎样将燃烧调整到最佳工况？

答： 运行中对二次风舌形挡板的调节是以燃煤挥发分的变化和锅炉负荷的高低作为主要依据。对于挥发分较高的煤，由于容易着火，则应适当开大舌形挡板。若炉膛温度较高，燃料着火条件较好，燃烧也比较稳定，可将舌形挡板适当开大些。在低负荷时，则应关小舌形挡板，便于燃料的着火和燃烧。

9. 直流燃烧器怎样将燃烧调整到最佳工况？

答： 由于四角布置的直流燃烧器的结构布置特性差异较大，一般可采用下述方法进行调整：

（1）改变一、二次风的百分比。

（2）改变各角燃烧器的风量分配。如：可改变上下两层燃烧器的风量、风速或改变各二次风的风量及风速，在一般情况下减少下二次风量、增大上二次风量可使火焰中心下移，反之使火焰中心升高。

（3）对具有可调节的二次风挡板的直流燃烧器，可用改变风速挡板位置来调节风速。

10. 控制炉膛负压的意义是什么？

答： 大多数燃煤锅炉采用平衡通风方式，使炉内烟气压力低于外界大气压力，即炉内烟气为负压。自炉底到炉膛顶部，由于高温烟气产生自生通风压头的作用，烟气压力是逐渐升高的。烟气离开炉膛后，沿烟道克服各受热面阻力，烟气压力又逐渐降低，这样，炉内烟气压力最高的部位是在炉膛顶部。所谓炉膛负压，即指炉膛顶部的烟气压力，一般维持负压为 50 ～ 100Pa。炉膛负压太大，使漏风量增大，导致引风机电耗、不完全燃料热损失、排烟热损失均增大，甚至使燃烧不稳或灭火。炉膛负压小甚至变为正压时，火焰及飞灰通过炉膛不严密处冒出，恶化工作环境，甚至危及人身及设备安全。

11. 锅炉根据什么来增减燃料以适应外界负荷的变化？

答：外界负荷不断变化，锅炉要经常调整燃料量以适应外界负荷的变化，调整燃料量的根据是主汽压力，汽压反映了锅炉蒸发量与外界负荷的平衡关系，当锅炉蒸发量大于外界负荷时，汽压必然升高，此时应减少燃料量，使蒸发量减少到与外界负荷相等时，汽压才能保持不变。当锅炉蒸发量小于外界负荷时，汽压必然要降低，此时应增加燃料量，使锅炉蒸发量增加到与外界负荷相等时汽压才能稳定。

12. 锅炉运行中对一次风速和风量的要求是什么？

答：（1）一次风量和风速不宜过大。一次风量和风速增大，将使煤粉气流加热到着火温度所需时间增长，热量增多。着火点远离燃烧器，可能使火焰中断，引起灭火，或火焰伸长引起结焦。

（2）一次风量和风速也不宜过低。一次风量和风速过低，煤粉混合不均匀，燃烧不稳，增加不完全燃烧损失，严重时造成一次风管堵塞。着火点过于靠近燃烧器，有可能烧坏燃烧器或造成燃烧器附近结焦。一次风量和风速过低，煤粉气流的刚性减弱，煤粉燃烧的动力场遭到破坏。

13. 煤粉气流着火点的远近与哪些因素有关？

答：（1）原煤挥发分。

（2）煤粉细度。

（3）一次风温、风压、风速。

（4）煤粉浓度。

（5）炉膛温度。

14. 煤粉气流的着火温度与哪三个因素有关？它们对其影响如何？

答：与煤的挥发分、煤粉细度和煤粉气流的流动结构有关。

挥发分越低，着火温度越高，反之，挥发分高，着火温度低。煤粉越粗，着火温度越高，反之，煤粉越细，着火温度越低。煤粉气流为紊流，对着火温度也有一定的影响。

15. 描述煤粉的燃烧过程。

答：煤粉颗粒受热之后，首先析出其水分，接着分解出挥发分。当温度足够高时，挥发分开始燃烧，同时将燃烧产生的热量加热煤粒，随着煤粒温度的升高，挥发分进一步得到释放。但由于剩余焦炭的温度还很低，同时释放出的挥发分阻碍了氧气向焦炭的扩散，故此时焦炭未燃烧。当挥发分释放完毕且与其他燃烧产物一起被空气流带走后，焦炭开始燃烧，此时保持不断地供氧，燃烧将进行到碳粒完全烧尽为止。

16. 为什么说煤的燃烧过程是以碳的燃烧为基础的？

答：（1）碳是煤中的主要可燃物质。

（2）焦炭（以碳为主要可燃物）着火最晚、燃烧最迟，其燃烧过程是整个燃烧过程中的最长阶段，故它的燃烧过程决定着整个粒子的燃烧时间。

（3）焦炭中碳的含量大，其总的发热量约占全部发热量的40%～90%，它的发展对其他阶段的进行有着决定性的影响。

因此说煤的燃烧过程是以碳的燃烧为基础的。

17. 强化煤粉的燃烧措施有哪些？

答：（1）提高热风温度。

（2）提高一次风温。

（3）控制好一、二次风的混合时间。

（4）选择适当的一次风速。

（5）选择适当的煤粉细度。

（6）在着火区保持高温。

（7）在强化着火阶段的同时，必须强化燃烧阶段本身。

18. 燃料在炉膛内燃烧会产生哪些派生的问题？

答：（1）受热面的积灰和结焦。

（2）污染物如氧化氮（NO_x）等的生成。

（3）受热面外壁的高温腐蚀。

（4）蒸发段水动力工况的安全性。

（5）火焰在炉膛内的充满程度。

19. 煤粉细度及煤粉均匀性对燃烧有何影响？

答：（1）煤粉越细，越均匀，煤粉总的表面积越大，挥发分越容易尽快析出，有利于着火和燃烧，降低排烟损失和气体、固体未完全燃烧热损失，提高锅炉效率，但煤粉过细，炉膛容易结焦。

（2）煤粉越粗，越不均匀，不仅不利于着火，且燃烧时间延长，燃烧不稳，火焰中心上移，烟温升高，增加固体未完全燃烧和排烟损失，降低锅炉效率，同时增加受热面磨损程度。

20. 简述锅炉烧劣质煤时应采取的稳燃措施。

答：（1）控制一次风量，适当降低一次风速，提高一次风温。

（2）合理使用二次风，控制适当的过量空气系数。

（3）根据燃煤情况，适当提高磨煤机出口温度及煤粉细度，控制制粉系统的台数。

（4）尽可能提高给粉机或给煤机转速，燃烧器集中使用，保证一定的煤粉浓度。

（5）避免低负荷运行，低负荷运行时，可采用滑压方式，控制好负荷变化率。

（6）燃烧恶化时及时投油助燃。

（7）采用新型稳燃燃烧器。

21. 试述燃料性质对锅炉汽温的影响。

答：（1）燃用发热量较低且灰分、水分含量高的煤种时，相同的蒸发量所需燃料量增加，同时煤中水分和灰分吸收了炉内热量，使炉温降低，辐射传热减少。

（2）水分和灰分的增加增大了烟气体积，抬高了火焰中心，使对流传热量增大，出口汽温升高、减温水量增大。

（3）煤粉变粗时，煤粉在炉内燃尽的时间增加，火焰中心上移，炉膛出口烟温升高，对流过热器吸热量增加，蒸汽温度升高。

22. 试述受热面结焦积灰对锅炉汽温的影响。

答：（1）蒸发受热面结焦时，会造成辐射传热量减少，炉膛出口烟温升高，使对流过热器吸热量增大，出口汽温升高。

（2）对流过热器积灰时，本身换热能力下降，出口汽温降低。

23. 试述燃烧器的运行方式对锅炉汽温的影响。

答：燃烧器运行方式改变，如摆动式燃烧器倾角改变、多排燃烧器投退切换以及燃烧器出现故障等时，必然会改变炉内燃烧工况，使火焰中心发生变化，影响到炉膛出口烟气温度。若炉膛出口温度升高，则蒸汽温度上升，反之，汽温则下降。

24. 与过热器相比，再热器运行有何特点？

答：（1）放热系数小，管壁冷却能力差。

（2）再热蒸汽压力低、比热容小，对汽温的偏差较为敏感。

（3）由于入口蒸汽是汽轮机高压缸的排汽，所以，入口汽温随负荷变化而变化。

（4）机组启停或突甩负荷时，再热器处于无蒸汽运行状态，极易烧坏，故需要较完善的旁路系统。

（5）由于其流动阻力对机组影响较大，故对其系统的选择和布置有较高的要求。

25. 蒸汽温度的调节设备及系统分哪几类？

答：蒸汽温度的调节设备及系统分为两大类：

（1）烟气侧调节设备，有分隔烟气挡板式、烟气再循环和摆动燃烧器等。

（2）蒸汽侧调节设备，有喷水减温器、表面式减温器以及三通阀旁路调温系统等。

26. 汽温调节的总原则是什么？

答：（1）汽温调节的总原则是控制好煤水的比例，以燃烧调整作为粗调手段，以减温水调整作为微调手段。

（2）对于直流炉，必须将中间点温度控制在合适的范围内。

27. 如何利用减温水对汽温进行调整？

答：目前汽包锅炉过热汽温调整一般以喷水减温为主，大容量锅炉通常设置两级以上的减温器。一般用一级喷水减温器对汽温进行粗调，其喷水量的多少取决于减温器前汽温的高低，应能保证屏过管壁温度不超过允许值。二级减温器用来对汽温进行细调，以保证过热蒸汽温度的稳定。

28. 什么是直流炉的中间点温度？

答：在汽包锅炉中，汽包是加热、蒸发和过热三过程的枢纽和分界点。对于直流炉，它的加热、蒸发和过热是一次完成的，没有明确的分界。人们人为地将其工质具有微过热度的某受热面上一点的温度（一般取至蒸发受热面出口或第一级低温过热器的出口汽温）作为衡量煤水比例是否恰当的参照点，即为所谓的中间点温度。

29. 如何调节直流锅炉的汽温和汽压？

答：（1）直流锅炉的汽温主要是通过给水和燃料量的调节来实现的。汽压的调节主要是利用给水量的调节来实现的。

（2）直流锅炉发生外扰时，如外界负荷增大，首先反映的是汽压降低，而后汽温下降，此时应及时增加燃料量，根据中间点温度的变化情况适当增加给水量，维持中间点温度正常，将汽压、汽温恢复到原始水平。

（3）直流锅炉发生内扰时，比如给水量增大时，汽压会上升，而汽温下降。具体调节时应迅速减小给水量。

30. 简述直流锅炉过热蒸汽温度的调节方法。

答：通过合理的燃料与给水比例，控制包墙过热器出口温度作为基本调节，喷水减温作为辅助调节。在运行中应控制中间点温度小于440℃，尽量减少一、二级减温水的投用量，当用减温水调节过热蒸汽温度时，以一级喷水减温为主，二级喷水减温为辅。

31. 汽温调整过程中应注意哪些问题？

答：（1）汽压的波动对汽温影响很大，尤其是对那些蓄热能力较小的锅炉，汽温对汽压的波动更为敏感，所以减小汽压的波动是调整汽温的一大前提。

（2）用增减烟气量的方法调节汽温，要防止出现燃烧恶化。

（3）不能采用增减炉膛负压的方法调节汽温。

（4）受热面的清灰除焦工作要经常进行。

（5）低负荷运行时，尽可能少用减温水，防止受热面出现水塞。

（6）防止出现过热汽温热偏差，左右两侧汽温偏差不得大于20℃。

32. 升压过程中为何不宜用减温水来控制汽温？

答：在高压高温大容量锅炉启动过程中的升压阶段，应限制炉膛出口烟气温度。再热器无蒸汽通过时，炉膛出口烟温应不超过540℃。保护过热器和再热器时，要求用限制燃烧率、调节排汽量或改变火焰中心位置来控制汽温，而应尽量不采用减温水来控制汽温。因为升压过程中，蒸汽流量较小，流速较低，减温水喷入后，可能会引起过热器蛇形管之间的蒸汽量和减温水量分配不均匀，造成热偏差或减温水不能全部蒸发，积存于个别蛇形管内形成"水塞"，使管子过热，造成不良后果。因此，在升压期间应尽可能不用减温水来控制汽温。万一需要用减温水时，也应尽量减小减温水的喷入量。

33. 低负荷时混合式减温器为何不宜多使用减温水？

答：锅炉在低负荷运行调节汽温时，是不宜多使用减温水的，更不宜大幅度地开或关减温水门。因为在低负荷时，流经减温器及过热器的蒸汽流速很低，如果这时使用较大的减温水量，水滴雾化不好，蒸发不完全，局部过热器管可能出现水塞，没有蒸发的水滴，不可能均匀地分配到各过热器管中去，各平行管中的工质流量不均，导致热偏差加剧。上述情况都有可能使过热器管损坏，影响运行安全。所以，锅炉低负荷运行时，不宜过多地使用减温水。

34. 简述运行中使用改变风量调节蒸汽温度的缺点。

答：（1）使烟气量增大，排烟热损失增加，锅炉热效率下降。

（2）增加送、引风机的电能消耗，使电厂经济性下降。

（3）烟气量增大，烟气流速升高，使锅炉对流受热面的飞灰磨损加剧。

（4）过量空气系数大时，会使烟气露点升高，增大空气预热器低温腐蚀的可能。

35. 为什么再热汽温调节一般不使用喷水减温？

答：使用喷水减温将使机组的热效率降低。因为使用喷水减温，将使中低压缸工质流量增加。这些蒸汽仅在中低压缸做功，就整个回热系统而言，限制了高压缸的做功能力。而且在原来热循环效率越高的情况下，如增加喷水量，则循环效率降低就越多。

36. 水位调节中应注意哪些问题？

答：（1）判断准确，有预见性地调节，不要被虚假水位迷惑。

（2）注意自动调节系统投入情况，必要时要及时切换为手动调节。

（3）均匀调节，勤调、细调，不使水位出现大幅度波动。

（4）在出现外扰、内扰、定期排污、炉水加药、切换给水管道、汽压变化、给水调节阀故障、自动失灵、水位报警信号故障和表面式减温器用水等现象和操作时，要注意水位的变化。

37. 在手控调节给水量时，给水量为何不宜猛增或猛减？

答：锅炉在低负荷或异常情况下运行时，要求给水调节自动改为手动。手动调节给水量的准确性较差，故要求均匀缓慢调节，而不宜猛增、猛减的大幅度调节。因为大幅度调节给水量时，可能会引起汽包水位的反复波动。比如，发现汽包水位低时，即猛增给水，由于调节幅度太大，在水位恢复后，接着又出现高水位，不得不重新减小给水，使水位反复波动。另外，给水量变动过大，将会引起省煤器管壁温度反复变化，使管壁金属产生交变应力，时间长久之后，会导致省煤器焊口漏水。

38. 如何维持运行中的水位稳定？

答：（1）大型机组都采用较可靠的给水自动来调节锅炉的给水量，同时还可以切换为远方手动操作。当采用手动操作时，应尽可能保持给水稳定均匀，以防止水位发生过大波动。

（2）监视水位时必须注意给水流量和蒸汽流量的平衡关系，以及给水压力和调整门开度的变化。

（3）此外，在排污、切换给水泵、安全门动作、燃烧工况变化时，应加强水位的监视与调整。

39. 锅炉事故处理的总原则是什么？

答：（1）运行人员应准确判断事故原因，正确消除事故根源，解除人身、设备威胁，防止引起事故扩大。

（2）在保证人身及设备安全的前提下，尽量维持锅炉运行，必要时转移负荷至其他机组，保证用户供电及厂用供电。

（3）紧急停炉时应及时通知调度系统，以便统一调配负荷。

（4）单元制机组紧急停炉时，为保证汽轮机的安全，停炉后不应立即关闭锅炉主汽门，应待停机后再关闭。

40. 运行中如何判断锅炉受热面损坏？

答：（1）通过仪表分析：根据给水流量、主汽流量、炉膛及烟道各段烟温、各段汽温、金属壁温、省煤器水温和空气预热器风温、炉膛负压、引风量的变化，以及减温水量的变化综合分析。

（2）就地巡回检查。泄漏处有不正常的响声，有时有汽或水向外冒出。省煤器泄漏时，放灰管处有灰水流出，放灰管温度上升。泄漏处局部负压变正。

（3）炉膛内发生泄漏时，燃烧不稳，甚至会发生灭火。

（4）烟囱烟气变白，烟气量增多。

41. 炉灭火爆燃的机理是什么？

答：灭火和爆燃机理：炉膛的灭火放炮，当炉膛内的放热小于散热时，炉膛的燃烧将要向减弱的方向发展，如果此差值很大，炉膛内燃烧反应就会急剧下降，当达到最低极限时就出现灭火。平衡通风的锅炉，在正常工作时，引风机与送风机协调工作，维持炉内压力略低于当地大气压。一旦锅炉突然熄火，炉内烟气的平均温度约在2s内从1200℃以上降到400℃以下，造成炉内压力急剧下降，使炉墙受到由外向内的挤压而损伤，这种现象称为内爆。如果燃料在炉内大量积聚，经加热点燃后出现瞬间同时燃烧，炉内烟温瞬间升高，引起炉内压力急剧增高，使炉墙受到由内向外的推压损伤，这种现象称为爆炸或外爆，俗称放炮或打炮。锅炉发生灭火放炮时，首先会对炉膛产生的危险性最大，可造成整个炉膛倾斜扭曲，炉墙拉裂，轻者也会减少炉膛寿命；其次对结构较弱的烟道也可能造成损坏。一般说来，锅炉容量越大，事故造成的危险也越大。锅炉的灭火和放炮是两种截然不同的燃烧现象。炉膛发生灭火时，只要处理恰当，一般不会发生放炮。但是，如果锅炉发生灭火时，燃料供应切断有一定的延迟，或者切断不严，仍有燃料漏入炉膛，或者多次点火失败，使得炉内存积大量燃料，而在点火前又未将积存燃料清扫干净，此时炉内出现火源或重新点火，就可能发生锅炉放炮事故。

42. 炉灭火后何处理？

答：（1）炉膛灭火以后，应立即切断所有的炉内燃料供给，停止制粉系统，并进行通风，清扫炉内积粉，严禁增加燃料供给挽救灭火的错误处理。以免招致事态扩大，引起锅炉放炮。将所有自动改为手动，切断减温水。

（2）调节送、引风机负荷，保持送风量在 25% ～ 40%，可适当加大炉膛负压。查明灭火原因并予以消除，大风量吹扫炉膛然后投油嘴点火。着火后逐渐带负荷至正常值。

（3）若造成灭火原因不能短时消除或锅炉损坏需要停炉检修，则应按停炉程序停炉。若风烟系统单侧机械电源中断，应查找原因并修复。

（4）如果出现锅炉放炮，应立即停止向锅炉供给燃料和空气，并停止引风机，关闭挡板和所有因爆炸打开的锅炉门、孔，修复防爆门。经仔细检查，烟道内确无火苗时，可小心启动引风机并打开挡板，通风 5 ～ 10min 后，重新点火恢复运行。如烟道有火苗，应先灭火，后通风、点火。如放炮造成管子弯曲、泄漏、炉墙裂缝、横梁弯曲、汽包移位等，应停炉检修。

43. 熄火的原因有哪些？

答：（1）锅炉负荷太低，炉内温度低，燃烧不稳，但又未能及时投油助燃。

（2）煤质变劣，如挥发分太低，灰分太小。

（3）风量调整不当，如一次风量太大，风粉比例失调。

（4）炉膛负压维持太大。

（5）大面积掉焦，使炉内扰动过大。

（6）除灰打焦时间太长，特别是低负荷时漏入大量冷空气或大量冲水造成炉内温度下降。

（7）炉管爆破，大量汽水喷入炉膛。

（8）设备故障，如引、送风机跳闸，厂用电消失等。

（9）热工保护误动作。

44. 影响锅炉主汽压力的因素如下：

答：（1）煤种及燃烧工况的变化，各层燃料量不同的配比。

（2）炉膛火焰中心及燃烧器摆动倾角的变化。

（3）炉膛燃料量的变化，负荷的变化。

（4）制粉系统的启停。

（5）给水温度及流量的变化、给水压力的变化。

（6）风量的变化。

45. 过热汽温低应如何处理？

答：（1）将一、二级减温水自动切为手动，关小或关闭减温水，必要时，关闭减温水隔离阀。

（2）调整燃烧器倾角及各层出力。

（3）关小二次风。

（4）如因过热蒸汽压力降低造成，则应提高过热蒸汽压力。

46. 过热器蒸汽管道爆破时，如何处理？

答：（1）立即汇报值长，降低锅炉负荷及早安排停炉，并把运行方式切至"锅炉基本"，将自动切为手动，调整风煤比例，维持各段工质温度正常。

（2）若过热蒸汽温度无法控制，并危及设备安全时，应立即停炉，并保持一组风烟系统运行，以维持炉内负压，排除炉内的烟气和蒸汽。

（3）当过热蒸汽温度发生大幅度变化时，则按过热蒸汽温度过高或过低进行处理。

（4）当过热器管发生爆破，损坏严重并逐渐恶化，达到事故停炉条件时，应立即停炉。

47. 空气预热器常见的故障有哪些？

答：空气预热器传动部分发生剧烈碰撞和摩擦声，空气预热器电动机电流指示晃动大或电流不正常地升高或导向轴承、支撑轴承温度不正常升高，主电动机跳闸时，辅电动机自启动，转子停转时，光字牌亮警报报警，排烟温度急剧上升，热风温度下降，两台空预器跳闸时，联跳引风机、送风机、触发主燃料跳闸

（MFT）动作，锅炉熄火。

48. 锅炉运行调节的任务有哪些？

答：（1）使锅炉供汽量适应负荷的需求。

（2）维持主、再热蒸汽压力、温度在正常范围内。

（3）保持锅炉水位在一定的范围内。

（4）保持燃烧的经济性和锅炉的效率。

（5）保持炉膛负压在一定的范围内。

（6）保持蒸汽品质在一定的范围内。

（7）保持一定的热风温度。

49. 影响蒸汽压力变化速度的因素有哪些？

答：（1）锅炉负荷变化速度：负荷变化的速度越快，蒸汽压力变化的速度也越快。为了限制蒸汽压力的变化速度，运行中必须限制负荷的变化速度。

（2）锅炉的蓄热能力：蓄热能力是指锅炉在蒸汽压力变化时，由于饱和温度变化，相应的锅内工质、受热面金属、炉墙等温度变化所能吸收或放出的热量。

（3）燃烧设备惯性：燃烧设备惯性是指从燃料量开始变化，到炉内建立起新的热负荷以适应外界负荷变化所需的时间。

50. 锅炉低负荷运行时应注意什么？

答：（1）低负荷时应尽可能燃用挥发分较高的煤。当燃烧挥发分较低、燃烧不稳时，应投入等离子/油枪助燃，以防止可能出现灭火。

（2）低负荷时投入的燃烧器应较均匀，燃烧器数量也不宜太少。

（3）增减负荷的速度应缓慢，并及时调整风量。注意维持一次风压的稳定，一次风量也不宜过大。燃烧器的投入与停用操作应投入等离子/油枪助燃，以防止调整风量时灭火。

（4）启、停制粉系统及冲灰时，对燃烧的稳定性有较大影响，岗位应密切配合，并谨慎、缓慢地操作，防止大量空气漏入炉内。

（5）燃油炉在低负荷运行时，由于难以保证油的燃烧质量，应注意防止未燃尽油滴在烟道尾部造成复燃。

（6）低负荷运行时，要尽量少用减温水（对混合式减温器），但也不宜将减温水门关死。

（7）低负荷运行时，排烟温度低，低温腐蚀的可能性增大。为此，应投入暖风器或热风再循环。

51．简述结渣的防止措施。

答：（1）防止受热面壁面温度过高：保持四角风粉量的均衡，使四角射流的动量尽量均衡，减少射流的偏斜程度。火焰中心尽量接近炉膛中心，切圆直径要合适，以防止气流冲刷炉壁而产生结渣现象。

（2）防止炉内生成过多的还原性气体，首先要保持合适的炉内空气动力工况，四角的风粉比要均衡，否则有的一次风口由于煤粉浓度过高而缺风，出现还原性气氛。

（3）做好燃料管理，保持合适的煤粉细度、均匀度，尽可能固定燃料品种，清除石块，可减少结渣的可能性。保持合适的煤粉细度，不使煤粉过粗，以免火焰中心位置过高而导致炉膛出口受热面结渣，或者防止因煤粉落入冷灰斗而形成结渣等。

（4）做好运行监视：要求运行人员密切注意炉内燃烧工况，特别炉内结渣严重时，更应到现场检查结渣状况。利用吹灰程控装置进行定期吹灰，以防止结渣状况加剧。

（5）采用不同煤种掺烧：采用不同灰渣特性的煤掺烧的办法对防止或减轻结渣有一定好处。对结渣性较强的煤种，在锅炉产生严重结渣时，经掺烧高熔点结晶渣型的煤，结渣会得到有效控制。不过，在采用不同煤种掺烧时，应知晓掺配前后灰渣的特性及选择合适的掺配煤种或添加剂。

（6）尽可能避免长期超负荷运行，如结渣严重，可降负荷运行。

（7）尽可能使各制粉系统负荷均匀，通风量一致，防止因风量过大导致煤粉过粗。

（8）防止燃烧器集中运行。有条件时，应进行制粉系统定期切换，保持制粉系统各层运行（锅炉负荷较低，煤质差，燃烧不稳时除外）。

（9）尽可能避免油粉混烧。

52. 汽压变化对汽温有何影响？

答：汽压变化对汽温的影响：一般当汽压升高时，过热蒸汽温度也要升高。这是由于当汽压升高时，饱和温度随之升高，则从水变为蒸汽需要消耗更多的热量，在燃料不变的情况下，锅炉的蒸发量要瞬间减少，即过热器所通过的蒸汽量减少，相对蒸汽的吸热量增大，导致过热蒸汽温度升高。

53. 如何判断燃烧过程的风量调节为最佳状态？

答：一般通过如下几方面进行判断：

（1）烟气的含氧量在规定的范围内。

（2）炉膛燃烧正常稳定，具有金黄色的光亮火焰，并均匀地充满炉膛。

（3）烟囱烟色呈淡灰色。

（4）蒸汽参数稳定，两侧烟温差小。

（5）有较高的燃烧效率。

54. 锅炉启动过程中如何调整燃烧？

答：锅炉启动过程中应注意对火焰的监视，并做好如下燃烧调整工作：

（1）正确点火。点火前炉膛充分吹扫，先投入等离子/油枪，再进行一次风系统通风。

（2）对角投油枪，注意及时切换，观察油枪的着火点适宜，力求火焰在炉内分布均匀。

（3）注意调整引、送风量。炉膛负压不宜过大。

（4）燃烧不稳定时特别要监视排烟温度值，防止发生尾部烟道二次燃烧。

（5）尽量提高一次风温，根据不同燃料合理送入二次风，调整两侧烟温差。

（6）操作中做到制粉系统启停稳定。给煤机下煤量稳定，给煤机转速稳定，风煤配合稳定及氧量稳定，气温汽压稳定及负荷稳定。

55．为什么对流过热器的汽温随负荷的增加而升高？

答：在对流过热器中，烟气与管壁外的换热方式主要是对流换热，对流换热不仅与烟气的温度，而且与烟气的流速有关。当锅炉负荷增加时，燃料量增加，烟气量增多，通过过热器的烟气流速相应增加，因而提高了烟气侧的对流放热系数，同时，当锅炉负荷增加时，炉膛出口烟气温度也升高，从而提高了过热器平均温差。虽然流经过热器的蒸汽流量随锅炉负荷的增加而增加，其吸热量也增多，但是，由于传热系数和平均温差同时增大，使过热器传热量的增加大于蒸汽流量增加而要增加的吸热量。因此，单位蒸汽所获得的热量相对增多，出口汽温也就相对升高。

56．锅炉结焦的原因有哪些？

答：（1）灰的性质：灰的熔点越高，则越不容易结焦，反之熔点越低越容易结焦。

（2）周围介质的成分：在燃烧过程中，由于供风不足或燃料与空气混合不良，使燃料达不到完全燃烧，未完全燃烧将产生还原性气体，灰的熔点大大降低。

（3）运行操作不当：由于燃烧调整不当使炉膛火焰发生偏斜，一、二次风配合不合理，一次风速高，煤粒没有完全燃烧；而在高温软化状态黏附在受热面上继续燃烧，形成恶性循环。

（4）炉膛容积热负荷过大：由于炉膛设计不合理或锅炉不适当的超出力，而造成炉膛容积热负荷过大，炉膛温度过高，造成结焦。

（5）吹灰、除焦不及时，当炉膛受热面积灰过多，清理不及时或发现结焦后没及时清除，都会造成受热面壁温升高，使受热面严重结焦。

57．二次风对锅炉燃烧有什么影响？

答：二次风是锅炉燃烧的主要高温风源，对锅炉的煤粉燃烧影响是很大的。

（1）二次风量过大，将造成炉膛温度降低，蒸汽温度升高，并使锅炉的排烟热损失增加。

（2）二次风量过小，使煤粉燃烧大量缺氧，化学和机械未完全燃烧热损失增加，严重时造成锅炉灭火等事故。

（3）合理二次风的配备需要经过燃烧调整比较来确定，它是保证锅炉炉膛内具有良好的空气动力场和燃烧的稳定性，保证锅炉安全经济运行的基础。因此，二次风速一般要大于一次风速，才能使空气与煤粉混合，使煤粉完全燃烧。但也不能过大，否则会造成二次风速吸引一次风，使风粉混合提前，影响着火。二次风速过大，还会冲击下游一次风粉气流，使之偏转贴墙，造成炉膛结渣或增大机械不完全燃烧损失。

58. 如何防止锅炉受热面的高、低温腐蚀？

答：高温腐蚀的防止：

（1）运行中调整好燃烧，控制合理的过量空气系数，防止一次风冲刷壁面，使未燃尽煤粉在结焦面上停留，合理配风，防止燃烧器附近壁面出现还原性气体。

（2）提高金属的抗腐蚀能力。

（3）降低燃料中的含硫量。

（4）确定合适的煤粉细度。

低温腐蚀的防止：

（1）采用热风再循环或暖风器，提高空气预热器的进风温度，使预热器的冷端壁温超过酸露点温度一定数值。

（2）降低燃料中的含硫量，运行中采用低氧燃烧。

（3）采用耐腐蚀材料制成空气预热器的蓄热元件。

59. 影响锅炉受热面积灰的因素有哪些？

答：（1）受热面温度的影响。当受热面温度太低时，烟气中的水蒸气或硫酸蒸汽在受热面上发生凝结，将会使飞灰黏在受热面上。

（2）烟气流速的影响。如果烟气流速过低，很容易发生受热面堵灰，但流速过高，受热面磨损严重。

（3）飞灰颗粒大小的影响。飞灰颗粒越小，则相对表面积越大，也就越容易被吸附到金属表面上。

（4）气流工况和管子排列方式的影响。当速度增加，错列管束气流扰动大，管子上的松散积灰易被吹走，错列管子纵向节距越小，气流扰动大，气流冲刷作用越强，管子积灰也就越少，相反，顺列管束中，除第一排管子外，均会发生严重积灰。

60. 降低锅炉各项热损失应采取哪些措施？

答： 应采取以下几方面措施：

（1）降低排烟热损失。应控制合理的过量空气系数，减少炉膛和烟道各处漏风，制粉系统运行中尽量少用冷风和堵漏风，应及时吹灰、除焦，保持各受热面尤其是空预器受热面清洁，以降低排烟温度。送风、进风应采用炉顶处热风或尾部受热面夹皮墙内的热风。

（2）降低化学不完全燃烧损失。主要保持适当的过量空气系数，保持各燃烧器不缺氧燃烧，保持较高的炉温并使燃料与空气充分混合。

（3）降低固体未完全燃烧热损失。应控制合理的过量空气系数，保持合格的煤粉细度、炉膛容积和高度合理，燃烧器结构性能良好，并布置适当一、二次风速，调整合理。适当提高二次风速，以强化燃烧炉内空气动力场工况良好，火焰能充满炉膛。

（4）降低散热损失。要维护好锅炉炉墙金属结构及锅炉范围内的烟、风道，汽水管道，联箱等部位保温。

（5）汽包炉降低排污热损失。保证给水品质和温度，降低排污率。

61. 从运行角度看，降低供电煤耗的措施主要有哪些？

答：（1）运行人员应加强运行调整，保证蒸汽压力、温度和再热器温度，凝汽器真空等参数在规定范围内。

（2）降低锅炉的各项热损失，例如调整氧量、排烟温度向最佳值靠近、回收可利用的各种疏水，控制排污量等。

（3）降低辅机电耗，例如及时调整泵与风机，适时切换高低速泵，中储式制粉系统在最大经济出力下运行，合理用水，降低各种水泵电耗等。

（4）合理分配全厂各机组负荷。

（5）降低点火及助燃用油，采用较先进的点火技术，根据煤质特点，尽早投入主燃烧器等。

62. 防止锅炉炉膛爆炸事故发生的措施有哪些?

答:(1)加强配煤管理和煤质分析,并及时做好调整燃烧的应变措施,防止发生锅炉灭火。

(2)加强燃烧调整,以确定一、二次风量、风速、合理的过剩空气量、风煤比、煤粉细度、燃烧器倾角或旋流强度及不投油最低稳燃负荷等。

(3)当炉膛已经灭火或已局部灭火并濒临全部灭火时,严禁投油助燃。当锅炉灭火后,要立即停止燃料(含煤、油、燃气、制粉乏气风)供给,严禁用爆燃法恢复燃烧。重新点火前必须对锅炉进行充分通风吹扫,以排除炉膛和烟道内的可燃物质。

(4)加强锅炉灭火保护装置的维护与管理,确保装置可靠动作,严禁随意退出火焰探头或联锁装置,因设备缺陷需退出时,应做好安全措施。热工仪表、保护、给粉控制电源应可靠,防止因瞬间失电造成锅炉灭火。

(5)加强设备检修管理,减少炉膛严重漏风,防止煤粉自流、堵煤,加强点火油系统的维护管理,消除泄漏,防止燃油漏入炉膛发生爆燃。对燃油速断阀要定期试验,确保动作正确、关闭严密。

(6)防止严重结焦,加强锅炉吹灰。

63. 锅炉方面的经济指标有哪些?

答:锅炉方面的经济指标:热效率、过热汽温度、再热汽温度、过热汽压力、排污率、烟气含氧量、排烟温度、漏风率、灰渣和飞灰可燃物含量、煤粉细度和均匀性、制粉单耗、点火及助燃用油量等。

64. 论述锅炉的热平衡。

答:锅炉的热平衡是燃料的化学能加输入物理显热等于输出热能加各项热损失。根据火力发电厂锅炉设备流程可分为输入热量、输出热量和各项损失。

(1)输入热量:

1)燃料的化学能:燃煤的低位发热量。

2）输入的物理显热：燃煤的物理显热和进入锅炉空气带入的热量。

3）转动机械耗电转变为热量：一次风机（排粉机）、球磨机（中速磨）、送风机、强制循环泵等耗电转变的热量，这部分电能转换为热能，在计算时将与管道散热抵消。

4）油枪雾化蒸汽带入的热量：这部分热量，当锅炉正常运行时，油枪是退出运行的。因此锅炉正常运行时，输入热量为燃料的化学能加输入的物理显热。

（2）输出热量：

1）过热蒸汽带走的热量：

$$Q_{sh} = D_{sh}(h_{sh} - h_{fw}) \quad kJ/h$$

式中 D_{sh} —— 过热蒸汽流量，kg/h；

h_{sh} —— 过热蒸汽焓，kJ/kg；

h_{fw} —— 给水焓，kJ/kg。

2）再热蒸汽带走的热量：

$$Q_{rh} = D_{rh}(h_{rh}'' - h_{rh}') \quad kJ/h$$

式中 D_{rh} —— 再热蒸汽流量，kg/h；

h_{rh}''、h_{rh}' —— 再热器的出入口蒸汽焓，kJ/kg。

3）锅炉自用蒸汽带走热量：

$$Q_{zy} = D_{zy}(h_{zy} - h_{fw}) \quad kJ/h$$

式中 D_{zy} —— 锅炉自用蒸汽量，kg/h；

h_{zy} —— 锅炉自用蒸汽的焓，kJ/kg。

4）锅炉排污带走热量：

$$Q_{bl} = D_{bl}(h_b - h_{fw})$$

式中 D_{bl} —— 排污水量，kg/h；

h_b —— 汽包压力下的饱和水焓，kJ/kg。

（3）锅炉各项热损失：

1）锅炉排烟热损失：①干烟气热损失；②水蒸气热损失（空气带入水分，燃煤带入水分，氢气燃烧生成水分）。

2）气体未完全燃烧热损失（CO、CH_4）。

3）固体未完全燃烧热损失：包括飞灰可燃物热损失和灰渣可

燃物热损失。

4）散热损失：锅炉本体及其附属设备散热损失。

5）灰渣物理热损失。

65. 紧急停炉条件。

答：（1）主蒸汽管道、再热蒸汽管道、给水管道等发生爆破。

（2）尾部烟道或空气预热器着火。

（3）锅炉安全阀动作，无法使其回座，蒸汽参数或各段工质温度变化不允许运行时。

（4）锅炉蒸汽压力升高至安全门动作压力，而安全阀都不动作，同时电磁释放阀无法打开时。

（5）炉管爆破，威胁人身或设备安全。

（6）锅炉所有给水流量表损坏，造成过热蒸汽温度异常，或过热蒸汽温度正常，半小时内给水流量表未恢复时。

（7）机组范围发生火灾，直接威胁机组的安全运行。

（8）机组的运行已经危及人身安全，必须停炉才可避免发生人身事故时。

（9）达到 MFT 保护动作条件，MFT 拒动。

66. 申请停炉条件。

答：（1）锅炉给水、蒸汽品质严重恶化，经采取措施无法恢复正常。

（2）锅炉承压部件泄漏，但可维持锅炉正常水动力工况时。

（3）锅炉结焦、堵灰严重，经多方处理难以维持正常运行时。

（4）电磁泄压阀和锅炉安全阀存在严重内漏或部分有缺陷不能正常动作时。

（5）锅炉汽温和受热面壁温严重超温，经多方调整无法降低时。

（6）精处理系统故障退出运行时。

（7）锅炉附属设备或系统（包括脱硝、脱硫系统）发生故障，短时间不能消除，需要停炉才能消除故障时。

67. 紧急停炉如何操作？

答：（1）同时按下两个 MFT 手动停炉按钮并保持 30s，手动

MFT。

（2）检查相关设备动作正常。

（3）锅炉 MFT 后送、引风机未跳闸，则自动进行炉膛吹扫。MFT 时，炉膛总风量大于 30%BMCR 风量，所有二次风挡板置吹扫位（全开或 80%），自动将炉膛总风量调整至 30% ～ 40%BMCR 风量进行吹扫。MFT 时，炉膛总风量小于 30%BMCR 风量，10min 后所有二次风挡板置吹扫位（全开或 80%），自动将炉膛总风量调整至 30% ～ 40%BMCR 风量进行吹扫，炉膛吹扫 10min，吹扫结束。

（4）由于送、引风机引起的 MFT 或 MFT 后送、引风机跳闸，1min 后开启二次风挡板，缓慢开启引风机出入口挡板及入口动叶、送风机出口挡板及入口动叶，炉膛自然通风 15min，送、引风机恢复正常后，按正常程序进行炉膛吹扫。

（5）检查确认磨煤机出口挡板全部正确关闭、等离子全部退出，通过火焰电视和火检探头检查炉膛无火，MFT 联跳设备跳闸正常后，过热器出口压力达到动作压力，电磁泄压阀不动作，手动开启电磁泄压阀。

（6）其他操作按正常停炉及相关事故处理规定进行。

第十一节　锅炉调试及各种试验

1. 新装锅炉的调试工作有哪些？

答：新装锅炉的调试分为冷态调试和热态调试两个阶段。

（1）冷态调试的主要工作：转机的分部试运行、阀门挡板的测试、炉膛及烟道的漏风试验、受热面的水压试验、锅炉酸洗等。

（2）热态调试的主要工作：吹管、蒸汽严密性试验、安全阀压力整定（定砣）、整机试运行等。

2. 为什么要进行锅炉水压试验？

答：对于新装和大修后以及受热面大面积更换的锅炉，汽水管道的连接焊口成千上万，管材质量也不可能完全合乎标准，各个汽水阀门的填料、盘根等也需要动态检验，故在机组热态试运前，需要对汽水系统进行冷态的水压试验，以检验各承压部件的强度和严密性。然后根据水压试验时发生的渗漏、变形和损坏情况查找到承压部件的缺陷并及时加以处理。

3. 如何进行再热器水压试验？

答：首先在汽轮机高压缸出口蒸汽管道上加装打压堵板，然后在汽轮机允许的情况下用再热器冷段事故喷水或减温水给再热器上水。上水前应关闭汽轮机中压缸入口电动门和再热器疏水门，打开再热器空气门（见水后关闭）。

当压力升到 1MPa 时暂停升压，通知有关人员进行检查。无问题后继续升压直至额定。此间应严防超压。检查完毕，应按照规定的降压速率降压到零。打开空气门及疏水门，放净炉水。

4. 为什么要进行锅炉的吹管？

答：锅炉汽水系统中的部分设备如减温水、启动旁路、过热器、再热器管路系统等，由于结构、材质、布置方式等原因不适合化学清洗，所以新装锅炉在正式投运前需用物理方法清除内部残留的杂物，故利用本炉产生的蒸汽对汽水系统及设备进行吹管处理。

5. 单元机组锅炉吹管质量合格的标准是什么？

答：为了检验吹管质量的好坏，需在被吹管道末端的临时排汽管内或排汽口处装设靶板。靶板可用铅板制作，每次吹管后应将靶板换下，检查上面的杂物和冲击坑痕。当最大冲击坑痕直径小于 1mm，目测总数少于 10 点，并且连续两次吹管均符合上述要求时，则为吹管质量合格。

6. 为什么要进行蒸汽严密性试验？

答：为了进一步检验锅炉焊口、胀接口、人孔、手孔、法兰盘、密封填料、垫料，以及阀门、附件等处的严密性，检查汽水管道的膨胀情况，校验支吊架、弹簧的位移、受力伸缩情况有无妨碍膨胀的地方，必须对新装锅炉进行蒸汽严密性试验。

7. 锅炉燃烧调整试验的目的和内容是什么？

答：为了保证锅炉燃烧稳定和安全经济运行，凡新投产或大修后的锅炉，以及燃料品种、燃烧设备、炉膛结构等有较大变动时，均应通过燃烧调整试验，确定最合理、经济的运行方式和参数控制的要求，为锅炉的安全运行、经济调度、自动控制及运行调整和事故处理提供必要的依据。

锅炉燃烧调整试验一般包括：

（1）炉膛冷态空气动力场试验。

（2）锅炉负荷特性试验。

（3）风量分配试验。

（4）最佳过量空气系数试验。

（5）经济煤粉细度试验。

（6）燃烧器的负荷调节范围及合理组合方式试验。

（7）一次风管阻力热态调平试验。

8. 新安装的锅炉在启动前应进行哪些工作？

答：（1）水压试验（超压试验），检验承压部件的严密性。

（2）辅机试转及各电动门、风门的校验。

（3）烘炉。除去炉墙的水分及锅炉管内积水。

（4）煮炉与酸洗。用碱液清除蒸发系统受热面内的油脂、铁锈、氧化层和其他腐蚀产物及水垢等沉积物。

（5）炉膛空气动力场试验。

（6）吹管。用锅炉自生蒸汽冲除一、二次汽管道内杂渣。

（7）校验安全门等。

9. 锅炉启动调试的任务、目的和评定标准？

答：电站锅炉及其相联系的汽轮发电机组，由于结构庞大和配套系统复杂，不可能在制造厂进行总装和启动试运，以检验其是否达到设计性能然后再出厂，而必须在现场进行这些工作，因此启动调试就成为电站建设的一道重要工序。这一阶段的任务和目的就是按照一定程序把所有设备启动、运行起来，以检验全部设计是否能达到设计所规定的性能，从而证实其能正常投入运行。对锅炉本身来说，则是要检验能否在规定的运行条件和蒸汽质量（汽压、汽温、蒸汽品质）下达到设计出力，在规定的负荷调节范围内能可靠运行、燃烧稳定良好，从而证实其能长期安全经济运行。

10. 锅炉吹管采用稳压吹管有什么优、缺点?

答: 稳压吹管具有的优点是每次吹管持续时间长,吹管次数少,锅炉热负荷高,需要投煤,烧油少对锅炉启动分离器水位、厚壁承压部件的温度交变应力、锅炉启动循环泵的扰动小。

缺点是涉及的设备系统多,操作量大而且复杂,操作不熟练容易出现再热器干烧,限制了入炉燃料量(即冲管流量受到限制)。

11. 遇有下列情况之一时,应进行锅炉超水压试验:

答:(1)停用一年以上的锅炉恢复运行时。

(2)锅炉改造、受压元件经 A 级检修或更换后,如水冷壁管更换 50% 以上,过热器管、再热器或省煤器等部件成组更换及汽水分离器、储水罐进行了重大修理时。

(3)锅炉严重超压达 1.25 倍工作压力及以上时。

(4)锅炉严重缺水后受热面大面积变形时。

(5)根据运行情况,对设备安全可靠性有怀疑时。

12. 锅炉水压试验的注意事项有哪些?

答:(1)水压试验用水必须进行水处理,用除盐水或冷凝水,水中氯离子含量应小于 25mg/L。

(2)水压试验前应将主蒸汽、再热蒸汽管道和下水连接管道、过渡段水冷壁连接管道、启动系统连接管道、集箱等各管道上的恒力弹簧吊架、可变弹簧吊架、炉顶恒力及可变弹簧吊架以及碟簧吊架用插销或定位片予以临时固定,暂当刚性吊架用,水压试验后应拆除。

(3)水压试验的顺序,应先做再热蒸汽系统,后做锅炉一次汽系统。

(4)锅炉各阀门的水压试验,应先做二次门,后做一次门。

水压试验前必须进行安全检查:

(1)所有外来的材料及工具均已清除。

(2)炉里面无人。

(3)压力表均已校准,压力传送管均正确连接,压力表前阀门处于打开位置。

（4）所有安全阀必须装上堵头隔离。

（5）设计中未考虑到水压试验压力的其他部件要隔离。

（6）所有阀门应调节自如，且正确安装就位。

（7）361阀可不参加水压试验。

13. 简述锅炉蒸汽吹管注意事项。

答：（1）锅炉吹管过程中，由于吹管周期内锅炉各受热面和管道（特别是厚壁元件）会产生较大热冲击，因此在保证吹管质量前提下，应尽量减少吹管次数。

（2）对临时设定的吹管管道，其设计参数应保证锅炉在吹管过程中不发生超温超压。

（3）当启动锅炉点火油枪进行吹管时，应控制炉膛出口烟气温度不超过540℃，防止过热器及再热器干烧。

（4）针对直流炉的特点，其汽水分离器储水箱容积较小，维持控制水位较难，在开关临冲门时水位极难控制，并且锅炉闪蒸的大量蒸汽使得汽水分离器储水箱水位迅速膨胀，形成虚假水位。因此就需要运行人员能够做出准确的判断，给水调节尽可能避免大幅操作，可以按照水位变化趋势短时调整，一旦出现水位变化较快时应暂停甚至反向操作，直至控制住水位变化，但必须使得给水和蒸汽流量处于一个相对平衡的水平。

（5）吹管时，在开启临吹门时，一定要加强燃料量的调整，因为随着压力的降低，垂直水冷壁出口出现过热蒸汽，壁温随工质冷却能力的下降而上升，同时又加大了上水量，温度又急剧下降，使水冷壁承受大的热应力和热偏差。

第十二节　启动锅炉

1. 某电厂启动锅炉简介。

答： 某电厂启动锅炉为天津宝成机械制造股份有限公司的产品，本期工程配备二台启动锅炉。启动锅炉的型号为KD.ZS35-

1.27/350-Y 燃油蒸汽锅炉，即锅炉额定蒸发量 35t/h，额定工作压力 1.27 MPa，给水温度 20℃时，过热蒸汽温度 350℃，快装型燃油锅炉。

2. 简述启动锅炉的烟气流程。

答： 送风机供给的冷风经锅炉下部及侧风道进入燃烧器进风口，在燃烧器内与燃油充分混合燃烧形成热烟气，热烟气在炉膛后部分为左右两侧冲刷热器管束、对流管束区域换热，由炉前向炉顶转弯处的两侧出烟口进入烟道，与进入省煤器的烟气汇合进入烟囱，排向大气。

3. 简述启动锅炉上水前检查的步骤。

答：（1）检查储水箱、除氧器水位正常。给水系统各阀门开关位置正确，给水泵冷却水畅通。

（2）汽包、省煤器集箱、过热器、减温器空气门开启。

（3）过热器汽电动总门及手动供汽总门关闭。升火排汽阀开启。

（4）给水取样一次门开启。全部水位计投入。压力、流量变送器投入。

（5）锅炉排污系统符合要求。

4. 烘炉前应具备哪些条件？

答：（1）锅炉及其附属装置全部组装完毕和水压试验合格。

（2）锅炉保温和水冷壁密封结构件安装后，经风压试验无任何渗漏现象。

（3）热工仪表检验合格。

（4）烘炉所需的辅助设备试运转合格。

（5）炉墙上有测温点或取样点。

（6）开启上锅筒的排气阀和过热蒸汽出口集箱上的排气阀。

（7）准备好烘炉的木材或其他燃料。

（8）编制好烘炉方案及烘炉曲线。

（9）冲洗锅炉，注入处理合格的软化水至正常水位。

5. 简述启动锅炉烘炉时的注意事项。

答：（1）不得用烈火烘炉，用木材烘炉时（一般为 3 天），应采用自然通风，后期可采用小火烘炉。

（2）锅炉升温速度及持续时间应根据锅炉炉墙施工方法完工后的干涸情况而定，烘烧的前段时间为烘干，后段时间为焙烧。

（3）燃烧强度和温升由炉膛出口烟温来控制，温升第一天不超过 50℃，以后每天温升不宜超过 70℃，一般最终出口烟温不要超过 160℃。

（4）烘炉时，应经常检查炉墙，适当控制温度，防止产生裂纹和凹凸等缺陷。

（5）如采用燃烧器小火烘炉，要求燃烧器调整到锅炉额定燃烧器负荷的 10% 内，若达不到可采用间断燃烧方式，控制炉水温度缓慢升温，并保证炉膛出口烟气温度小于 400℃。

（6）烘炉时间一般为 4 ～ 6 天。由于该锅炉采用膜式水冷壁密封，外用保温材料，局部用耐火砖和耐火混凝土砌筑，烘炉时间一般可控制在 1 ～ 2 天（可根据炉体自然风干情况确定），砖缝中灰浆含水量小于 2.5% 时为合格。

6. 简述燃油锅炉启动过程。

答:（1）全部准备工作就绪后，启动锅炉，锅炉将根据程序自动启动燃烧器，具体调试说明请参照燃烧器和自动控制系统使用说明资料进行调试。

（2）油燃烧器投入工作后，点火过程结束，及时调整油风配比，保持燃烧正常。

（3）强调：锅炉启动后，应控制在低负荷运行，严格控制过热器进口的烟气温度在 500℃以下，防止烧毁过热器，在锅炉产汽压力大于主蒸汽管道压力后，方可逐渐向主蒸汽管道供汽，逐渐关闭过热器出口集箱的放汽阀门，并严密监视过热蒸汽出口温度，调控燃烧负荷。

（4）喷水减温器设计在过热器进口集箱内，通过向干饱和蒸汽中喷入细小的水雾，增加饱和蒸汽的湿度，在吸收等量过热器热量条件下，降低过热器出口蒸汽温度值。使用过程中应注意以下几点：

1）水质要求：进入喷水减温器的水质应严格保证达到除盐水

或蒸馏水的要求。

2）压力要求：为保证喷入的水形成水雾状，减少大的水颗粒对过热器管的损坏，喷水管压应比饱和蒸汽压力高出 0.1MPa。

3）喷水温度要求：喷水温度应为常温，且不低于 10℃。

4）喷水流量要求：根据锅炉实际出力适当调节喷入水量，不允许过量喷入，使过热蒸汽温度急剧降低，一般喷入水量控制在过热器出口蒸汽温度降低值小于 5℃/min。

5）减温器运行时间限制：减温器只有在锅炉不正常运行时过热器严重超温方可投入使用，投入减温器后应尽快调整锅炉进入正常运行状态，并停止减温器投入，一般运行时间限制在 1 小时以内。

第四章

事 故 处 理

简述事故或异常的现象、原因及处理方法。

1. 磨煤机事故跳闸。

答：现象：

（1）磨煤机跳闸声光报警发出。

（2）对应给煤机停止，煤量到 0，总煤量突降。

（3）锅炉氧量上升，汽温、汽压、负荷下降，锅炉负压波动。

（4）相应 10kV 母线掉牌。

原因：

（1）电动机电气保护动作。

（2）人员误碰。

（3）冷却水量不足引起润滑油温或磨煤机轴承温度高。

（4）其他热工保护动作。

（5）磨煤机堵煤引起跳闸。

处理：

（1）确认对应给煤机自动跳闸，否则手动停止。

（2）维持锅炉负压、汽温的稳定。如果波动大应切手动控制。适当降低机组负荷，并根据情况确定是否投油稳燃。

（3）关闭热风隔绝门及锁气阀，开大冷风门，控制磨煤机出口温度。

（4）增大其他制粉系统的出力并启动备用磨煤机，维持机组负荷稳定。

（5）如果各给煤机煤量在自动情况下，应防止其他各给煤机煤量自动增加过多而造成堵煤。

（6）根据跳闸的现象及报警，确认其跳闸原因。

（7）如果是由于误碰引起磨组误跳则可将其重新启动。启动备用磨煤机，维持机组负荷不变。

（8）检查磨煤机润滑油系统运行情况，冷却水量是否正常，如果是闭冷水温度高引起，则投入备用冷却器运行。

（9）如果故障一时无法处理，通知相关人员进行处理，消除故障。

2. 磨煤机电动机电流异常。

答：现象：

（1）磨煤机电动机电流偏离正常值过大。

（2）磨煤机电动机电流大幅度波动。

（3）磨煤机处有异常声音。

原因：

（1）给煤量过大，磨煤机内原煤过多。

（2）原煤内混入大块杂物。

（3）磨煤机机械故障。

处理：

（1）适当减少给煤量，加强石子煤排放，使电流至正常值。

（2）经吹扫工作后，电流仍继续摆动，应停止磨煤机运行，开启放石子门或检修门取出磨煤机内混入杂物。

（3）就地检查磨煤机是否存在机械故障，查出原因后通知检修人员处理。

3. 磨煤机齿轮箱油温高。

答：现象：

（1）磨煤机润滑油温度高报警。

（2）油温温度计指示高于正常值。

原因：

（1）齿轮箱油位低。

（2）加热器故障。

（3）冷却器冷水流量低，水侧堵塞，误关冷却水门。

（4）冷却水进水温度高。

（5）润滑油发生变质乳化。

（6）温度测量表计故障。

（7）磨煤机过负荷运行。

（8）润滑油压力低或者流量不足，误关供油阀。

处理：

（1）停磨后对齿轮箱进行换油或加油至正常油位。

（2）停止加热器电源。

（3）清理冷却器增加冷却水流量，开启误关的冷却水门。

（4）降低冷却水温度。

（5）通知检修处理故障表计，注意防止跳磨。

（6）降低磨煤机出力，注意防止其他磨煤机过负荷。

（7）检查油泵运行是否正常，如油位过低通知检修加油，开启误关油阀。

（8）经处理无效，切换磨煤机运行。

4．磨煤机断煤。

答：现象：

（1）总煤量突降，断煤磨煤机煤量到零。

（2）磨煤机电流下降。

（3）磨煤机磨压差下降。

（4）磨煤机出口温度高。

（5）锅炉氧量上升，汽温、汽压、负荷下降。

原因：

（1）煤斗托煤。

（2）原煤斗空仓。

（3）磨煤机下煤管被杂物堵塞。

处理：

（1）投入该磨油枪或者等离子运行，防止跳磨。

（2）关闭给煤机上闸板，防止热风窜入煤仓。保持给煤机运行，防止跳磨。

（3）如果磨煤机出口温度上升较快，应全开冷风调门，关闭热风调门及热风隔绝门，维持磨煤机出口温度在正常值。

（4）通知燃料值班员确认煤仓煤位，如果空仓应要求其立即加煤。

（5）派人到就地打空气炮。

（6）如果是下煤管被杂物堵塞无法消除，则将该磨组停运。

（7）处理期间应适当增加其他制粉系统给煤量以免汽压下降过多，如果负荷低或燃烧不稳则投入点火油枪稳燃。同时将断煤磨组的给煤率降至最小。

（8）如果各给煤机煤量在自动情况下，应防止其他各给煤机煤量自动增加过多而造成堵煤，同时应注意控制好对应磨煤机出口温度，并防止低风量或失去火检而跳磨，将对应给煤机煤量指令调至最小，防止突然来煤时对燃烧扰动太大且对皮带及电机冲击过大。

（9）处理期间应注意调节汽温，断煤时防止汽温过低，来煤后应防止蒸汽超温。

（10）如果一时无法来煤，应启动备用磨组。

5. 给煤机事故跳闸。

答：现象：

（1）给煤机事故跳闸。

（2）跳闸给煤机电流到零。

（3）给煤机速度到零，总给煤量突降。

（4）主汽压下降。

原因：

（1）给煤量坏信号。

（2）堵煤信号发生。

（3）断煤信号。

（4）给煤机出口挡板关闭。

（5）给煤机内部温度高。

处理：

（1）关小热风门，增加冷风门开度，维持制粉系统风量在50%以上，保证磨煤机出口温度在正常。

（2）适当增加其他给煤机给煤量以维持锅炉负荷不至下降过多。

（3）检查给煤机跳闸原因，尽快恢复给煤机运行。

（4）如给煤故障短时不能恢复，则停止该制粉系统运行，启动备用制粉系统维持机组负荷不变。

（5）通知检修人员，处理给煤机故障，以做备用。

6. 密封风机跳闸。

答：现象：

（1）一次风机跳闸声光报警发出。DCS报警窗口发出相应的报警。

（2）密封风压低报警。

（3）备用密封风机联动。

处理：

（1）检查备用密封风机联动正常。

（2）备用密封风机没有联动，手动将其启动。同时检查跳闸密封风机的进出口挡板关闭。

（3）查明跳闸原因，消除后将其投备用。

（4）如果两台密封风机均无法运行时，应开启两台密封风机进口门，尽量维持较低的磨煤机一次风压和较高的一次风母管压力，尽量保持较大的一次风母管压力与磨煤机一次风压的差值，通知检修马上检查处理密封风机不能启动原因，尽快消除故障，恢复密封风机运行。

7. 密封风机母管压力低如何处理？

答：（1）风机入口滤网堵塞时，启动备用风机后，清理入口滤网。

（2）风机叶片磨损效率降低时，联系检修处理。

（3）备用风机联启不成功时，立即手动启动。

（4）系统泄漏时，查找漏点，联系检修处理。

（5）备用风机出口止回阀不严，泄漏严重时，联系检修处理。

（6）入口调节挡板故障时切换至备用密封风机，联系检修处理。

8. 引风机轴承振动大。

答：现象：

（1）就地风机振动大。

（2）风机轴承振动不正常地上升，DCS报警。

（3）风机电流不正常升高或电流摆动剧烈。

（4）风机轴承温度可能上升。

（5）就地风机声音异常。

（6）风机可能喘振报警。

原因：

（1）地脚螺丝松动损坏。

（2）轴承损坏、轴弯曲，串轴。

（3）联轴器松动或中心偏差大。

（4）叶片磨损或积灰。

（5）叶片损坏或叶片与外壳碰磨。

（6）风道损坏或进入异物。

（7）风机失速或喘振。

处理：

（1）就地检查风机机壳振动、电机振动、润滑油流量、油温、油质。轴承箱油位，动叶角度等。同时加强对风机振动值、轴承温度、润滑油压、电动机电流、炉膛负压等参数的监视。

（2）尽快查出振动原因，必要时联系检修人员处理。若润滑油流量低则应调整相应流量调整阀，若振动达报警值时应立即解除风机自动控制，以手动方式降低其出力。

（3）如风机振动原因为喘振或失速，应立即手动将喘振或失速风机的动叶快速关回，直到喘振或失速消失为止，同时严密监视另一台风机的电流，必要时可根据运行风机的电流适当关小其动叶，以防止超电流，在调整风机的同时，要注意炉膛负压，当炉膛负压持续异常时，应适当降低机组负荷，待有关参数稳定后，再将两台风机出力调平。

（4）对风机及进、出口风道进行全面检查，查出原因并进行消除，恢复其正常运行。

（5）当风机振动超标调整无效达跳闸值时，应立即停止风机运行。

9. 引风机失速。

答：现象：

（1）DCS 画面上有引风机失速报警信号。

（2）失速风机电流下降，引风机入口风压升高。

（3）炉膛压力波动。

原因：

（1）受热面、空预器严重积灰或烟气挡板误关，引起阻力增大，造成动叶开度与烟气量不适应，使风机进入失速区。

（2）动叶调节时，幅度过大，使风机进入失速区。

（3）自动控制装置失灵，使一台风机进入失速区。

（4）机组在高负荷时，吹灰器投入运行或送风量过大。

处理：

（1）立即将风机控制置于手动，关小未失速的风机动叶，适当关小失速风机动叶，同时调节送风机的动叶，维持炉膛压力在允许范围内。

（2）如因风烟系统的风门、挡板误关引起，应立即打开，同时调整动叶开度。如因风门、挡板故障引起，应立即降低锅炉负荷，联系检修处理。

（3）经上述处理，失速现象消失，则稳定运行工况，进一步查找原因并采取相应的措施后方可逐步增加风机的负荷。经上述处理无效或已严重威胁设备的安全时，则立即停止该风机运行。

10. 引风机跳闸。

答：现象：

（1）DCS 画面上有引风机 A（或 B）跳闸、RB 报警。

（2）CCS 方式切换为 TF 方式。

（3）炉膛负压大幅度波动。

（4）负荷快速降低。

（5）炉膛负压瞬时偏正。

（6）同侧送风机跳闸，锅炉总风量下降。

原因：

（1）保护动作。

（2）误操作。

处理：

（1）若 RB 动作，监视 RB 动作情况，确认锅炉负荷自动减至50%，如果自动调节特性不能满足参数变化，则手动干预。

（2）若 RB 未动作，应及时切手动调整。

（3）如果自动投等离子失败，手动投等离子稳燃。

（4）确认引风机 B（或 A）开度自动增加，但要防止过电流。

（5）确认炉膛负压控制在自动状态，否则调整后重投自动。

（6）确认送风机 B（或 A）开度自动增加，风量、氧量正常。

（7）监视给水、减温水自动跟踪调整情况，保证汽温、汽压等相关参数稳定。

11. 风机的主轴承温度高的原因是什么？如何处理？

答：原因：

（1）润滑油流量不足。

（2）冷却器的冷却水量不足。

（3）冷却器内黏附污物。

（4）轴承内有异物或损坏。

处理：

（1）适当调整溢流，增加油压。

（2）检查冷却水量，冷却水管是否堵塞。

（3）清洗水冷管内外部。

（4）检查轴承，有异声则更换，当主轴承温度超过规定值时，将会报警，运行人员需监视该温度并分析产生的原因，如温度继续升高达跳闸时必须立即停机。

12. 空气预热器着火如何处理？

答：立即投入空气预热器吹灰系统，停止暖风机运行，经上述处理无效，排烟温度继续不正常升高时，应采取如下措施：

对于锅炉运行中不能隔离的空气预热器或两台空气预热器同时着火可按如下方法处理：

（1）应紧急停炉，停止一次风机和引、送风机，关闭所有风门、挡板，将故障侧辅助电动机投入，开启所有的疏水门，投入水冲洗装置进行灭火，如冲洗水泵无法启动，立即启动消防水泵，用消防水至冲洗水系统进行灭火。

（2）确认空气预热器内着火熄灭后，停止吹灰和灭火装置运行，关闭冲洗门，待余水放尽后关闭所有疏水门。

（3）对转子及密封装置的损坏情况进行一次全面检查，如有损坏不得再启动空气预热器，由检修处理正常后方可重新启动。

对于锅炉运行中可以隔离的空气预热器可按如下方法处理：

（1）立即停运着火侧送、引风机、一次风机运行，投油，减煤量，维持两台制粉系统运行，按单组引送风机及预热器带负荷。

（2）确认着火侧空气预热器进口、出口烟气与空气侧各挡板关闭。

（3）打开下部放水门，同时打开上部蒸汽消防阀进行灭火。

（4）确认预热器金属温度降至正常。可打开人孔门进行检查，消除残余火源。

13. 锅炉主蒸汽温度异常。

答：主蒸汽温度异常升高的现象：

（1）炉侧主汽温度高于610℃。

（2）过热器一、二级减温水调门开启。

（3）主蒸汽温度变化速率异常升高。

（4）主蒸汽温度高报警。

主蒸汽温度异常降低的现象：

（1）炉侧主汽温度低于590℃。

（2）过热器一、二级减温水调门关闭。

（3）主蒸汽温度变化速率异常降低。

（4）主蒸汽温度低报警。

主蒸汽温度异常升高的原因：

（1）主蒸汽压力超限。

（2）锅炉捞渣机渣船液位异常下降，水封失去。

（3）磨煤机堵塞，疏通过程中发生爆燃现象。

（4）机组协调故障或手动调节不及时造成水煤比严重失调，过热度异常升高。

（5）过热器减温水阀门故障，无法开启。

（6）主汽系统受热面或管道严重泄漏。

（7）炉膛严重结焦或积灰。

（8）汽轮机高加系统故障退出运行，给水温度降低。

主蒸汽温度异常降低的原因：

（1）炉膛结焦和积灰严重情况下进行吹灰。

（2）煤质严重偏离设计值，入炉煤量异常增大。

（3）机组协调故障或手动调节不及时造成水煤比严重失调，过热度异常降低。

（4）炉膛工况发生大幅度扰动，机组协调跟踪质量不好或手动调节不及时。

处理：

（1）机组协调故障造成水煤比失调应立即解除协调，根据当前需求负荷决定调整燃料量或给水量。为防止加剧系统扰动，当水煤比失调后应尽量避免煤和水同时调整。当水煤比调整相对稳定后再进一步调整负荷。

（2）炉膛工况发生大幅度扰动（如发生 RB 或一台以上制粉系统发生跳闸），控制系统工作在协调状态，中间点温度在自动控制方式，值班员应密切注意协调和自动的工作状况，尽量不要手动干预。当协调和自动工作不正常，值班员应果断的将协调和自动切为手动进行调整。

（3）当给水系统故障（如高加解列），控制系统工作在协调状态，主汽温在自动控制方式，值班员应密切注意协调和自动的工作状况，尽量不要手动干预。当协调和自动工作不正常，值班员应果断的将协调和自动切为手动进行调整。

（4）当锅炉严重结焦和积灰造成主汽温度异常应及时进行炉膛和受热面吹灰，当吹灰器不能正常投入或吹灰器投入后仍不能清除结焦和积灰，可对给水控制系统的中间点温度进行修正或将给水控制切为手动控制。如经过吹灰和调整仍不能使主汽温度恢复正常并且受热面金属温度存在超温应申请停炉处理。

（5）如锅炉结焦和积灰严重的情况下进行吹灰，吹灰时应密切监视受热面温度的变化和自动的跟踪情况，必要时可适当降低主汽温度定值，防止主汽温度超温。自动跟踪不正常应将其切为手动进行调整。

（6）减温水阀门故障应将相应的减温水调门自动切为手动，并适当降低主汽温度运行。必要时可对给水控制系统的中间点温度进行修正或将给水控制切为手动控制。及时通知检修处理。

（7）主汽系统受热面或管道严重泄漏应及时停炉处理。在维持运行期间如协调和主汽温度自动不能正常工作，应将其切为手动调整，并适当降低主汽温度运行。如受热面或管道泄漏严重造成主汽温度和受热面金属温度严重超温，经调整无效应立即停止锅炉运行。

（8）若因高加退出运行引起主汽压力超限或主汽超温，应适当降低给煤量。

14. 过、再热器管壁超温。

答：现象：

（1）过、再热器管壁金属温度高于正常值。

（2）过、再热器管壁金属温度偏差超过50℃。

原因：

（1）设计不当，制粉系统运行方式不合理、炉膛热负荷不均或管屏积灰不一致，部分吹灰器损坏，管屏间距支撑或管卡损坏造成管屏或部分管子出列、炉膛严重结焦，造成过、再热器产生热偏差。

（2）管内结垢造成管壁超温。

（3）管内杂物堵塞或焊口错位造成通流量低。

（4）蒸汽超温造成管壁超温。

（5）水煤比严重失调。

（6）制粉系统异常，短时间大量煤量进入炉膛。

（7）磨煤机一次风量增大。

（8）水冷壁受热面结焦或积灰严重。

处理：

（1）部分制粉系统检修不能投入运行，应调整配风和各制粉系统的出力，使炉膛热负荷趋于均匀，经过调整，金属温度不能降至正常值以下，应降低主、再热蒸汽温度运行。

（2）加强水冷壁、过热器蒸汽吹灰，吹灰器损坏应及时处理。

（3）如部分过、再热器管壁超温应适当降低蒸汽温度运行并在锅炉停炉时安排割管检查。

（4）自动跟踪不良应查找原因进行调整，处理期间可适当降低机组升、降负荷速度或手动调整。

（5）加强化学监督，如锅炉运行时间过长，管内积盐严重应降低过、再热蒸汽温度运行。尽早安排锅炉酸洗。

（6）增大水煤比，降低分离器入口蒸汽过热度。

（7）调整一次风不能幅度过大。

15. 锅炉结焦。

答：现象：

（1）锅炉水冷壁、燃烧器、冷灰斗等处有焦渣聚集。

（2）锅炉主控自动状态下，主、再热器沿程温度偏高，排烟温度升高。

（3）锅炉主控手动状态下，主、再热器沿程温度偏低，排烟温度升高。

（4）燃烧器结焦严重可能造成燃烧不稳定，炉膛热负荷不均，受热面金属温度偏差增大。

（5）捞渣机渣量增加。

原因：

（1）煤质变化。

（2）锅炉长时间超出力运行。

（3）炉膛配风不合理或燃烧器损坏造成火焰贴壁。

（4）磨煤机出口温度过高、一次风量过低、煤粉调整过细造成着火点提前。

（5）制粉系统运行方式不合理造成局部热负荷过高。

（6）运行中氧量设置过低。

（7）水冷壁吹灰长期不能投入或吹灰参数设置不当。

处理：

（1）运行人员根据煤质变化制定相应的措施。

（2）锅炉结焦严重可适当增加燃烧器的配风，降低燃尽风量并增加炉膛的过量空气系数运行。

（3）锅炉应控制在额定出力以下运行，如果炉膛结焦严重，通过吹灰和调整燃烧仍然不能改善，应降低锅炉出力。

（4）调整和保持合理的一、二次风配比，以维持燃烧器出口的二次风强度，燃烧器损坏或结焦及时处理，防止火焰贴壁造成结焦。

（5）保持正常的磨煤机出口温度、一次风量和煤粉细度，如果燃烧器附近结焦严重可适当降低磨煤机出口温度、增加一次风量和降低煤粉细度，如大屏结焦时调整方向相反。

（6）水冷壁吹灰器应按要求正常投入，炉膛结焦严重时应适当提高吹灰频率。

（7）下层制粉系统不能投运时，注意防止大屏结焦。

16. 尾部烟道二次燃烧。

答：现象：

（1）空预器入口烟气温度、排烟温度急剧升高，热风温度急剧升高，空预器电流异常上升。

（2）空预器二次燃烧有热点监测报警并且空预器烟气和热风温差降低甚至为负值。

（3）炉膛负压急剧波动。

（4）二次燃烧区域的烟气温度、工质温度上升。

（5）再燃烧点附近人孔、检查孔、吹灰孔等不严密处向外冒烟和火星，烟道、省煤器或空预器灰斗、空预器壳体可能会过热烧红，再燃烧点附近有较强热辐射感。

原因：

（1）磨煤机煤粉细度过粗、煤粉均匀度差、炉膛配风不合理、燃烧器损坏、炉膛氧量维持过低、省煤器和空预器灰斗堵塞发现不及时、省煤器和空预器长期不吹灰等原因，造成尾部烟道积聚煤粉。

（2）锅炉启动初期配风不合理、燃烧不完全，省煤器和空预器长时间不吹灰等原因造成尾部受热面积聚可燃物。

（3）锅炉长时间低负荷运行，炉膛配风不合理、燃烧器损坏、炉膛氧量维持过低、省煤器灰斗堵塞发现不及时、省煤器和空预器长时间不吹灰等原因造成尾部烟道煤粉大量沉积。

（4）尾部烟道人孔、检查孔、烟风挡板、烟道不严密，空预器密封装置工作不正常造成尾部烟道漏风严重。

（5）停炉前受热面未进行全面吹灰。

（6）启动过程中，空预器未连续吹灰或吹灰压力不足。

（7）事故停炉后未及时进行炉膛吹扫。

处理：

（1）运行人员如发现尾部烟道烟温不正常升高、空气预热器进出口烟温不正常地升高或空气预热器热点探测装置报警时，应立即检查原因，加强该区域受热面吹灰，进行燃烧调整，并就地确认是否发生二次燃烧。

（2）燃烧区域投运吹灰器后，若温度继续升高，根据受热面出口工质和沿程烟气温度，确认锅炉尾部烟道内发生二次燃烧时，应立即紧急停炉。

（3）立即停止送、引风机运行，并关闭所有烟风挡板。省煤器、再热器、低温过热器区域发生二次燃烧，启动给水泵以150t/h的流量进行上水，适当开启高、低旁，对省煤器、过热器、再热器进行冷却。强制投入再燃烧区域的蒸汽吹灰器进行灭火。

（4）如果空预器受热面再燃烧或排烟温度超过250℃，立即紧急停炉，停止送、引风机运行并关闭所有烟风挡板。联系检修，缩回所有密封装置，保持空预器正常运行。如空预器主、辅电机跳闸，投入气动马达盘车，如气动马达无法投运，联系检修连续手动盘车，投入空预器蒸汽吹灰进行灭火，必要时投入空预器消防水进行灭火，打开空预器底部烟、风道排污门。退出热点探测装置，严禁打开空预器人孔门观察。持续喷水，直到火焰完全熄灭，空预器转子完全冷却。

（5）当空预器入口烟气温度、排烟温度、热风温度降低到80℃以下，各人孔和检查孔不再有烟气和火星冒出后停止蒸汽吹灰或消防水。打开人孔和检查孔检查确认燃烧熄灭，开启烟风挡板进行通风冷却。

（6）炉膛经过全面冷却，检查再燃烧区域，确认设备无损坏，受热面积聚的可燃物彻底清理干净后方可重新启动。

17. 水冷壁泄漏。

答：现象：

（1）四管泄漏检测装置报警。

（2）就地检查可能听到炉膛内有泄漏声，如果水冷壁炉膛外泄漏，能看到泄漏处冒汽、冒水。

（3）给水流量与负荷不匹配，补水量异常增大。

（4）泄漏点后沿程温度升高，过热器减温水调节门不正常开大。

（5）水冷壁严重泄漏可能造成燃烧不稳，引风机电流增大，严重时可能造成炉膛灭火。

（6）主、再汽温，尾部烟道各部烟温、排烟温度不正常升高。

（7）电除尘可能工作不正常，除灰管道、空预器可能堵灰。

原因：

（1）水冷壁管材质存在缺陷或后期制造、安装对管材产生损伤。

（2）给水品质长期不合格或局部热负荷过高，使水冷壁管内结垢严重，造成管材腐蚀减薄或超温爆管。

（3）部分水冷壁管内部存在杂物堵塞、水冷壁管缩孔不当、水冷壁管焊口错位、水动力工况不稳定等原因造成管内质量流量低，燃烧器损坏、配风不合理、炉膛严重结焦等原因造成炉膛局部热负荷高，上述原因造成部分水冷壁内工质流量与管外热负荷不匹配，造成管壁超温爆管。

（4）炉膛内热负荷不均或水动力工况不稳定造成水冷壁管间温差过大，炉膛膨胀受阻，锅炉冷却或升温速度过快造成应力撕裂水冷壁管。

（5）水冷壁吹灰器位置不正确，疏水未疏尽，吹损管壁。

（6）炉膛内大块焦渣脱落砸坏水冷壁管或炉膛发生严重爆炸，使水冷壁管损坏。

（7）燃烧调整不当，受热面发生高温腐蚀。

处理：

（1）水冷壁泄漏不严重，给水流量能够满足机组负荷需要，各水冷壁金属温度不超温，管间温差在允许范围，注意监视各受热面沿程温度和水冷壁金属温度，及时汇报并密切关注泄漏情况的发展，做好停炉停机准备，申请停炉。

（2）在水冷壁泄漏处增设围栏并悬挂标示牌，防止汽水喷出伤人。

（3）若泄漏严重，爆破点后工质温度急剧升高或管间温度偏差超过允许值无法维持正常运行时，应立即手动 MFT。

（4）加强巡视检查，防止电除尘电极积灰和灰斗、管道及空预器等堵灰。

（5）停炉后，应保留送、引风机运行，待不再有汽水喷出后再停止送、引风机运行。

18. 省煤器泄漏。

答：现象：

（1）四管泄漏检测装置报警。

（2）就地检查可能听到省煤器部位有泄漏声，如果泄漏严重省煤器灰斗不严密处冒汽、冒水。

（3）省煤器、空预器、电除尘器灰斗、仓泵、输灰管道可能堵灰，空预器可能积灰，电除尘可能工作不正常。

（4）给水流量与负荷不匹配，补水量异常增大。

（5）泄漏侧排烟温度不正常下降，两侧烟温偏差大，引风机电流异常增大。

（6）泄漏侧脱硝入口烟温大幅度下降，两侧烟温侧增大，脱硝可能跳闸。

（7）泄漏严重时，过热蒸汽压力下降，过热蒸汽温度升高，减温水流量增大。

原因：

（1）省煤器管材质存在缺陷或后期制造、安装对管材产生损伤。

（2）省煤器防磨瓦安装位置不正确、掉落过多、检修周期过长造成管壁磨损减薄爆管。

（3）给水品质长期不合格，管材腐蚀减薄造成爆管。

（4）省煤器处发生再燃烧造成省煤器管超温损坏。

（5）省煤器吹灰器位置不正确，疏水未疏尽，吹损管壁。

处理：

省煤器泄漏不严重，给水流量能够满足机组负荷需要，各受热面温度不超温，注意监视各受热面沿程温度，及时汇报并密切关注泄漏情况的发展，申请停炉。

（1）在省煤器人孔、灰斗处增设围栏并悬挂标示牌，防止汽水喷出伤人。

（2）若泄漏严重，爆破点后工质温度急剧升高无法维持正常运行时，应立即手动 MFT。

（3）注意监视除灰系统和空预器的工作情况，加强巡视检查，如除灰系统或空预器堵灰严重，电除尘器无法正常工作应请示停炉处理。

（4）停炉后，应保留送、引风机运行，待不再有汽水喷出后再停止送、引风机运行。

（5）省煤器泄漏时，增加省煤器输灰排放次数，防止压垮灰斗。

（6）脱硝装置因入口烟温低跳闸时，及时汇报，做好脱硝装置停运的其他工作。

19. 过热器泄漏。

答：现象：

（1）四管泄漏检测装置报警。

（2）就地检查可能听到过热器部位有泄漏声。

（3）电除尘可能工作不正常，除灰系统、空预器可能堵灰。

（4）给水流量与负荷不匹配，补水量异常增大。

（5）泄漏点后沿程温度升高或减温水调节门不正常开大。

（6）排烟温度不正常下降，引风机电流异常增大。

原因：

（1）过热器管材质存在缺陷或后期制造、安装对管材产生损伤。

（2）过热器防磨瓦安装位置不正确、掉落过多、检修周期过长造成管壁磨损减薄爆管。

（3）蒸汽品质长期不合格，管内积盐造成管材长期超温爆管。

（4）制粉系统运行方式不合理造成炉膛热负荷不均或设计不当、部分吹灰器损坏，管屏积灰不一致、管屏间距支撑或管卡损坏造成管屏或部分管子出列，过热器产生热偏差，部分过热器管长期超温爆管。

（5）氧化皮脱落等过热器管内杂物堵塞或焊口错位造成通流量低，管材超温爆管。

（6）过热器长期超温运行造成超温爆管。

（7）运行调整不当，过热器进水或过热器严重超温造成爆管。

（8）过热器吹灰器位置不正确，疏水未疏尽，吹损管壁。

处理：

（1）过热器泄漏不严重，泄漏点后沿程温度能维持正常运行，应及时汇报并关注泄漏情况的发展，必要时降低机组负荷运行，申请停炉。

（2）如过热器爆管，泄漏点后温度急剧升高无法维持正常运行或相邻管金属温度严重超过允许温度应立即停炉处理。

（3）在过热器泄漏不严重维持运行期间，在泄漏点人孔、检查孔处增设围栏并悬挂标示牌，防止蒸汽喷出伤人。

（4）维持运行期间注意监视除灰系统和空预器的工作情况，加强巡视检查，如除灰系统或空预器堵灰严重，电除尘器无法正常工作应请示停炉处理。

（5）停炉后，应保留送、引风机运行，待不再有汽水喷出后再停止送、引风机运行。

20. 再热器泄漏。

答：现象：

（1）四管泄漏检测装置报警。

（2）就地检查可能听到再热器部位有泄漏声。

（3）电除尘可能工作不正常，除灰系统、空预器可能堵灰。

（4）机组负荷降低。

（5）泄漏点后沿程温度升高或再热器减温水调节阀、引风机动叶开度增大。

（6）排烟温度不正常下降。

原因：

（1）再热器管材质存在缺陷或后期制造、安装对管材产生损伤。

（2）再热器防磨瓦安装位置不正确、掉落过多、检修周期过长造成管壁磨损减薄爆管。

（3）蒸汽品质长期不合格，管内积盐造成管材长期超温爆管。

（4）制粉系统运行方式不合理或炉膛热负荷不均或设计不当、部分吹灰器损坏管屏积灰不一致、管屏间距支撑或管卡损坏造成管屏或部分管子出列，再热器产生热偏差，部分再热器管长期超温爆管。

（5）氧化皮等再热器管内杂物堵塞或焊口错位造成通流量低，管材超温爆管。

（6）再热器长期超温运行造成爆管。

（7）事故减温水使用不当造成再热器进水或再热器严重超温造成爆管。

（8）锅炉启动期间再热器干烧，烟气温度超过再热器管材许用温度，超温损坏。

（9）再热器吹灰器位置不正确，疏水未疏尽，吹损管壁。

处理：

（1）再热器泄漏不严重，泄漏点后沿程温度能维持正常运行，应及时汇报并关注泄漏情况的发展，必要时降低机组负荷运行，申请停炉。

（2）如再热器爆管，泄漏点后温度急剧升高无法维持正常运行或相邻管金属温度严重超过允许温度应立即停炉处理。

（3）再热器泄漏不严重维持运行期间，在泄漏点人孔、检查孔处增设围栏并悬挂标示牌，防止蒸汽喷出伤人。

（4）维持运行期间注意监视除灰系统和空预器的工作情况，加强巡视检查，如除灰系统或空预器堵灰严重，电除尘器无法正常工作，应申请停炉处理。

（5）停炉后，应保留送、引风机运行，待不再有汽水喷出后再停止送、引风机运行。

21. 锅炉主蒸汽压力高。

答：现象：

（1）主蒸汽压力偏离当前负荷对应正常值。

（2）主蒸汽沿程温度可能异常。

（3）机组负荷发生变化。

（4）可能发主蒸汽安全门动作信号。

原因：

（1）锅炉主控失灵，锅炉给水、燃烧调整不当。

（2）主蒸汽安全门、电磁泄压阀误动启座或严重内漏造成主蒸汽压力低。

（3）高旁误开或严重内漏造成主蒸汽压力低。

（4）高压自动主汽门或高压调门故障不正常开大或关小。

（5）主蒸汽系统严重泄漏。

处理：

（1）检查给水自动调节是否正常，如自动调整失灵，切手动调整。

（2）电磁泄压阀误动应立即进行手动强制回座，强制回座无效或严重内漏应请示停炉处理。

（3）高旁误开造成主蒸汽压力低应立即进行手动关闭，手动关闭无效应强制关闭，无法关闭应请示停炉处理。

（4）高压自动主汽门或高压调门故障引起压力波动，将 DEH 阀门控制切手动，联系检修处理。

（5）主蒸汽系统严重泄漏按"过热器损坏"进行处理。

22. 锅炉再热蒸汽压力异常。

答：现象：

（1）再热蒸汽压力偏离当前负荷对应正常值。

（2）再热蒸汽沿程温度异常。

（3）发再热蒸汽安全门动作信号。

（4）汽轮机轴位移、胀差可能变化。

原因：

（1）再热器安全门误动或内漏。

（2）高、低旁误开或严重内漏。

（3）中压缸调门或主汽门故障，中压自动主汽门或调门关小或关闭。

（4）再热蒸汽系统严重泄漏。

（5）抽汽系统异常。

（6）高排通风阀误开。

处理：

（1）再热器安全门误动应立即查找原因进行处理。

（2）如果再热器安全门无法关闭或严重内漏无法恢复正常，应申请停炉。

（3）高、低旁误开应立即手动关闭，关闭无效应查找原因进行处理，无法处理，应申请停炉。

（4）阀门活动试验中，应严密监视负荷、再热蒸汽压力、轴位移等相关参数，若发生波动立即停止试验，恢复机组正常工况。中主门或中调门故障应联系检修进行处理，经处理仍不能恢复正常，应申请停炉。

（5）再热系统严重泄漏按"再热器损坏"处理。

（6）抽汽系统异常按"加热器故障"处理。

23. 锅炉再热蒸汽温度异常。

答：现象：

再热蒸汽温度异常升高的现象：

（1）再热蒸汽温度高于628℃。

（2）再热蒸汽温度高报警。

（3）再热蒸汽温度变化速率异常上升。

（4）再热蒸汽事故减温水调门开启。

再热蒸汽温度异常下降的现象：

（1）再热蒸汽温度低于 600℃。

（2）再热蒸汽温度低报警。

（3）再热蒸汽温度变化速率异常下降。

（4）再热蒸汽事故减温水全关。

原因：

再热蒸汽温度异常升高的原因：

（1）炉膛工况发生大幅度扰动，再热器烟气挡板长时间保持全开状态。

（2）炉膛严重结焦或积灰。

（3）入炉煤质异常，锅炉总煤量大幅增加。

（4）事故减温水阀门故障。

再热蒸汽温度异常下降的原因：

（1）炉膛工况发生大幅度扰动，过热器烟气挡板长时间保持全开状态。

（2）炉膛结焦和积灰严重情况下进行吹灰。

（3）燃烧器损坏、风门挡板损坏或炉膛配风不合理。

（4）入炉煤质热值大幅升高，再热器入口烟气温度下降。

处理：

（1）锅炉工况发生大幅度扰动（如发生 RB 或一台以上制粉系统发生跳闸），再热蒸汽温度在自动控制方式，应密切注意自动的工作状况，尽量不要手动干预。当自动工作不正常，应切为手动进行调整。

（2）当锅炉严重结焦或积灰应及时进行吹灰，如吹灰无效且再热汽温经调整无法恢复至正常值，受热面金属温度存在超温，应申请停炉。

（3）如在锅炉结焦或积灰严重的情况下进行吹灰，应密切监视受热面温度变化和自动跟踪情况，必要时可适当降低再热蒸汽温度设定值，防止再热蒸汽温度超限。自动跟踪不正常应切手动进行调整。

（4）燃烧器损坏、风门挡板损坏应及时处理，处理期间应适当降低再热蒸汽温度运行，防止再热器壁温超限。

（5）若再热汽温高因高排通风阀误开引起，则应设法关闭高排通风阀。

（6）若因高加退出运行引起再热汽超温，则应适当降低给煤量，防止主汽超压。

24. 锅炉主蒸汽压力高。

答：现象：

（1）主蒸汽压力偏离当前负荷对应正常值。

（2）主蒸汽沿程温度可能异常。

（3）机组负荷发生变化。

（4）可能发主蒸汽安全门动作信号。

原因：

（1）锅炉主控失灵，锅炉给水、燃烧调整不当。

（2）主蒸汽安全门、电磁泄压阀误动启座或严重内漏造成主蒸汽压力低。

（3）高旁误开或严重内漏造成主蒸汽压力低。

（4）高压自动主汽门或高压调门故障不正常开大或关小。

（5）主蒸汽系统严重泄漏。

处理：

（1）检查给水自动调节是否正常，如自动调整失灵，切手动调整。

（2）电磁泄压阀误动应立即进行手动强制回座，强制回座无效或严重内漏应请示停炉处理。

（3）高旁误开造成主蒸汽压力低应立即进行手动关闭，手动关闭无效应强制关闭，无法关闭应请示停炉处理。

（4）高压自动主汽门或高压调门故障引起压力波动，将 DEH 阀门控制切手动，联系检修处理。

（5）主蒸汽系统严重泄漏按"过热器损坏"进行处理。

25. 锅炉灭火。

答：现象：

（1）声、光报警，FSSS 显示 MFT 首出原因。

（2）炉膛灭火，火焰监视器看不到火焰。

（3）炉膛负压、烟道各点负压增大。

（4）机组负荷到零。

（5）汽轮机主汽阀、调阀关闭。

（6）发电机主开关、励磁开关跳闸，快切动作。

（7）汽动给水泵跳闸。

原因：

（1）手动 MFT。

（2）锅炉主保护或机组联锁保护动作。

（3）误操作导致主保护动作。

（4）热工元件故障或保护误动作。

处理：

（1）检查所有运行的磨煤机、给煤机跳闸。检查一次风机、密封风机跳闸。检查等离子点火器退出，检查一、二级减温水电动门、事故减温水电动门关闭，上述设备和阀门不动作要手动将其关闭。

（2）检查汽轮机跳闸，高中压主汽门关闭，汽轮机转速下降，主机交流润滑油泵启动，检查关闭高低压旁路站。

（3）检查发变组出口主开关、灭磁开关断开，厂用电快切成功。

（4）检查炉膛负压自动跟踪正常，炉膛负压自动跟踪不正常应解除自动，手动进行调整，防止炉膛负压超限引起送、引风机跳闸。

（5）锅炉主汽压力达到动作值，电磁泄压阀不动作，手动开启电磁泄压阀泄压。

（6）炉膛吹扫完毕，复位跳闸设备。

（7）注意监视锅炉排烟温度和热风温度，防止尾部受热面再燃烧。

（8）如果两组送、引风机均跳闸，按紧急停炉处理。

（9）配合有关人员查找 MFT 原因，处理后进行再次启动准备。

26. 锅炉 RB。

答：现象：

（1）声、光报警发出，DCS 显示 RB 动作。

（2）故障跳闸设备状态指示闪烁。

（3）部分制粉系统跳闸。

（4）机组负荷快速降到 50% 额定负荷。

（5）等离子磨运行时，对应层等离子自动投入。

原因：

（1）两台送风机运行中一台跳闸。

（2）两台引风机运行中一台跳闸。

（3）两台一次风机运行中一台跳闸。

（4）磨煤机跳闸。

处理：

（1）检查协调自动跟踪及工作情况，不得无故解除协调进行手动调整。检查实际负荷已至 RB 动作设定值。如果协调跟踪不正常，应立即解除协调，切除上层制粉系统，保留下层三套制粉系统运行，将运行磨煤机的出力调整到与 50% 负荷相适应，调整给水流量，保证主、再热蒸汽各点温度正常。

（2）一次风机跳闸检查其出口挡板联关正常，一次风压稳定后手动开启联络挡板。若 RB 保护动作不正常，立即将运行一次风机出力加至最大，严密监视燃烧情况，若燃烧不稳，应立即停运第三套制粉系统，保证运行中的两套制粉系统具有充足的一次风量，使燃烧稳定。

（3）送、引风机跳闸联跳同侧引、送风机，检查其出口挡板联关正常，自动开启送风机联络门。如果保护动作不正常，迅速调稳炉膛负压，维持锅炉燃烧，再将同侧应跳风机停运。

（4）空预器跳闸延时 61s，联跳同侧引、送风机、一次风机，检查对应侧烟气进口挡板及风机之间的联络挡板自动关闭到位。

启动辅驱动电机，若不成功启动空气马达，否则进行手动盘车。如果保护动作不正常，迅速调稳锅炉燃烧，停运同侧应跳风机，关闭联络挡板。

（5）检查等离子自动投入，调整锅炉燃烧，维持炉膛负压正常。

（6）检查机组各参数正常，调整机组运行稳定。

（7）查明 RB 动作原因，及时消除设备故障，恢复机组正常运行。

27. 脱硝效率低的原因及如何处理？

答：原因：

（1）催化剂活性下降。

（2）喷氨分布不均匀。

（3）NO_x 分析仪工作不正常。

（4）SCR 入口 NO_x 值过高。

（5）氨量不充足。

处理：

（1）检查氨逃逸率、供氨母管压力和各分配支管，手动调节挡板开度。

（2）在氨逃逸率允许的前提下，增加喷氨量，增加供氨流量。

（3）检测催化剂测试片，检验失效情况。

（4）如各分配支管流量不均，重新调整。

（5）检查氨喷射管道和尿素喷嘴的堵塞情况。

（6）若热解风量不足，检查原因，提高风量。

（7）若尿素溶液母管堵塞，联系检修处理。

（8）联系检查脱硝烟气分析仪。

28. SCR 反应器出口氨逃逸超标。

答：现象："脱硝系统异常"光字牌亮。SCR 反应器出口氨逃逸显示值超过 $2.5\,\mu L/L$。

原因：

（1）SCR 反应器出口氨逃逸表计故障。

（2）SCR 反应器出、入口 NO_x 测点故障导致喷氨量过大。

（3）AIG 入口调整门误关，导致两侧反应器的喷氨量偏差过大。

（4）停止磨煤机后，未及时调整 AIG 入口氨气调整门。

（5）反应器内部氨、氮比例不均。

处理：

（1）在锅炉负荷及脱硝系统运行方式未发生变化的情况下出现反应器出口氨逃逸超标，应减少喷氨量，观察 SCR 反应器出口氨逃逸量，如果氨逃逸量无变化，则判断为氨逃逸表计故障，联系热控人员处理。

（2）SCR 反应器出、入口 NO_x 测点故障导致喷氨量过大，立即减小脱硝率设定值，联系热控人员处理 NO_x 测点，使其尽快恢复正常。

（3）若一侧 AIG 入口调整门误关，造成另一侧喷氨量过剩，及时调整 AIG 入口氨气调整门的开度，调节两侧反应器的喷氨量，尽量使反应器内部氨/氮比例保持均匀。

（4）停止磨煤机后及时调整 AIG 入口氨气调整门，保持两侧反应器出口 NO_x 排放量相同。

29. 哪些情况应紧急停运脱硝系统？

答：（1）锅炉 MFT 动作，脱硝系统保护未动作时。

（2）SCR 反应器出口氨逃逸超过 $2.5\,\mu L/L$，经调整无效，无法维持正常运行时。

（3）DCS 失电，参数无法监视时。

（4）SCR 反应器入口烟气温度低于 295℃。

（5）SCR 反应器入口烟气温度超过 420℃。

（6）供氨管道大量泄漏，危及人身安全。

第五章

计 算 题

1. 过热器管道下方 38.5m 处安装一只过热蒸汽压力表，其指示值为 13.5MPa，问过热蒸汽的绝对压力 p 为多少？修正值 C 为多少？示值相对误差 δ 为多少？

解： 已知表压 $p_g = 13.5MPa$，$H = 38.5m$，大气压 $Pa = 0.098\ 067MPa$

$p = p_g - \rho gH + Pa$

$\quad = 13.5 - 10^3 \times 38.5 \times 9.806\ 7 \times 10^{-6} + 0.098\ 067$

$\quad = 13.22(MPa)$

$C = 13.5 - 13.22 = 0.28(MPa)$

$\delta = (13.5 - 13.22)/13.22 \times 100\% = 2.1\%$

答： 过热蒸汽的绝对压力为 13.22MPa，修正值为 0.28MPa，示值相对误差为 2.1%。

2. 某锅炉空气预热器出口温度为 340℃，出口风压为 3kPa，当地大气压力 92 110Pa，求空气预热器出口实际密度（空气的标准密度为 1.293kg/m³）。

解： 已知 $t = 340℃$，$\rho = 92\ 110Pa$，$H = 3000Pa$

$\rho L = 1.293 \times 273/(273 + t) \times (p_0 + H)/101\ 308$

$\quad = 1.293 \times 273/(237 + 340) \times (92\ 110 + 3000)/101\ 308$

$\quad = 0.54(kg/m^3)$

答： 空气预热器出口的真实密度为 0.54kg/m³。

3. 某锅炉一次风管道直径为 $\phi300mm$，测得风速 23m/s，试计算其通风量每小时为多少立方米。

解： 已知 $\omega = 23m/s$，$D = 300mm = 0.3m$

根据 $Q=\omega F$，$F=\pi D^2/4$

$Q=\omega\pi D^2/4 = 23\times3.14\times0.3^2/4$

　　$=1.625(\text{m}^3/\text{s})=1.625\times3600=5850(\text{m}^3/\text{h})$

答：通风量为 5850m³/h。

4. 某风机运行测试结果：入口动压为 10Pa，静压 –10Pa，出口动压为 30Pa，静压 200Pa，试计算该风机的全风压。

解：方法（1）

风机入口全压 = 入口动压 + 入口静压 = 10+(-10) = 0

风机出口全压 = 出口动压 + 出口静压 = 30+200 = 230(Pa)

风机全压 = 出口全压 – 入口全压 = 230-0 = 230(Pa)

方法（2）

风机出、入口静压差 = 出口静压 – 入口静压 = 200-(-10) = 210(Pa)

风机出、入口动压差 = 出口动压 – 入口动压 = 30-10 = 20(Pa)

风机全压 = 出入口静压差 + 出、入口动压差 = 210+20 = 230(Pa)

答：风机全压为 230Pa。

5. 已知某锅炉引风机在锅炉额定负荷下的风机出力为 5.4×10^5m³/h，风机入口静压为 –4kPa，风机出口静压为 0.2kPa，风机入口动压为 0.03kPa，风机出口动压为 0.05kPa，风机采用入口调节挡板调节，挡板前风压为 –2.4kPa，试求风机的有效功率及风门节流损失。

解：风机入口全压 $H'=H'_j+H'_d = -4+0.03 = -3.97(\text{kPa})$

风机出口全压 $H''=H''_j+H''_d = 0.2+0.05 = 0.205(\text{kPa})$

风机产生的全压 $H=H''-H' = 0.205-(-3.97) = 4.175(\text{kPa})$

风机有效功率　　　$P_e = Hq_V/1000$

　　　　　　　　$= 4.175\times1000\times5.4\times10^5/(3600\times1000)$

　　　　　　　　$= 626.25(\text{kW})$

风机风门节流损失 $P' = pq_V/1000$

　　　　　　　　$= (4-2.4)\times10^3\times5.4\times10^5/(3600\times1000)$

　　　　　　　　$= 240(\text{kW})$

答：引风机有效功率为 626.5kW，风门节流损失为 240kW。

6. 10t 水经加热器后，它的焓从 334.9kJ/kg 增加至 502.4kJ/kg，求 10t 水在加热器内吸收多少热量。

解：已知 G=10t = 10 000kg，h_1 = 334.9kJ/kg，h_2 = 502.4kJ/kg

$Q = G(h_1 - h_2) = 10\ 000 \times (502.4 - 334.9)$

$\qquad = 10\ 000 \times 167.5 = 1.675 \times 10^6 (\text{kJ})$

答：10t 水在加热器中吸收的热量为 1.675×10^6kJ。

7. 某锅炉炉膛火焰温度由 1500℃ 下降至 1200℃ 时，假设火焰发射率 α= 0.9，试计算其辐射能力变化 [全辐射体的辐射系数 C_0 = 5.67W/（m²K⁴）]。

解：火焰为 1500℃时辐射能量 E_1

$E_1 = \alpha \cdot C_0 (T/100)^4 = 0.9 \times 5.67 \times \big[(1500+273)/100 \big]^4 = 504.267$
（kW/m²）

火焰为 1200℃时辐射能量 E_2

$E_2 = \alpha \cdot C_0 (T/100)^4 = 0.9 \times 5.67 \times \big[(1200+273)/100 \big]^4 = 240.235$
（kW/m²）

辐射能量变化 $E_1 - E_2$ = 504.267 - 240.235 = 264.032(kW/m²)

答：辐射能量变化为 264.032kW/m²。

8. 某锅炉高温过热器管子尺寸 ϕ42×5mm，热导率 λ_1 = 40W/（m·℃），该管子材料的最高允许工作温度为 570℃。烟气侧平均温度为 855℃，总换热系数 α_1 = 120W/（m²·℃）蒸汽侧平均温度为 505℃，换热系数 α_2 = 2200W/（m²·℃）。按平壁传热来计算：（1）热流密度为多少，管子是否超温？（2）若因蒸汽带水等原因使管内结垢 1.5mm，垢的 λ_2 = 1W/（m·℃），而其他条件不变，此时管壁是否超温？

解：（1）热流密度为

$q = (t_{烟} - t_{蒸})/(1/\alpha_1 + \delta_1/\lambda_1 + 1/\alpha_2)$

$\quad = (855 - 505)/(1/120 + 0.005/40 + 1/2200)$

$\quad = 39\ 269(\text{W/m}^2)$

管子外壁温度：（因管子外壁温度高于内壁温度，故只要计算外壁温度）

$t_{外} = t_{烟} - q \times 1/\alpha_1 = 855 - 39\ 269 \times 1/120 = 527.76(℃)$

由于管子外壁温度小于管材的允许温度 570℃，故管子不超温。

（2）若管子内壁结垢时：

$q = (t_{烟}-t_{蒸})/(1/\alpha_1+\delta_1/\lambda_1+\delta_{垢}/\lambda_{垢}+1/\alpha_2)$
　　$= (855-505)/(1/120+0.005/40+0.001\ 5/1+1/2200)$
　　$= 33\ 612.2(\text{w/m}^2)$

$t_{外} = t_{烟}-q \times 1/\alpha_1 = 855-33\ 612.2 \times 1/120 = 574.9(℃)$

由于管子外壁温度大于管材的允许温度 570℃，故管子超温。

9. 某锅炉水冷壁管垂直高度为 30m，由冷炉生火至带满负荷，壁温由 20℃ 升高至 360℃，求其热伸长值 ΔL（线膨胀系数 $\alpha_L = 0.000\ 012℃-1$）。

解：热伸长值：

$\Delta L=L\alpha_L \Delta t = 30\ 000 \times 0.000\ 012 \times (360-20) = 122.4(\text{mm})$

答：热伸长值 $\Delta L=122.4\text{mm}$。

10. 某台机组，锅炉每天烧煤量 B=2800t，燃煤的低位发热量 $Q_{\text{net, ar}} = 21\ 995\text{kJ/kg}$，其中 28% 变为电能，试求该机组单机容量是多少？（1kWh = $860 \times 4.186\ 8 = 3600\text{kJ}$）

解：$P = BQ_{\text{net, ar}}/ (3600 \times 24) \times 0.28$
　　　$= 2800 \times 10^3 \times 21\ 995/ (3600 \times 24) \times 0.28$
　　　$= 199\ 584 \approx 200(\text{MW})$

答：该机组容量为 200MW。

11. 某 200MW 发电机组，日供电量为 432 万 kWh，耗用 2177t 原煤，原煤单价为 240 元 /t，求供电燃烧成本。

解：供电燃烧成本 = $2177 \times 240/4\ 320\ 000 = 0.120\ 9($ 元 /kWh$)$

答：供电燃烧成本为 0.120 9 元 /kWh。

12. 某锅炉蒸发量为 130t/h，给水温度为 172℃，给水压力为 4.41MPa（给水焓 t_{fw} = 728kJ/kg），过热蒸汽压力为 3.92MPa，过热蒸汽温度为 450℃（过热蒸汽的 h_0 = 3332kJ/kg），锅炉的燃煤量为 16 346kg/h，燃煤的低位发热量 $Q_{\text{net, ar}}$ 为 22 676kJ/kg，试求锅炉效率。

解：$Q_R = B \cdot Q_{\text{net, ar}} = 16\ 346 \times 22\ 676 = 3.707 \times 10^8(\text{kJ/h})$
　　　$Q_0 = D(h_0-t_{fw}) = 130 \times 10^3 \times (3332-728)$

$$= 3.385 \times 10^8 \, (\text{kJ/h})$$

$$\eta_b = Q_0/Q_r = 3.385 \times 10^8/(3.707 \times 10^8)$$

$$= 3.385/3.707 = 0.913\ 1 = 91.31\%$$

答：此台锅炉效率是 91.31%。

13. 某锅炉蒸发量 1110t/h，过热蒸汽出口焓 3400kJ/kg，再热蒸汽流量 878.8t/h，再热蒸汽入口焓 3030kJ/kg，再热蒸汽出口焓 3520kJ/kg，给水焓 1240kJ/kg，每小时燃料消耗量为 134.8t/h，燃煤收到基低位发热量 23 170kJ/kg，求锅炉热效率。

解：已知：$D = 1110\text{t/h}$，$h_0 = 3400\text{kJ/kg}$，$D_{rh} = 878.8\text{t/h}$，$h' = 3030\text{kJ/kg}$，$h'' = 3520\text{kJ/kg}$，$h_{fw} = 1240\text{kJ/kg}$，$B = 134.8\text{t/h}$，$Q_{net} = 23\ 170\text{kJ/kg}$

$$\eta = [D(h_0 - h_{fw}) + D_r(h - h''_{zr})]/(B \cdot Q_{net})$$

$$= [1110 \times 10^3 \times (3400 - 1240) + 878.8 \times 10^3 \times (3520 - 3030)]/$$

$$(134.8 \times 10^3 \times 23\ 170)$$

$$= 0.905\ 5 \approx 90.55\%$$

答：该锅炉效率为 90.55%。

14. 某厂总装机容量为 1000MW，年发电量为 60 亿 kWh，厂用电率为 5.6%，年耗煤量为 300 万 t，燃煤年平均低位发热量为 19 000kJ/kg，试求年平均供电煤耗（标准煤耗）?

解：年耗标准煤量 = 300 × 19 000/(7000 × 4.186 8) = 194.5(万 t)

年平均发电煤耗 = 194.5 × 10 000 × 1000 × 1000/(60 × 100 000 000) = 324.2(g/kWh)

年平均供电煤耗 = 324.2/(1 - 0.056) = 344.4(g/kWh)

答：年平均供电煤耗为 344.4(g/kWh)。

15. 某汽轮发电机组设计热耗为 8792.28kJ/kWh，锅炉额定负荷热效率为 92%，管道效率为 99%，求该机组额定负荷设计发电煤耗（标准煤低位发热量为 29 307.6kg/kJ ）。

解：发电设计煤耗 = 汽轮机发电机组设计热耗 /（锅炉效率 × 管道效率 × 标准煤低位发热量）

$$= 8792.28/(0.92 \times 0.99 \times 29\ 307.6)$$

$$= 329.4(\text{g/kWh})$$

答：该机组设计发电煤耗为 329.8g/kWh。

16. 某台 1000t/h 燃煤锅炉额定负荷时总燃烧空气量为 1233t/h，根据 DL/T 435—2018《电站锅炉炉膛防爆规程》规定，从锅炉启动开始不能低于 25% 额定通风量，计算锅炉通风量极低保护的定值。

解：通风量极低保护定值 = $1233 \times 25\% = 308.25$(t/h)

答：通风量极低保护定值为 308.25t/h。

17. 某锅炉炉膛出口过量空气系数为 1.2，求此处烟气含氧量是多少？

解：根据 $\alpha = 21/(21-O_2)$

$O_2 = 21/(\alpha-1)/\alpha = 21/(1.2-1)/1.2 = 3.5\%$

答：此处烟气含氧量为 3.5%。

18. 某锅炉炉膛出口含氧量为 3.5%，空气预热器后氧量增加到 7%，求此段的漏风系数。

解：$O_2' = 3.5\%$　　　$O_2'' = 7\%$

$$\Delta\alpha = \alpha''-\alpha' = 21/(21-O_2'')-21/(21-O'_2)$$
$$= (21/21-7)-(21/21-3.5)$$
$$= 1.5-1.2 = 0.3$$

答：此段漏风系数为 0.3。

19. 已知某煤的收到基元素分析数据如下：$C_{ar} = 60\%$，$H_{ar} = 3\%$，$O_{ar} = 5\%$，$N_{ar} = 1\%$，$S_{ar} = 1\%$，$A_{ar} = 20\%$，$M_t = 10\%$，试求 1kg 该煤燃烧所需的理论空气量 V_0。

解：$V_0 = 0.088\,9(C_{ar}+0.375S_{ar})+0.265H_{ar}-0.033\,3O_{ar}$

　　　$= 0.088\,9 \times (60+0.375 \times 1)+0.265 \times 3-0.033\,3 \times 5$

　　　$= 5.995\,8(m^3/kg)$

答：该煤的理论空气量为 $5.995\,8\,m^3/kg$。

20. 一台额定蒸发量为 670t/h 的锅炉，锅炉效率为 90%，过热蒸汽焓为 3601kJ/kg，给水焓为 1005kJ/kg，空气预热器前 O_2 为 4%，空气预热器后 O_2 量为 6%。求在额定负荷（标准状况下），每小时空气预热器的漏风量是多少？

已知燃料收到基数据：$Q_{net,ar} = 20\,306$kJ/kg，每千克煤需要理论空气量为 $5.29m^3/kg$。

解：锅炉每小时的燃煤量为

$B = 670 \times 10^3 \times (3601-1005)/(20\ 306 \times 0.9) = 95\ 173(\text{kg/h})$

空气预热器漏风系数为

$\Delta\alpha = \alpha_1 - \alpha_2 = 21/(21-6) - 21/(21-4) = 1.4 - 1.24 = 0.16$

每小时漏风量（标准状况下）为

$\Delta V = \Delta\alpha BV = 0.16 \times 95\ 173 \times 5.29 = 80\ 554(\text{m}^3/\text{h})$

答：该炉空气预热器每小时漏风量为 $80\ 554\text{m}^3/\text{h}$。

21. 已知煤的收到基成分为 $C_{ar} = 56.22\%$，$H_{ar} = 3.15\%$，$O_{ar} = 2.74\%$，$N_{ar} = 0.88\%$，$S_{ar} = 4\%$，$A_{ar} = 26\%$，$M_{ar} = 7\%$，试计算其高、低位发热量。

解：$\begin{aligned}Q_{gr,\ ar} &= \left[81C_{ar} + 300H_{ar} - 26(O_{ar} - S_{ar}) \right] \times 4.181\ 6\\ &= \left[81 \times 56.22 + 300 \times 3.15 - 26(2.74-4) \right] \times 4.181\ 6\\ &= 23\ 130.9(\text{kJ/kg})\end{aligned}$

$\begin{aligned}Q_{net,\ ar} &= Q_{gr,\ ar} - (54H_{ar} + 6M_{ar}) \times 4.181\ 6\\ &= 23\ 130.9 - (54 \times 3.15 + 6 \times 7) \times 4.181\ 6\\ &= 22\ 244(\text{kJ/kg})\end{aligned}$

答：该煤收到基高位发热量为 $23\ 130.9\text{kJ/kg}$，低位发热量为 $22\ 244\text{kJ/kg}$。

22. 某锅炉热效率试验测定，飞灰可燃物 $C_{fh} = 6.5\%$，炉渣含碳量 $C_{lz} = 2.5\%$，燃煤的低位发热量 $Q_{net,\ ar} = 20\ 908\text{kJ/kg}$，灰分 $A_{ar} = 26\%$，燃煤量 $B = 56\text{t/h}$，飞灰占燃料总灰分的份额 $A_{fh} = 95\%$，炉渣占燃料总灰分的份额 $A_{lz} = 5\%$，求①锅炉固体未完全燃烧热损失 q_4；②由于 q_4 损失，每小时损失多少原煤？

解：$q_4 = (32\ 866A_{ar}/Q_{net,\ ar}) \left[A_{fh} \cdot C_{fh}/(100 - C_{fh}) + A_{lz} \cdot C_{lz}/(100 - C_{lz}) \right] \%$

$\quad = 32\ 866 \times 26/20\ 908 \left[0.95 \times 6.5/(100-6.5) + 0.05 \times 2.5/(100-2.5) \right] \%$

$\quad = 2.75\%$

$B_4 = B \cdot q_4 = 56 \times 2.75\% = 1.54(\text{t/h})$

答：锅炉固体未完全燃烧热损失 q_4 为 2.75%，由于 q_4 损失，每小时损失原煤 1.54t。

第二篇

汽轮机设备及系统

第一章

填 空 题

1. 换热的基本方式有<u>导热</u>、<u>对流</u>、<u>热辐射</u>。

2. 火力发电厂典型的热力过程有等温过程、等压过程、等容过程和<u>绝热过程</u>。

3. 工质在管内流动时，由于通道截面突然缩小，使工质的压力降低，这种现象称为<u>节流</u>。

4. <u>热效率</u>是热力循环热经济性评价的主要指标。

5. 流体在管道中的压力损失分为<u>沿程压力损失</u>、<u>局部压力损失</u>。

6. 单位质量液体通过水泵后所获得的能量称为<u>扬程</u>。

7. 初压力越<u>高</u>，采用变压运行经济性越明显。

8. 朗肯循环的工作过程：工质在锅炉中被<u>定压</u>加热汽化和过热的过程；过热的蒸汽在汽轮机中<u>等熵</u>膨胀做功；做完功的乏汽排入凝汽器中<u>定压</u>凝结放热，凝结水在给水泵中<u>绝热</u>压缩。

9. 在能量转换过程中，造成能量损失的真正原因是传热过程中有<u>温差传热</u>带来的不可逆损失。

10. 汽轮机机械效率是汽轮机输给发电机的<u>轴端功率</u>与汽轮机内功率之比。

11. 汽轮发电机组每发 1kWh 电所耗热量称为<u>热耗率</u>。

12. 若给工质加入热量，则工质熵<u>增加</u>。若从工质放出热量，则工质熵<u>减小</u>。

13. 火力发电厂蒸汽能量最大的损失是<u>冷源损失</u>。

14. 调节系统的工作特性有两种，即：<u>动态特性</u>和<u>静态特性</u>。

15. 提高蒸汽初温，其他条件不变，汽轮机相对内效率增加。

16. 把汽轮机中部分做过功的蒸汽抽出，送入加热器中加热给水，这种加热循环称为给水回热循环。

17. 蒸汽在汽轮机内的膨胀可以看作是绝热过程。

18. 汽轮机轴承分为推力轴承和支持轴承两大类。

19. 离心泵启动前先充满水，其目的是排出泵壳内的空气。

20. 机组重要运行监视表计，尤其是转速表，显示不正确或失效，严禁机组启动。

21. TSI 汽轮机监测显示系统主要对汽轮机振动、串轴、胀差等起到监测显示作用。

22. 在任何情况下绝不可强行挂闸。

23. 机组启动过程中，在中速暖机之前，轴承振动超过0.03mm，应立即打闸停机。

24. 机组启动过程中，通过临界转速时，轴承振动超过 0.1mm 或相对轴振动值超过 0.25mm，应立即打闸停机，严禁强行通过临界转速或降速暖机。

25. 汽轮机在热状态下，锅炉不得进行打水压试验。

26. 当机组负荷增加时，汽轮机轴向推力增加。

27. 凝汽器应设计有高水位报警并在停机后仍能正常投入。除氧器应有水位报警和高水位自动放水装置。

28. 抽汽供热机组的抽汽止回阀关闭应迅速、严密，联锁动作应可靠，布置应靠近抽汽口，并必须设置有能快速关闭的抽汽关断阀，以防止抽汽倒流引起超速。

29. 汽轮机组超速试验均在带 25% 负荷运行 3 ～ 4h 后进行，以确保转子金属温度达到转子脆性转变温度以上。

30. 汽轮机转子、汽缸热应力的大小主要取决于转子或汽缸内温度分布。

31. 汽轮机在工作时，首先在喷嘴叶栅中将蒸汽的热能转变为动能，然后在动叶栅中将蒸汽的动能转变为机械能，喷嘴叶栅和与它相配合的动叶片完成了能量转换的全过程。

32. 汽轮机启动时转子外表面产生热压应力，中心产生热拉应力停机时，刚好相反，而正常运行时，由于径向温差变得很小，转子内的热应力基本消失。

33. 汽轮机转子热应力的最大值通常出现在高压转子的调节级和中压转子的第一级附近。

34. 当汽轮机转速达到 110% ～ 111% 额定转速时，偏心飞环式危急遮断器动作，通过机械跳闸阀泄去安全油使汽轮机跳闸。

35. 新型汽轮机高压级叶顶及隔板汽封、前后端汽封第一列在进汽侧增加了 1 圈防旋汽封齿，有效削弱了蒸汽对转子造成的气流激振力。

36. 汽轮机叶顶围带主要的三个作用是增加叶片刚度、调整叶片频率、防止级间漏汽。

37. 高、中、低压转子全部采用无中心孔合金钢整锻转子。

38. 新型汽轮机高压内缸采用无法兰的红套环结构进行上下缸的连接密封，由于内缸没有法兰，所以沿圆周方向的温差一致，便于启动和停机，可以加快启停速度。

39. 汽轮机热态启动，为了防止缸温下降，蒸汽温度一般要求高于调节级上汽缸金属温度 50 ～ 80℃。

40. 变压运行指维持汽轮机进汽阀门全开或在某一开度，锅炉汽温在额定值时，改变蒸汽压力，以适应机组变工况对蒸汽流量的要求。

41. 轴封系统向各轴封提供密封蒸汽，正常运行时机组为自密封运行方式。启停或事故情况下由辅助蒸汽系统提供汽源，根据不同情况投入。

42. 一般冷态启动冲转前盘车应连续运行 2 ～ 4h，热态启动不少于 4h，若盘车中断应重新计时。

43. 汽轮机汽封系统采用自密封汽封系统，即在机组正常运行时，由高、中压缸轴端汽封的漏汽经喷水减温后作为低压轴端汽封供汽的汽轮机汽封系统，多余漏汽经溢流站溢流至低压加热器或凝汽器。

44. 投入盘车时发现动静摩擦或盘车卡涩时，不可强行盘车，在摩擦消除后，方可投入连续盘车。

45. 转子在静止时严禁向轴封供汽，以免转子产生热弯曲。

46. 轴封汽源的温度应与汽缸温度相匹配，暖管疏水要充分，高中压侧母管温度与汽源温度接近时方可投入轴封供汽，严禁轴封供汽带水进入轴封。

47. 轴封汽投用后，应注意主机上下缸温差、胀差等重要参数，检查各轴封处是否冒汽及声音正常。

48. 轴封供汽投入后要严密监视高中、低压缸及高中压主调节汽阀的温度、胀差、转子偏心度、盘车电流的变化情况，动静部分是否摩擦，轴加水位是否正常，主机及小机回油窗是否有水雾等情况。

49. 中、低转速时，引起汽轮机排汽温度高主要是因为鼓风摩擦发热。

50. 汽轮机高压缸第一级金属温度小于等于150℃时，才允许停止盘车。

51. 汽轮机冲转前至少4h或停机转速到零后应投入连续盘车。

52. 严禁转子在转子未静止、大轴未顶起状态下，投入盘车。

53. 机组冷态启动时，高压缸内缸内下壁金属温度小于150℃时，汽轮机需进行高压缸预暖。

54. 高压缸预暖时，监视汽轮机高压缸第一级后蒸汽压力约为0.5～0.7MPa，不得超过0.7MPa，确认高排止回阀关严，否则会产生附加的推力。

55. 汽轮机冲转前蒸汽品质满足要求：$SiO_2 \leqslant 30\mu g/L$、$Fe \leqslant 50\mu g/L$、$Na \leqslant 20\mu g/L$、电导率$\leqslant 0.5\mu s/cm$。

56. 切缸时，注意监视高压缸排汽温度以及高排止回阀开启情况，防止高排止回阀未开，高压排汽室金属温度高跳机。

57. 汽轮机OPC保护动作转速3090r/min。

58. 对于中间再热式汽轮机，按冲转时的进汽方式不同，可分为高、中压缸启动和中压缸启动。

59. 采用中间再热循环的目的是降低汽轮机末级蒸汽湿度，提高循环热效率。

60. 采用中间再热循环可提高蒸汽的终干度，使低压缸的蒸汽湿度保证在允许范围内。

61. 汽轮机低压缸喷水装置的作用是降低排汽缸温度。

62. 汽轮机在停机惰走降速阶段，由于鼓风作用和泊桑效应，低压转子的胀差会出现正向突增。

63. 汽轮机的胀差保护应在冲转前投入，汽轮机的低油压保护应在盘车前投入。

64. 中速暖机和额定转速下暖机的主要目的是将转子中心孔的温度加热到低温脆性转变温度以上和使转子、汽缸均匀受热膨胀，降低金属热应力。

65. 中速暖机和额定速暖机的目的在于防止材料发生脆性破坏，避免产生过大的热应力。

66. 再热机组旁路系统实际上是再热单元机组在机组启、停或事故情况下的一种调节和保护系统。

67. 汽轮机上、下缸的温差大于42℃时禁止冲转或并网。

68. 600MW 等级的汽轮机组，要求主汽阀完成关闭动作的时间小于0.2s。

69. 中压联合汽阀简称中联阀，它由中压主汽阀和中压调节汽阀组成。中联阀为立式结构，上部为中压调节汽阀，下部为中压主汽阀，二阀合用同一壳体和同一腔室、同一阀座，而且两者的阀蝶呈上下串联布置，这样布置的好处是结构紧凑、布置方便和减少蒸汽流动损失。

70. 主蒸汽压力和凝汽器真空不变时，主蒸汽温度升高，机内做功能力增强，循环热效率增加。

71. 汽轮机转子发生低温脆性断裂事故的必要和充分条件有两个：一是在低于脆性转变温度以下工作；二是具有临界应力或临界裂纹。

72. 主汽阀带有预启阀，其作用是降低阀碟前后压差和机组启动时控制转速及初负荷。

73. 运行中发生甩负荷时，转子表面将产生拉应力，胀差将出现负值增大。

74. 运行中汽轮机发生水冲击时，推力瓦温度升高，轴向位移增大，相对胀差负值增大，负荷突然下降。

75. EH 油再生系统是由硅藻土过滤器和纤维过滤器组成。

76. 汽轮机 EH 油系统即汽轮机调速油系统，又称高压抗燃油系统，主要是因为汽轮机的调速油系统与润滑油系统各自独立，采用抗高温的抗燃油，用高油压方式控制汽轮机各主汽门和调速汽门，故又称汽轮机 EH 油系统。

77. EH 油压低于 7.8MPa 时，汽轮机跳闸。

78. 汽轮机的功率调节是通过改变调节阀开度，从而改变汽轮机的进汽量来实现的。

79. 汽轮机机械超速试验应连续做两次，两次的转速差小于 18r/min 时为合格。

80. 汽轮机的胀差是指转子的膨胀值与汽缸的膨胀值的差值。

81. 汽轮机冲转至 3000r/min 应做注油试验、主机润滑油低油压试验、汽轮机主汽阀及调阀严密性试验。

82. 汽轮机冲转前应做汽轮机就地及远方脱扣试验、DEH 高压遮断试验、汽轮机 ETS 跳闸回路试验、ETS 通道实验。

83. 汽轮机超速大于 3300r/min，ETS 保护动作。

84. 高压遮断组件的作用：接受 DEH 或 ETS 跳闸信号，主遮断电磁阀失电，遮断机组。

85. EH 油系统中有四个自动停机遮断电磁阀 20/AST，其布置方式是串并联布置。

86. 汽轮机大修后，甩负荷试验前必须进行高中压主汽门和调速汽门严密性试验并符合技术要求。

87. 汽轮机大、小修或调节系统解体后应进行调节系统静态调整试验。

88. 机组甩去全负荷，调节系统应能保证转速在危急保安器动作转速以下。

89. 汽轮机调节系统由转速感受机构、传动放大机构、执行机构和反馈机构四部分组成。

90. 汽轮机调节系统的任务：在外界负荷与机组功率相适应时，保持机组稳定运行，当外界负荷变化时，机组转速发生相应变化，调节系统相应地改变机组的功率使之与外界负荷相适应。

91. 汽轮机内有清晰的金属摩擦声时，应紧急停机。

92. 机组正常停机时，严禁带负荷解列。应先将发电机有功、无功功率减至零，检查确认有功功率到零，电能表停转或逆转以后，再将发电机与系统解列，或采用汽轮机手动打闸或锅炉手动主燃料跳闸联跳汽轮机，发电机逆功率保护动作解列。

93. 汽轮机挂闸后如汽轮机转速急剧上升，盘车脱开，必须立即手动脱扣汽轮机，不允许再次重复挂闸。

94. DEH 系统由数字式控制器、阀门管理器、液压控制组件、进汽阀门和控制油供油系统组成。

95. DEH 控制系统的主要目的是控制汽轮发电机组的转速和功率，从而满足电厂供电的要求。

96. 汽轮发电机组在并网运行时，为保证供电品质对电网频率的要求，通常应自动投入一次调频功能。当实际转速和额定转速有差时，一次调频动作，频率调整给定按不等率随转速变化而变化。

97. 在稳定状态下，汽轮机空载与满载的转速之差与额定转速之比称为汽轮机调节系统的速度变动率。

98. 汽轮机调节系统中传动放大机构的输入是调速器送来的位移、油压信号。

99. 汽轮机的负荷摆动值与调速系统的迟缓率成正比，与调速系统的速度变动率成反比。

100. 冲转并网后加负荷时，在低负荷阶段若出现较大的胀差和温差，应停止升温升压，并保持暖机。

101. 大功率汽轮机均装有危急保安器充油试验装置，该试验可在空负荷和带负荷时进行。

102. 主汽门、调速汽门严密性试验时，试验汽压不低于额定汽压的50%。

103. 汽轮机的寿命是指从初次投入运行至转子出现第一道宏观裂纹期间的总工作时间。

104. 从可靠性角度考虑，低压保安系统设置有电气、机械及手动三种冗余的遮断手段。

105. 在无润滑油，无顶轴油的情况下，严禁盘动汽轮机转子。

106. 汽轮机在启动盘车前必须启动顶轴油泵，并确定顶轴油压正常后可启动盘车。

107. 汽轮机热态启动中，若冲转时的蒸汽温度低于金属温度，蒸汽对转子和汽缸等部件起冷却作用，相对膨胀将出现负胀差。

108. 油系统严禁使用铸铁阀门，各阀门门杆应与地面水平安装。

109. 润滑油系统油泵出口止回阀前应设置可靠的排气措施，防止油泵启动后泵出口堆积空气不能快速建立油压，导致轴瓦损坏。

110. 机组正常停机前，应先启动交流润滑油泵，确认油泵工作正常后再打闸停机。

111. 正常运行中，备用冷油器的进口油门关闭，出口油门开启，冷却水入口门关闭，出口门开启、油侧排空门开启，见油后关闭。

112. 大容量机组润滑油供油温度一般维持在 40 ～ 45℃运行。

113. 汽轮机支持轴承温度高：1 ～ 6 瓦≥ 121℃，7 ～ 8 瓦≥ 115℃。

114. 润滑油压低于 0.115MPa，交流润滑油泵（TOP）自启动。

115. 润滑油压低于 0.07MPa，直流润滑油泵（EOP）自启动，汽轮机跳闸。

116. 大机轴承润滑油压低于 0.03MPa，盘车跳闸。

117. 润滑油系统必须保持一定的油压，若油压过低，将导致润滑油膜破坏，不但损坏轴承还能造成动静之间摩擦恶性事故，因此，为保证汽轮机的安全运行必须装设低油压保护装置。

118. 汽轮机轴瓦损坏的主要原因是轴承断油、机组强烈振动、轴瓦制造不良、油温过高、油质恶化。

119. 主机主油泵入口油压低于 0.07MPa，应启动启动油泵 MSP 并报警，出口油压低于 1.205MPa 时，启动辅助油泵 TOP 并报警。

120. 汽轮机润滑油供油系统主要由主油泵、注油器、辅助润滑油泵、顶轴油泵、冷油器、滤油器、油箱、滤网等组成。

121. 主油泵未启动时，启动交流润滑油泵，润滑油经冷油器为各径向轴承、推力轴承、盘车装置、危急遮断装置、发电机密封油及顶轴油泵入口提供压力油。在汽轮机冲转前及停机前启动启动油泵为主油泵入口提供压力油。

122. 油箱容量满足当厂用交流电失电且冷油器无冷却水的情况下停机时，仍能保证机组安全惰走。此时，润滑油箱中的油温不超过 77℃。油箱的容量能容纳停机时所有回油量。

123. 机组正常运行时，一台排烟风机运行，保证润滑油箱微负压 –1kPa 左右。

124. 热态情况下连续盘车，如因故障盘车停止时，应记录停止时间，一般不超过 15min。停止时间较长重新投入时，应先点动盘车 180°，停留相等时间后方可连续盘车，并要延长盘车 2h。

125. 汽轮机启动前，大轴晃动值不超过制造商的规定值或原始值的 ±0.02mm。

126. 造成汽轮机大轴弯曲的因素主要有两大类：动静摩擦、汽缸进冷汽冷水。

127. 汽轮机启动前，高压外缸上、下缸温差不超过 50℃，高压内缸上、下缸温差不超过 35℃。

128. 汽轮机启动时，主汽阀前主、再热蒸汽压力和温度应满足制造商的要求，主、再热蒸汽过热度不低于 56℃。

129. 停机后，凝汽器真空到零，方可停止轴封供汽。轴封供汽停止后，应关闭轴封减温水截止阀。

130. 盘车在转子惰走到零后应立即投入，当盘车盘不动时，严禁用起重机等设备强行盘车。

131. 停机后因盘车装置故障或其他原因需要暂时停止盘车时，应采取闷缸措施，监视上下缸温差、转子弯曲度的变化，待盘车装置正常或暂停盘车的因素消除后及时投入连续盘车。

132. 机组热态启动投轴封供汽时，应确认盘车装置运行正常，先向轴封供汽，后抽真空。

133. 汽轮机油循环倍率是指 1h 内油在油系统中的循环次数，

一般要求油的循环倍率在 8 ~ 10。

134. 汽轮机油系统着火蔓延至主油箱着火时，应立即破坏真空紧急停机，并开启事故放油门，控制放油速度，使汽轮机静止后油箱放完，以免汽轮机轴瓦磨损。

135. 密封油的主要作用是密封氢气，同时起到润滑、冷却作用。

136. 发电机内氢气露点不合格，应投入氢气干燥器，发电机氢气纯度不合格，应进行补排氢气。

137. 大型机组气体置换时一般采用中间介质置换法。在气体置换过程中，发电机必须用二氧化碳或氮气作为中间介质，严禁空、氢气直接接触进行置换。

138. 停机期间发电机内充满氢气时，应保持机内温度大于等于 5℃以及较低的湿度，以免机内结露。

139. 发电机气体置换完毕，氢纯度不低于 96%，逐渐提升发电机氢压。

140. 密封油压、氢压、内冷水压三者的关系：密封油压＞氢压＞内冷水压。

141. 密封油系统运行中，油氢差压维持在 0.056 ± 0.02MPa。

142. 发电机氢冷器应该在机组并网后投入冷却水运行。

143. 发电机的额定氢压为 0.45MPa，在额定氢压下运行时的漏氢量不得大于 $10m^3/d$。

144. 水氢氢冷却方式的发电机，定子绕组，包括定子线圈、定子引线，定子出线，采用水内冷，转子绕组采用氢内冷，转子槽内部分采用气隙取气铣孔斜流氢内冷，转子绕组端部采用纵横两路铣槽氢内冷，定子铁芯及结构件采用氢气表面冷却。

145. 发电机停机以后，不能马上恢复运行时，为防止发电机内部结露，应解列发电机氢气冷却器，定子内冷水应根据情况投入电加热运行。

146. 发电机用 CO_2 置换氢气时，当发电机内 CO_2 纯度达 95%以上时，合格后关闭。空气置换 CO_2 时，当发电机内 CO_2 纯度小于 5%，氧量达 21%，排放死角合格后置换结束。

147. 当机内充满氢气时，密封油不准中断，油压应大于氢压。氢冷发电机的排氢管必须接至室外。排氢管的排氢能力应与汽轮机破坏真空停机的惰走时间相配合。

148. CO_2 置换发电机内空气，需隔离发电机氢气湿度仪。

149. 氢气使用区域应通风良好。保证空气中氢气最高含量不超过 1%（体积）。

150. 必须在盘车停止运行，且发电机内置换为空气后，才能停止密封油系统运行。

151. 发电机内冷水入口水温应高于冷氢温度 $2 \sim 4℃$。

152. 定冷水泵倒换时危险点是运行泵的出口止回阀不严，导致停运行泵后定冷水流量不足，发电机断水保护动作。

153. 为防止水内冷发电机因断水引起定子绕组超温而损坏，所装设的保护称为断水保护。

154. 主、再热蒸汽温度严重异常，机组工况不能稳定或无法处理，应申请故障停机。

155. 汽轮机热态启动时，若出现负胀差，主要原因是冲转时蒸汽温度偏低。

156. 再热蒸汽经中、低压缸后，其过热度上升，蒸汽湿度增大，比体积增大。

157. 滑参数停机应先降汽温、再降汽压，分段交替下滑。

158. 主蒸汽管道上不安装流量测量装置，主蒸汽流量根据主蒸汽压力与汽轮机调节级后的蒸汽压力之差确定，这样做可减小压力损失，提高热经济性。

159. 投入汽轮机旁路系统时应先投入低旁，后投入高旁。机组在启动期间低旁未投入运行，禁止投入高旁。

160. 主蒸汽管道上设有畅通的疏水系统，其作用是启停机时，及时排除管道内的凝结水。

161. 冷再管道上装有高排止回阀，其主要作用是防止冷再蒸汽或水倒入汽轮机高压缸。

162. 设置抽汽回热系统的目的在于提高机组的热效率和经济性，减少凝汽器的冷源损失，将部分已做过功的蒸汽从汽轮机内抽出，用来加热凝结水、给水以及供给除氧器。

163. 当四抽压力大于 0.15MPa 后，开启四抽至除氧器电动阀，除氧器加热汽源切至四抽。

164. 当给水被加热至同一温度时，回热加热的级数越多，则循环效率的 提高越多。这是因为抽汽段数增多时，能更充分地利用压力较低的抽汽而增大了抽汽的做功。

165. 加热器投入的原则：按抽汽压力由低到高，先投水侧，后投汽侧。

166. 高加暖体结束，依次逐渐开启各段抽汽电动阀直至全开，控制加热器出水升温率不大于 3℃/min，严密监视抽汽管道的振动情况、高加水位的变化及疏水调节门动作情况。

167. 高加加热器泄漏的现象是加热器水位升高、给水温度降低、汽侧压力升高、疏水门开大直至高水位保护动作，高加切除。

168. 加热器一般把传热面分为蒸汽冷却段、凝结段、疏水冷却段三部分。

169. 切除高加水侧后，可开启高加水侧放空气门，防止因高加供汽门不严导致水侧超压。

170. 高压加热器自动旁路保护装置的作用是当高压加热器发生严重泄漏时，高压加热器疏水水位升高到规定值时，保护装置切断进入高压加热器的给水，同时打开 旁路，使给水通过 旁路送到锅炉，防止汽轮机发生水冲击事故。

171. 高压加热器运行中应经常检查疏水调节门动作，应灵活、可靠，水位正常。各汽、水管路应无漏水、无振动。

172. 高压加热器因故不能投入运行时，机组应相应降低出力。

173. 当凝汽器的真空提高时，汽轮机的可用热焓将受到汽轮机末级叶片蒸汽膨胀能力的限制。当蒸汽在末级叶片中膨胀达到最大值时，与之相对应的真空称为极限真空。

174. 凝汽器的最佳真空是提高真空使发电机组增加的电功率与增加冷却水量使循环泵多耗的电功率之间的差值最大的真空。

175. 当高加故障时给水温度 降低，将引起主蒸汽温度上升。

176. 机组旁路系统作用是加快启动速度，改善启动条件，延长汽轮机寿命，保护再热器，<u>回收工质</u>，降低噪声，使锅炉具备独立运行的条件，避免或减少安全门起座次数。

177. 除氧器在运行中，由于机组负荷、<u>蒸汽压力</u>、进水温度、<u>水位变化</u>都会影响除氧效果。

178. 在除氧器滑压运行时，主要考虑的问题是<u>给水泵入口汽化</u>。

179. 除氧器的加热汽源一般包括<u>辅助蒸汽</u>、<u>汽轮机四段抽汽</u>及<u>高加疏水</u>。

180. 除氧器水位高或满水时，<u>立即减少除氧器补水量</u>，必要时停止除氧器上水，确认<u>溢流、放水阀</u>开启，控制除氧器水位在规定范围内。

181. 抽真空前，<u>禁止有疏水进入凝汽器</u>。

182. 汽轮机转子冲动时，真空应控制在合适的范围内，若真空太低，易引起排汽缸大气安全门动作，若真空过高，<u>使汽轮机进汽量减少</u>，对暖机不利。

183. 装设前置泵的目的是利用前置泵的<u>抗汽蚀能力</u>，增加主泵的<u>入口压力</u>，降低除氧器的<u>安装高度</u>。

184. 给水泵出口再循环的管的作用是防止给水泵在空负荷或低负荷时<u>泵内产生汽化</u>。

185. 水泵的主要性能参数有<u>扬程</u>、<u>流量</u>、<u>转速</u>、<u>轴功率</u>、<u>效率</u>、吸入扬程和汽蚀余量。

186. 给水泵汽轮机 MEH 控制器有三种运行方式：<u>手动控制</u>、<u>转速自动控制</u>、<u>锅炉自动控制</u>。

187. 给水泵严重汽化的象征是入口管内发生不正常的<u>冲击</u>，出口压力<u>下降并摆动</u>，电机电流下降并摆动，给水流量摆动。

188. 发现给水泵油压降低时，要检查<u>油滤网是否堵塞</u>、冷油器或管路是否漏泄、<u>减压件是否失灵</u>、油泵是否故障等。

189. 除氧器按运行方式不同可分为<u>定压运行</u>、<u>滑压运行</u>。

190. 除氧器满水会引起<u>除氧器振动</u>，严重的能通过抽汽管道返回汽缸造成汽轮机<u>水冲击</u>。

191. 除氧器水位高，可以通过<u>事故放水门</u>放水，除氧器水位低到规定值联跳给水泵。

192. 除氧器为混合式加热器，单元制发电机组除氧器一般采用 滑压运行 。

193. 除氧器在滑压运行时易出现自生沸腾和返氧现象。

194. 除氧器在运行中主要监视压力、水位、温度、溶氧量。

195. 给水泵前置泵的作用是 提高给水泵入口压力，防止给水泵汽蚀 。

196. 给水泵不允许在低于最小流量下运行。

197. 给水泵的作用是向锅炉提供足够压力、流量和相当温度的给水。

198. 给水泵启动后，当流量达到允许流量，再循环调门 自动关闭。

199. 给水泵汽化的原因：除氧器内部压力低，使给水泵入口温度高于运行压力下的饱和温度而汽化，除氧器水位低，给水泵入口压力低，给水流量小于最低流量，未及时开启再循环门等。

200. 给水泵的特性曲线必须平坦，以便在锅炉负荷变化时，给水流量变化引起泵的出口压力波动较小。

201. 除氧器排氧门开度大小应以保证含氧量正常而微量冒汽为原则。

202. 滑压运行的除氧器变工况时，除氧器水温变化滞后于压力变化。

203. 回热循环的热效率随着回热级数的增加而增加。

204. 凝汽器冷却水出口温度与排汽压力下的饱和温度之差称为凝汽器端差。

205. 凝汽器冷却水管结垢，将使循环水升温减小，造成凝汽器端差增大。

206. 凝汽器水质恶化的可能是因为冷却水管胀口不严、冷却水管漏泄等原因。

207. 凝汽器循环冷却水量与排汽量的比值称为冷却倍率。

208. 凝汽器循环水量减少时表现为同一负荷下凝汽器循环水温升增大。

209. 凝汽器压力降低，汽轮机排汽温度降低，冷源损失减少，循环热效率提高。

210. 凝汽器中真空形成的主要原因是由于汽轮机的排汽被冷却成凝结水，其比体积急剧缩小，使凝汽器内形成高度真空。

211. 轴封加热器的作用是加热凝结水，回收轴封漏汽，从而减少轴封漏汽及热量损失。

212. 凝汽器真空提高时，容易过负荷的级段为末级。

213. 凝汽器真空下降可分为急剧下降和缓慢下降两种。

214. 凝汽器水位升高淹没钢管时，将使凝结水过冷度增大，真空降低。

215. 在凝汽器内设置空气冷却区的作用是再次冷却、凝结被抽出的空气和蒸汽混合物。

216. 凝汽器冷却水管的腐蚀有化学腐蚀、电腐蚀、机械腐蚀等。

217. 运行中发现凝结水泵（简称凝泵）电流摆动，出水压力波动，可能原因是凝结水泵汽蚀、凝汽器水位过低。

218. 凝结水泵安装位置有一定的倒灌高度，其目的是为了防止凝结水泵汽化。

219. 在泵壳与泵轴之间设置密封装置，是为了防止泵内水外漏或空气进入泵内。

220. 凝汽器内真空的形成和维持必须具备三个条件。一是凝汽器钢管必须通过一定水量；二是凝结水泵必须不断地把凝结水抽走，避免水位升高，影响蒸汽的凝结；三是抽气器必须不断地把漏入的空气和排汽中的其他气体抽走。

221. 真空泵的作用是不断地抽出凝汽器内析出的不凝结气体和漏入的空气，维持凝汽器的真空。

222. 真空系统的检漏方法有蜡烛火焰法、汽侧灌水试验法、氦气检漏仪法。

223. 汽轮机真空下降，排汽缸及轴承座受热膨胀，可能引起中心变化，产生振动。

224. 凝汽设备的主要任务是在汽轮机的排汽口建立并保持真

空；将在汽轮机中做完功的排汽凝结成水，并除去凝结水中的**氧**
气和其他不凝结的气体，回收工质。

225. 水泵汽化的原因在于进口水压**过低**或水温**过高**，入口管
阀门故障或堵塞使供水不足，水泵负荷太低或启动时迟迟不开再
循环门，入口管路或阀门盘根漏入空气等。

226. 采用给水回热循环，减少了凝汽器的**冷源损失**。

227. 为防止甩负荷时，加热器内的汽水返流回汽缸，一般在
抽气管道上装设**止回阀**。

228. 表面式凝汽器主要由**外壳**、**水室端盖**、**管板**以及**冷却水**
管组成。

229. 疏水自流的连接系统，其优点是系统简单、运行可靠，
但热经济性差。其原因是高一级压力加热器的疏水流入　**较低**　一级
加热器中要　**放出**　热量，从而排挤了一部分（较低）压力的回热抽
汽量。

230. 辅汽系统在投运和正常运行中应注意**汽源切换问题**、**暖**
管疏水问题、**调门自动跟踪问题**。

231. 暖管的目的是**均匀加热低温管道**，逐渐将管道的金属温
度提高到接近于启动时的蒸汽温度，防止产生过大的**热应力**。

232. 正常运行时，低加启动排气门**关闭**，连续排气门**开启**。

233. 循环水泵出力不足的原因主要有**吸入侧有异物**、**叶轮破**
损、**转速低**、**吸入空气**、**发生汽蚀**、**出口门调整不当**。

234. 循环水泵的特点是**流量大**、**扬程低**。

235. 循环水泵正常运行中应检查**电机电流**、**入口水位**、**出口**
压力、**轴承温度**、电机线圈温度、循环泵的振动。

236. 循环水中断，会造成**真空消失**，**机组停运**。

237. 循环水泵主要用来向汽轮机的凝汽器**提供冷却水**，冷却
汽轮机排汽。

238. 运行中发现循环水泵电流降低且摆动，这是由于　**循环水**
入口过滤网被堵或入口水位过低。

239. 汽轮机主要零部件损坏的原因，大都是由于**频繁启停或**
启停时金属温度变化率超过允许值造成的。

240. 为了满足汽缸的自由膨胀，设置了滑销系统。

241. 通过滑销系统中的横销、纵销、立销分别引导汽缸在水平方向、轴向和垂直方向上的膨胀，横销中心线与纵销中心线的交点形成汽缸膨胀的死点。

242. 转子膨胀的死点位于推力轴承与推力盘的配合处。

243. 汽缸的死点位于汽轮机纵销中心线与横销中心线的交点处。

244. 推力轴承是用来平衡转子的轴向推力，确立转子膨胀的死点，从而保持动静部分之间的轴向间隙在设计范围内。

245. 热膨胀值的大小主要取决于其长度尺寸、金属材料的性质和通流部分的温度工况。

246. 转子膨胀相对于汽缸膨胀的程度，称为转子与汽缸的相对膨胀差，简称胀差。

247. 当转子的轴向膨胀值大于汽缸的轴向膨胀值，即转子长时，胀差为正值，反之，转子短时为负胀差。

248. 汽轮机冷态启动和增负荷过程中，转子膨胀大于汽缸膨胀，相对膨胀差出现正胀差。

249. 造成汽轮机热变形的主要原因有上下缸温差、汽缸法兰内外壁温差和转子的径向温差。

250. 汽轮机寿命指的就是转子寿命，无裂纹寿命和剩余寿命之和就是转子的总寿命。

251. 影响汽轮机寿命主要的影响因素是长期高温运行产生的蠕变寿命损耗以及启停、负荷变化时的热疲劳寿命损耗。

252. 热疲劳是指金属材料在加热、冷却的循环作用下，由于交变热应力的反复作用，最终产生裂纹或破坏的现象。

253. 启停时汽缸和转子的热应力、热变形、胀差与蒸汽的温升率有关。

254. 从汽轮机盘车转速逐渐升速到额定转速，并将负荷逐步增加到额定负荷的过程称为汽轮机的启动。

255. 冷态启动时，当汽轮机高压缸内缸第一级处内壁金属温度低于150℃时，应对高压缸进行预暖，以防止热的蒸汽进入温度较低的汽轮机产生较大的**热应力**。

256. 汽轮机从带负荷的运行状态卸去全部负荷、切断汽轮机**进汽**、解列发电机，到转子**完全静止**的过程，称为汽轮机停机。

257. 正常停机是指根据电网或检修需要，由电网计划安排的有准备的停机。根据停机目的不同又分为两种停机方式：**额定参数停机**和**滑参数停机**。

258. 减负荷的速度要根据汽轮机**金属**的允许温度，一般要求金属的温降速度不超过 1℃/min。

259. 事故停机是指电网或机组发生影响正常运行的故障，汽轮机不能继续运行必须解列强迫停机的方式。事故停机又可分为**紧急停机**和**故障停机**。

260. 从**主汽阀和调节汽阀**关闭时起，到转子完全静止下来的这段时间，称为转子的惰走时间。

261. 停机过程中如果发现惰走时间显著增加，则说明是高、中压主汽门、调门**关不严**所致，惰走时间过短说明汽轮机内部可能存在**摩擦**。

262. 汽轮机在停机惰走降速阶段，由于鼓风作用和泊桑效应，低压转子的胀差会出现**正向突增**。

263. 当汽轮机低压缸排汽温度低于 **50℃**，**且无其他凝结水用户时**可以停止凝结水泵运行。

264. 监视段压力是指调节级汽室压力（节流调节机组指的是**第一级级后压力**）和各段抽汽压力。

265. 汽轮机打闸试验的目的是在机组启动前的静止状态下，**检查和确认紧急跳闸系统以及所有蒸汽阀门的工作情况**。

266. 主汽阀松动试验的目的是在机组正常运行中，通过阀门操纵机构的移动，防止**阀门卡死在某一固定位置，**同时保证这些阀门能够**完全关闭**。

267. 汽轮机转子在离心力作用下变粗，变短，该现象称作**回转效应或泊桑效应**。

268. 机组停运后，当转子静止，盘车装置应**自动投入**，否则**应立即远方手动启动，**盘车装置连续运行。

269. 机组热态启动或停止时，高中压转子轴封蒸汽温度与转子表面金属温差应小于110℃。

270. 泵的种类有往复式、齿轮式、喷射式和离心式等。

271. 当离心泵的叶轮尺寸不变时，水泵的扬程与转速二次方成正比。

272. 为了提高凝结水泵的抗汽蚀性能，常在第一级叶轮入口加装诱导轮。

273. 水泵的效率就是有效功率与轴功率之比。

274. 对于倒转的水泵，严禁关闭入口门，同时严禁启动。

275. 启动前转子弹性热弯曲超过额定值时，应先消除转子的热弯曲，一般方法是连续盘车。

276. 离心泵一般采用闭阀启动，不允许带负荷启动，否则启动电流大将损坏设备。

277. 汽轮机油中带水的危害有缩短油的使用寿命、加剧油系统金属的腐蚀和促进油的乳化。

278. 当发现转机轴承的温度升高较快时，应首先检查油位、油质和轴承冷却水是否正常。

279. 加热器运行要监视加热器进、出口的水温，加热器蒸汽的压力、温度及被加热水的流量，加热器疏水水位，加热器的端差。

280. 加热器的下端差是指加热器的疏水温度与加热器进水温度之间的差值。

281. 危急保安器充油试验的目的是保证超速保安器飞锤动作的可靠性和正确性。

282. 凝汽器半侧停运后，该侧凝汽器内蒸汽未能及时被冷却，故抽汽器抽出的不是空气和空气的混合物，而是未凝结的蒸汽，从而影响了抽汽的效率，使凝汽器真空下降，所以在凝汽器半侧停运时，应关闭汽侧空气门。

283. 在管道内流动的液体有两种流动状态，即层流和紊流。

284. 加热器温升小的原因：抽汽电动门未全开，汽侧积有空气。

285. 汽轮机在进行负荷调节方式切换时，应特别注意高、中压缸温度变化。

286. 闭式水系统停止前需确认闭式水系统无用户，将备用闭式水联锁退出，关闭出口门。停止运行泵，检查运行泵电流减小为零。

287. 再热器减温水取自给水泵中间抽头，高压旁路减温水取自给水泵出口，低压旁路减温水取自凝结水杂项用水。

288. 调节阀门主要有调节工质流量和压力的作用。

289. 水蒸气凝结放热时，其温度保持不变，放热是通过蒸汽的凝结放出的汽化潜热而传递热量的。

290. 新蒸汽温度不变而压力升高时，机组末几级叶片的蒸汽湿度增加。

291. 热力学第一定律的实质是能量守恒与转换定律在热力学上的一种特定应用形式。它说明了热能与机械能相互转换的可能性及数值关系。

292. 汽轮机紧急停机和故障停机的最大区别是机组打闸之后紧急停机要立即破坏真空，而故障停机不需要。

293. 轴封供汽带水在机组运行中有可能使轴端汽封损坏，重者将使机组发生水冲击，危害机组安全运行。

294. 汽轮机备用冷油器投入运行之前，应确认已经充满油，放油门、油箱放空气门均应关闭。

295. 汽耗特性是指汽轮发电机组汽耗量与电负荷之间的关系。

296. 汽轮机喷嘴损失和动叶损失是由于蒸汽流过喷嘴和动叶时，汽流之间的相互摩擦及汽流与叶片表面之间的摩擦所形成的。

297. 汽轮机发生水冲击时，导致轴向推力急剧增大的原因是蒸汽中携带的大量水分在叶片汽道形成水塞。

298. 为了防止汽轮机通流部分在运行中发生摩擦，在机组启停和变工况运行时应严格控制胀差。

299. 汽轮机盘车装置的作用：在汽轮机启动时，减少冲动转子的扭矩，在汽轮机停机时，使转子不停地转动，清除转子上的残余应力，以防止转子发生弯曲。

300. 汽轮机主要保护动作不正常时<u>禁止</u>汽轮机投入运行。

301. 水环式真空泵中水的作用是使气体膨胀和压缩，以及<u>密封和冷却</u>。

302. 冷油器发生泄漏时，其出口冷却水有油花，油箱油位<u>下降</u>，严重时润滑压<u>下降</u>，发现冷油器漏油应<u>切换隔离</u>漏油冷油器进行处理。

303. 高压加热器自动旁路保护装置要求保护<u>动作准确可靠</u>；保护必须随同高压加热器一同投入运行，故障时禁止启动高压加热器。

304. 在机组启停过程中，汽缸的绝对膨胀值突变时，说明<u>滑销系统卡涩</u>。

305. 汽轮机运行中各监视段压力均与主蒸汽流量成<u>正比例</u>变化，监视这些压力可以监督通流部分是否正常及通流部分的<u>结盐垢</u>情况，同时可分析各表计、各调速汽门开关是否正常。

306. 凝结水过冷却，使凝结水易吸收<u>空气</u>，结果使凝结水的<u>含氧量</u>增加，加快设备管道系统的<u>锈蚀</u>，降低了设备使用的安全性和可靠性。

307. 滑参数停机的主要目的是加速汽轮机各金属部件冷却，以利于提前检修。

308. 汽轮机油箱装设排油烟机的作用是排除油箱中的气体和<u>水蒸气</u>，这样一方面使水蒸气不在油箱中凝结；另一方面使油箱中压力不<u>高</u>于大气压力，使轴承回油顺利地流入油箱。

309. 间接空冷系统冷却水温的控制依靠空冷塔上<u>百叶窗</u>开度来控制进塔空气量。

310. 汽轮机停机后 <u>3 ～ 8h</u> 轴弯曲度最大。

311. 汽轮发电机正常运行时，汽轮机产生的<u>主力矩</u>和发电机担负的<u>反力矩</u>间是保持平衡的。

312. 投用旁路系统前，应确认旁路<u>自动</u>、联锁、保护正常且在投入状态。

313. 使用旁路系统时，控制高、中压缸蒸汽流量应<u>匹配</u>，分别满足高压缸和中、低压缸在不同工况下<u>最小冷却流量</u>。

314. 暖机过程中注意控制主、再热蒸汽和轴封蒸汽温度，严禁汽轮机胀差超过规定值，并通过汽缸膨胀评价暖机效果。

315. 汽轮机冲转后若盘车装置不能及时脱开，应立即打闸停机。

316. 启动中保持蒸汽参数稳定，控制汽缸金属温升率小于等于 2.5℃/min，温降率小于等于 1.5℃/min。

317. 冲转后及运行中冷油器出口油温宜调整控制在 38～45℃，各轴瓦回油温度正常；抗燃油冷油器出口油温宜控制在 40℃±5℃。

318. 汽轮机低压缸喷水减温应按相关规定进行投入或退出。一般情况下，低压缸排汽温度不超过 65℃可以长期运行，超过时应限制负荷使排汽缸温度不超过 80℃。并网前若采取措施无效，当低压缸排汽温度达到 120℃时应停止汽轮机运行。

319. 汽轮机定速后确认汽轮机主油泵工作正常，可停止交流润滑油泵运行。

320. 凝汽器停止半侧运行时，原则上宜降低至 50%额定负荷，控制凝汽器真空值、轴向位移及低压缸胀差在允许范围内，监视汽轮机膨胀。

321. 汽轮机转速降至 400r/min 时破坏凝汽器真空（采用真空抽湿法防腐机组除外），破坏真空后应及时将疏水至凝汽器的高温高压疏水阀关闭。

322. 汽轮机超速试验前，应进行主汽阀、调速汽阀严密性试验。

323. 高、低压加热器泄漏、水位计运行不正常、联锁保护动作不正常，严禁投入运行。

324. 运行中应避免高、低压加热器低水位运行，防止疏水带汽引起管道振动。

325. 高压加热器退出运行时，应注意锅炉排烟温度降低对脱硝系统的影响，并及时调整进入除氧器的凝结水流量。

326. 新装或检修后的除氧器安全阀应校验合格。

327. 负荷急剧减小或抽汽突然停用时，防止除氧器失压引起汽化。

328. 机组正常运行期间，汽轮机高、低压旁路阀应关闭严密。

329. 在进行润滑油冷却器切换操作时，应严密监视润滑油油压的变化，严防切换操作过程中断油。

330. 机组检修后应根据各轴所需顶起高度调整好顶轴油压，启停机时应严密监视各轴瓦顶轴油压。

331. 在最冷月平均温度小于等于10℃的地区采用间接空冷系统时，应采取特殊的防冻措施。

332. 间接空冷冷却角的百叶窗应为可调节型，1个百叶窗执行机构宜控制不多于2个百叶窗。

333. 间接空冷系统有防冻要求时，循环水进回水母管上应设有快开功能的紧急泄水阀，紧急泄水阀宜选择软密封液控蝶阀。

334. 间接空冷系统有防冻要求时，冷却扇段进、出水支管上宜设置防冻微循环旁路阀门。

335. 间接空冷循环水泵应有良好的抗汽蚀性能，叶轮宜采用不锈钢循环水泵，出口阀宜采用液压缓闭止回蝶阀，进口应设电动检修隔离阀门。

336. 间接空冷系统紧急泄水阀门及连接管道的管底应低于散热器最低点。

337. 间接空冷系统散热器清洗水宜采用除盐水或软化水。

338. 间接空冷系统循环水的补水应为除盐水。

339. 间接空冷系统启动初期应控制旁路阀的数量或开度，实现循环水管旁路循环。

340. 冷却扇段启动的顺序从间接空冷塔进水侧方向依次为远端、近端、两侧。

341. 循环水泵的运行台数或转速应根据环境温度、机组负荷的变化进行控制。

342. 间接空冷系统的防冻应先调节百叶窗。各冷却扇段百叶窗开度的调节应根据循环水温度进行自动调节。当某个冷却扇段出水温度低于正常运行范围时，应自动关闭该冷却扇段百叶窗。

第二章

选 择 题

1. 水蒸气的临界参数为（B）。
   A. $p_C = 22.115$MPa，$t_C = 274.12$℃
   B. $p_C = 22.119$MPa，$t_C = 374.15$℃
   C. $p_C = 22.4$MPa，$t_C = 274.12$℃
   D. $p_C = 22.4$MPa，$t_C = 374.12$℃

2. 物质从气态变成液态的过程称为（C）。
   A. 汽化　　　　B. 蒸发　　　　C. 凝结　　　　D. 沸腾

3. 水蒸气在凝结放热时，其温度（C）。
   A. 升高　　　　B. 降低　　　　C. 不变　　　　D. 不确定

4. 当泵的扬程一定时，增加叶轮（A）可以相应减小叶轮。
   A. 转速　　　　B. 流量　　　　C. 功率　　　　D. 效率

5. 从理论上分析，循环热效率最高的是（B）。
   A. 朗肯循环　　B. 卡诺循环　　C. 回热循环　　D. 再热循环

6. 汽轮机排汽温度与凝汽器循环冷却水出口温度的差值称为凝汽器（B）。
   A. 过冷度　　　B. 端差　　　　C. 温升　　　　D. 过热度

7. 凝汽器内真空升高，汽轮机排汽压力（B）。
   A. 升高　　　　B. 降低　　　　C. 不变　　　　D. 不能判断

8. 火力发电厂中，汽轮机是将（D）的设备。
   A. 热能转变为动能　　　　　　B. 热能转变为电能
   C. 机械能转变为电能　　　　　D. 热能转变为机械能

9. 汽轮机轴封的作用是（C）。

    A. 防止缸内蒸汽向外泄漏

    B. 防止空气漏入凝汽器内

    C. 既防止高压侧蒸汽漏出，又防止真空区漏入空气

    D. 既防止高压侧漏入空气，又防止真空区蒸汽漏出

10. 当汽轮机工况变化时，推力轴承的受力瓦块是（C）。

    A. 工作瓦块

    B. 非工作瓦块

    C. 工作瓦块和非工作瓦块都可能

    D. 工作瓦块和非工作瓦块受力均不发生变化

11. 在机组启、停过程中，汽缸的绝对膨胀值突然增大或突然减小时，说明（C）。

    A. 汽温变化大　　　　　　　B. 负荷变化大

    C. 滑销系统卡涩　　　　　　D. 汽缸温度变化大

12. 物体的热膨胀受到约束时，内部将产生（A）。

    A. 压应力　　　B. 拉应力　　　C. 弯应力　　　D. 附加应力

13. 采用中间再热的机组能使汽轮机（C）。

    A. 热效率提高，排汽湿度增加

    B. 热效率提高，冲动汽轮机容易

    C. 热效率提高，排汽湿度降低

    D. 热效率不变，但排汽湿度降低

14. 大型机组的供油设备多采用（A）。

    A. 离心式油泵　B. 容积式油泵　C. 轴流泵　　　D. 混流泵

15. 回热循环效率的提高一般在（B）左右。

    A. 10%　　　　　B. 18%　　　　C. 20%～25%　D. 大于25%

16. 汽轮机正胀差的含义是（A）。

    A. 转子膨胀大于汽缸膨胀的差值

    B. 汽缸膨胀大于转子膨胀的差值

    C. 汽缸的实际膨胀值

    D. 转子的实际膨胀值

17. 转子在静止时严禁（A），以免转子产生热弯曲。

　　A. 向轴封供汽　　　　　　　B. 抽真空

　　C. 对发电机进行投、倒氢工作　D. 投用油系统

18. 如果汽轮机部件的热应力超过金属材料的屈服极限，金属会产生（A）。

　　A. 塑性变形　　B. 热冲击　　C. 热疲劳　　D. 断裂

19. 汽轮机启动、停止、变工况时，在金属内部引起的温差与（C）成正比。

　　A. 金属部件的厚度　　　　　B. 金属的温度

　　C. 蒸汽和金属间的传热量　　D. 蒸汽的温度

20. 热电循环的机组减少了（A）。

　　A. 冷源损失　　B. 节流损失　　C. 漏汽损失　　D. 湿汽损失

21. 容器内工质的压力大于大气压力，工质处于（A）。

　　A. 正压状态　　B. 负压状态　　C. 标准状态　　D. 临界状态

22. 朗肯循环是由（B）组成的。

　　A. 两个等温过程，两个绝热过程

　　B. 两个等压过程，两个绝热过程

　　C. 两个等压过程，两个等温过程

　　D. 两个等容过程，两个等温过程

23. 金属材料的强度极限 σ 是指（C）。

　　A. 金属材料在外力作用下产生弹性变形的最大应力

　　B. 金属材料在外力作用下出现塑性变形时的应力

　　C. 金属材料在外力作用下断裂时的应力

　　D. 金属材料在外力作用下出现弹性变形时的应力

24. 火力发电厂的蒸汽参数一般是指蒸汽的（D）。

　　A. 压力、比体积　　　　　　B. 温度、比体积

　　C. 焓、熵　　　　　　　　　D. 压力、温度

25. 汽轮机停机后，盘车未能及时投入，或盘车连续运行中途停止时，应查明原因，修复后（C），再投入连续盘车。

　　A. 先盘 90°　　　　　　　　B. 先盘 180°

　　C. 先盘 180° 直轴后　　　　D. 先盘 90° 直轴后

26. 凝汽式汽轮机正常运行中当主蒸汽流量增加时，它的轴向推力（B）。

    A. 不变   B. 增加

    C. 减小   D. 先减小后增加

27. 主油泵供给调节及润滑油系统用油，要求其扬程 - 流量特性较（A）。

    A. 平缓   B. 陡

    C. 无特殊要求   D. 有其他特殊要求

28. 轴向位移和膨胀差的各自检测元件的固定部分应装在（A）上。

    A. 汽缸   B. 转子   C. 推力轴承   D. 支持轴承

29. 机组频繁启停增加寿命损耗的原因是（D）。

    A. 上下缸温差可能引起动静部分摩擦

    B. 胀差过大

    C. 汽轮机转子交变应力太大

    D. 热应力引起的金属材料疲劳损伤

30. 配汽机构的任务是（A）。

    A. 控制汽轮机进汽量使之与负荷相适应

    B. 控制自动主汽门开或关

    C. 改变汽轮机转速或功率

    D. 保护汽轮机安全运行

31. 机组的抽汽止回阀一般都是安装在（C）管道上。

    A. 垂直   B. 倾斜   C. 水平   D. 位置较高

32. 汽轮机启动过程中的暖机，就是在（C）的条件下对汽缸、转子等金属部件进行加热。

    A. 蒸汽温度提高   B. 蒸汽温度降低

    C. 蒸汽温度不变   D. 无法确定

33. 汽轮机高排金属温度高于（C），机组跳闸。

    A. 450℃   B. 456℃   C. 440℃   D. 465℃

34. 通流部分结垢时，轴向推力（C）。

    A. 减小   B. 不变   C. 增加   D. 不确定

35. 调整抽汽式汽轮机组热负荷突然增加，若各段抽汽压力和主蒸汽流量超过允许值时，应（A）。

　　A. 减小负荷，使监视段压力降至允许值

　　B. 减小供热量，开大旋转隔板

　　C. 加大旋转隔板，增加凝汽量

　　D. 增加负荷，增加供热量

36. 调节汽轮机的功率主要是通过改变汽轮机的（C）来实现的。

　　A. 转速　　　　　B. 运行方式　　　C. 进汽量　　　　D. 抽汽量

37. 提高蒸汽初温，其他条件不变，汽轮机相对内效率（A）。

　　A. 提高　　　　　B. 降低　　　　　C. 不变　　　　　D. 不一定

38. 随着某一调节汽门开度的不断增加，其蒸汽的过流速度在有效行程内是（D）的。

　　A. 略有变化　　　B. 不断增加　　　C. 不变　　　　　D. 不断减少

39. 甩负荷试验一般按甩额定负荷的（B）等级进行。

　　A. 1/2，2/3，3/4　　　　　　　　　B. 1/2，全负荷

　　C. 1/3，2/3，全负荷　　　　　　　　D. 直接全甩负荷

40. 数字电液控制系统用作协调控制系统中的（A）部分。

　　A. 汽轮机执行器　　　　　　　　　　B. 锅炉执行器

　　C，发电机执行器　　　　　　　　　　D. 协调指示执行器

41. 如果在升负荷过程中，汽轮机正胀差增长过快，此时应（A）。

　　A. 保持负荷及蒸汽参数　　　　　　　B. 保持负荷提高蒸汽温度

　　C. 汽封改投高温汽源　　　　　　　　D. 继续升负荷

42. 汽轮机转速超过额定转速（D），应立即打闸停机。

　　A. 7%　　　　　　B. 9%　　　　　　C. 14%　　　　　D. 11%

43. 汽轮机调速系统的执行机构为（C）。

　　A. 同步器　　　　B. 主油泵　　　　C. 油动机　　　　D. 调节汽门

44. 在全液压调节系统中，转速变化的脉冲信号用来驱动调节汽门，是采用（D）。

　　A. 直接驱动方式　　　　　　　　　　B. 机械放大方式

　　C. 逐级放大后驱动的方式　　　　　　D. 油压放大后驱动的方式

45. 协调控制系统运行方式中，最为完善、功能最强的方式是（B）。

　　A. 机炉独立控制方式　　　　　　　　B. 协调控制方式

C. 汽轮机跟随锅炉方式　　　　　D. 锅炉跟随汽轮机方式

46. 协调控制系统共有五种运行形式，其中负荷调节反应最快的方式是（D）。

A. 机炉独立控制方式　　　　　　B. 协调控制方式

C. 汽轮机跟随锅炉　　　　　　　D. 锅炉跟随汽轮机方式

47. 下列几种轴承，防油膜振荡产生效果最好的是（B）。

A. 圆形轴承　　B. 椭圆轴承　　C. 多油契轴承　　D. 可倾瓦轴承

48. 为防止汽轮发电机组超速损坏，汽轮机装有电超速停机保护装置，使发电机组的转速不超过额定转速的（B）以内。

A. 5%　　　　　B. 10%　　　　　C. 13%　　　　　D. 14%

49. 危急保安器进行喷油试验的目的是（D）。

A. 紧急停机　　　　　　　　　　B. 检查危急保安器的动作转速

C. 检查打闸机构的灵敏性　　　　D. 活动危急保安器避免卡涩

50. 超速试验时转子的应力比额定转速下增加约（D）% 的附加应力。

A. 10　　　　　B. 15　　　　　C. 20　　　　　D. 25

51. 四个串并联布置的 AST 电磁阀是由（B）所控制，正常运行时，这四个 AST 电磁阀是带电关闭的，封闭了 AST 母管的泄油通道，使主汽门执行机构和调节阀门执行机构活塞杆的下腔建立起油压。

A. DEH　　　　B. ETS　　　　C. TSI　　　　D. MEH

52. 汽轮机主汽门、调门油动机活塞下油压通过（C）快速释放，达到阀门快关。

A. 伺服阀　　　B. 电磁阀　　　C. 卸荷阀　　　D.AST 阀

53. 汽轮机危急保安器超速动作脱机后，复位转速应低于（A）r/min。

A. 3000　　　　B. 3100　　　　C. 3030　　　　D. 2950

54. 汽轮机停机惰走降速时，由于鼓风作用和泊桑效应，低压转子会出现（A）突增。

A. 正胀差　　　B. 负胀差　　　C. 振动　　　　D. 胀差突变

55. 汽轮机调速汽门的重叠度一般为（C）。

A. 3%　　　　　B. 0.05%　　　　C. 0.1%　　　　D. 0.3%

56. 汽轮机机械超速试验应连续做两次，两次动作转速差不应超过（B）额定转速。

    A. 0.5%　　　　B. 0.6%　　　　C. 0.7%　　　　D. 1%

57. 汽轮机油箱的作用是（D）。

    A. 储油

    B. 分离水分

    C. 储油和分离水分

    D. 储油和分离水分、空气、杂质和沉淀物

58. 为了防止油系统失火，油系统管道、阀门、接头、法兰等附件承压等级应按耐压试验压力选用，一般为工作压力的（C）。

    A. 1.5 倍　　　B. 1.8 倍　　　C. 2 倍　　　D. 2.2 倍

59. 润滑油回油泡沫多是由（D）引起的。

    A. 油温高　　　　　　　　　B. 油温低

    C. 对轮中心不好　　　　　　D. 油质不良

60. 汽轮机组正常运行时应由（C）供给正常的润滑油。

    A. 交流润滑油泵　　　　　　B. 事故直流油泵

    C. 汽轮机带动的主油泵　　　D. 高备泵

61. 汽轮机低油压保护应在（A）投入。

    A. 盘车前　　B. 定速后　　C. 冲转前　　D. 带负荷后

62. 汽轮机润滑油系统一般采用（B）。

    A. 暗阀门　　B. 明阀门　　C. 铜制阀门　　D. 铝制阀门

63. 冷油器油侧压力一般应（A）水侧压力。

    A. 大于　　　B. 小于　　　C. 等于　　　D. 略小于

64. 降低润滑油黏度最简单易行的办法是（A）。

    A. 提高轴瓦进油温度　　　　B. 降低轴瓦进油温度

    C. 提高轴瓦进油压力　　　　D. 降低轴瓦进油压力

65. 为防止汽轮机油系统断油事故发生，系统阀门应（B）

    A. 垂直安装　　B. 横向安装　　C. 两者均可

66. 在选择使用压力表时，为使压力表能安全可靠地工作，压力表的量程应选得比被测压力值高（D）。

    A. 1/4　　　　B. 1/5　　　　C. 1/2　　　　D. 1/3

67. 汽轮机热态启动时油温不得低于（B）。

    A. 30℃   B. 40℃   C. 80℃   D. 90℃

68. 发电机采用氢气冷却的目的是（B）。

    A. 制造容易，成本低

    B. 比热容大，冷却效果好

    C. 不易含水，对发电机的绝缘好

    D. 系统简单，安全性高

69. 氢冷发电机运行中，当密封油温度升高时，密封油压力（C）。

    A. 升高   B. 不变

    C. 降低   D. 可能降低，也可能升高

70. 盘车期间，密封瓦供油（A）。

    A. 不能中断   B. 可以中断

    C. 发电机无氢压时可以中断   D. 无明确要求

71 发电机中的氢压在温度变化时，其变化过程为（B）。

    A. 温度变化压力不变   B. 温度越高压力越大

    C. 温度越高压力越小   D. 温度越低压力越大

72. 氢气的爆炸极限（B）。

    A. 3% ~ 80%   B. 4% ~ 76%   C. < 6%   D. > 96%

73. 正常运行中，发电机内氢气压力（B）定子冷却水压力。

    A. 小于   B. 大于   C. 等于   D. 无规定

74. 当发电机内氢气纯度低于（D）时应排污。

    A. 76%   B. 95%   C. 95.6%   D. 96%

75. 在启动发电机定子水冷泵前，应对定子水箱（D）方可启动水泵向系统通水。

    A. 补水至正常水位   B. 补水至稍高于正常水位

    C. 补水至稍低于正常水位   D. 进行冲洗，直至水质合格

76. 一般发电机冷却水中断超过（B）保护未动作时，应手动停机。

    A. 60s   B. 30s   C. 90s   D. 120s

77. 下面不是浮子油箱的作用是（D）。

    A. 接收密封油氢侧回油   B. 将油中的氢气再次分离

C. 避免氢气排至大气　　　　　D. 析出空气

78. 氢气的优点：氢气的密度小，风扇做功所消耗的能量小。氢气的导热系数（C），能有效地将热量传给冷却器。比较易制造。

　　A. 小　　　　　B. 等于　　　　　C. 大　　　　　D. 不确定

79. 汽轮发电机正常运行中，当发现密封油泵出口油压升高，密封瓦入口油压降低时，应判断为（C）。

　　A. 密封油泵跳闸

　　B. 密封瓦磨损

　　C. 滤油网堵塞、管路堵塞或差压阀失灵

　　D. 油管泄漏

80. 密封油的作用是（B）。

　　A. 冷却氢气　　　　　　　　　B. 防止氢气外漏

　　C. 润滑发电机轴承　　　　　　D. 防止空气进入

81. 发电机氢气系统操作必须使用（D）工具。

　　A. 没有棱角的　B. 铁质　　　C. 不锈钢　　　D. 铜质

82. 发电机内冷水管道采用不锈钢管道的目的是（C）。

　　A. 不导磁　　　　　　　　　　B. 不导电

　　C. 抗腐蚀　　　　　　　　　　D. 提高传热效果

83. 汽轮机旁路系统中，低旁减温水采用（A）。

　　A. 凝结水　　　　　　　　　　B. 给水

　　C. 闭式循环冷却水　　　　　　D. 给水泵中间抽头

84. 选择蒸汽中间再热压力对再热循环热效率的影响是（B）。

　　A. 蒸汽中间再热压力越高，循环热效率越高

　　B. 蒸汽中间再热压力为某一值时，循环效率最高

　　C. 汽轮机最终湿度最小时，相应的蒸汽中间压力使循环效率最高

　　D. 汽轮机组对内效率最高时，相应的蒸汽中间压力使循环效率最高

85. 新蒸汽温度不变而压力升高时，机组末级叶片的蒸汽（D）。

　　A. 温度降低　　B. 温度上升　　C. 湿度减小　　D. 湿度增加

86. 下列哪种情况不会导致低旁闭锁开启（C）。

    A. 凝汽器水位高   B. 低缸排汽温度高

    C. 循环水中断   D. 凝汽器真空低

87. 汽轮机主汽温度在 10min 内下降（B）时应打闸停机。

    A. 40℃   B. 50℃   C. 60℃   D. 66℃

88. 汽轮机在稳定工况下运行时，汽缸和转子的热应力（A）

    A. 趋近于零   B. 趋近于某一定值

    C. 汽缸大于转子   D. 转子大于汽缸

89. 当主蒸汽温和凝汽器真空不变，主蒸汽压力下降时，若保持机组额定负荷不变，则对机组的安全运行（C）。

    A. 有影响   B. 没有影响   C. 不利   D. 有利

90. 温度越高，应力越大，金属（C）现象越显著。

    A. 热疲劳   B. 化学腐蚀   C. 蠕变   D. 冷脆性

91. 提高蒸汽初压力主要受到（A）。

    A. 汽轮机低压级湿度的限制   B. 锅炉汽包金属材料的限制

    C. 工艺水平的限制   D. 材料的限制

92. 汽轮机热态启动时，主蒸汽温度应高于高压缸上缸内壁温度（D）。

    A. 至少 20℃   B. 至少 30℃   C. 至少 40℃   D. 至少 50℃

93. 在容量、参数相同的情况下，回热循环汽轮机与纯凝汽式汽轮机相比较，（B）。

    A. 汽耗率增加，热耗率增加   B. 汽耗率增加，热耗率减少

    C. 汽耗率减少，热耗率增加   D. 汽耗率减少，热耗率减少

94. 当主蒸汽温度不变时而汽压降低，汽轮机的可用焓降（A）。

    A. 减少   B. 增加   C. 不变   D. 略有增加

95. 供热式汽轮机和凝汽式汽轮机相比，汽耗率（C）。

    A. 减小   B. 不变   C. 增加   D. 不确定

96. 加热器的传热端差是加热蒸汽压力下的饱和温度与加热器（A）。

    A. 给水出口温度之差   B. 给水入口温度之差

    C. 加热蒸汽温度之差   D. 给水平均温度之差

97. 加热器的种类，按工作原理不同可分为（A）。

    A. 表面式加热器，混合式加热器

B. 加热器，除氧器

C. 高压加热器，低压加热器

D. 螺旋管式加热器，卧式加热器

98. 加热器的疏水采用疏水泵排出的优点是（D）。

 A. 疏水可以利用   B. 安全可靠性高

 C. 系统简单   D. 热经济性高

99. 机组负荷增加时，加热器疏水量越（A）。

 A. 大   B. 小   C. 相同   D. 无法确定

100. 回热系统的理论最佳给水温度相对应的是（B）。

 A. 回热循环热效率最高   B. 回热循环绝对内效率最高

 C. 电厂煤耗率最低   D. 电厂热效率最高

101. 在高压加热器上设置空气管的作用是（A）。

 A. 及时排出加热蒸汽中含有的不凝结气体，增强传热效果

 B. 及时排出从加热器系统中漏入的空气，增加传热效果

 C. 使两上相邻加热器内的加热压力平衡

 D. 启用前排汽

102. 高压加热器汽侧投用的顺序是（B）。

 A. 压力从高到低   B. 压力从低到高

 C. 同时投用   D. 没有明确要求

103. 高加管内壁结垢，会造成（B）。

 A. 传热增强，给水温度降低   B. 传热减弱，给水温度降低

 C. 传热增强，给水温度升高   D. 传热减弱，给水温度升高

104. 运行中发现给水流量、凝结水量、凝泵电流均不变的情况下，而除氧器水位、压力却异常下降，其原因应是（B）。

 A. 水冷壁泄漏   B. 高加事故疏水阀误动

 C. 给水泵再循环阀误开   D. 除氧器水位调节阀故障关闭

105. 汽轮机排汽量不变时，循环水入口水温不变，循环水流量增加，排汽温度（C）

 A. 不变   B. 升高   C. 降低   D. 不确定

106. 汽轮机负荷过低会引起排汽温度升高的原因是（C）。

 A. 真空过高

B. 进汽温度过高

C. 进入汽轮机的蒸汽流量过低，不足以带走鼓风摩擦损失产生的热量

D. 进汽压力过高

107. 凝汽式汽轮机组的综合经济指标是（A）。

　　A. 热效率　　　B. 汽耗率　　　C. 热耗率　　　D. 电耗率

108. 高压加热器在工况变化时，热应力主要发生在（C）。

　　A. 管束上　　　B. 壳体上　　　C. 管板上　　　D. 进汽口

109. 高压加热器运行中水位升高较多，则下端差（C）。

　　A. 不变　　　B. 减小　　　C. 增大　　　D. 与水位无关

110. 高压加热器投入运行时，一般应控制给水温升率不超过（C）℃/min。

　　A. 1　　　　　B. 2　　　　　C. 3　　　　　D. 5

111. 高压加热器水位迅速上升至极限而保护未动作应（D）。

　　A. 联系降负荷　　　　　　　B. 给水切换旁路

　　C. 关闭高加到除氧器疏水　　D. 紧急切除高压加热器

112. 高压加热器内水的加热过程可以看作是（C）。

　　A. 等容过程　　B. 等焓过程　　C. 等压过程　　D. 绝热过程

113. 低加水位高三值动作时，（C）。

　　A. 先隔离汽侧，后隔离水侧，再开启旁路

　　B. 先开启旁路，后隔离水侧，再隔离汽侧

　　C. 先隔离汽侧，后开启旁路，再隔离水侧

　　D. 先隔离水侧，后开启旁路，再隔离汽侧

114. 低负荷运行时给水加热器疏水压差（B）。

　　A. 变大　　　B. 变小　　　C. 不变　　　D. 无法确定

115. 在同一个管路系统中，并联时每台泵的流量与自己单独运行时的流量比较，（B）。

　　A. 两者相等　　　　　　　　B. 并联时小于单独运行时

　　C. 并联时大于单独运行时　　D. 无法比较

116. 机组甩负荷时，若维持锅炉过热器安全门在动作范围以内，

则高压旁路容量应选择（D）。

A. 30%　　　　B. 0%　　　　　C. 80%　　　　　D. 100%

117. 给水泵出口再循环的管的作用是防止给水泵在空负荷或低负荷时（C）。

A. 泵内产生轴向推力　　　　　B. 泵内产生振动

C. 泵内产生汽化　　　　　　　D. 产生不稳定工况

118. 给水泵中间抽头的水用作（B）的减温水。

A. 锅炉过热器　B. 锅炉再热器　C. 凝汽器　　　　D. 高压旁路

119. 当启动给水泵时，应首先检查（C）。

A. 出口压力　　　　　　　　　B. 轴瓦振动

C. 启动电流返回时间　　　　　D. 出口流量

120. 做汽动给水泵汽轮机自动超速试验时，要求进汽门在转速超过额定转速的（B）时，可靠关闭。

A. 0.04　　　　B. 0.05　　　　C. 0.06　　　　D. 0.1

121. 在除氧器滑压运行时，主要考虑的问题是（B）。

A. 除氧效果　　　　　　　　　B. 给水泵入口汽化

C. 除氧器热应力　　　　　　　D. 给水泵的出力

122. 下面哪种情况将可能使给水泵入口汽化（C）。

A. 高压加热器未投入　　　　　B. 除氧器突然升负荷

C. 汽轮机突然降负荷　　　　　D. 汽轮机突然增负荷

123. 提高除氧器高度是为了（D）。

A. 提高给水泵出力

B. 便于管道及给水泵的布置

C. 提高给水泵的出口压力，防止汽化

D. 保证给水泵的入口压力，防止汽化

124. 给水泵正常运行时工作点应在（D）之间。

A. 最大、小流量

B. 最高、低转速

C. 最高、低压力

D. 最大、小流量及最高、低转速曲线

125. 给水泵在运行中的振幅不允许超过 0.05mm 是为了（D）。

　　A. 防止振动过大，引起给水压力降低

　　B. 防止振动过大，引起基础松动

　　C. 防止轴承外壳遭受破坏

　　D. 防止泵轴弯曲或轴承油膜破坏造成轴瓦烧毁

126. 给水泵停运检修，进行安全隔离，在关闭入口阀时，要特别注意泵内压力的变化，防止出口阀不严（A）。

　　A. 引起泵内压力升高，使水泵入口低压部件损坏

　　B. 引起备用水泵联动

　　C. 造成对检修人员烫伤

　　D. 使给水泵倒转

127. 给水泵发生（D）情况时应进行紧急故障停泵。

　　A. 给水泵入口法兰漏水

　　B. 给水泵某轴承有异声

　　C. 给水泵某轴承振动达 0.06mm

　　D. 内部有清晰的摩擦声或冲击声

128. 给水泵（D）不严密时，严禁启动给水泵。

　　A. 进口门　　　B. 出口门　　　　C. 再循环门　　　D. 出口止回阀

129. 当给水泵汽轮机油系统着火时，应（C）。

　　A. 立即向上级汇报

　　B. 申请停止给水泵汽轮机

　　C. 紧急停止给水泵汽轮机并破坏真空

　　D. 停止油泵运行

130. 除氧器的主要换热方式是（D）。

　　A. 对流换热　　　B. 辐射换热　　　C. 热传导　　　　D. 复合换热

131. 除氧器变工况运行时，其温度的变化（C）压力变化。

　　A. 超前　　　　　　　　　　　B. 同步

　　C. 滞后　　　　　　　　　　　D. 先超前后滞后

132. 不是除氧器给水溶解氧不合格的原因（D）。

　　A. 凝结水温度过低　　　　　　B. 抽汽量不足

　　C. 补给水含氧量过高　　　　　D. 除氧器排汽阀开度过大

133. 汽轮机凝汽器真空变化，引起凝汽器端差变化，一般情况下，当凝汽器真空升高时，端差（C）。

    A. 增大　　　　　　　　　　B. 不变

    C. 减小　　　　　　　　　　D. 先增大后减小

134. 正常运行中，凝汽器真空泵（抽汽器）的作用是（B）。

    A. 建立真空　　　　　　　　B. 维持真空

    C. 建立并维持真空　　　　　D. 抽出未凝结的蒸汽

135. 汽轮机凝汽器真空应维持在（C），才是最有利的。

    A. 高真空下　　B. 低真空下　　C. 经济真空下　D. 临界真空下

136. 在凝汽器中，压力最低、真空最高的地方是（D）。

    A. 凝汽器喉部　　　　　　　B. 凝汽器热井处

    C. 靠近冷却水管入口部位　　D. 空气冷却区

137. 在凝汽器内设空气冷却区是为了（C）。

    A. 冷却被抽出的空气

    B. 防止凝汽器内的蒸汽被抽出

    C. 再次冷却、凝结被抽出的空气、蒸汽混合物

    D. 用空气冷却蒸汽

138. 运行中凝汽设备所做的真空严密性试验，是为了判断（B）。

    A. 凝汽器外壳的严密性　　　B. 真空系统的严密性

    C. 凝汽器水侧的严密性　　　D. 凝汽设备所有各处的严密性

139. 凝汽器最佳真空（C）极限真空。

    A. 高于　　　　B. 等于　　　　C. 低于　　　　D. 无法确定

140. 凝汽器真空提高时，容易过负荷的级段为（C）。

    A. 调节级　　　　　　　　　B. 中间级

    C. 末级　　　　　　　　　　D. 中压缸第一级

141. 凝结水泵的流量应按机组最大负荷时排汽量的（C）来计算。

    A. 1.05～1.10倍　　　　　　B. 1.2～1.3倍

    C. 1.1～1.2倍　　　　　　　D. 1.5倍

142. 凝结水泵出口压力和电流摆动，进口真空不稳，凝结水流量摆动的原因是（B）。

    A. 泵电源中断　　　　　　　B. 水泵气蚀

C. 水泵故障 D. 泵出口阀未开足

143. 凝结器真空上升到一定值时，因真空提高多发的电与循环水泵耗电之差最大时的真空称为（C）。

A. 绝对真空 B. 极限真空 C. 最佳真空 D. 相对真空

144. 当凝结水泵发生汽化时其电流将（A）。

A. 下降 B. 不变 C. 上升 D. 无法确定

145. 凝汽器真空下降的主要象征：排汽温度（ ），端差（ ），调节器门不变时，汽轮机负荷下降。（A）

A. 升高、增大 B. 下降、减小

C. 升高、减小 D. 下降、增大

146. 当凝汽器真空下降，机组负荷不变时，轴向推力（A）。

A. 增加 B. 减小 C. 不变 D. 不确定

147. 下列哪项关于凝汽器内空气分压描述是错误的（B）。

A. 凝汽器内空气分压不是一定的

B. 凝汽器内空气分压从管束外部到空气冷却区是逐渐减小的

C. 空气冷却区内的空气分压与蒸汽分压在同一个数量级上

D. 凝汽器真空测点处的空气分压相对蒸汽分压极小，几乎可以忽略不计

148. 汽轮机停机后，转子弯曲值增加是由于（A）造成的。

A. 上、下缸存在温差 B. 汽缸内有剩余蒸汽

C. 汽缸疏水不畅 D. 转子与汽缸温差大

149. 汽轮机启动暖管时，注意调节送汽阀和疏水阀的开度是为了（C）。

A. 提高金属温度

B. 减少工质和热量损失

C. 不使流入管道的蒸汽压力、流量过大，引起管道及其部件受到剧烈的加热

D. 不使管道超压

150. 汽轮机本体疏水单独接入扩容器，不得接入其他压力疏水，以防止（B）。

A. 漏入空气 B. 返水

C. 爆破 D. 影响凝结水水质

151. 循环水泵在运行中，电流波动且降低，是由于（D）。

　　A. 循环水泵入口压力增大

　　B. 循环水入口温度降低

　　C. 仪表指示失常

　　D. 循环水入口过滤网被堵或入口水位过低

152. 循环水泵停运时，一般要求出口阀门关闭时间不小于 45s，主要是为了（C）。

　　A. 防止水泵汽化　　　　　　B. 防止出口阀门电动机烧毁

　　C. 减小水击　　　　　　　　D. 减小振动

153. 离心泵最容易受到汽蚀损害的部位是（B）。

　　A. 叶轮或叶片入口　　　　　B. 叶轮或叶片出口

　　C. 轮毂或叶片出口　　　　　D. 叶轮外缘

154. 一般规定循环水泵在出口阀门关闭的情况下，其运行时间不得超过（A）min。

　　A.1　　　　　B.2　　　　　C.3　　　　　D.4

155. 当汽轮机脱扣时，各胀差都正向增大，其中（A）增长幅度较大。

　　A. 低压胀差　　B. 中压胀差　　C. 高压胀差　　D. 不一定

156. 汽轮机寿命是指从初次投运到（B）出现第一条宏观裂纹期间的总工作时间。

　　A. 气缸　　　　　　　　　　B. 转子

　　C. 抽汽管道或蒸汽室　　　　D. 汽缸和转子

157. 汽轮机热态启动时，若出现负胀差，主要原因是（C）。

　　A. 暖机不充分　　　　　　　B. 冲转时蒸汽温度偏高

　　C. 冲转时蒸汽温度偏低　　　D. 冲转时升速太慢

158. 汽轮机热态启动冲转前要连续盘车不少于（B）。

　　A.6h　　　　　B.4h　　　　　C.2h　　　　　D.8h

159. 汽轮机刚一打闸解列后的阶段中，转速下降很快，这是因为刚打闸后，汽轮发电机转子在惯性转动中的速度仍很高，（A）。

　　A. 鼓风摩擦损失的能量很大，这部分能量损失与转速的三次方成正比

B. 转子的能量损失主要消耗在克服调速器、主油泵、轴承等摩擦阻力上

C. 由于此阶段中油膜已破坏，轴承处阻力迅速增大

D. 主、调汽门不严，抽汽止回阀不严

160. 汽轮机负荷过低会引起排汽温度升高的原因是（C）。

A. 真空过高

B. 进汽温度过高

C. 进入汽轮机的蒸汽流量过低，不足以带走鼓风摩擦损失产生的热量

D. 进汽压力过高

161. 汽轮机变工况运行时，容易产生较大热应力的部位有（B）。

A. 汽轮机转子中间级处

B. 高压转子第一级出口和中压转子进汽区

C 转子端部汽封处

D. 中压缸出口处

162. 金属材料的脆性转变温度是一种固有的特性，原始值（C）。

A. 固定不变

B. 随高温下工作时间延长而降低

C. 随高温下工作延长时间而升高

D. 随低温下工作延长时间而升高

163. 机组甩掉全部负荷所产生的热应力要比甩掉部分负荷时（B）。

A. 大　　　　　　　B. 小　　　　　　C. 相同　　　　　D. 略大

164. 滑参数停机过程与额定参数停机过程相比（B）。

A. 容易出现正胀差　　　　　　B. 容易出现负胀差

C. 胀差不会变化　　　　　　　D. 胀差变化不大

165. 滑参数停机的主要目的是（D）。

A. 利用锅炉余热发电

B. 平滑降低参数，增加机组寿命

C. 防止汽轮机超速

D. 降低汽轮机缸体温度利于提前检修

166. 代表金属材料抵抗塑性变形的指标是（C）。

　　A. 比例极限　　B. 弹性极限　　　C. 屈服极限　　D. 强度极限

167. 在对给水管道进行隔离泄压时，对放水一次门、二次门正确的操作方式是（B）。

　　A. 一次门开足，二次门开足　　B. 一次门开足，二次门调节

　　C. 一次门调节，二次门开足　　D. 一次门调节，二次门调节

168. 连接汽轮机转子和发电机转子一般采用（B）。

　　A. 刚性联轴器　　　　　　　　B. 半挠性联轴器

　　C. 挠性联轴器　　　　　　　　D. 半刚性联轴器

169. 汽轮机滑销系统的合理布置和应用能保证汽缸沿（D）的自由膨胀和收缩。

　　A. 横向和纵向　　　　　　　　B. 横向和立向

　　C. 立向和纵向　　　　　　　　D. 各个方向

170. 汽轮机启动过临界转速时，轴承振动（A）应打闸停机，检查原因。

　　A. 超过 0.1mm　　　　　　　　B. 超过 0.05mm

　　C. 超过 0.03mm　　　　　　　D. 超过 0.12mm

171. 汽轮机运行中发现凝结水电导率增大，应判断为（ C ）。

　　A. 凝结水压力低　　　　　　　B. 凝结水过冷却

　　C. 凝汽器冷却水管泄漏　　　　D. 凝汽器汽侧漏空气

172. 运行中发电机氢气易外漏，当氢气与空气混合达到一定比例时，遇到明火即产生（A）。

　　A. 爆炸　　　　B. 燃烧　　　　C. 火花　　　　D. 有毒气体

173. 只有当转子的临界转速低于工作转速（D）时，才有可能发生油膜振荡现象。

　　A. 4/5　　　　　B. 3/4　　　　C. 2/3　　　　D. 1/2

174. 采用滑参数方式停机时，（C）做汽轮机超速试验。

　　A. 可以　　　　　　　　　　　B. 采取安全措施后

　　C. 严禁　　　　　　　　　　　D. 领导批准后

175. 采用滑参数方式停机时，禁止做超速试验，主要是因为（D）。

　　A. 主、再热蒸汽压力太低，无法进行

B. 主、再热蒸汽温度太低，无法进行

C. 转速不易控制，易超速

D. 汽轮机可能出现水冲击

176. 下列项目中不是汽轮机跳机保护的是（B）。

　　A. 轴向位移　　B. 绝对膨胀　　C. 润滑油压低　D. EH 油压低

177. 金属材料的蠕变断裂时间随工作温度的提高和工作应力的增加而（B）。

　　A. 增加　　　　B. 减小　　　　C. 不变　　　　D. 不确定

178. 下列不属于衡量调节系统动态特性的指标是（D）。

　　A. 稳定性　　　　　　　　　　B. 动态超调量

　　C. 过渡过程时间　　　　　　　D. 速度变动率

179. 汽轮机油系统事故排油阀其操作手轮应设在距油箱（C）以外的地方。

　　A. 1m　　　　　B. 3m　　　　　C. 5m　　　　　D. 0.5m

180. 油管道与蒸汽管道净距离不应小于（C）。

　　A. 50mm　　　　B. 100mm　　　C. 150mm　　　D. 200mm

181. 单元制的给水系统，除氧器上应配备不少于（B）全启式安全门，并完善除氧器的自动调压和报警装置。

　　A. 1 只　　　　B. 2 只　　　　C. 3 只　　　　D. 4 只

182. 机组冷态启动带 25% 额定负荷（或按制造厂要求），运行（B）后方可进行超速试验。

　　A. 1～2h　　　B. 3～4h　　　C. 4～5h　　　D. 5～6h

183. 发电机应（C）实测计算一次漏氢量。

　　A. 每天　　　　B. 每周　　　　C. 每月　　　　D. 每季度

184. 受油污染的保温材料应（C）。

　　A. 定期检查　　　　　　　　　B. 定期测温

　　C. 及时更换　　　　　　　　　D. 发现超温后更换

185. 应定期检测氢冷发电机油系统、主油箱、封闭母线外套内的氢气体积含量，超过（A）时，应停机查漏消缺。

　　A. 1%　　　　　B. 5%　　　　　C. 10%　　　　D. 15%

186. 无制造厂规定时，水泵的滑动轴承温度超过（B），应停止运行。

    A. 65℃   B. 80℃   C. 85℃   D. 90℃

187. 为了保证加热器的换热效果，一般要求堵管率不超过（B）。

    A. 5%   B. 10%   C. 20%   D. 30%

188. 介质通过流量孔板时流量不变，（C）。

    A. 压力增大，流速不变   B. 压力增大，流速增大

    C. 压力减小，流速增大   D. 压力减小，流速减小

189. 某汽轮机排汽饱和温度为40℃，凝汽器循环水冷却水温度为20℃，出水温度为32℃，凝汽器端差为（A）。

    A. 8℃   B. 12℃   C. 20℃   D. 32℃

190. 660MW 机组平均负荷为462MW，负荷系数为（B）。

    A. 80%   B. 70%   C. 60%   D. 40%

191. 汽轮机进行能量转换的主要部件是（C）。

    A. 喷嘴   B. 动叶片   C. 喷嘴和叶片   D. 导叶

192. 阀门内部泄漏的主要原因是（C）损坏。

    A. 填料箱   B. 法兰   C. 密封面   D. 阀杆

193. 汽轮机空负荷运行时间过长，会造成（C）的温度升高而超过规定值。

    A. 高压缸   B. 中压缸   C. 低压缸

194. 油动机的时间常数过大，则机组（C）时易超速。

    A. 减负荷   B. 增负荷   C. 甩负荷

195. 在汽轮机湿蒸汽区内，湿汽水珠对叶片金属起冲蚀作用，那么受冲刷腐蚀最严重的部位是（D）。

    A. 动叶根部正弧处   B. 动叶根部背弧处

    C. 动叶顶部正弧处   D. 动叶顶部背弧处

196. 凝汽器大气释放门的作用是（C）。

    A. 检修用人孔门   B. 放出不凝结的空气

    C. 凝汽器的安全阀   D. 破坏真空的真空破坏门

197. 凝汽器的灌水试验主要是检查（C）的。

    A. 凝汽器外壳是否严密

    B. 凝汽器水室是否严密

C. 凝汽器传热面是否严密

198. 在停机时，发现调速汽门不严，应该（B）。

　　A. 解列后再打闸

　　B. 先打闸后解列

　　C. 没有任何限制规定

199. 汽轮机运行时，监视段压力高与（C）无关。

　　A. 通流部分结垢　　　　　　B. 通流部分故障

　　C. 通流部分热应力　　　　　D. 汽轮机调节阀开度

200. 紧急停机分破坏真空与不破坏真空两种，（D）不需破坏真空停机。

　　A. 汽轮机超速　　　　　　　B. 发电机氢爆

　　C. 机组强烈振动　　　　　　D. 主蒸汽管道破裂

201. 运行中汽轮机自动主汽门突然关闭，发电机将变成（A）运行。

　　A. 同步电动机　　　　B. 异步电动机　　　　C. 异步发电机

202. 汽轮机的冷油器属于（A）。

　　A. 表面式换热器　　　B. 混合式换热器　　　C. 蓄热式换热器

203. 未设抽汽电动门和止回阀的抽汽管道是（B）。

　　A. 最高压力级抽汽　　B. 最低压力级抽汽　　C. 任一级压力抽汽

204. 疏水管按压力顺序接入联箱，并向低压侧倾斜（B）。

　　A. 30°　　　　　　B. 45°　　　　　　C. 60°

205. 停机后当汽轮机低压缸排汽温度降至（B）以下并确认无用户时，可以停止循环水泵运行。

　　A. 45℃　　　　　B. 50℃　　　　　C. 55℃　　　　　D. 80℃

206. 机组甩掉（C）负荷所产生的热应力最大。

　　A. 30%　　　　　B. 50%　　　　　C. 70%　　　　　D. 100%

207. 由于油系统着火而故障停机时，（A）启动高压油泵。

　　A. 禁止　　　　B. 可以　　　　C. 根据情况决定是否

208. 高压加热器运行中水位升高，则下端差（B）。

　　A. 不变　　　　B. 减小　　　　C. 增加　　　　D. 与水位无关

209. 离心泵与管道系统相连时，系统流量由（C）来确定。

A. 泵　　　　　　　　　　　B. 管道

C. 泵与管道特性曲线的交点　D. 阀门开度

210. 火力发电厂中，测量主蒸汽流量的节流装置多选用（B）。

A. 标准孔板　B. 标准喷嘴　C. 长径喷嘴　D. 文丘里管

211. 下列哪种情况只关闭抽汽止回阀、不关闭抽汽电动门（A）。

A. OPC 动作　B. ETS 动作　C. 发电机解列

212. 热电联产的用能特点是（A）。

A. 高位热能发电，低位热能供热

B. 蒸汽发电，热水供热

C. 汽轮机发电，锅炉供热

D. 先发电，后供热

213. 同一种流体强迫对流换热比自由流动换热（C）。

A. 不强烈　　　B. 相等　　　C. 强烈　　　D. 小

214. 雷诺数 Re 可用来判断流体的流动状态，当（A）时是层流状态。

A. $Re<2300$　B. $Re>2300$　C. $Re>1000$　D. $Re<1000$

215. 对于一种确定的汽轮机，其转子或汽缸热应力的大小主要取决于（D）。

A. 蒸汽温度　　　　　　　B. 蒸汽压力

C. 机组负荷　　　　　　　D. 转子或汽缸内温度分布

216. 已知介质的压力 p 和温度 T，当 p 小于 p 饱和时，介质所处的状态是（D）。

A. 未饱和水　　　　　　　B. 湿蒸汽

C. 干蒸汽　　　　　　　　D. 过热蒸汽

217. 两台离心泵串联运行时（D）。

A. 两台水泵的扬程应该相同

B. 两台水泵的扬程相同，总扬程为两泵扬程之和

C. 两台水泵扬程可以不同，但总扬程为两泵扬程之和的 1/2

D. 两台水泵扬程可以不同。但总扬程为两泵扬程之和

218. 机组正常运行中，高压主汽门前压力越高，则高压缸排汽后

温度（A）。

　　A. 降低　　　　　　　　　　　B. 升高

　　C. 可能升高也可能降低　　　　D. 不变

219. 加热器发生满水时，会使上端差（A）。

　　A. 增加　　　　　B. 减小　　　　　C. 不变

220. 加热器发生满水时，出口水温（B）。

　　A. 升高　　　　　B. 降低　　　　　C. 不变

221. 机组运行中，当某台加热器停运时，若机组负荷不变，其后面的抽汽压力会（A）。

　　A. 升高　　　　　B. 降低　　　　　C. 不确定

222. 运行中通常也采用监视润滑油温升的方法来监视轴瓦温度，一般润滑油的温升不得超过（B）。

　　A.5 ～ 10℃　　B.10 ～ 15℃　　C.15 ～ 20℃

223. 当转轴发生油膜振荡时，（D）。

　　A. 振动频率与转速相一致

　　B. 振动频率为转速的 1/2

　　C. 振动频率为转速的一倍

　　D. 振动频率与转子第一临界转速基本一致

224. 当汽轮机膨胀受阻时，（D）。

　　A. 振幅随转速的增大而增大

　　B. 振幅与负荷无关

　　C. 振幅随着负荷的增加而减小

　　D. 振幅随着负荷的增加而增大

225. 机组甩掉全部负荷所产生的热应力要比甩掉部分负荷时（B）。

　　A. 大　　　　　B. 小　　　　　C. 相同　　　　　D. 略大

226. 机组运行时应控制主蒸汽两侧温差在（C）以内。

　　A. 10℃　　　　B. 20℃　　　　C. 28℃　　　　D. 30℃

227. 负荷指令不变，循环水入口流量增加，真空升高，机组负荷（C）。

　　A. 不变　　　　　　　　　　　B. 降低

　　C. 升高　　　　　　　　　　　D. 可能降低也可能升高

228. 高压加热器的凝结段放出的是（C）。

    A. 过热热   B. 预热热

    C. 汽化潜热   D. 无法断定

229. 初温对功率的影响取决于初温改变时分别对理想比焓降、流量和内效率的影响（A）。

    A. 之和   B. 之差   C. 之积   D. 之商

230. 停机时，转子表面先受冷，而轴孔腔室部位却仍保持较高温度，从而使表面层承受（A）应力。

    A. 拉   B. 压   C. 离心

231. 停机过程中，由于汽缸内壁表面温度低于外壁表面温度，因此内壁表面热应力为（A）应力。

    A. 拉   B. 压   C. 离心

232. 在汽轮机停机过程中，由于汽缸内壁表面温度低于外壁表面温度，因此外壁表面热应力为（B）应力。

    A. 拉   B. 压   C. 离心

233. 间接空冷散热器采用铝材质，由于（A），总散热面积较小，总造价低。

    A. 传热系数高   B. 质量轻   C. 不生锈

234. 间接空冷冷却三角垂直布置在塔外围，其所需的冷却塔尺寸比散热器水平布置在塔内所需的冷却塔（B），可减少空冷塔的土建投资。

    A. 尺寸大   B. 尺寸小   C. 相同

235. 间接空冷系统间冷塔百叶窗开度控制进塔空气量，最终调节（A）。

    A. 冷却水温度   B. 汽轮机背压   C. 冷却风温

236. 间接空冷系统的空冷塔自身设有旁路，投运时使冷却水先走旁路，待（A）后再进入散热器。

    A. 循环水水温升高   B. 机组并网

    C. 环境温度升高

237. 强迫振动的主要特征是（A）。

    A. 主频率和转子的转速相一致

    B. 主频率与临界转速相一致

C. 主频率与工作转速无关

D. 主频率为工作转速的一半

238. 为了使泵不发生汽蚀，泵的汽蚀余量 Hr 和装置的汽蚀余量 Ha 之间必须满足（B）。

A. NPSHr>NPSHa

B. NPSHr<NPSHa

C. NPSHr＝NPSHa

D. NPSHr＝NPSHa+0.3

239. 汽轮机喷嘴和动叶栅根部及顶部由于产生涡流所造成的损失，称为（B）。

A. 扇形损失

B. 叶高损失

C. 叶轮摩擦损失

D. 叶栅损失

第三章

问 答 题

第一节　汽轮机工作原理及系统介绍

1. 汽轮机按照工作原理可以分为哪些类型?

答: 汽轮机按照工作原理可以分冲动式汽轮机、反动式汽轮机和冲动反动联合式汽轮机。

（1）冲动式汽轮机：按冲动做功原理工作的汽轮机称为冲动式汽轮机。它在工作时，蒸汽的膨胀主要在喷嘴中进行，少部分在动叶片中膨胀。

（2）反动式汽轮机：按反动做功原理工作的汽轮机称为反动式汽轮机。它在工作时，蒸汽的膨胀在喷嘴和动叶片中各进行大约一半。

（3）冲动反动联合式汽轮机：由冲动级和反动级组合而成的汽轮机称为冲动反动联合式汽轮机。

2. 汽轮机按照工作热力过程可以分为哪些类型?

答: 汽轮机按照工作热力过程可以分为凝汽式汽轮机、背压式汽轮机、调整抽汽式汽轮机和中间再热式汽轮机。

（1）凝汽式汽轮机：进入汽轮机做功的蒸汽，除少量的漏汽外，全部或大部分排入凝汽器的汽轮机。蒸汽全部排入凝汽器的汽轮机又称纯凝汽式汽轮机。采用回热加热系统，除部分抽汽外，大部分蒸汽排入凝汽器的汽轮机，称为凝汽式汽轮机。

（2）背压式汽轮机：蒸汽在汽轮机做功后，以高于大气压的压力排出，供工业或采暖使用。这种汽轮机称为背压式汽轮机。若排汽供给中、低压汽轮机使用时，又称为前置式汽轮机。

（3）调整抽汽式汽轮机：将部分做过功的蒸汽在一种或两种压力下抽出，供工业或采暖用汽，其余蒸汽仍排至凝汽器，这类汽轮机称为调整抽汽式汽轮机。调整抽汽式汽轮机和背压式汽轮机统称为供热式汽轮机。

（4）中间再热式汽轮机：将在汽轮机高压缸部分做过功的蒸汽，引至锅炉再热器再次加热到一定温度，然后再重新返回汽轮机的中低压缸部分继续做功，这类汽轮机称为中间再热式汽轮机。再热次数可以是一次，两次或多次，但一般采用一次中间再热。

3. 什么是绝对压力、表压力？两者有何关系？

答：容器内工质本身的实际压力称为绝对压力，用符号 p 表示。工质的绝对压力与大气压力的差值为表压力，用符号 p_g 表示。因此，表压力就是表计测量所得的压力。绝对压力与表压力之间的关系为

$$p = p_g + p_a \ \text{或}\ p_g = p - p_a$$

式中 p_a——大气压力。

4. 热力学第一定律及其实质是什么？

答：热力学第一定律是指自然界一切物体都具有能量，能量有各种不同形式，它能从一种形式转化为另一种形式，从一个物体传递给另一个物体，在转化和传递过程中能量的总和不变。

其实质是能量守恒与转换定律在热力学上的一种特定应用形式。它说明了热能与机械能互相转换的可能性及其数值关系。

5. 热力学第一定律与热力学第二定律有什么区别？

答：热力学第一定律的实质是能量守恒与转换定律在热力学中的应用，它说明了热能与机械能互相转换的可能性及其数值关系。热力学第二定律指出了能量转换的条件、方向及转换程度的问题。

6. 什么是节流、绝热节流？

答：工质在管内流动时，由于通道截面突然缩小，使工质流

速突然增加、压力降低的现象称为节流。节流过程中如果工质与外界没有热交换，则称为绝热节流。

7. 何谓状态参数？

答： 表示工质状态特征的物理量称为状态参数。工质的状态参数有压力、温度、比体积、焓、熵、内能等，其中压力、温度、比体积为工质的基本状态参数。

8. 什么是绝热过程？

答： 在与外界没有热量交换情况下所进行的过程称为绝热过程。如汽轮机为了减少散热损失，汽缸外侧包有绝热材料，而工质所进行的膨胀过程极快，在极短时间内来不及散热，其热量损失很小，可忽略不计，故常把工质在这些热机中的过程作为绝热过程处理。

9. 什么是焓？

答： $h = u + pdv$，某一状态单位质量的气体所具有的总能量称为焓。是热力学能和压力势能的总和。热力学能 u 是温度的函数，而 pdv 是压力的函数，因此焓是温度和压力的函数。不同温度、压力下气体的焓不同。气体状态变化时，吸收或放出的热量等于焓的变化量。

10. 什么是临界点？

答： 随着压力的升高，饱和水和干饱和蒸汽差别越来越小，当压力升到某一数值时，饱和水和干饱和蒸汽没有差别，具有相同的状态参数，该点称为临界点。

水蒸气的临界参数（临界点）：临界压力 $p = 22.119$MPa 临界温度 $t = 374.15$℃。

11. 什么是定容过程？

答： 定容过程的气体压力与绝对温度成正比，即 $p_1/t_1 = p_2/t_2$。在定容过程中，所有加入气体的热量全部用于增加气体的内能，因体积不变，没有做功。如内燃机工作时，气缸里被压缩的汽油和空气的混合物被点燃后突然燃烧，瞬间气体的压力、温度突然升高很多，活塞还来不及动作，这一过程可认为是定容过程。其 T-S 曲线是斜率为正的对数曲线。

12. 什么是定压过程?

答: 在压力不变的情况下进行的过程, 称为定压过程。如水在锅炉中的汽化、蒸汽在凝汽器中的凝结。定压过程中比体积与温度成正比即 $v_1/t_1=v_2/t_2$ 温度降低气体被压缩, 比体积减小温度升高, 气体膨胀, 比体积增大。定压过程中热量等于终、始状态的焓差。其 T-S 曲线是斜率为正的对数曲线。

13. 什么是定温过程?

答: 在温度不变的条件下进行的过程。$p_1v_1 = p_2v_2 =$ 常数, 即过程中加入的热量全部对外膨胀做功, 对气体做的功全部变为热量向外放出。

14. 什么是热力循环和朗肯循环?

答: 热力循环: 工质从某一初始平衡状态, 经过一系列的状态变化又回到初始状态, 这一全过程称为热力循环。

朗肯循环: 工质在锅炉、汽轮机、凝汽器、给水泵等热力设备中吸热、膨胀、放热、压缩四个过程使热能不断地转变为机械能, 这种循环称为朗肯循环。

15. 增强传热的方法有哪些?

答:（1）提高传热平均温差。在相同的冷、热流体进、出口温度下, 逆流布置的平均温差最大, 顺流布置的平均温差最小, 其他布置介于两者之间。因而, 在保证锅炉各受热面安全的情况下, 都应力求采用逆流或接近逆流的布置。

（2）一定的金属耗量下增加传热面积。管径越小, 在一定金属耗量下总面积就越大。采用较小的管径还有利于提高对流换热系数, 但过分缩小管径会带来流动阻力增加及管子堵灰的严重后果。

（3）提高传热系数。减少积灰和水垢热阻: 其方法是对受热面经常吹灰, 定期排污和冲洗, 以保证给水品质合格。

16. 泵的基本性能参数有哪些?

答:（1）流量: 单位时间内输送的液体量称为流量, 分为质量流量、体积流量和重量流量, 通常指体积流量。

（2）扬程: 单位质量的液体通过叶轮后所获得的能头, 用米液柱高度表示，称为扬程。泵的扬程由出口表压力、静压头、速度能头、吸入口真空组成。

（3）轴功率和效率：原动机传到泵上的功率称为轴功率。

（4）有效功率：通过泵的液体单位时间内从泵中获得的能量。

17. 风机的基本性能参数有哪些？

答：（1）流量：单位时间内通过风机的气体体积称为流量。

（2）全压：单位体积气体从风机进口截面经叶轮到风机出口截面所获得的机械能的增加值。

（3）静压：风机全压减去风机出口处的动压。

18. 离心泵的工作原理？

答：泵壳内充满液体，当叶轮旋转时，液体在叶片的推动下高速旋转运动，受惯性离心力的作用，使叶轮外缘处的液体压力升高，在此压力作用下将液体由出口排出，同时，在叶轮中心位置液体的压力降低，当它具有足够的真空时，液体便在大气压力作用下经吸入管引入，这样液体不断地液体吸入和排出。若泵内有空气，密度比液体小得多，会聚集在叶轮的中心，吸入口不能形成足够的真空，造成离心泵不能正常工作。因此在实际工作中，离心泵启动前必须注液放气。

19. 离心泵轴向推力平衡方法？

答：当叶轮旋转时，它对液体做功，提高液体的能量，叶轮出口压力升高，叶轮出口的液体绝大部分经泵的出口排出，但有极少量的液体经泵壳与叶轮之间的间隙流入叶轮根部的环形空间，由于叶轮的不对称产生轴向推力，朝向吸入口。

平衡方法：

（1）双面进水（单级水泵）。

（2）在工作叶轮上开采平衡孔，使叶轮两侧压差小，减小轴向推力。

（3）采用平衡盘或平衡鼓。

（4）多级泵的叶轮采用相对布置方式。

20. 什么是泵的特性曲线？

答：泵的特性曲线就是在转速为某一定值下，流量与扬程、所需功率及效率的关系曲线，即 $Q\text{-}H$ 曲线、$Q\text{-}P$ 曲线、$Q\text{-}\eta$ 曲线。

21. 什么是轮？为什么有的泵设有前置诱导轮？

答： 诱导轮是一种轴流叶片式叶轮，与轴流泵叶轮相比，叶轮外径与轮壳的比值较小，叶片数目少，叶片安装角小，叶栅稠密度大。

诱导轮的抗汽蚀性能比离心叶轮高得多，这是因为液体在进入诱导轮时不经过转弯，动压降较小，因而不易发生汽蚀。发生汽蚀后（主要发生在相对速度最大的入口外缘），汽泡受到两方面夹攻，一方面是因外缘汽泡沿轴向流到高压区域时，受压立即凝结；另一方面在离心力作用下，轮壳处的液体冲向诱导轮外缘，同样使汽泡受压凝结。而离心泵没有这些特点，所以一些汽蚀性能要求较高的泵设有前置诱导轮。

22. 离心泵 $Q\text{-}H$ 特性曲线的形状有几种？各有何特点？

答： 离心泵 $Q\text{-}H$ 特性曲线的形状有平坦型、陡降型和驼峰型三种。平坦型特性曲线通常有 8% ～ 12% 的倾斜度，其特点是在流量变化较大时，扬程变化较小。

陡降型特性曲线具有 20% ～ 30% 的倾斜度，它的特点是扬程变化较大而流量变化较小。

驼峰型特性曲线具有一个最高点。特点是开始部分有个不稳定阶段，泵只能在较大流量下工作。

23. 什么是泵的工作点？

答： 泵的 $Q\text{-}H$ 特性曲线与管道阻力特性曲线的相交点，就是泵的工作点。

泵的工作点取决于泵的特性和与之相连的管道特性。管道特性取决于管道的阻力损失、管道的直径、泵的出口阀开度和所供液体的输送高度等。

24. 什么是水锤？管路发生水锤有什么现象？

答： 具有较大高差的长输水管路送水时，由于停电等原因，突然失去动力，管内水流速突然变化，并伴随发生输水管路中压力的变化，使其局部压力突然升高或降落，这种突然升高或降落的压力，对管道有一种"锤击"的特征，这种现象称为"水击"

或"水锤"。

发生水锤的现象：突然升高或降落的压力，迅速地在输水管路中传播反射而产生压力波动，引起管道振动，发出轰轰的声音。水锤引起的压力波动和振动，经过一段时间后逐渐衰减消失。

25. 什么是离心泵的串联运行？串联运行有什么特点？

答：液体依次通过两台以上离心泵向管道输送的运行方式称为串联运行。

串联运行的特点：每台水泵所输送的流量相等，总的扬程为每台水泵扬程之和，串联运行时，泵的总性能曲线是各泵的性能曲线在同一流量下各扬程相加所得点相连组成的光滑曲线，其工作点是泵的总性能曲线与管道特性曲线的交点。

26. 什么是离心泵的并联运行？并联运行有什么特点？

答：两台或两台以上离心泵同时向同一条管道输送液体的运行方式称为并联运行。

并联运行的特点：每台水泵所产生的扬程相等，总的流量为每台泵流量之和。

并联运行时泵的总性能曲线是每台泵的性能曲线在同一扬程下各流量相加所得的点相连而成的光滑曲线。泵的工作点是泵的总性能曲线与管道特性曲线的交点。

27. 水泵串联运行的条件是什么？何时需采用水泵串联？

答：水泵串联的条件：

（1）严重的过负荷或限制了水泵的出力。

（2）在后面的水泵（即出口压力较高的水泵）结构必须坚固，否则会遭到损坏。

在泵装置中，当一台泵的扬程不能满足要求或为了改善泵的汽蚀性能时，可考虑采用泵串联运行方式。

28. 离心泵对并联运行有何要求？特性曲线差别较大的泵并联使用有何不良后果？

答：并联运行的离心泵应具有相似而且稳定的特性曲线，并且在泵的出口阀关闭的情况下，具有接近的出口压力。

特性曲线差别较大的泵并联，若两台并联泵的关死扬程相同，而特性曲线陡峭程度差别较大时，两台泵的负荷分配差别较大，易使一台泵过负荷。若两台并联泵的特性曲线相似，而关死扬程差别较大，可能出现一台泵带负荷运行、另一台泵空负荷运行，白白消耗电能，并且易使空负荷运行泵发生汽蚀损坏。

29. 并联工作的泵的压力为什么会升高？串联工作的泵的流量为什么会增加？

答：水泵并联时，由于总流量增加，则管道阻力增加，这就需要每台泵都提高它的扬程以克服这个新增加的损失压头，故并联运行时，压力比一台运行时高一些而流量同样由于管道阻力的增加而受到制约，所以总是小于各台水泵单独运行下各输出水量的总和，且随着并联台数的增多，管路特性曲线越陡直，参与并联的水泵容量越小，输出水量减少得更多。

水泵串联运行时，其扬程成倍增加，但管道的损失并没有成倍的增加，故富余的扬程可使流量有所增加，但产生的总扬程小于它们单独工作时的扬程之和。

30. 水泵调速的方法有哪几种？

答：水泵调速方法：

（1）采用电动机调速。

（2）采用液力偶合器和增速齿轮调速。

（3）用给水泵汽轮机直接变速驱动。

（4）采用永磁调速。

31. 什么是绝对压力和相对压力？

答：绝对压力：以绝对真空为零点算起的流体静压力称为绝对压力。

相对压力：以大气压力为零点算起的压力称为相对压力 $p_g = p - p_a$。

32. 什么是真空和真空度？

答：真空：流体的绝对压力小于大气压力，称该流体处于真空状态。大气压与绝对压力的差值，称为真空值。$p_v = p_a - p$ 真空值就是相对压力的负值，即 $p_v = -p_g$。

真空度：真空值与当地大气压的比值。$H_v = (p_a - p)/p_a$。

33．什么是汽耗率和热耗率？

答： 热耗率：汽轮发电机组每生产 1kWh 电能所消耗的热量，它比较全面地反映汽轮发电机组的性能特性。

汽耗率：汽轮发电机组每生产 1kWh 电能所消耗的蒸汽量，它是一项汽轮机系统性能的综合性经济技术指标。可用于发电厂热力系统的汽水平衡计算或同类型机组间的经济性比较。

34．何谓转子低频疲劳损伤？

答： 汽轮机启动时转子外表面产生热压应力，中心产生热拉应力，停机时，转子外表面产生热拉应力，中心产生热压应力，汽轮机每启停一次，转子表面就会交替出现一次热压应力和热拉应力，多次启停，在交变热应力反复作用下，将使转子金属表面出现裂纹，称为转子的低频疲劳损伤。启停时加热或冷却越快，转子损耗就越大，越容易出现裂纹。

35．什么是汽轮机级内损失？

答： 级内损失是指在级的能量转换过程中，只是直接影响蒸汽状态的各种损失称为级内损失。级内损失包括：喷嘴损失、动叶损失、余速损失、扇形损失、鼓风摩擦损失、湿汽损失及漏汽损失等。

36．什么是汽轮机功率负荷不平衡保护？

答： 当汽轮机功率（用再热汽压力表征）与汽轮机负荷（由发电机负荷表征）不平衡时，会导致汽轮机超速。当再热压力与发电机负荷之间的偏差超过设定值时，功率－负荷不平衡继电器动作，快速关闭高压和中压调节阀，抑制汽轮机的转速飞升。

37．为什么饱和压力随饱和温度升高而升高？

答： 因为温度越高分子的平均动能越大，能从水中飞出的分子越多，因而使汽侧分子密度增大同时因为温度升高蒸汽分子的平均运动速度也随之增大，这样就使得蒸汽分子对器壁面的碰撞增强，使压力增大，所以饱和压力随饱和温度升高而升高。

38．什么是汽轮机惰走曲线？惰走曲线的作用是什么？

答： 惰走曲线：汽轮机打闸、发电机解列后，汽轮机转子依靠惯性继续旋转，但转速逐渐下降，表示转子惰走时间与转速下降关系的曲线称为惰走曲线。

惰走曲线的作用：利用转子的惰走曲线可以判断汽轮机设备的某些性能，并可以检查设备的某些缺陷，惰走时间短时，表明汽轮机内机械摩擦力增大，可能由于轴承工作恶化或汽轮机动静发生摩擦，惰走时间增长时，表明主汽门、调门或抽汽管道上的止回阀不严，致使有压力蒸汽漏入或返回汽轮机所致。

39. 什么是汽轮机膨胀的"死点"?

答：横销引导汽缸沿横向膨胀并与纵销配合成为膨胀的固定点，称为"死点"，即纵销中心线与横销中心线的交点。"死点"固定不动，汽缸以"死点"为基准向前后左右膨胀滑动。

40. 汽轮机的热冲击是指什么?

答：热冲击是指蒸汽与汽缸转子等金属部件之间，在短时间内有大量的热交换，金属部件内温差直线上升，热应力增大，甚至超过材料的屈服极限，严重时会造成部件损坏。

41. 汽轮机的轴向推力平衡方法有哪些?

答：（1）多缸汽轮机采用反向布置：即将蒸汽在各缸中安排成有相反方向的流动，使各汽缸中产生的轴向推力方向相反，互相抵消，以达到平衡轴向推力的目的。

（2）在叶轮上开平衡孔：平衡孔用于平衡叶轮前后的蒸汽压力差，以减小转子的轴向推力。

（3）利用推力轴承承担推力：轴向推力经过平衡后，剩余的不平衡部分由推力轴承承担。

42. 何谓转子的低温脆性转变?

答：金属材料在低温条件下，机械性能将发生变化，由韧性变为脆性，许用应力下降，使转子的宏观裂纹不断扩展，以致当温度低于某一值时，引起脆性断裂，这一温度称为脆性转变温度。

大功率汽轮机低压转子脆性转变温度为 0℃左右，高中压转子在 120℃左右。

43. 汽轮机喷嘴配汽与节流配汽特点?

答：喷嘴配汽汽轮机在部分负载下的经济性优于节流配汽汽

轮机，但它的高压级组在变工况下的蒸汽温度变化比较大，从而会引起较大的材料热应力，因此调节级汽缸壁可能产生的热应力常成为限制这种汽轮机迅速改变负荷的重要因素之一。而节流配汽汽轮机的情况则与此不同，各级温度随负荷变化的幅度大体相等，而且都很小。所以节流配汽的汽轮机虽然部分负荷下的效率较低，但它适应工况变化的能力却高于喷嘴配汽的汽轮机。大功率汽轮机从安全着眼，控制机组在运行中的热应力具有很大意义，所以带基本负荷的大功率汽轮机目前倾向于采用节流配汽方式。节流配汽汽轮机在部分负荷下效率低这一缺点，可通过采用滑压运行的方式在一定程度上予以克服。

44. 什么是胀差？

答： 转子与汽缸沿轴向膨胀之差称为胀差。当转子轴向膨胀量大于汽缸轴向膨胀量时，胀差为正，反之为负。汽轮机在启动及加负荷时，胀差为正，在停机或减负荷时，胀差为负。

45. 简述设置轴封加热器的作用？

答： 汽轮机运行中必然要有一部分蒸汽从轴端漏向大气，造成工质和热量的损失，同时也影响汽轮发电机的工作环境，若调整不当而使漏汽过大，还将使靠近轴封处的轴承温度升高或使轴承油中进水。为此，在各类机组中，都设置了轴封加热器，以回收利用汽轮机的轴封漏汽加热凝结水。

46. 抽真空系统由哪些组成？

答： 由 3 台并列运行的水环式真空泵、密封水循环泵、气水分离器、密封水冷却器、抽气管道阀门及补水管道阀门组成。

47. 为什么规定发电机定子水压力不能高于氢气压力？

答： 因为若发电机定子水压力高于氢气压力，则在发电机内定子水系统有泄漏时，水会漏入发电机内，造成发电机定子接地，给发电机安全运行带来威胁。所以应维持发电机定子水压力低于氢压一定值，一旦发现超限时应立即调整。

48. 发电机定子冷却水系统的作用是什么？

答： 向发电机定子线棒提供一定流量、压力、温度的定子冷却水，带走定子线棒的热量，以保证温升（温度）符合发电机的有关要求。

49. 发电机采用氢气冷却有哪些优点？

答：氢气是密度最小的气体之一，因此通风损耗低，发电机转子上的风扇机械效率高，氢气的导热系数大，能将发电机的热量迅速导出，冷却效率高。氢气不能助燃。发电机内充入的含氧量小于 2%，所以一旦发电机绕组击穿时着火的危险性很小。

50. 为什么发电机转子采用氢气冷却？

答：（1）氢气密度小，鼓风摩擦小。

（2）氢气传热系数大，导热性能好。

51. 定冷水系统虹吸破坏阀的作用？

答：平衡压力，防止断水瞬间在进口压力失去的情况下由于虹吸作用使定子线棒中的水被吸到定子水箱，以保护线棒，正常运行时，回水温度高可能发生汽化，定冷水系统虹吸破坏阀可防止汽化。

52. 发电机氢气系统漏氢查找方法？

答：肥皂液检漏，卤素检漏仪检漏。重点检测部位通常为机座端盖、出线盒、转子引线、管道、阀门、仪表变送器、氢气干燥器、密封油系统氢侧回油箱等。

53. 氢气系统置换原则？

答：充氢时，先用二氧化碳（CO_2）驱赶发电机内的空气，待机内二氧化碳含量超过 85% 以后，即可引入氢气驱赶二氧化碳，这一过程保持机内气压在 $0.03 \sim 0.05MPa$。排氢时，先将机内氢压降至 $0.02 \sim 0.03MPa$，再用二氧化碳驱赶发电机内的氢气，待二氧化碳含量超过 95% 以后，即可引入压缩空气驱赶二氧化碳，直至二氧化碳含量少于 5% 以后，才可终止向发电机内送压缩空气，这一过程也应保持机内气压在 $0.03 \sim 0.05MPa$。

54. 旁路系统的作用？

答：（1）旁路系统能在其容量范围内，满足机组在冷、温态和热态等各种条件下滑参数启动的要求，缩短启动时间和减少汽轮机使用寿命的损耗。

（2）在启停时，旁路系统装置应能保护布置在烟温较高区的再热器，以防止烧坏。

（3）旁路系统装置应具有回收工质，减少噪声作用。旁路系统装置设备性能应满足机组在各种工况下（包括启动、正常运行时），能自动或手动（遥控操作）地动作。

55. 新蒸汽温度过高对汽轮机有何危害？

答：制造厂设计汽轮机时，汽缸、隔板、转子等部件根据蒸汽参数的高低选用钢材，对于某一种钢材有它一定的最高允许工作温度，在这个温度以下，它有一定的机械性能，如果运行温度高于设计值很多时，势必造成金属机械性能的恶化，强度降低，脆性增加，导致汽缸蠕胀变形，叶轮在轴上的套装松弛，汽轮机运行中发生振动或动静摩擦，严重时使设备损坏，故汽轮机在运行中不允许超温运行。

56. 主蒸汽管道上设置疏水系统的作用是什么？

答：主蒸汽管道上设有畅通的疏水系统。其作用是，在停机后一段时间内，及时排除管道内的凝结水。在机组启动期间使蒸汽迅速流经主蒸汽管道，加快暖管升温，提高启动速度。疏水管的管径应做合适选择，以满足设计的机组启动时间要求。管径如果太小，会减慢主蒸汽管道的加热速度，延长启动时间；而如果太大，则有可能超过汽轮机疏水扩容器的承受能力。

57. 提高机组循环热效率有哪些措施？

答：（1）保持额定蒸汽参数。

（2）保持最佳真空，提高真空系统的严密性。

（3）充分利用回热加热器设备，提高加热器的投入率，提高给水温度。

（4）再热蒸汽参数应与负荷相适应，努力降低机组热耗率。

58. 冲转主蒸汽温度不得低于汽轮机金属温度的原因是什么？

答：（1）开机最终是一个加热过程，如果主蒸汽温度低于金属温度，转子表面先冷却拉应力、后加热压应力，则多承受一次交变热应力。

（2）冷却易出现负胀差，高压端轴封易磨损。

（3）防止末几级蒸汽湿度过大，水冲击。

59. 主汽温度偏低的危害有哪些？

答： 锅炉出口蒸汽温度过低除了影响机组热效率外，还将使汽轮机末级蒸汽湿度过大，严重时还有可能产生水冲击，以致造成汽轮机叶片断裂损坏事故。汽温突降时，除对锅炉各受热面的焊口及连接部分产生较大的热应力外，还有可能使汽轮机的胀差出现负值，严重甚至可能发生叶轮与隔板的动静摩擦，造成汽轮机的剧烈振动或设备损坏。

60. 为什么汽轮机采用变压运行方式能够取得经济效益？

答：（1）通常低负荷下定压运行，大型锅炉难以维持主蒸汽及再热蒸汽温度不降低，而变压运行时，锅炉较易保持额定的主蒸汽和再热蒸汽温度。当变压运行主蒸汽压力下降，温度保持一定时，虽然蒸汽的过热焓随压力的降低而降低，但由于饱和蒸汽焓上升较多，总焓明显升高，这一点是变压运行取得经济效益的重要原因。

（2）变压运行汽压降低，汽温不变时，汽轮机各级容积流量、流速近似不变，能在低负荷时保持汽轮机内效率不下降。

（3）变压运行，高压缸各级，包括高压缸排汽温度将有所升高，这就保证了再热蒸汽温度，有助于改善热循环效率。

（4）变压运行时，允许给水压力相应降低，在采用电动变速给水泵时可显著地减少给水泵的用电。此外，给水泵降速运行，对减轻水流对设备的侵蚀，延长给水泵使用寿命有利。

61. 汽轮机各监视段压力有何重要性？

答： 汽轮机各监视段压力即各段抽汽压力，因为除末级和次末级外，各段抽汽压力均与主蒸汽流量成正比。根据这个关系，在运行中通过各监视调节级压力和各段抽汽压力，可有效地监督通流部分工作是否正常。每台机组都有额定负荷下对应的各段抽汽压力，且在机组安装或大修后，应在正常工况下通过试验得出负荷、主蒸汽流量及各段监视压力的对应关系，以作为平时运行监督的标准。

（1）在正常运行中及某一负荷下，如果监视段压力升高，则说明该段以后通流部分有可能结垢，或其他金属部件脱落堵塞，如果调节级和高压缸压力同时升高，则可能是中压调速汽门开度受阻或中压缸某级抽汽停运。

（2）监视段压力不但要看其绝对值增高是否超过规定值，还要监视各段之间的压差是否超过规定值。若压差过大，则可能导致叶片等设备损坏事故。

62. 提高机组运行经济性要注意哪些方面？

答：（1）维持额定蒸汽初参数以及再热参数。

（2）保持最有利的凝汽器真空。

（3）保持最小的凝结水过冷度。

（4）提高高压加热器的投入率，提高给水温度。

（5）注意降低厂用电率。

（6）保持汽轮机最佳效率。

（7）确定合理的运行方式。

（8）注意汽轮机负荷的经济分配。

63. 什么是蒸汽的机械携带？什么是蒸汽的选择性携带？

答：饱和蒸汽带水的现象称为蒸汽的机械携带。蒸汽直接溶解于某些特定盐分的现象称为蒸汽的选择性携带。

64. 为什么要对热流体通过的管道进行保温？对管道保温材料有哪些要求？

答：当流体流过管道时，管道表面向周围空间散热形成热损失，这不仅使管道经济性降低，而且使工作环境恶化，容易烫伤人体，因此温度高的管道必须保温。对保温材料有如下要求：

（1）导热系数及密度小，且具有一定的强度。

（2）耐高温，即高温下不易变质和燃烧。

（3）高温下性能稳定，对被保温的金属没有腐蚀作用。

（4）价格低，施工方便。

65. 中间再热机组的优缺点是什么？

答：中间再热机组的优点：

（1）提高了机组效率。如果单纯依靠提高汽轮机进汽压力和温度来提高机组效率所需高温高压材料的费用昂贵，受到投资费用及材料极限的限制。大容量机组采用中间再热方式，在不提高材料等级的基础上提高机组效率。

（2）提高了乏汽的干度。低压缸中末级叶片的蒸汽湿度相应减少至允许范围内。否则，若蒸汽出现微小水滴，会造成末几级叶片的损坏，威胁机组安全运行。

（3）采用中间再热后，可降低汽耗率，同样发电出力下蒸汽流量相应减少。因此末级几级叶片的高度在结构设计时可相应降低，节约叶片金属材料。

中间再热机组的缺点：

（1）投资费用增大，因为管道阀门及换热面积增多。

（2）运行管理较复杂，在正常运行加、减负荷时，应注意到中压缸进汽量的变化是存在明显滞后特性的。在甩负荷时，即使主汽门或调门关闭，但是还有可能因中调门没有关严而严重超速，这是由再热系统中的余汽引起的。

（3）机组的调速保安系统复杂化。

（4）需增加应对避免再热器干烧的设备以及技术措施准备，如加装旁路系统。

66. 为什么汽轮机在启动时需快速通过临界转速？

答：因为在临界转速，机组将发生强烈的振动，长时间的振动，会造成机组的动静摩擦，轴承损坏，以至主轴弯曲等重大事故，因此，汽轮机在启动时需快速通过临界转速。

67. 水蒸气节流前后状态参数有什么变化？

答：节流过程可以认为是绝热过程，节流前后工质焓值不变，压力降低，温度降低，熵和比体积增加，对湿蒸汽，绝大多数节流后干度增加，湿蒸汽节流后可变为饱和蒸汽，饱和蒸汽节流后可变为过热蒸汽，蒸汽在节流前后虽然焓值不变，但因熵增加，使蒸汽的品质下降，做功能力下降。

68. 如何减小管道的压力损失？

答：（1）尽量保持汽水管道系统阀门全开状态，减小不必要的阀门和节流元件。

（2）合理选择管道直径和管道布置。

（3）采取适当的技术措施，减小局部阻力损失。

（4）减小漏泄损失。

69. 汽轮机为什么必须有保护装置？

答：为了保证汽轮机设备的安全，防止设备损坏事故的发生，除了要求调节系统动作可靠以外，还应该具有必要的保护装置.以便汽轮机遇到调节系统失灵或其他事故时，能及时动作、迅速停机，避免造成设备损坏等事故。保护装置本身应特别可靠，并且汽轮机容量越大，造成事故的危害越严重，因此对保护装置的可靠性要求就越高。

70. 主汽门带有预启阀结构有什么优点？

答：高压汽轮机主汽门门碟较大，而且新汽压力很高，门碟在开启前，阀门的前后压差很大，需要很大的油动力来开启它，因此操纵座油动机也要设计的很大。主汽门带有预启阀结构后，开后主汽门的提升力大为减小，使操纵装置结构紧凑。

71. 运行中对定冷水温是如何规定的？为什么不能过高或过低？

答：定子冷却水系统的主要功能是保证冷却水（纯水）不间断地流经定子线圈内部，从而将发电机定子线圈由于损耗引起的热量带走，以保证定子线圈的温升（温度）符合发电机运行的有关要求。同时，系统还必须控制进入定子线圈的压力、温度、流量、pH 值、水的导电率等参数，使其运行指标符合相应的规定。发电机线圈冷却水的温度为 40 ～ 50℃。设有自动调节装置对入口水温进行调节，冷却水温度波动范围不大于 2℃。线圈出口水温不得大于 78℃。

定冷水温度过低，容易使发电机内氢气受到冷却而结露，影响发电机绝缘性能，温度过高会使发电机定子绕圈过热，严重时将引起停机保护动作而停机或负荷受限。

第二节 汽轮机本体结构

1. 汽轮机本体有哪些部件组成?

答: 汽轮机本体主要由静止部分、转动部分、控制部分三个部分组成。其中静止部分由汽缸、喷嘴隔板、隔板套、汽封、静叶片、滑销系统、轴承和支座等组成, 转动部分由主轴、叶轮、动叶栅、联轴器及其他装在轴上的零件组成, 控制部分由自动主汽门、调速汽门、调节装置、保护装置和油系统等组成。

2. 汽缸的作用是什么?

答: 汽缸是汽轮机的外壳。汽缸的作用主要是将汽轮机的通流部分(喷嘴、隔板、转子等)与大气隔开, 保证蒸汽在汽轮机内完成做功过程。此外, 它还支承汽轮机的某些静止部件(隔板、喷嘴室、汽封套等), 既要承受它们的重量, 还要承受由于沿汽缸轴向、径向温度分布不均而产生的热应力。

3. 汽轮机的汽缸是如何支承的?

答: 汽缸的支承要求平稳并保证汽缸能自由膨胀且不改变它的中心位置。

汽缸都是支承在基础台板(也称座架、机座)上, 基础台板又用地脚螺栓固定在汽轮机基础台板上。小型汽轮机用整块铸件做基础台板, 大功率汽轮机的汽缸则支承在若干块基础台板上。

汽轮机的高压缸通过水平法兰所伸出的猫爪(也称搭爪)支承在前轴承座上。它又分为上缸猫爪支承和下缸猫爪支承两种方式。

4. 汽轮机喷嘴、隔板、静叶的定义是什么?

答: 喷嘴是由两个相邻静叶片构成的不动汽道, 是一个把蒸汽的热能转变为动能的结构元件。装在汽轮机第一级前的喷嘴成若干组, 每组由一个调节汽阀控制。隔板是汽轮机各级的间壁, 用以固定静叶片。静叶是指固定在隔板上静止不动的叶片。

5. 什么是汽轮机的级?

答: 由一列喷嘴和一列动叶栅组成的汽轮机最基本的工作单

元称为汽轮机的级。

6. 什么是调节级和压力级？

答：当汽轮机采用喷嘴调节时，第一级的进汽截面积随负荷的变化在相应变化，因此通常称喷嘴调节汽轮机的第一级为调节级。其他各级统称为非调节级或压力级。压力级是以利用级组中合理分配的压力降或焓降为主的级，是单列冲动级或反动级。

7. 隔板套的作用是什么？采用隔板套有什么优点？

答：隔板套的作用是用来安装固定隔板。采用隔板套可使级间距离不受或少受汽缸上抽汽口的影响，从而使汽轮机轴向尺寸相对减小。此外，还可简化汽缸形状，又便于拆装，并允许隔板受热后能在径向自由膨胀，还为汽缸的通用化创造方便条件。

8. 什么是汽轮机的转子？转子的作用是什么？

答：汽轮机中所有转动部件的组合体称为转子。转子的作用是承受蒸汽时所有工作叶片的回转力，并带动发电机转子、主油泵和调速器转动。

9. 叶轮是由哪几部分组成的？它的作用是什么？

答：汽轮机叶轮一般由轮缘、轮面和轮毂等几部分组成。它的作用是用来装置叶片，并将汽流力在叶栅上产生的扭矩传递给主轴。

10. 简述 660MW 超超临界汽轮机高压缸的结构特点。

答：新型超超临界汽轮机高压缸结构特点：

（1）水平切向进汽，阀门贴缸布置，降低蒸汽对叶片的冲击和激振力，减小压损，提高蒸汽动能转化效率。

（2）红套环筒形内缸、中分面螺栓外缸，现场检修无需返厂，整体发货至现场，安装快捷。

（3）最新通流技术，低根径多级次，效率高。

（4）防旋汽封防止汽流激振。

11. 简述 660MW 超超临界汽轮机中压缸的结构特点。

答：新型超超临界汽轮机中压缸结构特点：

（1）阀门近缸布置，水平切向进汽，无中压导汽管，减小压损。

（2）双层缸、分段内缸，热应力小、变形小、胀差小。

（3）最新通流技术，低根径多级次，效率高。

（4）高效单流设计，有效平衡推力。

（5）首级横置静叶，防止固体颗粒侵蚀。

12. 简述 660MW 超超临界汽轮机低压缸结构特点。

答：新型超超临界汽轮机低压缸结构特点：

（1）双层缸、整体斜置低压内缸。

（2）轴承座、内缸双落地。

（3）成熟 1030mm 末叶。

（4）末级叶片耦合排汽，蜗壳气动优化。

13. 高压缸采用红套环密封内缸有哪些优点？

答：高压缸采用圆筒形结构内缸，结构紧凑，热应力小，变负荷特性好，红套环结构密封性能好，适应更高的蒸汽参数，整体发货，缩短现场安装周期。

14. 汽轮机采用全周进汽＋补汽阀进汽有哪些优点？

答：汽轮机采用全周进汽＋补汽阀进汽可保证额定负荷工况为最佳效率点设计，低负荷无阀门节流损失及过大主蒸汽压力损失，全负荷运行经济性更好，特有补汽阀结构适应高压差设计，调频调节性能佳。

15. 运行中的叶轮受到哪些作用力？

答：叶轮工作时受力情况很复杂，除叶轮自身、叶片零件质量引起的巨大离心力外，还有温差引起的热应力，动叶引起的切向力和轴向力，叶轮两边的蒸汽压差和叶片、叶轮振动时的交变应力。

16. 叶轮上开平衡孔的作用是什么？

答：叶轮上开平衡孔是为了减小叶轮两侧蒸汽压差，减小转子产生过大轴向力。但在调节级和反动度较大、负载很重的低压部分最末一、二级，一般不开平衡孔，以便叶轮强度不致削弱，并可减少漏汽损失。

17. 为什么叶轮上的平衡孔为单数？

答：每个叶轮上开设单数个平衡孔，可避免在同一径向截面上设两个平衡孔，从而使叶轮截面强度不致过分削弱。通常开孔 5 个或 7 个。

18. 动叶片的作用是什么？

答： 在冲动式汽轮机中，由喷嘴射出的汽流给动叶片一冲动力，将蒸汽的动能转变成转子上的机械能。

在反动式汽轮机中，除喷嘴出来的高速汽流冲动动叶片做功外，蒸汽在动叶片中也发生膨胀，使动叶出口蒸汽速度增加。对动叶片产生反动力，推动叶片旋转做功，将蒸汽热能转变为机械能。由于两种机组的工作原理不同，其叶片的形状和结构也不一样。

19. 叶片工作时受到哪几种作用力？

答： 叶片在工作时受到的作用力主要有两种：一种是叶片本身质量和围带、拉金质量所产生的离心力；另一种是汽流通过叶栅槽道时使叶片弯曲的作用力，以及汽轮机启动、停机过程中，叶片中的温度差引起的热应力。

20. 汽轮机叶片的结构是怎样的？

答： 叶片由叶型、叶根和叶顶三部分组成。叶型部分是叶片的工作部分，它构成汽流通道。按照叶型部分的横截面变化规律，可以把叶片分成等截面叶片和变截面叶片。

等截面叶片的截面积沿叶高是相同的，各截面的型线通常也一样。变截面叶片的截面积则沿叶高按一定规律变化，一般地说，叶型也沿叶高逐渐变化，即叶片绕各截面形心的连线发生扭转，所以通常称为扭曲叶片。

叶根是叶片与轮缘相连接的部分，它的结构应保证在任何运行条件下叶片都能牢靠地固定在叶轮上，同时应力求制造简单，装配方便。

叶型以上的部分称为叶顶。随叶片成组方式不同，叶顶结构也各异。采用铆接与焊接围带时，叶顶做成凸出部分（端钉）。采用弹性拱形围带时，叶顶必须做成与弹性拱形围带相配合的铆接部分。当叶片用拉筋连成组或作为自由叶片时，叶顶通常削薄，以减轻叶片质量，并防止运行中与汽缸相碰时损坏叶片。

21. 汽轮机叶片的叶根有哪些形式？

答：叶根的形式较多，主要有以下几种：

T形叶根、外包凸肩T形叶根、菌形叶根、双T形叶根、叉形叶根、枞树形叶根。

22. 装在动叶片上的围带和拉筋起什么作用？

答：动叶顶部装围带（也称覆环）和动叶中部串拉筋，都是使叶片之间连接成组，增强叶片的刚性，调整叶片的自振频率，改善振动情况。另外，围带还有防止漏汽的作用。

23. 汽轮机高压段为什么采用等截面叶片？

答：一般在汽轮机高压段，蒸汽容积流量相对较小，叶片短，叶高比 D/L（D 为叶片平均直径，L 为叶片高度）较大。沿整个叶高的圆周速度及汽流参数差别相对较小。此时依靠改变不同叶高处的断面型线，不能显著地提高叶片工作效率，所以多将叶身断面型线沿叶高做成相同的，即做成等截面叶片。这样做虽使效率略受影响，但加工方便，制造成本低，而强度也可得到保证，有利于实现部分级叶片的通用化。

24. 为什么汽轮机有的级段要采用扭叶片？

答：大机组为增大功率，往往叶片做得很长，随着叶片高度的增加，当叶高比具有较小值（一般为小于10）时，不同叶高处圆周速度与汽流参数的差异已不容忽视。此时叶身断面型线必须沿叶高相应变化，使叶片扭曲变形，以适应汽流参数沿叶高的变化规律，减小流动损失；同时，从强度方面考虑，为改善离心力所引起的拉应力沿叶高的分布，叶身断面面积也应由根部到顶部逐渐减小。

25. 防止叶片振动断裂的措施主要有哪几点？

答：防止叶片振动断裂的措施：

（1）提高叶片、围带、拉筋的材料、加工与装配质量。

（2）采用叶片调频措施，避开危险共振范围。

（3）避免长期低频率运行。

26. 多级凝汽式汽轮机最末几级为什么要采用去湿装置？

答：多级凝汽式汽轮机的最末几级蒸汽温度很低，一般均在湿蒸汽区工作。湿蒸汽中的微小水滴不但消耗蒸汽的动能形成湿汽损失，还将冲蚀叶片，威胁叶片安全。因此必须采取去湿措施，以保证凝汽式汽轮机膨胀终了的允许湿度。大功率机组采用中间再热，对减少低压级叶片湿度带来显著的效果。当末级湿度达不到要求时，应加装去湿装置和提高叶片的抗冲蚀能力。

27. 汽轮机末级排汽的湿度允许值一般为多少？

答： 一般规定汽轮机末级排汽的湿度不超过 10% ～ 12%。中间再热机组的排汽湿度一般为 5% ～ 8%。

28. 汽轮机去湿装置有哪几种？

答： 去湿装置根据它所安装的位置分级前和动叶片前两种。它是利用水珠受离心力作用而被抛向通流部分外圆的原理工作的。一般将水滴甩进到去湿装置的槽中，然后引入凝汽器。

另外，还采用具有吸水缝的空心静叶，利用凝汽器内很低的压力，把附着在静叶表面的水滴沿静叶片上开设的吸水缝直接吸入凝汽器。

29. 提高动叶片抗冲蚀能力的措施有哪些？

答： 为提高汽轮机末几级动叶片抗冲蚀能力，可采取以下措施：将多级汽轮机末几级动叶片的进汽边背弧的叶顶处局部淬硬（电火花强化）表面镀铬，以及镶焊司太立硬质合金片等。

30. 汽轮机通流部分结垢对其有何影响？

答： 通流部分结垢对汽轮机的安全经济运行危害极大。汽轮机动静叶槽道结垢，将减小蒸汽的通流面积。在初压不变的情况下，汽轮机进汽量将减少，汽轮机出力降低。此外，当通流部分结垢严重时，由于隔板和推力轴承有损坏的危险，不得不限制负荷。如果配汽机构结垢严重时，将破坏配汽机构的正常工作，并且容易造成自动主汽门、调速汽门卡死的事故隐患，有可能导致汽轮机在事故状态下紧急停机时自动主汽门、调速汽门动作不灵活或拒动作的严重后果，导致汽轮机损坏。

31. 汽轮机轴端密封装置有哪些功能？

答： 一是在汽轮机压力区段防止蒸汽外泄，确保进入汽轮机的全部蒸汽都沿汽轮机的叶栅通道前进做功，提高汽轮机的效率。

二是在真空区段，防止汽轮机外侧的空气漏入汽轮机，保证汽轮机组有良好的真空，降低汽轮机的背压，提高汽轮机的做功能力。

32. 汽封的结构形式和工作原理是怎样的？

答： 汽封的结构类型有曲径式和迷宫式，曲径式汽封有梳齿形（平齿、高低齿）、J形、枞树形三种。

曲径式汽封的工作原理：一定压力的蒸汽流经曲径式汽封时，必须依次经过汽封齿尖与轴凸肩形成的狭小间隙，当经过第一个间隙时通流面积减小，蒸汽流速增大，压力降低。随后高速汽流进入小室，通流面积突然变大，流速降低、汽流转向，发生撞击和产生涡流等现象，速度降到近似为零，蒸汽原具有的动能转变成热能。当蒸汽经过第二个汽封间隙时，又重复上述过程，压力再次降低。蒸汽流经最后一个汽封齿后，蒸汽压力降至与大气压力相差甚小。所以在一定的压差下，汽封齿越多，每个齿前后的压差就越小，漏汽量也越小。当汽封齿数足够多时，漏汽量为零。

33. 什么是汽轮机中联阀？

答： 中压联合汽阀简称中联阀，它由中压主汽阀和中压调节汽阀组成。中联阀为立式结构，上部为中压调节汽阀，下部为中压主汽阀，二阀合用同一壳体和同一腔室、同一阀座，而且两者的阀蝶呈上下串联布置，这样布置的好处是结构紧凑、布置方便和减少蒸汽流动损失。

34. 为什么通常主汽门都是以油压开启，而以弹簧力来关闭？

答： 这是因为在任何事故情况下，包括在油源断绝时，自动主汽门仍能迅速关闭。所以一般主汽门都是设计成以弹簧力来关闭的。为了可靠起见，一般还采用双弹簧结构。为了有足够大的关闭力及关闭快速，一般在主汽门全关时，弹簧对主汽门还有 $5000 \sim 8000$kN 的压缩力。

35. 什么是通流部分汽封？

答： 动叶顶部和根部的汽封称为通流部分汽封，用来阻碍蒸汽从动叶两端漏汽。通常的结构形式为动叶顶端围带及动叶根部有个凸出部分以减少轴向间隙，围带与装在汽缸或隔板套上的阻汽片组成汽封以减小径向间隙，使漏汽损失减小。

36. 汽轮机联轴器起什么作用？有哪些种类？各有何优缺点？

答：联轴器俗称靠背轮。汽轮机联轴器是用来连接汽轮发电机组的各个转子，并把汽轮机的功率传给发电机。汽轮机联轴器可分刚性联轴器、半挠性联轴器和挠性联轴器。

以下介绍这几种联轴器优缺点：

（1）刚性联轴器。优点是构造简单、尺寸小、造价低，不需要润滑油。缺点是转子的振动、热膨胀都能相互传递，校中心要求高。

（2）半挠性联轴器。优点是能适当弥补刚性联轴器的缺点，校中心要求稍低。缺点是制造复杂、造价较高。

（3）挠性联轴器。优点是转子振动和热膨胀不互相传递，允许两个转子中心线稍有偏差。缺点是要多装一道推力轴承，并且一定要有润滑油，直径大、成本高、检修工艺要求高。

大机组一般高低压转子之间采用刚性联轴器，低压转子与发电机转子之间采用半挠性联轴器。

37. 刚性联轴器分哪两种？

答：刚性联轴器又分装配式和整锻式两种形式。装配式刚性联轴器是把两半联轴器分别用热套加双键的方法，套装在各自的轴端上，然后找准中心、铰孔，最后用螺栓紧固；整锻式刚性联轴器与轴整体锻出。这种联轴器的强度和刚度都比装配式高，且没有松动现象。为使转子的轴向位置做少量调整，在两半联轴器之间装有垫片，安装时按具体尺寸配制一定厚度的垫片。

38. 什么是半挠性联轴器？

答：半挠性联轴器的结构是在两个联轴器间用半挠性波形套筒连接，并用螺栓紧固。波形套筒在扭转方向是刚性的，在弯曲方向则是挠性的。

39. 汽轮机为什么会产生轴向推力？运行中轴向推力怎样变化？

答：纯冲动式汽轮机动叶片内蒸汽没有压力降，但由于隔板汽封有漏汽，使叶轮前后也产生一定的压差；汽轮机中每一级动叶片蒸汽流过时都有大小不等的压降，在动叶叶片前后产生压差。叶轮和叶片前后的压差及轴上凸肩处的压差使汽轮机产生由高压侧向低压侧、与汽流方向一致的轴向推力。

影响轴向推力的因素很多，轴向推力的大小基本上与蒸汽流量的大小成正比，也即负荷增大时轴向推力增大。需要指出的是，当负荷突然减小时，有时会出现与汽流方向相反的轴向推力。

40. 什么是汽轮机的轴向弹性位移？

答：汽轮机的轴向位移反映的是汽轮机转动部分和静止部分的相对位置，轴向位移发生变化，说明转子和定子轴向相对位置发生了变化。

所谓轴向弹性位移是指汽轮机推力盘及工作推力瓦片后的支承座、垫片瓦架等在汽轮机负荷增加、推力增加时，会发生弹性变形，由此产生随着负荷增加而增加的轴向弹性位移。当负荷减小时，弹性位移也减小。

41. 什么是大功率汽轮机的转子蒸汽冷却？

答：汽轮机的转子蒸汽冷却是大机组为防止转子在高温、高转速状况下无蒸汽流过带走摩擦产生的热量，而使转子、汽缸温度过高、热应力过大而设置的结构。

42. 为什么大功率汽轮机采用转子蒸汽冷却结构？

答：大功率汽轮机普遍采用整锻转子或焊接转子。随着转子整体直径的增大，离心应力和同一变工况速度下热应力增大了。在高温条件下受离心力作用而产生的金属蠕变速度以及在离心力和热应力共同作用下而产生的金属微观缺陷发展及脆变危险也增大了。因此，更有必要从结构上来提高转子的热强度（特别是启动下的热强度）。从结构上减小金属蠕变变形和降低启动工况下热应力的有效方法之一就是在高温区段对转子进行蒸汽冷却。

43. 采用高速盘车有什么优缺点？

答：高速盘车虽消耗功率较大，但盘车时较容易形成轴承油膜，并且在消除热变形及冷却轴承等方面均比低速盘车好。

44. 为什么小型汽轮机采用减速器装置?

答: 设计小型汽轮机时为了达到结构紧凑、金属材料消耗少、成本低且运行效率高的要求,减少汽轮机的级数而提高了汽轮机的转速,如有的转速高达 6000r/min 以上,而我国的发电机转速受交流电频率的限制,分别为 3000r/min 和 1500r/min,所以高速汽轮机与发电机的连接必然要采用减速器装置。

45. 主轴承的作用是什么?

答: 轴承是汽轮机的一个重要组成部件。主轴承也叫径向轴承,它的作用是承受转子的全部重量,以及由于转子质量不平衡引起的离心力,确定转子在汽缸中的正确径向位置。由于每个轴承都要承受较高的载荷。而且轴颈转速很高,所以汽轮机的轴承都采用以液体摩擦为理论基础的轴瓦式滑动轴承,借助于有一定压力的润滑油在轴颈与轴瓦之间形成油膜,建立液体摩擦,使汽轮机安全稳定地运行。

46. 轴承的润滑油膜是怎样形成的?

答: 轴瓦的孔径较轴颈稍大些,静止时,轴颈位于轴瓦下部直接与轴瓦内表面接触,在轴瓦与轴颈之间形成了楔形间隙。当转子开始转动时,轴颈与轴瓦之间会出现直接摩擦。但是,随着轴顶的转动,润滑油由于黏性而附着在轴的表面上,被带入轴颈与轴瓦之间的楔形间隙中。随着转速的升高,被带入的油量增多,由于楔形间隙中油流的出口面积不断减小,所以油压不断升高。当这个压力增大到足以平衡转子对轴瓦的全部作用力时,轴颈被油膜托起,悬浮在油膜上转动、从而避免了金属直接摩擦,建立了液体摩擦。

47. 影响轴承油膜的因素有哪些?

答: 影响轴承转子油膜的因素:轴承载荷;油的黏度;轴颈与轴承的间隙;轴承与轴颈的尺寸;润滑油温度;润滑油压;轴承进油孔直径。

48. 汽轮机主轴承主要有哪几种结构形式?

答: 汽轮机主轴承主要有 4 种结构形式:圆筒瓦支持轴承;椭圆瓦支持轴承;三油楔支持轴承;可倾瓦支持轴承。

49. 固定式圆筒瓦支持轴承的结构是怎样的？

答：固定式圆筒瓦支持轴承的轴瓦外形为圆筒形，由上下两半组成，用螺栓连接。下瓦支持在三块垫铁上，垫铁下衬有垫片，调整垫片的厚度可以改变轴瓦在轴承洼窝内的中心位置。上轴瓦顶部垫铁的垫片可以用来调整轴瓦与轴承上盖间的紧力。润滑油从轴瓦侧下方垫铁中心孔引入，经过下轴瓦体内的油路，自水平结合面的进油孔进入轴瓦。由于轴的旋转，使油先经过轴瓦顶部间隙，再经过轴颈和下瓦间的楔形间隙，然后从轴瓦两端泄出，由轴承座油室返回油箱。在轴瓦进油口处有节流孔板来调整进油量的大小。轴瓦的两侧装有防止油甩出来的油挡。轴瓦水平结合面处的锁柄用来防止轴瓦转动。

轴瓦一般用优质铸铁铸造，在轴瓦内部车出燕尾槽，并浇铸锡基轴承合金（即巴氏合金），也称乌金。

50. 椭圆瓦支持轴承与圆筒瓦支持轴承有什么区别？

答：椭圆瓦支持轴承的结构与圆筒瓦支持轴承基本相同，只是椭圆瓦支持轴承侧边间隙加大了，通常侧边间隙是顶部间隙的2倍。轴瓦曲率半径增大，使轴颈在轴瓦内的绝对偏心距增大，轴承的稳定性增加。同时轴瓦上、下部都可以形成油楔（因此又有双油楔轴承之称）。由于上油楔的油膜力向下作用，使轴承运行的稳定性好，这种轴承在大、中容量汽轮机组中得到了广泛运用。

51. 什么是三油楔支持轴承？

答：三油楔支持轴承的轴瓦上有三个长度不等的油楔，从理论上分析，三个油楔建立的油膜的作用力从三个方向拐向轴颈中心，可使轴颈稳定地运转。但这种轴承上、下轴瓦的结合面与水平面倾斜角为35°，给检修与安装带来不便。从有的机组三油楔支持轴承发生油膜振荡的现象来看，这种轴承的承载能力并不很大，稳定性也并不十分理想。

52. 什么是可倾瓦支持轴承？

答：可倾瓦支持轴承通常由3～5个或更多个能在支点上自由倾斜的弧形瓦块组成，所以又称活支多瓦形支持轴承，也称摆动轴瓦式轴承。由于其瓦块能随着转速、载荷及轴承温度的不同而自由转动，在轴颈周围形成多油楔，且各个油膜压力总是指向中心，具有较高的稳定性。

另外，可倾瓦支持轴承还具有支承柔性大、吸收振动能量好、承载能力大、耗功小、适应正反方向转动等特点。但可倾瓦结构复杂，安装、检修较为困难，成本较高。

53. 几种不同形式的支持轴承各适应于哪些类型的转子？

答：圆筒瓦支持轴承主要适用于低速重载转子；三油楔支持轴承、椭圆瓦支持轴承分别适用于较高转速的轻载和中、重载转子；可倾瓦支持轴承则适用于高转速轻载和重载转子。

54. 推力轴承的作用是什么？

答：推力轴承的作用是承受转子在运行中的轴向推力、确定和保持汽轮机转子和汽缸之间的轴向相互位置。

55. 推力轴承有哪些种类？主要构造是怎样的？

答：推力轴承可以设置为单独式，也可以和支持轴承合并为一体，形成联合式（推力支持联合轴承）。按结构形状分多颚式和扇形瓦片式，现在普遍采用的为扇形瓦片式，主要构造由工作瓦片、非工作瓦片、调整垫片、安装环等组成。推力盘的两侧分别安装 102 片工作瓦片。各瓦片都安装在安装环上，工作瓦片承受转子正向轴向推力，非工作瓦片承受转子的反向轴向推力。

56. 什么是推力间隙？

答：推力盘在工作瓦片和非工作瓦片之间的移动距离称推力间隙，一般不大于 0.4mm，瓦片的乌金厚度一般为 15mm，其值小于汽轮机通流部分动静之间的最小间隙，以保证即使在乌金熔化的事故情况下，汽轮机动静部分不会相互摩擦。

57. 简述汽轮机本体及管道疏水系统的作用？

答：疏水系统的主要作用是在机组启动、停机、低负荷运行时，或在异常情况下，排除汽轮机本体及其管道内的凝结水，从而防止汽轮机过水引起的汽轮机转子弯曲，内部零件受到损坏等严重事故。

58. 简述汽轮机轴封系统设置轴封电加热器的作用？

答：因辅助蒸汽站来汽无法满足机组热态及极热态启动的要

求，为避免机组在停机、热态、极热态启动中轴径热应力过大，影响转子寿命和大轴抱死的可能，设置轴封电加热器以满足机组轴封供汽要求。

59. 什么是转子扭振？

答：当汽轮发电机的原动力与输出功率失衡时，将在转子两端产生一种促使扭转变化的力量，随着失衡的变化，扭转的幅度与方向也出现相应变化，即形成扭振。

60. 什么是半速涡动与油膜振荡？

答：当转子受力均匀的时候，转子中心在轴承中处于一个稳定的平衡位置。转子在绕转子中心点旋转的同时，转子中心点还围绕平衡位置沿某种轨迹运行，即为涡动。涡动频率约为转子转动频率的一半，又称半速涡动。当转子的半速涡动与转子轴系的临界转速相遇时，涡动振幅将急剧增大，即为油膜振荡。油膜振荡时振幅很大，将使油膜损坏而引起轴承损坏甚至轴系的损坏等严重事故。

61. 什么是弹性弯曲？

答：当上、下汽缸温差消失后，转子的径向温差和变形若随之消失，且恢复到原来的状态，这种转子的暂时弯曲称之为弹性弯曲。

62. 什么是塑性弯曲？

答：当转子径向温差过大，其热应力超过材料的屈服极限时，将造成转子的永久变形，这种弯曲称为塑性弯曲。

63. 何谓汽轮机的寿命？正常运行中影响汽轮机寿命的因素有哪些？

答：汽轮机寿命是指从初次投入运行至转子出现第一条宏观裂纹（长度为 $0.2 \sim 0.5mm$）期间的总工作时间。汽轮机正常运行时，主要受到高温和工作应力的作用，材料会因蠕变消耗一部分寿命。在启、停和工况变化时，汽缸、转子等金属部件受到交变热应力的作用，材料也会因疲劳消耗一部分寿命。在这两个因素共同作用下，金属材料内部就会出现宏观裂纹。通常，蠕变寿命占总寿命的 $20\% \sim 30\%$，考虑到安全裕度，低周疲劳损伤应小于 70%，以上分析的是在正常运行条件下的寿命，实际工作中影响汽轮机寿命的因素很多，如运行方式、制造工艺、材料质量等。例如不合理的启动，停机所产生的热冲击，运行中的水冲击事故，蒸汽品质不良等都会加速设备的损坏。

64. 汽轮机寿命损耗大的运行工况有哪些？

答：汽轮机寿命损耗主要包括材料的蠕变消耗和低周疲劳损耗两部分，前者主要取决于材料的工作温度，后者主要取决于热应力变化幅度的大小。对汽轮机寿命损耗大的工况，主要是超温运行和热冲击等应力循环变化幅度较大的工况。如机组的启动，尤其是极热态启动，甩负荷、汽温急剧降低以及水冲击等。

65. 汽轮机寿命管理包含哪些内容？

答：第一是在工作年限内，如何合理分配、使用汽轮机寿命，制定汽轮机寿命分配方案以指导运行，取得最大的经济效益。如根据汽轮机各种启动方式、负荷变化的寿命损耗率，确定工作年限内的使用次数，使寿命损耗最佳化，保证工作年限内的机组安全工作。第二是进行汽轮机寿命的离线或在线监测，在汽轮机启停和变负荷运行时，控制蒸汽温度和负荷的变化率，控制汽轮机零部件的热应力，使机组的寿命损耗不超过其预分配值，在机组规定的使用年限内，实现最佳的安全经济运行。

66. 简述汽轮机推力轴承的工作原理？

答：汽轮机静止状态下，推力瓦块与推力盘之间即使有油，油层也无承载能力，转子启动后，将黏附在推力盘上的油层带入推力盘与推力瓦块之间的间隙。由于此时推力瓦块与推力盘平行，等厚度的油膜只能承受很小的压力但不可能持久，转子上产生轴向推力之后，通过推力盘使间隙中的油膜受到压力，并传给推力瓦块，容易摆动的推力瓦块在油压的作用下，再与推力盘平行而产生倾斜，于是两者之间就形成了楔形间隙，油不断被带入到楔形间隙中，便形成了流体动压滑动轴承的油膜力，与转子的轴向推力相平衡。随着轴向应力的不断增大，推力瓦块的倾斜度也不断增大，油楔中的油膜力也不断增大，与转子的轴向推力达到新的平衡。

67. 轴封加热器为什么设置在凝结水再循环管路之前？

答：在机组点火启动初期，由于锅炉上水不是连续的，这就必然使除氧器上水也不能连续，而此时已经有疏水排入凝汽器，凝汽器必然要建立真空，轴封供汽必须投入，为了使轴封回汽能够连续被冷却，这就使轴封冷却器必然设在凝结水再循环管路前面。

68. 低压轴封供汽减温装置的作用是什么？

答：低压汽封减温器用于降低低压汽封供汽温度。低压汽封蒸汽温度维持在 121 ～ 177℃，以防止汽封体可能的变形和损坏汽轮机转子，使喷水系统投入的温度在一个低压汽封内。进入减温器的蒸汽温度约为 260℃ 或更高的情况下，用此系统就能使汽封蒸汽温度达到 121 ～ 177℃，如果温度接近 121 ～ 177℃ 则不需要喷水。

69. 轴封间隙过大或过小对机组运行有何影响？

答：轴封间隙过大，使轴封漏汽量增加，轴封汽压力升高，漏汽沿轴向融入轴承中，使油中进水，严重时造成油质乳化，危及机组安全运行。轴封间隙过小，容易产生动静部分摩擦，造成转子弯曲和振动。

70. 汽轮机的盘车装置起什么作用？

答：汽轮机在冲转和停机时，由于存在上、下缸温差，而使转子受热或冷却不均，产生弯曲变形。汽轮机在启动前和停机后，通过盘车使转子以一定的速度连续转动，可以保证其均匀受热或冷却，以消除转子的热弯曲。通过盘车还可以减小上、下汽缸的温差和减少冲转力矩，以及在启动前检查汽轮机动静之间是否有摩擦及润滑系统工作是否正常。

71. 汽轮机的滑销有哪些种类？它们各起什么作用？

答：根据滑销的构造形式、安装位置可分为以下 6 种：

（1）横销。一般安装在低压汽缸排汽室的横向中心线上，或安装在排汽室的尾部，左右两侧各装一个。横销的作用是保证汽缸横向的正确膨胀，并限制汽缸沿轴向移动。由于排汽室的温度是汽轮机通流部分温度最低的区域，故横销都装于此处，整个汽缸由此向前或向后膨胀，形成了轴向死点。

（2）纵销。多装在低压排汽缸排汽室的支撑面、前轴承箱的底部、双缸汽轮机中间轴承的底部和基础台板的接合面间。所有纵销均在汽轮机的纵向中心线上。纵销可保证汽轮机沿纵向中心线正确膨胀，并保证汽缸中心线不能做横向滑移。因此，纵销中心线与横销中心线的交点形成整个汽缸的膨胀死点，在汽缸膨胀时，这点始终保持不动。

（3）立销。装在低压缸排汽室尾部与基础台板间、高压汽缸的前端与轴承座间。所有的立销均在机组的轴线上，立销的作用可保证汽缸垂直定向自由膨胀，并与纵销共同保持机组的正确纵向中心线。

（4）猫爪横销。既起着横销作用，又对汽缸起着支撑作用。猫爪一般装在前轴承座及双缸汽轮机中间轴承座的水平接合面上，由下汽缸或上汽缸端部突出的猫爪、特制的销子和螺栓等组成，猫爪横销的作用：保证汽缸在横向的定向自由膨胀，同时随着汽缸在轴向的膨胀和收缩，推动轴承座向前或向后移动，以保持转子与汽缸的轴向相对位置。

（5）角销。装在前轴承座及双缸汽轮机中间轴承座底部的左右两侧，以代替连接轴承座和基础台板的螺栓。其作用是保证轴承座与台板的紧密接触，防止产生间隙和轴承座的翘头现象。

（6）斜销。装在排汽缸前部左右两侧支撑与基础台板间。销子与销槽的间隙为 0.06～0.08mm。斜销是一种辅助滑销，不经常采用，它能起到纵向及横向的双重导向作用。

72. 特殊情况下的盘车有什么规定？

答：（1）正常停机转速到零后，应立即投入盘车运行，如需短时停盘车，要保持盘车运行至少 4h，然后可停运一段时间，但不能超过 15min，并维持油系统运行。

（2）如果上述停盘车时间后，仍需工作，但要保持盘车运行 2h 或转子偏心率合格后，可再停盘车半小时，其中在第 15min 时将转子盘动 180°。

（3）转子停半小时后，再次盘车达 2h 或转子偏心合格后，在高压缸第一级后内壁温度达 350℃以下时，可每隔 30min 将转子旋转 180°，在高压缸调节级后内壁温度达 300℃以下时，将定盘时间延长至 1h。

（4）由于某种原因，在停机后高压缸第一级后内壁温度在 180～520℃时，需停润滑油及盘车运行，轴颈温度变得过高之前，可停润滑油 2～3h。如果缸温冷却到 150℃，可停润滑油。

73. 为什么转子静止时严禁向轴封送汽？

答：因为在转子静止状态下向轴封送汽，不仅会使转子轴封段局部不均匀受热，产生弯曲变形，而且蒸汽从轴封段处漏入汽缸也会造成汽缸不均匀膨胀，产生较大的热应力与热变形，从而使转子产生弯曲变形。所以转子静止时严禁向轴封送汽。

74. 如何控制转子的热弯曲？

答：（1）控制好轴封供气的温度和时间。

（2）正确投入盘车装置。

（3）启动时采用全周进汽。

（4）启动中充分疏水，保持减少上下缸温差。

75. 简述机组转速监测的目的。

答：汽轮机在设计时，转动部件的强度裕量是有限的。与离心力与转速的平方成正比，当转速增加时，离心力就会急剧增大。当出现严重超速时，就很可能造成严重的设备损坏事故，甚至造成飞车恶性事故。

为保证汽轮机组安全运行，必须严密监测汽轮机的转速，并装设超速保护装置。大型汽轮机均设有多重超速保护装置：危急保安器或称危急遮断器（一般设置两套）、超速保护装置、附加超速保护装置、电气式超速保护装置等。

76. 为什么要监视机组膨胀及胀差？

答：（1）由于汽轮机轴封和动静叶之间的轴向间隙都设计的很小，在汽轮机启、停或运行过程中，如果胀差过大超过允许值时，就会使动静部分产生摩擦、碰撞，引起机组强烈振动，甚至造成叶片断裂等严重事故。

（2）为保证汽轮机机组安全，必须装设汽轮机缸胀和胀差监测保护装置，当缸胀和胀差超限时，立即发送热工信号，进行声光报警，当超过危险值时，送出停机保护指令。

77. 为什么汽轮机低压缸要装设喷水降温装置？

答：机组正常运行时，排汽压力、温度很低，但在汽轮机启动、空载或低负荷时，由于蒸汽通流量减小，不足以带走低压缸由于鼓风摩擦产生的热量，从而使排汽温度升高。当排汽温度过高时，会引起低压缸的变形，使汽缸与转子中心线相对位置改变，诱发机组产生振动。为防止低压缸的热变形，大型汽轮机组低压缸都设置了低压缸喷水装置。

78. 汽轮机为什么要设置滑销系统？简述其作用。

答：为了保证汽轮机在启动、停机过程中，汽缸、转子能按照设计要求定位和对中，保证其膨胀不受阻碍，汽轮机配置了一套完善的滑销系统。横销的作用是保证汽轮机汽缸沿横向自由膨胀，限制其轴向位移，使汽缸运行在允许间隙的范围内，纵销是保证汽缸沿轴向自由膨胀，限制横向膨胀，纵销中心线和横销中心线的交叉点形成汽缸的死点，当汽缸膨胀时，该点始终保持不变，立销的作用是限制汽缸的纵向和横向移动，允许汽缸上下膨胀。

79. 汽轮机的推力轴承为什么要装非工作瓦块？

答：汽轮机正常运行时，推力瓦的非工作瓦块是不承受任何推力的，但机组负荷突然减少时，如甩负荷，汽轮机有时会出现与汽流方向相反的轴向推力，这时非工作瓦块在其楔形油膜的作用下，起到了平衡这部分轴向推力的作用，而不使汽轮机轴向位移太大，以免造成动静部分碰撞和磨损。

80. 汽轮机产生轴向推力的原因有哪些？

答：蒸汽作用在动叶上，除产生圆周力以外，还产生由动叶前指向动叶后的轴向推力，转子叶轮两侧因存在压差而产生从高压侧向低压侧的轴向推力，在轴封凸肩处，前后压差所产生的轴向推力等，这些力的合力就是整个汽轮机的轴向推力。

81. 汽轮机正常运行时动叶片受到的主要作用力有哪些？

答：（1）叶片本身的质量、围带和拉筋的质量离心力。

（2）通过叶片流道蒸汽的作用力。

（3）由于汽流不稳定而对叶片产生的周期性激振力。

（4）在上述力的作用下，叶片内还存在拉应力、弯曲应力、挤压应力、剪切应力、扭曲应力和振动应力等。

82. 汽轮机上下汽缸温差产生的主要原因有哪些?

答：（1）上下汽缸具有不同的散热面积，上汽缸散热面积比下汽缸小，因而在同样保温条件下，上汽缸温度比下汽缸温度高。

（2）汽缸内较高的蒸汽上升，经过汽缸金属壁冷却后的凝结水流至下汽缸，在下汽缸形成较厚的水膜，使下汽缸受热条件恶化。

（3）停机后汽缸内形成空气对流，温度较高的空气聚集在上汽缸，下汽缸内的空气温度较低，使上下汽缸的冷却条件产生差异，从而增大了上下汽缸的温差。

（4）一般情况下，下汽缸的保温不如上汽缸。

83. 汽轮机汽缸上下温差大有何危害?

答：汽缸上下温差将引起汽缸变形，通常是上缸温度高于下缸，因而上缸变形大于下缸，使汽缸向上拱起，俗称猫拱背。汽缸这种变形使下缸底部径向间隙减小甚至消失，隔板和叶轮偏离正常时所在的垂直平面，使轴向间隙变化，容易造成汽轮机动静摩擦，损坏设备。

84. 汽轮机轴向位移保护装置起什么作用?

答：汽轮机转子与静子之间的轴向间隙很小，当转子的轴向推力过大，致使推力轴承乌金熔化时，转子将产生不允许的轴向位移，造成动静部分摩擦，导致设备严重损坏事故，因此汽轮机都装有轴向位移保护装置。其作用：当轴向位移达到一定数值时，发出报警信号，当轴向位移达到危险值时，保护装置动作，切断进汽，停机。

85. 汽轮机为什么要设胀差保护?

答：汽轮机启动、停机及异常工况下，常因转子加热（或冷却）比汽缸快，产生膨胀差值（简称胀差）。无论是正胀差还是负胀差，达到某一数值，汽轮机轴向动静部分就要相碰发生摩擦。

为了避免因胀差过大引起动静摩擦，大机组一般都设有胀差保护，当正胀差或负胀差达到某一数值时，保护动作，关闭主汽门和调节汽门，紧急停机。

86. 超超临界机组汽轮机轴端汽封有哪些类型？

答： 超超临界机组汽轮机轴端汽封主要有错齿汽封、防旋齿汽封、DAS 汽封、斜齿汽封、平齿汽封五种汽封类型。

87. 什么是错齿汽封？

答： 错齿汽封在汽封圈及转子上错位镶齿，该错位齿结构大幅增加了汽封的有效齿数，增强了汽封的密封能力，普遍应用在高、中压缸两端轴封，对于蒸汽压力较高的缸体可以起到很好的密封效果，并且，在保证密封效果的同时还减少了密封圈数。

88. 什么是防旋齿汽封？

答： 防旋齿汽封在常规错齿汽封的最前端增加了一圈防旋齿，对流经汽封的汽流进行反向导流，使得汽封进汽的预旋方向与转子转向相反。作用是打乱转子旋转时形成的涡流，减小涡流对转子的作用力，防止汽流激振的产生。其布置于高、中压缸高压侧第一圈汽封体上。

89. 什么是 DAS 汽封？

答： 通过在常规汽封弧段中使用两个耐磨损保护齿片 DAS 齿，来替代两个常规齿，这种汽封齿运行时与轴颈表面间隙比常规齿小，当其接触机组转子时，在转子接触压力作用下压缩弹簧，使汽封圈后退，从而保护常规齿不被磨损。并且由于其与转子间隙更小，汽封的泄漏量也得到了优化。DAS 汽封齿具有耐磨特性，在机组启、停过程中保护常规尖汽封齿不被磨损，从而保证长期运行后汽封间隙基本保持安装初期水平。

第三节　汽轮机调节与保安系统

1. 汽轮机调节系统的任务是什么？

答： 汽轮机调节系统的基本任务：在外界负荷变化时，及时地调节汽轮机的功率以满足用户用电量变化的需要，同时保证汽轮发电机组的工作转速在正常容许范围之内。

2. 汽轮机调节系统一般应满足哪些要求？

答：调节系统应满足如下要求：

（1）当主汽门全开时，能维持空负荷运行。

（2）由满负荷突降到零负荷时，能使汽轮机转速保持在危急保安器动作转速以下。

（3）当增、减负荷时，调节系统应动作平稳，无晃动现象。

（4）当危急保安器动作后，应保证高、中压主汽门、调节汽门迅速关闭。

（5）调节系统速度变动车应满足要求（一般为 4%～6%），迟缓率越小越好，一般应在 0.5% 以下。

3. EH 油系统由哪些设备组成？

答：由供油装置、抗燃油再生装置及油管路系统组成。供油装置由油箱、油泵、控制块、滤油器、磁性过滤器、溢流阀、蓄能器、冷油器、EH 端子箱和一些对油压、油温、油位的报警、指示和控制的设备以及一套自循环滤油系统和自循环冷却系统组成。抗燃油再生装置主要由硅藻土滤器和精密滤器组成。油管路系统主要由一套油管和四个高压蓄能器组成。

4. EH 油箱为什么不装设底部放水阀？

答：由于 EH 系统使用的是抗燃油，在工作温度下抗燃油的密度一般为 1.11～1.17，比水的密度大，因此，即使 EH 油箱中有水，也只能浮在油面上，无法在油箱具体位置安装放水阀。在运行中，应通过定期检查空气干燥剂的硅胶失效情况，进行及时更换，维持 EH 油温在允许范围内保持抗燃油再生系统正常投运，并通过对酸值的化验分析，及时或定期对抗燃油再生装置滤芯进行更换。

5. 什么是调节系统的迟缓率？

答：调节系统在动作过程中，必须克服各活动部件内的摩擦阻力，同时由于部件的间隙、重叠度等影响，使静态特性在升速和降速时并不相同，变成两条几乎平行的曲线。换句话说，必须使转速多变化一定数值，将阻力、间隙克服后，调节汽门反方向动作才刚刚开始。同一负荷下可能的最大转速变动 Δn 和额定转速 n_0 之比称为迟缓率（又称为不灵敏度），通常用字母 ε 表示，即 $\varepsilon = \Delta n / n_0 \times 100\%$。

6. 调节系统迟缓率过大，对汽轮机运行有什么影响？

答：（1）在汽轮机空负荷时，引起汽轮机的转速不稳定，从而使并列困难。

（2）汽轮机并网后，引起负荷的摆动。

（3）当机组负荷突然甩至零时，调节汽门不能立即关闭，造成转速突升，引起超速保护动作。如超速保护拒动或系统故障，将会造成超速飞车的恶性事故。

7. 为什么说迟缓率不能等于零？

答：（1）实际的调节系统迟缓率不可能做到等于零。因调节系统各机构在运行中总存在摩擦等阻力，油动机滑阀总要有过封度，使系统感受到转速变化到调节汽门开度变化存在迟缓。

（2）从理论上分析，迟缓率等于零的调节系统是不稳定的，因为这将造成调节过分灵敏，使调节汽门处在不停的动作之中。尤其对于液压式调节系统，保持一些微小的迟缓率，对改善调节性能是有益的。液压式调节系统的调节油压不可避免地存在着油压波动，它将使调节汽门窜动。这也就是错油门必须有一定的过封度，使其抵消油压波动的影响，避免调节汽门窜动的道理。最好的迟缓率是 $\varepsilon = 0.3\% \sim 0.4\%$。

8. 什么是调节系统速度变动率？对速度变动率有何要求？

答：从调节系统静态特性曲线可以看到，单机运行从空负荷到额定负荷，汽轮机的转速由 n_2 降低至 n_1，该转速变化值与额定转速 n_0 之比称之为速度变动率，以 δ 表示，即 $\delta = (n_2 - n_1) / n_0 \times 100\%$，$\delta$ 较小的调节系统具有负荷变化灵活的优点，适用于担负调频负荷的机组，δ 较大的调节系统负荷稳定性好，适用于担负基本负荷的机组，δ 太大，则甩负荷时机组易超速，δ 太小调节系统可能出现晃动，故一般取 $4\% \sim 6\%$。速度变动率与静态特性曲线有关，曲线越陡，则速度变动率越大，反之则应越小。

9. 调节系统由几部分组成?

答: 由抗燃油供油系统、低压遮断系统、高压遮断系统、液压伺服系统四部分组成。

10. 调节保安系统有哪些功能?

答: 完成挂闸、控制阀门、遮断机组、阀门试验、超速限制和超速保护。

11. 单元机组负荷控制的基本任务和要求?

答:（1）保持主蒸汽参数稳定, 主要是压力。

（2）快速响应外部负荷要求, 具有一定的调频能力。

12. 单元机组负荷控制的特点是什么?

答:（1）机、炉对象特性的差异: 汽轮机负荷响应快, 惯性小; 锅炉负荷响应慢, 惯性大。

（2）负荷响应速度和主汽压稳定这两个要求存在矛盾。解决矛盾的方式: 负荷控制方式。

13. 协调控制系统的功能是什么?

答:（1）在机组、电网之间维持能量供求平衡的控制系统。

（2）在机组内部, 锅炉、汽轮机之间维持能量供求平衡的控制系统。

14. 什么是一次调频?

答: 当电网负荷变化引起电网频率变化时, 并列运行的汽轮机按照各自的静态特性分担变化的负荷, 使变化了的电网频率有所恢复, 这个过程称为一次调频。

当频率偏离 50Hz 时, 频率偏差超过规定值, 将根据频率偏差计算得到相应负荷修正信号加到 MWD, 以稳定电功率系统。频率偏差信号加到负荷给定回路。另外, 加入了主蒸汽压力对机组参与一次调频的能力进行的修正。为了防止频率偏差信号对负荷指令的影响及保证机组在安全范围内运行, 频率偏差回路设计了最大、最小限制回路和速率限制功能。

15. 什么是二次调频?

答: 二次调频: 为保持电能质量, 静态特性曲线平移。

二次调频的作用: 在电网负荷发生变化时, 达到新的供求平衡以维持频率稳定。这主要是靠调整调速汽门的开度变化，来改变发电机组的功率，以恢复电网正常频率。一次调频是暂态的，即电网负荷变化后，二次调频还来不及充分保证电网功率的供求平衡时，暂时由一次调频来保证频率不致变化过大而造成严重后果。当二次调频跟上后，使电网频率恢复正常，这时一次调频卸掉，其作用消失。

16. 汽轮机调速系统一般由哪几个机构组成？

答：汽轮机调节系统一般由转速感受机构、传动放大机构、执行机构、反馈装置等组成。

17. 汽轮机喷油试验原理是什么？

答：喷油试验是在机组正常运行时及做超速试验前，将低压透平油注入危急遮断器飞环腔室，依靠油的离心力将飞环压出的试验，其目的是活动飞环，以防飞环可能出现的卡涩。在不停机的情况下，通过给遮断隔离阀组的隔离阀带电，来切断高压安全油排油，以避免飞环压出引起的停机，此时高压遮断组件处于警戒状态。

18. 汽轮机甩负荷试验的目的是什么？

答：（1）测定控制系统在机组突然甩负荷时的动态特性。它包括：

1）甩负荷后的最高动态飞升值，该值应小于超速保护装置动作值。

2）甩负荷后的转速过渡过程，该过程应是衰减的，其转速振荡数次后趋于稳定，并在 3000r/min 左右空转运行。

（2）测定控制系统中主要环节在甩负荷时的动态过程。

（3）检查主机和各配套设备对甩负荷的适应能力及相互动作的时间关系。为改善机组动态品质，分析设备性能提供数据。

19. 什么是 DEH？为什么要采用 DEH 控制？

答：DEH 是汽轮机数字式电液控制系统，由计算机控制部分和 EH 液压执行机构组成。采用 DEH 控制可以提高高、中压调门的控制精度，为实现 CCS 协调控制及提高整个机组的控制水平提供了基本保障，更有利于汽轮机的运行。

20. DEH 系统有哪些主要功能？

答：汽轮机转速控制，自动同期控制，负荷控制，参与一次调频，机、炉协调控制；快速减负荷；主汽压控制；单阀、多阀控制；阀门试验；轮机程控启动；OPC 控制；甩负荷控制；手动控制。

21. DEH 系统仿真器有何作用？

答：DEH 仿真器可以在实际机组不启动的情况下，用仿真器与控制机相连，形成闭环系统，可以对系统进行闭环，静态和动态调试，包括整定系统参数，检查各控制功能，进行模拟操作培训操作人员等。

22. EH 油系统蓄能器的作用分别是什么？

答：EH 油系统中高压蓄能器组设置在油箱旁边，吸收 EH 油泵出口压力的高频脉动分量，维持系统油压平稳；其余 2 个分两组，分别位于左右两侧高压调门旁边，当系统瞬间用油量很大时，参与向系统供油，保证系统油压稳定。

23. 为什么要研究将抗燃油作为汽轮发电机组油系统的介质？

答：随着机组功率和蒸汽参数的不断提高，调节系统的调节汽门提升力越来越大，提高油动机的油压是解决调节汽门提升力增大的一个途径。但油压的提高、容易造成油的泄漏，普通汽轮机油的燃点低，易引起火灾。抗燃油的自燃点较高，通常大于 700℃，即使落在炽热高温蒸汽管道表面也不会燃烧起来；抗燃油还具有火焰不能维持及传播的可能性，从而大大减小了火灾对电厂的威胁。因此，超高压大功率机组以抗燃油代替普通汽轮机油已成为汽轮机发展的必然趋势。

24. 采用抗燃油作为油系统的介质有什么特点？

答：抗燃油的最大特点是它的抗燃性，但也有它的缺点，如有一定的毒性，价格昂贵，黏温特性差（即温度对黏性的影响大）。所以一般将调节系统与润滑系统分成两个独立的系统。调节系统用高压抗燃油，润滑系统用普通汽轮机油。

25. 抗燃油蓄能器的作用是什么？

答：（1）积蓄能量。蓄能器在某段时间能将油泵输出的液压储存起来，短期地或周期性地向执行机构输送压力油液，补充系统内的漏油消耗或用作应急的动力源，以降低系统的耗功。

（2）吸收高压柱塞油泵出口的高频脉动分量，稳定系统油压。

（3）减少因液压切换或油动机快关等产生的冲击力。

26. 什么是调节系统的静态特性曲线？对静态特性曲线有何要求？

答：调节系统的静态特性曲线即在稳定状态下其负荷与转速之间的关系曲线。调节系统静态特性曲线应该是一条平滑下降的曲线，中间不应有水平部分，曲线两端应较陡。如果中间有水平部分，运行时会引起负荷的自发摆动或不稳定现象。曲线左端较陡，主要是使汽轮机容易稳定在一定的转速下进行发电机的并列和解列，同时在并网后的低负荷下还可减少外界负荷波动对机组的影响。右端较陡是为使机组稳定经济负荷，当电网频率下降时，使汽轮机带上的负荷较小，防止汽轮机发生过负荷现象。

27. 汽轮机为什么装设超速保护装置？

答：汽轮机是高速转动设备，转动部件的离心力与转速的平方成正比，即转速增高时，离心应力将迅速增加。当汽轮机转速超过额定转速20%时，离心应力接近于额定转速下应力的1.5倍，此时不仅转动部件中按紧力配合的部套会发生松动，而且离心应力将超过材料所允许的强度使部件损坏。为此汽轮机均设置超速保护装置，它能在超过额定转速8%～12%时动作，迅速切断进汽，使汽轮机停止运转。

28. 危急保安器有哪两种型式？

答：按结构特点不同，危急保安器可分为飞锤式和飞环式两种。它们的工作原理完全相同。其基本原理是当汽轮机转速达到危急保安器规定的动作转速时，飞锤（或飞环）飞出，打击脱扣杆件，使危急遮断滑阀（危急遮断油门）动作，关闭自动主汽门和调节汽门，使汽轮机迅速停机。

29. 什么是机械式超速保护？

答： 当汽轮机转速达到额定转速的 110% ～ 111%（3300 ～ 3330r/min），此时危急遮断器的飞环击出，打击危急遮断装置的撑钩，使撑钩脱扣，危急遮断装置连杆带动遮断隔离阀组件的机械遮断阀动作，同时将高压安全油的排油口打开，泄掉高压安全油。快速关闭各主汽、调节阀门，遮断机组进汽。

30. 简述汽轮机 TSI 电超速保护和 DEH 电超速保护动作原理。

答： 当检测到汽轮机转速达到额定转速的 110%（3300r/min）时，发出电气停机信号，使高压遮断组件（5YV、6YV、7YV、8YV）和机械停机电磁铁（3YV）动作，泄掉高压安全油，遮断机组进汽。同时 DEH 又将停机信号送到各阀门遮断电磁阀，快速关闭各汽门，保证机组的安全。

31. 汽轮机调节保安系统由哪些部分组成？

答： 汽轮机的调节保安系统按照其组成可划分为低压保安系统和高压抗燃油系统两大部分。而高压抗燃油系统由液压伺服系统、高压遮断系统和抗燃油供油系统三大部分组成。

低压保安系统由危急遮断器、危急遮断装置、危急遮断装置连杆、手动停机机构、复位试验阀组、机械停机电磁铁（3YV）和导油环等组成。

32. 简述汽轮机挂闸过程。

答： 汽轮机挂闸过程如下：按下挂闸按钮（设在 DEH 操作盘上），复位试验阀组中的复位电磁阀（1YV）带电动作，将润滑油引入危急遮断装置活塞侧腔室，活塞上行到上止点，使危急遮断装置的撑钩复位，通过危急遮断装置的杠杆将遮断隔离阀组的机械遮断阀复位，接通高压保安油的进油同时将高压保安油的排油口封住，建立高压保安油。当压力开关组件中的三取二压力开关检测到高压保安油已建立后，向 DEH 发出信号，使复位电磁阀（1YV）失电，危急遮断装置活塞回到下止点，DEH 检测行程开关 ZS1 的常开触点由断开转换为闭合，再由闭合转为断开，ZS2 的常开触点由断开转换为闭合，DEH 判断挂闸过程完成。

33. 油动机卸载阀的作用是什么？

答：油动机备有卸载阀供遮断状况时，快速关闭油动机用。当安全油压泄掉时，卸载阀打开，将油动机活塞工作腔接通油动机活塞非工作腔及排油管，在弹簧力及蒸汽力的作用下快速关闭油动机，同时伺服阀将与活塞工作腔相连的排油口也打开接通排油，作为油动机快关的辅助手段。

34. 高压遮断组件由哪些部分组成？

答：高压遮断组件是遮断系统中最重要的部件之一，主要由四个遮断电磁阀、卸载阀、压力变送器、三个节流孔、高压压力开关及油路块等附件组成。

35. 高压遮断组的工作原理是什么？

答：高压抗燃油进入高压遮断组件后分成两路，一路经过节流孔到高压遮断模块形成高压安全油再到系统各遮断电磁阀，另一路直接进入隔离阀。高压安全油受机械遮断阀、隔离阀和高压遮断模块电磁阀的控制，可完成遮断机组、危急遮断器喷油试验等功能。当各油动机上的遮断电磁阀均失电时，高压遮断模块上的四个电磁阀带电，高压安全油排油被截断，高压安全油建立。

36. 抗燃油温度过高过低有什么危害？

答：运行温度过高或过低都是不允许的，运行温度过低造成油的黏度升高，容易使泵电机过载，运行温度过高，易使油产生沉淀及产生凝胶。故油的运行温度应控制为 $30 \sim 54℃$。

37. 哪些情况下应做汽轮机超速试验？

答：下述情况应做超速试验：

（1）汽轮机新安装或 A 级检修后。

（2）甩负荷试验前。

（3）危急保安器解体或调整后。

（4）进行任何有可能影响超速保护动作的检修后。

38. 哪些情况下不得进行汽轮机超速试验？

答：下述情况不得进行超速试验：

（1）就地或远方停机不正常。

（2）高中压主汽阀、调速汽阀严密性试验不合格。

（3）在额定转速下任一轴承的振动异常。

（4）任一轴承温度高于规定值。

（5）危机保安器注油试验不合格。

第四节　主机供油系统

1. 汽轮机供油系统的作用是什么？

答：（1）向汽轮发电机组各轴承提供润滑油。

（2）向调节保安系统提供压力油。

（3）启动和停机时向盘车装置和顶轴装置供油。

（4）对采用氢冷的发电机，向氢侧环式密封瓦和空侧环式密封瓦提供密封油。

2. 主机润滑油系统的组成有哪些？

答：主机润滑油系统主要由主油泵 MOP、油涡轮 BOP、集装油箱、事故油泵 EOP、启动油泵 MSP、辅助油泵 TOP、冷油器、切换阀、油烟分离器、顶轴装置、油氢分离器、低润滑油压遮断器、止逆阀、套装油管路、油位指示器及连接管道，监视仪表等设备构成。

3. 油涡轮各阀的作用是什么？

答：（1）节流阀：增大或减小主油泵入口压力较小的升高或降低润滑油压。

（2）旁通阀：增大或减小润滑油压较小的增大或减小主油泵入口油压。

（3）溢流阀：主要目的为额定转速下以上三阀设定完成后，自动补偿润滑油压的变化；次要目的为增大或减小润滑油压。

4. 什么是汽轮机油的黏度？黏度指标是多少？

答：黏度是判断汽轮机油稠和稀的标准。黏度大，油就稠，不容易流动黏度小，油就稀，容易流动。黏度以恩氏度作为测定单位，常用的汽轮机油黏度为恩氏度 2.9 ～ 4.3。黏度对于轴承润滑性能影响很大，粘度过大轴承容易发热，过小会使油膜破坏。

油质恶化时，油的黏度会增大。

5. 什么是抗乳化度？什么叫闪点？

答：抗乳化度是油能迅速地和水分离的能力，它用分离所需的时间来表示。良好的汽轮机油抗乳化度不大于 8min，油中含有机酸时，抗乳化度就恶化增大。闪点是指汽轮机油加热到一定程度时部分油变为气体，用火一点就能燃烧，这个温度称为闪点（又称引火点），汽轮机的温度很高，因此闪点不能太低，良好的汽轮机油闪点应不低于 180℃。油质劣化时，闪点会下降。

6. 什么是汽轮机油的酸价？什么是酸碱性反应？

答：酸价表示油中含酸分的多少。它以每克油中用多少毫克的氢氧化钾才能中和来计算。新汽轮机油的酸价应不大于 0.04KOHmg / g 油。油质劣化时，酸价迅速上升。酸碱性反应是指油呈酸性还是碱性。良好的汽轮机油应呈中性。

7. 何谓油膜振荡现象？什么情况下会发生油膜振荡？

答：（1）旋转的轴颈在滑动的轴承中带动润滑油高速流动，在一定条件下，高速油流反过来激励轴颈，产生一种强烈的自激振动现象，这种现象即为油膜振荡现象。

（2）油膜振荡只在转速高于第一临界转速的 2 倍时才能发生。所以，转子的第一临界转速越低，其支撑轴承发生油膜振荡的可能性越大。

8. 汽轮机主油箱为什么要装排油烟机？

答：油箱装设排油烟机的作用是排除油箱中的气体和水蒸气。这样一方面使水蒸气不在油箱中凝结，另一方面使油箱中压力不高于大气压力，使轴承回油顺利地流入油箱。反之，如果油箱密闭，那么大量气体和水蒸气积在油箱中产生正压，会影响轴承的回油，同时易使油箱油中积水。排油烟机还有排除有害气体使油质不易劣化的作用。

9. 单台冷油器投入操作顺序是什么？

答：（1）检查冷油器放油门关闭。

（2）微开冷油器进油门，开启空气门，将空气放尽，关闭空气门。

（3）在操作中严格监视油压、油温、油位、油流正常。

（4）缓慢开启冷油器进油门，直至开足，微开出油门，使油温在正常范围。

（5）开启冷油器冷却水进水门，放尽空气，开足出油门，并调节出水门。

10. 单台冷油器退出操作顺序是什么？

答：（1）确定要退出以外的冷油器运行正常。

（2）缓慢关闭退出冷油器出水门，开大其他冷油器进水门，保持冷油器出油温度在允许范围内。冷油器出油温度稳定后，慢关进水门，直至全关。

（3）慢关退出冷油器出油门，注意调整油温，注意润滑油压不应低于允许范围，直至全关。

（4）润滑油压稳定后关闭进油门。

11. 如何进行主机冷油器切换操作？

答：（1）确认冷油器充油阀在开启位置。

（2）确认备用冷油器放空气门开启，空气排净后，观察应有连续的油流流出。

（3）关闭备用冷油器出水门，稍开备用冷油器进水门，开启备用冷油器水侧放空气门，待放空气门有水连续流出时，关闭备用冷油器放空气门。

（4）全开备用冷油器进、出口水门。

（5）缓慢转动切换手轮，使切换手轮指针指向备用润滑油冷油器，注意润滑油压不应下降，油温应正常。

（6）检查正常后，关闭停止冷油器进水门，冷油器出水门保持开启状态备用。

12. 汽轮机油中进水的原因主要有哪些？

答：（1）轴封间隙大或汽压过高。

（2）冷油器冷却水压力高于油压且冷油器泄漏。

（3）油系统停运后冷油器泄漏，造成冷却水泄漏至油侧。

（4）油箱排烟风机故障，未能及时将油箱中水汽排出。

13. 汽轮机油中为什么会进水？如何防止油中进水？

答：油中进水是油质劣化的重要因素之一，油中进水后，如果油中含有有机酸，则会形成油渣，若有溶于水中的低分子有机酸，除形成油渣外还有使油系统发生腐蚀的危险。油中进水多半是汽轮机轴封的状态不良或是发生磨损，轴封的进汽过多所引起的。另外，轴封汽回汽受阻，如轴封加热器或汽封加热器满水或其旁路水阀开度过大，轴封高压漏汽回汽不畅，轴承内负压太高等原因也往往直接构成油中进水。

为防止油中进水，除了在运行中冷油器水侧压力应低于油侧压力外，还应精心调整各轴封的进汽量，防止油中进水。

14. 运行中发现主油箱油位下降应检查哪些设备？

答：（1）检查油位计是否卡涩，指示是否正常。

（2）检查油净化器油位是否上升。

（3）检查油净化器放水油、门是否误开。

（4）检查油箱底部放水油、门是否误开。

（5）油净化器自动抽水器是否有水。

（6）对于氢冷发电机，检查密封油箱油位是否升高。发电机是否进油。

（7）油系统各设备管道、阀门等是否泄漏。

（8）冷油器是否泄漏。

15. 主机润滑油系统停止原则？

答：（1）高压缸第一级金属内壁温度小于等于150℃时，方可停运主机盘车运行，盘车停运8h且结合密封油系统运行方式，方可允许停运主机润滑油系统。停运主机顶轴油泵及润滑油泵前必须确认转子已完全静止。

（2）停止交流润滑油泵前注意油箱油位，防止停泵后主油箱向外溢油。

16. 汽轮机油质水分控制标准是什么？油中进水的主要原因是什么？

答：控制标准：

汽轮机油质控制标准是控制油中水分小于等于0.1%。

汽轮机油中进水的原因如下：

（1）轴封间隙大或汽压过高。

（2）冷油器冷却水压力高于油压且冷油器泄漏。

（3）油系统停运后冷油器泄漏，造成冷却水泄漏至油侧。

（4）油箱排烟风机故障，未能及时将油箱中水汽排出。

17. 汽轮机润滑油指标有哪些？

答：汽轮机油的指标主要有黏度、酸价、酸碱性反应、抗乳化度和闪点等五个指标。此外，透明程度、凝固点温度和机械杂质等也是判别油质的标准。

18. 油净化器投入对机组有什么重要性？

答：为了保持油质清洁，延长汽轮机油的使用寿命。同时汽轮机组调节系统对油质要求较高，油质含水使调节系统锈蚀，导致卡死，油中含杂质，也会使错油阀卡住或调节系统某个部件不灵，严重威胁机组安全运行，故机组运行时应将油净化器投入。

19. 为什么油冷却器都设在机零米？

答：油冷却器设在机零米有两个目的：一个是使油冷却器不易失去冷却水，如果冷却器放在高处，那么一旦冷却水的压力降低的多，很容易失去冷却水；另一个是使冷油器内始终充满油，不积存空气。

20. 汽轮机油箱的主要构造是怎样的？

答：汽轮机油箱一般由钢板焊成，油箱内装有两层滤网和净段滤网，过滤油中杂质并降低油的流速。底部倾斜以便能很快地将已分离开来的水、沉淀物或其他杂质由最底部的放水管放掉。在油箱上设有油位计，用以指示油位的高低。在油位计上还装有最高、最低油位的电气接点，当油位超过最高或最低油位时，这些接点接通，发出音响和灯光信号。稍大的机组上，装有两个油位计，一个装在滤网前，一个装在滤网后，以便对照监视，如果两个油位计的指示相差太大，则表示滤网堵塞严重，需要及时清理。为了不使油箱内压力高于大气压力，在油箱盖上装有排烟孔，大机组油箱上专设有排油烟机。

21. 主油箱的容量是根据什么决定的？什么是汽轮机油的循

环倍率？

答：汽轮机主油箱的储油量决定于油系统的大小，应满足润滑及调节系统的用油量。机组越大，调节、润滑系统用油量越多。油箱的容量也越大。汽轮机油的循环倍率等于每小时主油泵的出油量与油箱总油量之比，一般应小于12。如循环倍率过大，汽轮机油在油箱内停留时间少，空气、水分来不及分离，致使油质迅速恶化，缩短油的使用寿命。

22. 汽轮机油油质劣化有什么危害？

答：汽轮机油质量的好坏与汽轮机能否正常运行关系密切。油质变坏使润滑油的性能和油膜力发生变化，造成各润滑部分不能很好润滑，结果使轴瓦乌金熔化损坏，还会使调节系统部件被腐蚀、生锈而卡涩，导致调节系统和保护装置动作失灵的严重后果。所以必须重视对汽轮机油质量的监督。

23. 低油压保护装置的作用是什么？

答：润滑油油压过低，将导致润滑油膜破坏，不但要损坏轴瓦，而且能造成动静之间摩擦等恶性事故，因此，在汽轮机的油系统中都装有润滑油低油压保护装置。低油压保护装置一般具备以下作用：

（1）润滑油压低于正常要求数值时，首先发出信号，提醒运行人员注意并及时采取措施。

（2）油压继续下降至某数值时，自动投入辅助油泵（交流、直流油泵），以提高油压。

（3）辅助油泵启动后，油压仍继续下跌到某一数值应打闸停机，再低时并停止盘车。当汽轮机主油泵出口油压过低时，将危及调节及保护系统的工作，一般当该油压低至某一数值时，高压辅助油泵（调速油泵）自启动投入运行，以维持汽轮机的正常运行。

24. 润滑油系统恢复注意事项有哪些？

答：（1）恢复润滑油系统前应检查润滑油系统工作票已全部终结，工作试验人员已全部退出现场。

（2）主油箱、污油箱内部干净无杂物，具备恢复、补油条件。

（3）防止误（漏）开关阀门，按操作卡检查润滑油系统所有阀门位置正确。

（4）启动润滑油泵前，应检查密封油系统是否具备补油条件。如果有检修工作就要确认已经采取了与润滑油系统隔离的措施。

（5）启动润滑油泵后，应注意主油箱、污油箱的油位，防止跑油，必要时应设专人监视。

25. 汽轮机启动前为什么要保持一定的油温？

答：机组启动前应控制油温在 35 ～ 45℃，保持适当的油温，主要是为了在轴瓦中建立正常的油膜。如果油温过低。油的黏度增大会使油膜过厚，使油膜不但承载能力下降，而且工作不稳定，油温也不能过高，否则油的黏度过低，以致难以建立油膜，失去润滑作用。

26. 密封油系统的作用是什么？

答：发电机密封油系统向发电机密封瓦供油，且使油压高于发电机内氢压（气压）一定数量值，以防止发电机内氢气沿转轴与密封瓦之间的间隙向外泄漏，同时也防止油压过高而导致发电机内大量进油。

27. 密封油真空泵的作用是什么？

答：密封油真空泵的作用在于形成密封油真空油箱的高度真空，抽出油中析出的水分和气体，出口有一储水器，应定期放水。

28. 密封油再循环泵的作用是什么？

答：密封油再循环泵用于正常运行中对真空箱内的密封油打循环，经处于高度真空状态下的真空箱顶部设置的喷头降压喷雾，从而析出油中的水分和气体，不断的排出主厂房外，起到了循环处理作用。

29. 密封油回油扩大槽里面设置横向隔板的作用是什么？

答：密封油回油扩大槽里面设置横向隔板，把油槽分成两个隔间，隔间之间可通过外侧的 U 形管连接，目的是防止因发电机两端之间的风机压差而导致气体在密封油排泄管中进行循环。扩大槽内部有一管路和油水探测报警器相连接，当扩大槽内油位升高超过预定值时发出报警信号。

30. 停机后盘车状态下，对氢冷发电机的密封油系统运行有何要求？

答：氢冷发电机的密封油系统在盘车时或停止转动而内部又充压时，都应保持正常运行方式。因为密封油与润滑油系统相通，这时含氢的密封油有可能从连接的管路进入主油箱，油中的氢气将在主油箱中被分离出来，氢气如果在主油箱中积聚，就有发生氢气爆炸的危险和主油箱失火的可能，因此油系统和主油箱系统使用的排烟风机和防爆风机也必须保持连续运行。

31. 发电机密封油系统的停用条件是什么？如何停用？

答：发电机密封油系统的停用条件如下：

（1）必须在发电机置换（由氢气置换为空气）结束，盘车停用后，方可停用密封油系统。

（2）解除备用密封油泵、直流密封油泵联锁，停运密封油泵。

（3）关闭补排油手动阀，差压阀前、后隔离阀及旁路阀。

（4）停用排氢防爆风机。

第五节　汽轮机热力系统及设备

1. 什么叫中间再热循环？

答：中间再热循环就是把汽轮机高压缸内做了功的蒸汽引到锅炉的中间再热器重新加热，使蒸汽的温度又得到提高，然后再引到汽轮机中压缸内继续做功，最后的乏汽排入凝汽器。这种热力循环称中间再热循环。

2. 中间再热循环有哪些优点？

答：（1）提高了排汽干度，减轻了对叶片的浸蚀。

（2）采用蒸汽中间再热使工质的焓降增大，汽耗量减少，提高热经济性，一次中间再热能提高效率5%，而采用二次中间再热则能提高效率7%。

（3）汽耗率降低，减轻了给水泵、凝汽器等辅助设备的负担。

（4）能够采用更高的初压力，增大机组单机容量。

3. 提高机组循环热效率有哪些措施?

答:(1)保持额定蒸汽参数。

(2)保持最佳真空,提高真空系统的严密性。

(3)充分利用回热加热器设备,提高加热器的投入率,提高给水温度。

(4)再热蒸汽参数应与负荷相适应,努力降低机组热耗率。

4. 什么是高压加热器的上、下端差?上端差过大、下端差过小有什么危害?

答:上端差是指高压加热器抽汽饱和温度与给水出水温度之差,下端差是指高加疏水与高加进水的温度之差。

上端差过大,为疏水调节装置异常,导致高加水位高,或高加泄漏,减少蒸汽和钢管的接触面积,影响热效率,严重时会造成汽轮机进水。

下端差过小,可能为抽汽量小,说明抽汽电动门及抽汽止回阀未全开或疏水水位低,部分抽汽未凝结即进入下一级,排挤下一级抽汽,影响机组运行经济性,另外部分抽汽直接进入下一级,导致疏水管道振动。

5. 高压加热器汽侧安全门的作用是什么?

答:高压加热器汽侧安全门是为了防止高压加热器壳体超压爆破而设置的。由于管系破裂或高压加热器疏水装置失灵等因素引起高压加热器壳内压力急剧增高,通过设置的安全阀可将此压力泄掉,保证高压加热器的安全运行。

6. 高、低压加热器为什么要在汽侧安装空气管道?

答:因为加热器蒸汽侧在停用期间或运行过程中都容易积聚大量的空气,这些空气在铜管或钢管的表面形成空气膜,使热阻增大,严重地阻碍了加热器的热传导,从而降低了换热效率,因此必须装空气管放走这部分空气,高压加热器的空气管由高压向低压逐级排放,最后引到低压加热器,可以回收部分热量,低压加热器空气管由高压向低压侧排放,最终接到凝汽器,利用真空将低压加热器内积存的空气吸入凝汽器,最后经抽气器抽出。

7．加热器运行要注意监视什么?

答：（1）进、出加热器的水温。

（2）加热蒸汽的压力、温度及被加热水的流量。

（3）加热器疏水水位的高度。

（4）加热器的端差。

8．影响加热器正常运行的因素有哪些?

答：影响加热器正常运行的因素如下：

（1）受热面结垢，严重时会造成加热器管子堵塞，使传热恶化。

（2）汽侧漏入空气。

（3）疏水器或疏水调整阀工作失常。

（4）内部结构不合理。

（5）铜管或钢管泄漏。

（6）加热器汽水分配不平衡。

（7）抽汽止回阀开度不足或卡涩。

9．汽轮机抽汽压力发生变化的原因有哪些?

答：（1）负荷变化。

（2）蒸汽流量变化。

（3）抽汽流量变化。

（4）汽轮机通流部分结垢。

10．高压加热器投停原是什么?

答：（1）高压加热器应在汽、水侧无泄漏，各仪表指示准确，联锁、保护试验合格后方可投运。

（2）给水水质未达到运行规定时，高压加热器不得投入。

（3）投运时，先投水侧再投汽侧，停运时，先停汽侧再停水侧。

（4）汽侧投运的顺序是按照抽气压力先低压后高压，停运时顺序相反。

（5）高压加热器可随机滑启、滑停，随机滑停应在汽轮机打闸前停运高压加热器，但应注意高压加热器疏水情况。

（6）高压加热器投入过程中，应控制其出口水温变化率不超过 3℃/min，停运过程中，应控制出水温度变化率不超过 2℃/min。

11. 运行中高加突然解列，汽轮机的轴向推力如何变化？

答：正常运行中，高加突然解列时，原用以加热给水的抽汽进入汽轮机后面继续做功，汽轮机负荷瞬间增加，汽轮机监视段压力升高，各监视段压差升高，汽轮机的轴向推力增加。

12. 高加水位高的原因是什么？

答：（1）水位调节不好。

（2）疏水不畅通。

（3）高加泄漏。

（4）测量故障。

13. 高加紧急停运条件是什么？

答：（1）高加汽水管道及阀门等爆破，危及人身及设备安全时。

（2）高加水位升高，处理无效，高加满水时。

（3）高加所有水位指示均失灵，无法监视水位时。

14. 汽轮机真空下降有哪些危害？

答：（1）排汽压力升高，可用焓降减小，不经济，同时使机组出力降低。

（2）排汽缸及轴承座受热膨胀，可能引起中心变化，产生振动。

（3）排汽温度过高时可能引起凝汽器铜管松弛，破坏严密性。

（4）可能使纯冲动式汽轮机轴向推力增加。

（5）真空下降使排气的体积流量减小，对末几级叶片工作不利。末级要产生脱流及旋流，同时还会在叶片的某一部位产生较大的激振力，有可能损坏叶片，造成事故。

15. 怎样判断高低加的运行质量？

答：加热器运行状态对机组的安全、经济运行有很大的影响。可以从以下几方面来判断加热器的运行状是否良好：

（1）加热器端差。

（2）加热器水位。

（3）加热器内蒸汽压力与出口水温。

16. 运行中如何判断加热器管子泄漏？

答：（1）疏水调节阀开度的增大。

（2）高加水位上升。

（3）产生振动和声音异常。

（4）在发生低给水流量时给水压力的下降。

（5）给水流量变化对比除氧器出口与锅炉入口之间的给水流量。

17. 影响加热器正常运行的因素有哪些？

答：（1）受热面结垢，严重时会造成加热器管子堵塞，使传热恶化。

（2）汽侧漏入空气。

（3）疏水器或疏水调整门工作失常。

（4）内部结构不合理。

（5）铜管或钢管泄漏。

（6）加热器汽水分配不平衡。

（7）抽汽止回阀开度不足或卡涩。

18. 高加入口液动给水三通阀联锁关闭条件是什么？

答：（1）高加入口液动给水三通阀已全开且高加给水出口液动给水三通阀全开取非，或者高加解列。

（2）水侧切除按钮投入。

19. 加热器运行要注意监视什么？

答：（1）进、出加热器的水温。

（2）加热蒸汽的压力、温度及被加热水的流量。

（3）加热器疏水水位的高度。

（4）加热器的端差。

20. 抽汽回热系统投运注意事项有哪些？

答：（1）加热器泄漏或故障时严禁投入运行。

（2）加热器报警信号及保护动作不正常或退出水位保护严禁投入运行。

（3）加热器安全阀经校验不合格严禁投入运行。

（4）加热器抽汽止回阀开关失灵严禁投入运行。

（5）加热器原则上采用随机滑启、滑停的方式。

（6）当不具备随机滑启、滑停的条件时，依压力由低到高逐台投入加热器，依压力由高到低逐台停止加热器。

（7）加热器投入时应先投水侧，后投汽侧，停止时先停汽侧，后停水侧。

（8）投停过程中应严格控制加热器出口水温温升率，高加出口温升率小于等于 56℃/h，不能超过 110℃/h。低压加热器温度变化率以 2℃/min 为宜，不大于 3℃/min。

（9）机组正常运行中，不允许加热器无水位运行。

（10）机组正常运行中，加热器疏水应采用逐级自流方式。

21. 给水系统前置泵的作用是什么？

答：提高主给水泵入口压力，防止主泵入口汽化，降低给水箱的位置标高，提高给水泵的效率，减少主泵的级数。

22. 给水泵再循环的作用是什么？

答：在低负荷时，流经泵内的液体流量小于泵体冷却所要求的最小流量时，将造成泵内液体温度急剧上升，以致局部汽化，从而导致导叶和叶轮汽蚀，泵体振动甚至破坏。给水泵再循环用来保证泵的安全运行所要求的最小流量。

23. 给水除氧的方式有哪两种？

答：除氧的方式分物理除氧和化学除氧两种。物理除氧是设除氧器，利用抽汽加热凝结水达到除氧目的；化学除氧是在凝结水中加化学药品进行除氧。

24. 除氧器的作用是什么？

答：除氧器的主要作用就是用来除去锅炉给水中的氧气及其他气体，保证给水的品质。同时，除氧器本身又是给水回热加热系统中的一个混合式加热器，起了加热给水、提高给水温度的作用。

25. 除氧器是怎样分类的？

答：根据除氧器中的压力不同，可分为真空除氧器、大气式除氧器、高压除氧器三种。根据水在除氧器中散布的形式不同，又分淋水盘式、喷雾式和喷雾填料式三种结构形式。

26. 除氧器的工作原理是什么？

答：水中溶解气体量的多少与气体的种类、水的温度及各种气体在水面上的分压力有关。除氧器的工作原理：把压力稳定的蒸汽通入除氧器加热给水，在加热过程中，水面上水蒸气的分压力逐渐增加，而其他气体的分压力逐渐降低，水中的气体就不断地分离析出。当水被加热到除氧器压力下的饱和温度时，水面上的空间全部被水蒸气充满，各种气体的分压力趋于零，此时水中的氧气及其他气体即被除去。

27. 除氧器加热除氧有哪两个必要条件？

答：热力除氧的必要条件：

（1）必须把给水加热到除氧器压力对应的饱和温度。

（2）必须及时排走水中分离逸出的气体。

第一个条件不具备时，气体不能全部从水中分离出来；第二个条件不具备时，已分离出来的气体会重新回到水中。还需指出的是，气体从水中分离逸出的过程并不是在瞬间能够完成的，需要一定的持续时间，气体才能分离出来。

28. 除氧器的标高对给水泵运行有何影响？

答：因除氧器水箱的水温相当于除氧器压力下的饱和温度，如果除氧器安装高度和给水泵相同的话，给水泵进口处压力稍有降低，水就会汽化，在给水泵进口处产生汽蚀，造成给水泵损坏的严重事故。为了防止汽蚀产生，必须不使给水泵进口压力降低至除氧器压力，因此就将除氧器安装在一定高度处，利用水柱的高度来克服进口管的阻力和给水泵进口可产生的负压，使给水泵进口压力始终大于除氧器的工作压力，防止给水的汽化，一般还要考虑除氧器压力突然下降时，给水泵运行的可靠性，所以，除氧器安装标高还有安全余量，一般大气式除氧器的标高为 6m 左右，0.6MPa 的除氧器安装高度为 14～18m，滑压运行的高压除氧器安装标高达 35m 以上。

29. 除氧器水箱的作用是什么？

答：除氧器水箱的作用是储存给水、平衡给水泵向锅炉的供水量与凝结水泵送进除氧器水量的差额。即当凝结水量与给水量不一致时，可通过除氧器水箱的水位高低变化调节，满足锅炉给水量的需要。

30. 除氧再沸腾管起什么作用？

答：除氧器加热蒸汽有一路引入水箱的底部或下部（正常水面以下），作为给水再沸腾用，装设再沸腾管有两点作用：

（1）有利于机组启动前对水箱中给水的加温及维持备用水箱水温。因为这时水并未循环流动，如加热蒸汽只在水面上加热，压力升高较快，但水不易得到加热。

（2）正常运行中使用再沸腾管对提高除氧效果有益处，开启再沸腾阀，使水箱内的水经常处于沸腾状态，同时水箱液面上的汽化蒸汽还可以把除氧水与水中分离出来的气体隔绝，从而保证了除氧效果。

使用再沸腾管的缺点是汽水加热沸腾时噪声较大，且该路蒸汽一般不经过自动加汽调节阀，操作调整不方便。

31. 什么是除氧器的自生沸腾现象？

答：除氧器"自生沸腾"是指进入除氧器的疏水汽化和排汽产生的蒸汽量已经满足或超过除氧器的用汽需要，从而使除氧器内的给水不需要回热抽汽加热自己就沸腾，这些汽化蒸汽和排汽在除氧塔下部与分离出来的气体形成旋涡，影响除氧效果，使除氧器压力升高。

32. 除氧器发生自生沸腾现象有什么不良后果？

答：除氧器发生自生沸腾现象有如下后果：

（1）除氧器超压。除氧器发生自生沸腾现象，使除氧器内部压力超过工作压力，严重时发生除氧器超压事故。

（2）除氧效果恶化。原设计的除氧器内部汽水逆向流动受到破坏，除氧塔底部形成蒸汽层，使分离出来的气体难以逸出，因而使除氧效果恶化。

33. 除氧器为什么要装溢流装置？

答：除氧器安装溢流装置的目的是防止在运行中大量水突然进入除氧器或监视调整不及时造成除氧器满水事故，安装溢流装置后，如果满水，水从溢流装置排走，避免了除氧器运行失常危及设备安全，大气式除氧器的溢流装置一般为水封筒、高压除氧器装设高水位自动放水阀。

34. 什么是除氧器的定压运行？

答：除氧器的定压运行即运行中不管机组负荷为多少，除氧器始终保持在额定的工作压力下运行。定压运行时抽汽压力始终高于除氧器压力，用进汽调节阀节流调节进汽量，保持除氧器额定工作压力。

35. 什么是除氧器的滑压运行？

答：除氧器滑压运行是指除氧器的运行压力不是恒定的，而是随着机组负荷与抽汽压力而改变的。机组从额定负荷至某一低负荷范围内，除氧器进汽调节阀全开，进汽压力不进行任何调节；机组负荷降低时，除氧器压力随之下降；负荷增加时，除氧器压力随之上升。

36. 除氧器滑压运行有哪些优点？

答：除氧器滑压运行最主要的优点是提高了运行的经济性。这是因为避免了抽汽的节流损失；低负荷时不必切换压力高一级的抽汽，投资节省；同时可使汽轮机抽汽点得到合理分配，使除氧器真正作为一级加热器用，起到加热和除氧两个作用，提高机组的热经济性。另外还可避免出现除氧器超压。

37. 电厂主要有哪三种水泵？它们的作用是什么？

答：给水泵、凝结水泵、循环水泵是发电厂最主要的三种水泵。

给水泵的任务是把除氧器储水箱内具有一定温度、除过氧的给水，提高压力后输送给锅炉，以满足锅炉用水的需要。

凝结水泵的作用是将凝汽器热井内的凝结水升压后送至回热系统。

循环水泵的作用是向汽轮机凝汽器供给冷却水、用以冷凝汽轮机的排汽。

38. 给水泵汽化的现象是什么？

答：（1）给水泵转速、出口压力、流量下降或波动。

（2）给水泵泵体及管道声音异常，振动增大。

（3）给水泵两端密封处冒出白色湿汽。

（4）给水泵推力轴承温度急剧上升或波动。

39. 给水泵汽化的原因是什么？

答：（1）除氧器水位突降。

（2）前置泵进口滤网或主泵入口滤网堵塞。

（3）除氧器大量补入低温水使除氧器压力突降。

（4）给水泵进水管道内有空气或蒸汽。

（5）除氧器水位过低。

（6）前置泵故障，给水泵入口压力低。

（7）给水流量低，再循环门未开。

40. 给水泵的推力盘的作用如何？在正常运行中如何平衡轴向推力？

答：给水泵推力盘的作用是平衡泵在运行中产生的部分轴向推力。

给水泵的轴向推力由带平衡盘的平衡鼓与双向推力轴承共同来平衡，限制转轴的轴向位移。正常运行时，平衡盘基本上能平衡大部分轴向推力，而双向推力轴承一般只承担轴向推力的5%左右。

在正常运行时，泵的轴向推力是由高压侧推向低压侧的，同时也带动了平衡盘向低压侧移动。当平衡盘向低压侧移动后，固定于转子轴上的平衡盘与固定于定子泵壳上的平衡盘之间的间隙就变小，从而末级叶轮出口通过间隙，流到给水泵入口的泄漏量就减少，因此平衡盘前的压力随之升高，而平衡盘后的压力基本不变，因为平衡盘后的腔室有管道与给水泵入口相通。平衡盘前后的压力差正好抵消叶轮轴向推力的变化。

随着给水泵负荷的增加，叶轮上的轴向推力随之增加，而平衡盘抵消轴向推力的作用也随之增加。在给水泵启、停或工况突变时，平衡盘能抵抗轴向推力的变化和冲击。

41. 凝结水泵有什么特点？

答：凝结水泵所输送的是相应于凝汽器压力下的饱和水，所以在凝结水泵入口易发生汽化，故水泵性能中规定了进口侧的灌注高度，借助水柱产生的压力，使凝结水离开饱和状态，避免汽化。因而凝结水泵安装在热井最低水位以下，使水泵入口与最低水位维持 0.9～2.2m 的高度差。

由于凝结水泵进口是处在高度真空状态下，容易从不严密的地方漏入空气积聚在叶轮进口，使凝结水泵打不出水。所以一方面要求进口处严密不漏气，另一方面在泵入口处接一抽空气管道至凝汽器汽侧（也称平衡管），以保证凝结水泵的正常运行。

42. 凝结水泵空气平衡管的作用是什么？

答：当凝结水泵内有空气时，可由空气管排至凝汽器，维持凝结水泵进口的负压，保证凝结水泵正常运行。

43. 凝结水泵为什么要装再循环管？

答：凝结水泵装再循环管主要是为了解决水泵汽蚀问题。

为了避免凝结水泵发生汽蚀，必须保持一定的出水量。当空负荷和低负荷时，凝结水量少，凝结水泵采用低水位运行，汽蚀现象逐渐严重，凝结水泵工作极不稳定。这时通过再循环管，凝结水泵的一部分出水流回凝汽器。能保证凝结水泵的正常工作。

此外，轴封冷却器、射汽抽气器的冷却水在空负荷和低负荷时也必须流过足够的凝结水，所以一般凝结水再循环管都从它们的后面接出。

44. 给水泵的作用是什么？它有什么工作特点？

答：供给锅炉用水的泵称给水泵。其作用是连续不断地、可靠地向锅炉供水。

由于给水温度高（为除氧器压力对应的饱和温度），在给水泵进口处水容易发生汽化，会形成汽蚀而引起出水中断。因此一般都把给水泵布置在除氧器水箱以下，以增加给水泵进口的静压力，避免汽化现象的发生，保证水泵的正常工作。

45. 用给水泵汽轮机拖动给水泵有什么优点？

答：用给水泵汽轮机拖动给水泵有如下优点：

（1）据泵需采用高转速（转速可从 2900r/min 提高到 5000～7000r/min）变速调节，高转速可使给水泵的级数减少，质量减轻，转动部分刚度增大，效率提高，可靠性增加。改变给水泵转速来调节给水流量比节流调节经济性高，消除了阀门因长期节流而造成的磨损。同时简化了给水调节系统，调节方便。

（2）大型机组电动水泵耗电量约占全部厂用电量的 50% 左右，采用汽动给水泵后，可以减少厂用电、使整个机组向外多供 3% ～ 4% 的电量。

（3）大型机组采用给水泵汽轮机带动给水泵后，可提高机组的热效率 0.2% ～ 0.6%。

（4）从投资和运行角度看，大型电动机加上升速齿轮液力联轴器及电气控制设备比给水泵汽轮机还贵，且大型电动机启动电流大，对厂用电系统运行不利。

46. 给水泵出口止回阀的作用是什么？

答：给水泵出口止回阀的作用是当给水泵停止运行时，防止压力水倒流，引起给水泵倒转。高压给水倒流会冲击低压给水管道及除氧器给水箱，还会因给水母管压力下降，影响锅炉进水。如给水泵在倒转时再次启动，会使启动力矩增大，容易烧毁电动机或损坏泵轴。

47. 给水泵中间抽头的作用是什么？

答：现代大功率机组，为了提高经济效果，减少辅助水泵，往往从给水泵的中间级抽取一部分水量作为锅炉的减温水（主要是再热器的减温水），这就是给水泵中间抽头的作用。

48. 为防止汽蚀现象，在泵的结构上可采取哪些措施？

答：为防止泵的汽蚀，常采用下列措施：

（1）采用双吸叶轮。

（2）增大叶轮入口面积。

（3）增大叶片进口边宽度。

（4）增大叶轮前后盖板转弯处曲率半径。

（5）选择适当的叶片数和冲角，叶片进口边向吸入侧延伸。

（6）首级叶轮采用抗汽蚀材料。

（7）泵进口装设诱导轮或装设前置泵。

（8）吸入管管径要大，阻力要小，且短而直。

（9）通流部分断面变化率力求小，壁面力求光滑。

（10）正确选择吸上高度。

（11）汽蚀区域贴补环氧树脂等耐腐蚀涂料。

49. 离心泵为什么会产生轴向推力？

答：因为离心泵工作时，叶轮两侧承受的压力不对称，所以会产生叶轮出口侧往进口侧方向的轴向推力。除此以外，还有因反冲力引起的轴向推力，不过这个力较小，在正常情况下不考虑。在水泵启动瞬间，没有因叶轮两侧压力不对称引起的轴向推力，这个反冲力会使轴承转子向出口侧窜动。对于立式泵，转子的重量也是轴向力的一部分。

50. 离心泵流量有哪几种调节方法？各有什么优缺点？

答：离心泵流量有如下几种调节方法：

（1）节流调节法。用泵出口阀门的开度大小来改变泵的管路特性，从而改变流量。这种调节的优点是十分简单，缺点是节流损失大。

（2）变速调节。改变水泵转速，使泵的特性曲线升高或降低，从而改变泵的流量，这种调节方法，没有节流损失，是较为理想的调节方法。

（3）改变泵的运行台数。用改变泵的运行台数来改变管道的总流量。这种调节方法简单，但工况点在管路特性曲线上的变化很大，所以进行流量的微调是很困难的。

51. 径向导叶起什么作用？

答：一般在分段式多级泵上均装有径向导叶。径向导叶的作用是收集由叶轮流出的高速液流，使其均匀地引入次级或压水室，并能在导叶中使液体的动能转换为压力能。

52. 凝汽器的工作原理是怎样的？

答：凝汽器中真空形成的主要原因是由于汽轮机的排汽被冷却成凝结水，其比体积急剧缩小。如蒸汽在绝对压力为 4kPa 时蒸汽的体积比水的体积大 3 万多倍。当排汽凝结成水后，体积就大为缩小，使凝汽器内形成高度真空。

凝汽器的真空形成和维持必须具备三个条件：

（1）凝汽器铜管必须通过一定的冷却水量。

（2）凝结水泵必须不断地把凝结水抽走，避免水位升高，影响蒸汽的凝结。

（3）抽气器必须把漏入的空气和排汽中的其他气体抽走。

53. 什么是水泵几何安装高度？几何安装高度和允许吸上真空高度之间有何联系？

答：一般卧式离心泵，泵轴中心线距吸取液面的垂直距离称为水泵的几何安装高度，用符号 H 表示。

允许吸上真空高度与几何安装高度是两个不同的概念，但它们之间又有密切的联系。几何安装高度低，水泵所需吸上真空高度就低，水就不会汽化。几何安装高度增大，吸上真空高度也要增大，当吸上真空高度达到一定值时，因吸上真空过大而开始产生汽蚀，影响水泵的正常工作。所以几何安装高度取决于水泵允许吸上真空高度的大小。

54. 何谓汽蚀余量、有效汽蚀余量和必需汽蚀余量？

答：泵进口处液体所具有的能量超出液体发生汽蚀时具有的能量的差值，称为汽蚀余量。汽蚀余量大，则泵运行时，抗汽蚀性能就好。

装置安装后使泵在运转时所具有的汽蚀余量，称为有效汽蚀余量。

液体从泵的吸入口到叶道进口压力最低处的压力降低值，称必需汽蚀余量。显然，装置的有效汽蚀余量必须大于泵的必需汽蚀余量。

55. 水在叶轮中是如何运动的？

答：水在叶轮中进行着复合运动，一方面它要顺着叶片工作面向外流动，另一方面还要跟着叶轮高速旋转。前一个运动称相对运动，其速度称为相对速度；后一个运动称为圆周运动，其速度称为圆周速度。两种运动的合成即是水在水泵内的绝对运动。

56. 轴流式水泵的特性曲线有何特点？

答：轴流式水泵特性曲线具有如下特点：

（1）轴流式水泵的 Q-H 特性曲线在叶片装置角度不变时，陡度很大，线上有一转折点，由泵的 $Q\text{-}H$ 曲线可见，当出口阀关闭时，$Q=0$，相应的水泵扬程具有最高值，约是效率最高时的 $1.5\sim2$ 倍。由于 $Q\text{-}H$ 特性曲线陡度很大，轴流泵的功率随着出水量的减少而急剧上升，所以应尽可能避免在关闭出水阀及小流量的工况下运行。

（2）轴流泵最有利工况范围不大，由效率曲线可知，一旦离开最高效率点，不论向左或者向右，其效率都是迅速下降的。这是因为在非设计工况下，流体产生偏流，干扰主流，以致效率下降很快，所以要安装可调整角度的叶片改善其性能。

57. 凝汽器的作用有哪些？

答：（1）在汽轮机的排汽口建立并保持真空。

（2）把在汽轮机中做完功的排汽凝结成水，并除去凝结水中的氧气和其他不凝结气体，回收工质。

（3）汇集疏水。

58. 对凝汽器的要求是什么？

答：对凝汽器的要求：

（1）有较高的传热系数和合理的管束布置。

（2）凝汽器本体及真空管系统要有高度的严密性。

（3）汽阻及凝结水过冷度要小。

（4）水阻要小。

（5）凝结水的含氧量要小。

（6）便于清洗冷却水管。

（7）便于运输和安装。

59. 什么是混合式凝汽器？什么是表面式凝汽器？

答：汽轮机的排汽与冷却水直接混合换热的称混合式凝汽器。这种凝汽器的缺点是凝结水不能回收，一般应用于地热电站。

汽轮机排汽与冷却水通过铜管表面进行间接换热的凝汽器称表面式凝汽器。现在一般电厂都用表面式凝汽器。

60. 表面式凝汽器由哪些部件组成？其工作过程是怎样的？

答：通常表面式凝汽器主要由外壳、水室、管板、铜管、与汽轮机连接处的补偿装置和支架等部件组成。

工作过程：凝汽器有一个圆形（或方形）的外壳，两端为冷却水水室。冷却水管固定在管板上，冷却水从进口流入凝汽器，流经管束后，从出水口流出，汽轮机的排汽从进汽口进入凝汽器，与温度较低的冷却水管外壁接触而放热凝结。排汽所凝结的水最后聚集在热水井中，由凝结水泵抽出。不凝结的气体流经空气冷却区后，从空气抽出口抽出。

61. 什么是凝汽器的热力特性曲线？

答：凝汽器内压力的高低是受许多因素影响的，其中主要因素是汽轮机排入凝汽器的蒸汽量、冷却水的进口温度、冷却水量。这些因素在运行中都会发生很大的变化。

凝汽器的压力与凝汽量、冷却水进口温度、冷却水量之间的变化关系称为凝汽器的热力特性。

在冷却面积一定，冷却水量也一定时，对应于每一个冷却水进水温度可求出凝汽器压力与凝汽量之间的关系，将此关系绘成曲线，即为凝汽器的热力特性曲线。

62. 什么是凝汽器的热负荷？

答：凝汽器热负荷是指凝汽器内蒸汽和凝结水传给冷却水的总热量（包括排汽、汽封漏汽、加热器疏水等热量），凝汽器单位负荷指单位面积所冷凝的蒸汽量，即进入凝汽器的蒸汽量与冷却面积的比值。

63. 什么是凝汽器的冷却倍率？

答：凝结 1kg 排汽所需冷却水量，称为冷却倍率。其数值为进入凝汽器的冷却水量与进入凝汽器的汽轮机排汽量之比，一般取 50 ~ 80。

64. 什么是凝汽器的极限真空？

答：凝汽设备在运行中必须从各方面采取措施以获得良好真空。但是真空的提高并非越高越好，而是有一个极限。这个真空的极限由汽轮机最后一级叶片出口截面的膨胀极限所决定。当通过最后一级叶片的蒸汽已达到膨胀极限时，如果继续提高真空不仅不能获得经济效益反而会降低经济效益。当最后一级叶片的蒸汽达到膨胀极限时的真空就称极限真空。

65. 什么是凝汽器的最有利真空？影响最有利真空的主要因素是什么？

答：对于结构已确定的凝汽器，在极限真空内，当蒸汽参数和流量不变时，提高真空使蒸汽在汽轮机中的可用焓降增大，就会相应增加发电机的输出功率，但是在提高真空的同时，需要向凝汽器多供冷却水，从而增加了循环水泵的耗功。由于凝汽器真空提高，使汽轮机功率增加与循环水泵多耗功率的差数为最大时的真空值称为凝汽器的最有利真空（即最经济真空）。

影响凝汽器最有利真空的主要因素是进入凝汽器的蒸汽流量、汽轮机排汽压力、冷却水的进口温度、循环水量（或是循环水泵的运行台数）、汽轮机的出力变化及循环水泵的耗电量变化等。实际运行中则是根据凝汽量及冷却水进口温度来选用最有利真空下的冷却水量，也即是合理调度使用循环水泵的容量和台数。

66. 离心真空泵的结构是怎样的？

答：离心真空泵主要由泵轴、叶轮、叶轮盘、分配器、轴承、支持架、进水壳体、端盖、泵体、泵盖、止回阀、喷嘴、喷射管、扩散管等零部件组成。泵轴是由装在支持架轴承室内的两个球面滚珠轴承支承，其一端装有叶轮盘，在叶轮盘上固定着叶轮；在叶轮内侧的泵体上装有分配器，改变分配器中心线与叶轮中心线的夹角 A（一般最佳角度为 8），就能改变工作水离开叶轮时的流动方向。如果把分配器的角度调整到使工作水流沿着混合室轴心线方向流动。这时流动损失最小，而泵的引射蒸汽与空气混合物的能力最高。

67. 离心真空泵的工作原理是怎样的？

答：当泵轴转动时，工作水从下部入口被吸入，并经过分配器从叶轮的流道中喷出，水流以极高速度进入混合室，由于强烈的抽吸作用，在混合室内产生绝对压力为 3.54kPa 的高度真空，这时凝汽器中的汽气混合物，由于压差作用冲开止回阀，被不断地抽到混合室内，并同工作水一道通过喷射管、喷嘴和扩散管被排出。

68. 与其他类型的机械真空泵相比，水环式真空泵有哪些

优点？

答：（1）结构简单、紧凑。

（2）抽气效率高。

（3）占地面积小。

（4）压缩气体过程温度变化很小。

（5）由于泵腔内没有金属摩擦表面，因此无需对泵进行润滑，而且磨损很小。

（6）转动件和固定件之间的密封可直接由水封来完成。

（7）吸气均匀，工作平稳、可靠，操作简单。

69. 什么是给水的回热加热？

答：发电厂锅炉给水的回热加热是指从汽轮机某中间级抽出一部分蒸汽，送到给水加热器中对锅炉给水进行加热，与之相应的热力循环和热力系统称为回热循环和回热系统。加热器是回热循环过程中加热锅炉给水的设备。

70. 为什么采用回热加热器后，汽轮机的总汽耗增大了，而热耗率和煤耗率却是下降的？

答：汽耗增大是因为进入汽轮机的 1kg 蒸汽所做的功减少了，而热耗率和煤耗率的下降是由于冷源损失减少了，给水温度的提高使给水在锅炉的吸热量也减少了。

71. 加热器有哪些种类？

答：加热器按换热方式不同，分表面式加热器与混合式加热器两种型式；按装置方式分立式和卧式两种；按水压分低压加热器和高压加热器。一般管束内通凝结水的称为低压加热器，加热给水泵出口后给水的称高压加热器。

72. 什么是表面式加热器？表面式加热器的主要优缺点是什么？

答：加热蒸汽和被加热的给水不直接接触，其换热通过金属壁面进行的加热器称为表面式加热器。其缺点是在这种加热器中，由于金属的传热阻力，被加热的给水不可能达到蒸汽压力下的饱和温度，使其热经济性比混合式加热器低。优点是由它组成的回热系统简单，运行方便，监视工作量小，因而被电厂普遍采用。

73. 什么是混合式加热器? 混合式加热器的主要优缺点是什么?

答: 加热蒸汽和被加热的给水直接混合的加热器称混合式加热器。其优点是传热效果好, 水的温度可达到加热蒸汽压力下的饱和温度 (即端差为零), 且结构简单、造价低廉。缺点是每台加热器后均需设置给水泵, 使厂用电消耗大、系统复杂, 故混合式加热器主要做除氧器使用。

74. 疏水调节的调节原理是什么?

答: 疏水调节阀常用于高压加热器的疏水。疏水调节阀内部机械部分为滑阀, 外部为电动执行机构。当高压加热器内水位变化时, 装在加热器上的控制水位计发出水位变化信号, 经过电子控制系统的动作, 最后由电动执行机构操纵疏水调节阀的摇杆, 摇杆动作时, 心轴、杠杆转动, 带动阀杆、滑阀移动, 改变疏水流量, 使高压加热器保持一定水位。

75. 多级水封疏水的原理是什么?

答: 多级水封是近几年某些电厂用来代替疏水器的装置, 其原理是疏水采用逐级溢流, 而加热器内的蒸汽被多级水封内的水柱封住不能外泄。水封的水柱高度取决于加热器内的压力与外界压力之差。

76. 什么是高压加热器给水自动旁路?

答: 当高压加热器内部钢管破裂, 水位迅速升高到某一数值时, 高压加热器进、出水阀迅速关闭, 切断高压加热器进水, 同时让给水经旁路直接送往锅炉, 这就是高压加热器给水自动旁路。对于大机组来说, 这是一个十分重要的保护装置。

77. 什么是表面式加热器的蒸汽冷却段?

答: 加热器的蒸汽冷却器可单独设置 (即外置式) 或直接装在加热器内部 (即内置式), 内置式的蒸汽冷却器称为蒸汽冷却段。

究竟是外置还是内置, 这要根据抽汽参数、蒸汽过热度的大小及给水加热温度等情况, 经技术经济比较后决定。

78. 什么是疏水冷却器？采用疏水冷却器有什么好处？

答：水自流入下一级加热器之前，先经过换热器，用主凝结水将疏水适当冷却后再进入下一级加热器，这个换热器就是疏水冷却器。

一般来说，疏水是对应抽汽压力下的饱和水，疏水自流入邻近较低压力的加热器中，会造成对低压抽汽的排挤，降低热经济性，而采用疏水冷却器后，减少了排挤低压抽汽所产生的损失，能提高热经济性。

疏水冷却器也分外部单独设置和设在加热器内部两种，在加热器内部的疏水冷却器称疏水冷却段。

79. 高加水位高三值时保护如何动作？

答：高加水位高三值时，高加解列，危急疏水门全开，给水自动切至旁路，抽汽电动门、抽汽止回阀联锁关闭。

80. 凝汽器水位异常升高的原因是什么？

答：（1）凝结水泵运行中跳闸，备用泵未联动。

（2）凝汽器水位调节或除氧器水位调节失灵。

（3）凝结水管路阀门误关，造成除氧器进水中断。

（4）凝汽器管束泄漏。

（5）凝汽器补水调门故障。

81. 凝结水泵汽化的原因是什么？

答：（1）凝汽器水位低。

（2）凝结水泵入口管漏入空气。

（3）凝结水泵入口滤网堵塞。

（4）凝结水泵密封水断流或压力低。

82. 凝汽器防锈蚀的保养方法是什么？

答：（1）凝结水系统停运后，隔离所有至凝汽器热井的汽、水，并将水放净。

（2）开启凝汽器汽侧各人孔，并将热井杂物清理干净，然后保持人孔开启，进行自然通风干燥。

（3）循环水系统停运后，关闭隔离凝汽器循环水进出口门，放尽存水，开启水侧各人孔，用清洁淡水冲洗凝汽器水侧，并清理水室杂物，进行自然通风干燥。

83. 何为凝结水的过冷却？有何危害？

答：所谓凝结水的过冷却就是凝结水温度低于汽轮机排汽的饱和温度。凝结水产生过冷却现象说明凝汽设备工作不正常。由于凝结水的过冷却必须增加锅炉的燃料消耗，使发电厂的热经济性降低。此外，过冷却还会使凝结水中的含氧量增加，加剧了热力设备和管道的腐蚀，降低了运行的安全性。

84. 凝结水产生过冷却的主要原因有哪些？

答：（1）凝汽器汽侧积有空气。

（2）运行中凝结水水位过高。

（3）凝汽器冷却水管排列不佳或布置过密。

（4）循环水量过大。

85. 凝汽器的工作原理真空是如何形成的？

答：凝汽器的真空是蒸汽在凝汽器内凝结时造成的。汽轮机的排汽进入凝汽器，在凝汽器钛管内连续流动的循环水的冷却作用下，排汽凝结成水，由于在相同的压力下蒸汽比水的比体积要大很多倍，其比体积急剧减小，约减小到原来的三万分之一，原为蒸汽所占据的空间便形成了真空。同时真空泵不断把漏入凝汽器的空气和蒸汽中不凝结的气体抽走，使凝汽器维持在一定的真空状态。

86. 影响凝结换热的因素主要有哪些方面？

答：（1）蒸汽中含有不凝结气体。

（2）蒸汽流动的速度和方向。

（3）冷却表面的情况。

（4）冷却面排列的方式。

87. 机组启动前对疏水系统应做哪些检查？启、停过程中关注哪些问题？

答：（1）疏水时真空建立。

（2）机组疏水手动门提前开启。

（3）监视高、中压缸上下温差，充分疏水。

（4）当破坏真空时，及时隔离。

88. 启动前进行新蒸汽暖管时应注意什么？

答：（1）控制暖管压力。低压暖管的压力必须严格控制。

（2）控制升压速度。升压暖管时，升压速度应严格控制。

（3）汽门关闭严密。主汽门应关闭严密，及时监视、检查缸壁温差，防止蒸汽漏入汽缸。调节汽门和自动主汽门前的疏水应打开。

（4）投入连续盘车。为了确保安全，暖管时应投入连续盘车。

（5）检查系统正常。整个暖管过程中，应不断地检查管道、阀门有无漏水、漏汽现象，管道膨胀补偿，支吊架及其他附件有无不正常现象。

89. 启停机过程中，为什么汽轮机上缸温度高于下缸温度？

答：（1）质量不同。汽轮机下缸比上缸质量大，约为上缸的两倍，而且下缸有抽汽口和抽汽管道，散热面积大，保温条件差。

（2）疏水方式不同。机组在启动过程中温度较高的蒸汽上升，而内部疏水由上而下流到下汽缸，从下缸疏水管排出，使下缸受热条件恶化。如果疏水不及时或疏水不畅，上、下缸温差更大。

（3）冷却条件不同。停机时由于疏水不良或下缸保温质量不高及汽缸底部挡风板缺损，对流量增大，使上、下缸冷却条件不同，温差增大。

（4）加热装置使用不当。滑参数启动或停机时汽加热装置使用不当。

（5）汽门不严密。机组停运后，由于各级抽汽门、主汽门等不严，汽水漏至汽缸内。

90. 蒸汽、抽汽管道水冲击时如何处理？

答：蒸汽、抽汽管道水冲击的处理：蒸汽、抽汽管道发生水冲击，一般是在管道内产生二相流体流动或温度急剧变化所引起，特别是蒸汽，抽汽管道通汽初期，由于暖管不当极易产生上述情况，水冲击时，管道将发生强烈冲击振动。当蒸汽抽汽管道发生水冲击时，应开启有关疏水阀，不影响主机运行时，应尽量停用水冲击管道（如抽汽），并查明原因消除，若已发展到汽轮机水冲击时，则按汽轮机水冲击事故处理。

91. 为了提高机组的经济性，运行中应注意哪些方面的问题？

答：（1）合理分配负荷，尽量使机组在满负荷情况下工作，以减少蒸汽进入汽轮机前的节流损失。

（2）根据监视段压力变化来判断通流部分结垢情况，并保持通流部分清洁。

（3）尽量回收各种疏水，消除漏水、漏汽，减少凝结水损失及热量损失，降低补水率。

（4）降低凝结水的过冷度。

（5）保持轴封工作良好，避免轴封漏汽量增大。

92. 火力发电厂中汽轮机为什么采用多级回热抽汽？怎样确定回热级数？

答：火力发电厂中都采用多级抽汽回热，这样凝结水可以通过各级加热器逐渐提高温度。抽汽可以在汽轮机中更多地做功，并可减少过大的温差传热所造成的蒸汽做功能力损失。从理论上讲回热抽汽越多，则热效率越高，但也不能过多，因为随着抽汽级数的增多，效率的增加量趋缓，而设备投资费用增加，系统更复杂，安装、维修、运行困难。

93. 低加为什么要装空气管？

答：低加汽侧如果聚集着空气，就会在加热器钢管表面形成空气膜，严重影响换热效果，降低热经济性，因此，必须装空气管排出空气。

94. 低真空保护装置的作用是什么？

答：汽轮机运行中真空降低，不仅会影响汽轮机的出力和降低热经济性，而且真空降低过多还会因排汽温度过高和轴向推力增加影响汽轮机安全。因此较大功率的汽轮机均装有低真空保护装置。当真空降低到一定数值时，发出报警信号，真空降至规定的极限值时，能自动停机。当真空降至零，凝汽式汽轮机排汽产生正压时，还会使排汽缸安全门（大气阀）动作，以保护汽轮机免受损坏。

第六节　间接空冷系统

1. 什么是间接空冷系统?

答: 间接空冷系统是以空气作为最终冷却介质, 利用循环冷却水作为中间换热介质, 将汽轮机的排汽热量间接和空气进行热交换的冷却系统, 包括表面式凝汽器间接空冷系统和混合式凝汽器间接空冷系统。

表面式凝汽器间接空冷系统是指汽轮机的排汽与循环冷却水之间在表面式凝汽器中换热的间接空冷系统。

混合式凝汽器间接空冷系统是指汽轮机的排汽与循环冷却水之间在混合式凝汽器中换热的间接空冷系统, 又称喷射式凝汽器的间接空冷系统。

2. 间接空冷系统工作流程是什么?

答: 汽轮机排汽进入凝汽器, 由凝汽器管束内的冷却水进行表面换热, 凝汽器循环水排水由循环水泵打至间冷塔内的空冷散热器, 间冷塔冷却水出水再回到凝汽器内做闭式循环。

3. 什么是间冷系统的冷却扇段?

答: 由若干相邻的冷却角组成的一个功能单元, 称为冷却扇段。每个冷却扇段由一组进水阀、出水阀、放空阀、排气装置等控制运行。

4. 间接空冷系统主要控制参数是什么?

答: 空冷塔的主要控制参数是冷却塔的回水温度。通过循环水回水母管温度的设定来控制流过百叶窗冷却三角的冷空气的流量来实现的, 冷空气的流量的改变是通过调节百叶窗开度来实现的, 还可以通过增加循环水泵的运行台数来提高系统流速, 从而达到控制主循环水回水母管温度。

5. 间冷系统禁止启动条件是什么?

答:(1)间冷系统主要保护试验不合格。

(2)任一扇段进、出口水门不严或漏水严重。

(3)间冷充水泵不能远方、就地启停。

（4）主要表计不能投入（如：扇段出水温度、间冷塔出水温度、高位水箱水位、低位水箱水位等）。

6. 扇段禁止进行充水条件是什么？

答：（1）冬季百叶窗不能远方关闭。

（2）冬季扇段不能自动疏水或自动疏水保护失灵。

（3）扇段冷却三角或疏水阀泄漏。

（4）扇段进水门、出水门、疏水门不能远方开、关。

（5）环境温度低于 -10℃时。

7. 间冷系统如何充水？

答：（1）通知化学启动凝结水输送泵，开启除盐水至间冷系统补水电动蝶阀。向循环水管道及系统注水。注意检查凝汽器水室排气门，见水排尽空气后关闭。

（2）开启地下储水箱补水门将储水箱水位充到 3100mm。

（3）关闭地下储水箱补水门，关闭除盐水至间冷系统补水电动蝶阀。

（4）启动任意一台间冷充水泵，开启出口门，向系统补水至高位水箱水位正常。

（5）注意检查凝汽器水室排气门，见水排尽空气后关闭。

（6）启动一台间冷循环水泵，检查正常。

（7）停充水泵，关闭出口门。

（8）开启除盐水至间冷系统补水电动蝶阀，开启地下储水箱补水门，储水箱水位充到 3100mm 后关闭除盐水至间冷系统补水电动蝶阀及地下储水箱补水门。

（9）依次对 1～10 号扇段进行注水。

（10）将高位水箱水位充装到 900mm 停充水泵，关闭出口门。

（11）投入位于高位水箱中的正常水位控制和储水箱的多组控制。

8. 扇段自动充水条件是什么？

答：（1）扇段百叶窗已关闭。

（2）环境温度小于 5℃且大于 -10℃时，间冷塔入口水温大于 55℃或环境温度大于 5℃。

（3）有一台循环水泵在运行。

（4）无紧急疏水。

（5）间冷塔4、5、6、7扇段旁路门全开。

（6）高位水箱水位正常L1。

（7）地下储水箱水位正常L9。

（8）其他扇段无充水顺控在运行。

9. 扇段充水注意事项有哪些?

答：（1）充水时就地观察扇段各阀门动作情况，出现异常及时处理。

（2）充水过程中应严密监视高位水箱水位。

（3）检查充水扇段冷却三角是否泄漏。

（4）扇段程序充水失败时，程序自动将该扇段疏水，应分析查找原因进行处理，禁止盲目再次进行充水。

（5）扇段充水后，根据扇段出水温度和环境温度，及时开启百叶窗，冬季控制各扇段出水温度不低于32℃。

（6）根据间冷塔出口水温和主机负荷情况，及时投入其他扇段运行。

10. 间冷循环泵启动前应具备的条件是什么?

答：（1）没有结冰的危险，所有扇段都已经充装，进出水门关闭。

（2）开启间冷塔4～7扇段旁路门。

（3）高位水箱的液位大于等于750mm。

（4）所有阀门处于正确位置。所有百叶窗处于关闭状态，百叶窗控制无效。

（5）汽轮机辅机冷却水系统已投运正常。

（6）按辅机投运通则检查间冷循环泵具备启动条件。

11. 间冷循环水泵跳闸条件是什么?

答：（1）循环水泵运行延时30s，出口门关。

（2）循环水泵运行，入口门关。

（3）间冷循环水泵轴振大：驱动端X/Y方向或非驱动端X/Y方向大于0.12mm。

（4）间冷循环水泵温度保护：泵轴承大于 85℃，电机轴承大于 95℃。

（5）循环水路不通（所有扇区未投入且旁路阀未开）。

（6）电气故障跳闸。

12. 间冷系统禁止启动条件是什么？

答：（1）间冷系统主要保护试验不合格。

（2）任一扇段进、出口水门不严或漏水严重。

（3）间冷充水泵不能远方、就地启停。

（4）主要表计不能投入（如：扇段出水温度、间冷塔出水温度、高位水箱水位、低位水箱水位等）。

13. 什么是间冷扇区一级防冻保护？

答：在冬季运行模式下（环境温度小于 0.5℃），冷却塔处于自动运行。

触发条件：扇区回水温度（三取中）小于 17℃，延时 60s。

执行动作：该扇区的百叶窗将抑制开度（开度增大的方向受抑制），发出一级防冻保护报警。

复位条件：扇区回水温度（三取中）大于 20℃或扇区泄水状态回来，延时 20s，解除百叶窗的开度抑制。

14. 什么是间冷扇区二级防冻保护？

答：在冬季运行模式下（环境温度小于 0.5℃），冷却塔处于自动运行。

触发条件：扇区回水温度（三取中）小于 15℃或者扇区散热器壁温小于 10℃，延时 60s。

执行动作：该扇区的百叶窗将关闭，发出二级防冻保护报警。

复位条件：扇区回水温度（三取中）大于 17℃，延时 20s，或者扇区散热器壁温大于 15℃，延时 20s，或扇区泄水状态回来，延时 20s。

15. 什么是间冷扇区三级防冻保护？

答：在冬季运行模式下（环境温度小于 0.5℃），冷却塔处于自动运行。

触发条件：扇区回水温度（三取中）小于 10℃或者扇区散热

器壁温小于 6℃，延时 60s。

执行动作：发出三级防冻保护报警；延时 300s，在自动泄水投入下，自动进入扇区泄水程序，延时 600s，如果三级防冻保护没复位，发紧急泄水请求报警。

复位条件：扇区回水温度（三取中）大于 15℃，延时 20s，或者扇区散热器壁温大于 10℃，或 扇区泄水状态回来，延时 20s。

16. 机组运行中，发生循环水中断，应如何处理？

答：（1）立即手动紧急停运汽轮发电机组，维持凝结水系统及真空泵运行。

（2）及时切除并关闭旁路系统，关闭主、再热蒸汽管道至凝汽器的疏水，禁止开启锅炉启动疏水扩容器至凝汽器的疏水。

（3）注意闭式水各用户的温度变化。

（4）加强对润滑油温、轴承金属温度、轴承回油温度的监视。若轴承金属温度或回油温度上升至接近限额，应破坏真空紧急停机。

（5）关闭凝汽器循环水进、出水阀，待排汽温度降至规定值以下，再恢复凝汽器通循环水。

（6）检查低压缸安全膜应未吹损，否则应通知检修及时更换。

17. 循环水泵跳闸应如何处理？

答：（1）复位联动泵、跳闸泵操作开关。

（2）检查跳闸泵出口门联关。

（3）解除"联锁"开关。

（4）迅速检查跳闸泵是否倒转，发现倒转立即将出口门关闭严密。

（5）检查联动泵运行情况。

（6）备用泵未联动应迅速启动备用泵。

（7）无备用泵或备用泵联动后又跳闸，应立即报告班长、值长。

（8）联系电气人员检查跳闸原因。

18. 间冷系统防冻措施有哪些？

答：（1）在进入冬季前，必须检查百叶窗、扇区进回水阀门、扇区进回水泄水阀门可以严密关闭，试验间冷系统保护正确动作。

（2）在冬季要投入间冷保护模式运行，并且与冬季运行模式共同运行。

（3）在冬季进行启停操作时，必须提前了解环境气象条件的变化。

（4）冬季任何扇区投入后，至少20min后，才可以开启其百叶窗。

（5）在间冷进行扇区充、泄水过程中，就地必须有专人进行监视，正常运行期间要定时对冷却三角运行情况进行检查。

（6）冬季严格控制扇区投、退操作次数，原则上通过百叶窗调整冷却塔运行状态，不进行扇区的投、退操作。

（7）冬季空冷系统扇区进行充水时，必须监视充水情况及各阀门就地动作情况，异常时及时进行状态判断并处理。

（8）冬季间冷循环水系统运行后，当热水温度大于40℃时才能投入扇区。

（9）冬季间冷扇段在进行充、排水时，应尽可能安排在环境温度2℃以上，提前提高间冷循环水温，关闭拟投运扇段的全部百叶，尽可能缩短充、排水时间。扇段充水时，要求进入扇段的水温要大于50℃，环境温度低于-10℃时禁止扇段进行充水工作。

（10）机组负荷降低后应及时调整关闭迎风面的百叶窗，随后再逐渐关小其他百叶窗，当百叶窗全部关闭后扇区出水温度仍低于30℃时，应申请适当提高机组负荷，必要时应退出部分扇区运行直到出水温度上升到30℃以上为止。

（11）当环境温度低至-5℃以下时，可适当提高分段出口温度以保证散热器不冻结。根据机组负荷应及时调整间冷循环水温度。

（12）冬季环境温度低于-10℃时，启动第三台循环泵运行以增加循环水流速，防止扇区冻坏。

（13）发现百叶窗有结冰、积雪时要及时联系维护人员进行清理。

（14）间冷扇段在冬季只允许两种状态，扇段未投入运行且已充分泄水或扇段在运行且出口水温满足要求，严禁出现扇段未在运行状态且已充水。扇段泄水时，如发现泄水门未开启，则立即采取相关措施，迅速打开泄水门进行充分泄水。

（15）间冷系统各测点故障时及时联系处理，不能因测点指示不正确造成设备冻结。

（16）当扇区发生泄漏时，扇区百叶窗全部关闭后扇区出口温度降到30℃且继续下降时，应立即退出该扇段运行，防止结冰冻坏冷却三角。

（17）间冷系统停运时，就地检查各扇区进回水阀门、泄水门状态，确保所有地面以上存水放至低位水箱。

19. 循环水泵在倒转的情况下，为什么不允许启动？

答：循环水泵在倒转的情况下如果启动，会使泵轴（包括靠背轮）损坏，因为这时启动产生的扭转力矩比正常启动要大得多，电机也容易损坏，电机正常启动电流是额定电流的5～6倍，如果在泵倒转情况下启动，大电流通过电机会引起电机损坏。

20. 循环水泵振动的原因及处理有哪些？

答：原因：

（1）水泵、电机地脚螺丝松动。

（2）水泵和电机中心不正。

（3）水泵、电机推力瓦摩擦，阻力增大。

（4）水泵和电机动静部分发生摩擦或损坏。

（5）轴瓦的间隙增大或损坏。

（6）电机励磁中心改变。

（7）电机定子线圈松动。

（8）水泵汽蚀。

（9）泵内进入异物。

处理：发现循环水振动增大，应立即检查振动原因，并通知检修，当振动增大不能维持运行时，立即停止运行。

第七节　汽轮机运行与维护

1. 与定压运行相比，机组采用变压运行有何优点？

答：（1）机组负荷变化时，可减少高温部件的温度变化，从而减小汽缸和转子的热应力及热变形，提高部件的使用寿命。

（2）低负荷能保持较高的热效率，由于变压运行时调速汽门全开，在低负荷时节流损失很小，因此与同一条件的定压运行相比热耗较小。

（3）给水泵功耗小，当机组负荷减小时，给水流量和压力也随之减小，因此给水泵消耗的功率也随之减小。

2. 汽轮机按启动时汽缸进汽方式可以分为哪些类型？

答：按启动时汽缸进汽方式划分为高压缸启动，高、中压缸联合启动和中压缸启动。

（1）高压缸启动。启动时主蒸汽直接进入汽轮机高压缸进行冲转，中压主汽阀、中压调速汽阀全开，不参与汽轮机转速调节。

（2）高、中压缸联合启动。启动时蒸汽同时进入高、中压缸进行冲转，中压主汽阀全开、中压调速汽阀参与调节，启动过程中应注意控制再热蒸汽压力在正常范围内。

（3）中压缸启动。启动时蒸汽不经过高压缸，再热蒸汽直接进入汽轮机中压缸进行冲转，通常采用通风阀控制高压缸温度，当转速升高到一定值或并网带一定负荷后再切换到高压缸进汽。

3. 高、中压缸联合启动和中压缸进汽启动各有什么优缺点？

答：高、中压缸联合启动优点：蒸汽同时进入高、中压缸冲动转子。这种方法可使高、中压合缸的机组分缸处加热均匀，减少热应力，并能缩短启动时间。缺点是汽缸转子膨胀情况较复杂，胀差较难控制。

中压缸进汽启动优点：冲转时高压缸不进汽，而是待转速升到 2000 ～ 2500r/min 后才逐步向高压缸进汽，这种启动方式对控制胀差有利，可以不考虑高压缸胀差问题，以达到安全启动的目的。但启动时间较长，转速也较难控制。采用中压缸进汽启动，高压缸无蒸汽进入，鼓风作用产生的热量使高压缸内部温度升高，因此还需引进少量冷却蒸汽。

4. 影响胀差变化的主要因素有哪些？

答：主、再热蒸汽的温度变化率，轴封供汽温度的高低，以及供汽时间的长短，暖机时间的长短，转速变化速度或负荷变化速度的大小，滑销系统的工作状态，凝汽器真空的变化，汽缸保温条件和疏水是否通畅，空负荷或低负荷运行（产生鼓风摩擦损失）时转子的泊桑效应等。

5. 汽轮机在运行过程中，上下汽缸往往出现温差，通常为上汽缸温度高于下汽缸温度，其主要原因有哪些？

答：（1）上下汽缸具有不同的重量和散热面积。下汽缸比上汽缸的金属质量大，且下汽缸布置有回热抽汽管道和本体疏水管道，散热面积大，因而在相同的保温、加热和冷却条件下，下汽缸的散热条件好，使得上汽缸温度比下汽缸温度高。

（2）在启、停机阶段，汽缸内温度较高的蒸汽上升，而蒸汽释放热量转为凝结水汇集在下汽缸，在下汽缸内壁形成水膜，使下汽缸受热条件恶化。

（3）停机后汽缸内形成空气对流，温度较高的空气聚集在上汽缸，下汽缸内的空气温度较低，使上下汽缸的冷却条件产生差异，从而增大了上下汽缸的温差。

（4）下汽缸形状复杂、管道多，使得下汽缸的保温不如上汽缸，运行时，由于振动，下汽缸保温材料容易脱落。

（5）下汽缸置于温度较低的运行平台以下，因空气对流，使上、下汽缸冷却条件不同，增大了温差。

6. 汽轮机启动时为什么要限制上下缸的温差？

答：汽轮机汽缸上下存在温差，将引起汽缸的变形。汽缸的这种变形使下缸底部径向动静间隙减小甚至消失，造成动静部分摩擦，尤其转子弯曲时，增大了动静部分摩擦的危险。

上下缸温差是监视和控制汽缸热翘曲变形的指标。大型汽轮机高压转子一般是整锻的更大。轴封部分是在轴体上车旋加工而成，如发生大轴弯曲，不及时处理，可能引起永久变形。汽缸上下温差过大常是造成大轴弯曲的初始原因，因此汽轮机启动时一定要限制上下缸的温差。

7. 什么是负温差启动？为什么应尽量避免负温差启动？

答：凡冲转时蒸汽温度低于汽轮机最热部位金属温度的启动为负温差启动，因为负温差启动时，转子与汽缸先被冷却，而后又被加热，经历一次热交变应力、从而增加了机组疲劳寿命损耗。如果蒸汽温度过低，则将在转子表面和汽缸内壁产生过大的拉应力，而拉应力较压应力更容易引起金属裂纹、并会引起汽缸变形，使动静间隙改变，严重时会发生动静摩擦事故，此外、热态汽轮机负温差启动、使汽轮机金属温度下降，加负荷时间必须相应延长，因此一般不采用负温差启动。

8. 机组启动前的检查内容有哪些？

答：（1）安装或检修工作全部结束，所有缺陷消除，所有工作票已完成并交回。

（2）各通道和工作场所畅通无杂物，临时设施已拆除。

（3）设备及管道保温完好，各支吊架、支承弹簧等完好，膨胀间隙正常，保证各部件能自由膨胀。

（4）各照明系统良好。

（5）厂区消防设施正常可用。

（6）通信系统及设备正常可用，计算机系统正常联网。

（7）检查汽轮机 DEH 装置、TSI 系统、保安系统等投入正常。

（8）就地各控制、监视系统均投入正常。

（9）各种操作电源、控制电源、仪表电源等均送上且正常。

（10）基地式调节装置正常并投入自动。

（11）确认汽轮机及其辅助设备、系统完好，处于启动前状态，各联锁保护试验合格且正常投入。

（12）确认厂用采暖及空调等各公用系统完好可投入。

（13）各种记录表纸、启动用操作票等已准备齐全，人员已安排好。

9. 启动、停机过程中应怎样控制汽轮机各部温差？

答：高参数大容量机组的启动或停机过程中，因金属各部件传热条件不同、各金属部件产生温差是不可避免的，但温差过大，使金属各部件产生过大热应力热变形、加速机组寿命损耗及引起动静摩擦事故。这是不允许的。

因此应按汽轮机制造厂规定控制好蒸汽的升温或降温速度、金属的温升、温降速度、上下缸温差、汽缸内外壁、法兰内外壁、法兰与螺栓温差及汽缸与转子的胀差。控制好金属温度的变化率和各部分的温差。就是为了保证金属部件不产生过大的热应力、热变形，其中对蒸汽温度变化率的严格监视是关键，不允许蒸汽温度变化率超过规定值、更不允许有大幅度的突增突降。

10. 热态启动时，为什么要求新蒸汽温度高于汽缸温度50～80℃?

答：机组进行热态启动时，要求新蒸汽温度高于汽缸温度50～80℃。可以保证新蒸汽经调节汽门节流，导汽管散热、调节级喷嘴膨胀后，蒸汽温度仍不低于汽缸的金属温度。因为机组的启动过程是一个加热过程，不允许汽缸金属温度下降。如在热态启动中新蒸汽温度太低，会使汽缸、法兰金属产生过大的应力，并使转子由于突然受冷却而产生急剧收缩，高压胀差出现负值，使通流部分轴向动静间隙消失而产生摩擦，造成设备损坏。

11. 机组禁止启动的条件是什么?

答：（1）机组主要联锁保护功能试验不合格。

（2）机组任一保护装置失灵。

（3）机组主要调节装置失灵。

（4）基地式调节装置失灵，影响机组启动或正常运行。

（5）机组主要监测仪表监视功能失去或主要监测参数超过极限值。

（6）机组仪表及保护电源失去。

（7）控制系统通信故障或任一过程控制单元功能失去。

（8）DEH控制装置工作不正常，影响机组启动或正常运行。

（9）高、中压主汽阀、调节汽阀、抽汽止回阀、高排止回阀卡涩，高压缸通风阀动作异常。

（10）主汽轮机转子偏心度大于原始值的 ±20μm。

（11）盘车时汽轮发电机组转动部分有明显摩擦声。

（12）汽轮机润滑油油箱油位低于极限值或油质不合格。

（13）EH 油箱油位低或油质不合格。

（14）汽轮机高、中压缸上、下缸温差大于 50℃。

（15）主机危急保安器动作不合格。

（16）高、低压旁路系统故障。

12. 汽轮机冲转条件中为什么规定要有一定数值的真空？

答：汽轮机冲转前必须有一定的真空，一般为 60kPa 左右，若真空过低，转子转动就需要较多的新蒸汽，而过多的乏汽突然排至凝汽器，凝汽器汽侧压力瞬间升高较多，可能使凝汽器汽侧形成正压，造成排大气安全薄膜损坏，同时也会给汽缸和转子造成较大的热冲击。

冲动转子时，真空也不能过高，真空过高不仅要延长建立真空的时间。也因为通过汽轮机的蒸汽量较少，放热系数也小，使得汽轮机加热缓慢，转速也不易稳定，从而会延长启动时间。

13. 汽轮机启动升速和空负荷时，为什么排汽温度反而比正常运行时高？采取什么措施才能降低排汽温度？

答：汽轮机升速过程及空负荷时，因进汽量较小，故蒸汽进入汽缸后主要在高压段膨胀做功，至低压段时压力已降至接近排汽压力数值，低压级叶片很少做功或者不做功，形成较大的鼓风摩擦损失，加热了排汽，使排汽温度升高。此外，此时调节汽阀开度很小，额定参数的新汽受到较大的节流作用，也使排汽温度升高。这时凝汽器的真空和排汽温度往往是不对应的，即排汽温度高于真空对应下的饱和温度。

大机组通常在排汽缸设置喷水减温装置，排汽温度高时，喷入凝结水以降低排汽温度。

对于没有排汽缸喷水装置的机组，应尽量缩短空负荷运行时间。当汽轮发电机并列带部分负荷时，排汽温度会降低至正常值。

14. 汽轮机升速和加负荷过程中为什么要监视机组的振动情况？

答：大型机组启动时，发生振动多在中速暖机及其前后升速阶段，特别是通过临界转速的过程中，机组振动将大幅度的增加，在此阶段中，如果振动较大，最易导致动静部分摩擦、汽封磨损、转子弯曲。转子一旦弯曲，振动越来越大，振动越大，摩擦就越厉害。这样恶性循环，易使转子产生永久性变形弯曲，使设备严重损坏。因此要求暖机或升速过程中，如果发生较大的振动，应该立即打闸停机，进行盘车直轴，消除引起振动的原因后，再重新启动机组。

机组定速并网后，每增加一万负荷，蒸汽流量变化较大，金属内部温升速度较快，主蒸汽温度再配合不好，金属内外壁最易造成较大温差，使机组产生振动。因此，每增加一定负荷时需要暖机一段时间，使机组逐步均匀加热。综上所述，机组升速与带负荷过程中，必须经常监视汽轮机的振动情况。

15. 汽轮机冲转前应进行哪些主要辅助设备及系统的投运？

答：（1）辅冷水（辅冷塔）开式冷却水系统投运。

（2）投运补水系统。

（3）循环冷却水系统充水、监视。

（4）闭式冷却水系统投运。

（5）压缩空气系统投运。

（6）主机润滑油系统投运，正常后投运润滑油净化装置。

（7）发电机密封油系统投运。

（8）发电机气体置换及充氢，发电机氢冷系统投运。

（9）发电机定子冷却水系统投运。

（10）顶轴油系统投运。

（11）盘车装置投运，进行听音检查。

（12）凝结水系统投运。

（13）辅助蒸汽系统投运。

（14）除氧器加热制水。

（15）主机 EH 油系统投运。

（16）高、低压旁路系统投运前的检查备用。

（17）投运小机润滑油系统。

（18）循环水系统投运。

（19）抽真空系统投运。

（20）轴封蒸汽系统投运。

（21）汽动给水泵组及给水系统投运。

16. 汽轮机冲转前的检查内容有哪些?

答：（1）主机联锁保护试验合格并投入。

（2）不存在禁止启动条件。

（3）机组所有投运的辅助设备及系统运行正常。

（4）用于汽轮机冲转的蒸汽至少有 50℃以上的过热度，且蒸汽品质合格。

（5）按照规程规定，将主机各参数控制在允许范围内：高压胀差、低压胀差、汽缸上下缸温差、轴向位移、低压缸排汽温度、凝汽器压力等。

（6）冲转参数满足制造厂推荐值，按照制造厂推荐的启动曲线，确定启动时间、升速 / 升负荷率和暖机时间。

（7）连续盘车 4h 以上，且转子偏心度小于 110% 原始值。

（8）高压缸暖缸结束，确认汽轮机第一级金属温度高于 150℃。

（9）轴封蒸汽压力正常，轴封蒸汽温度与汽轮机金属温度相匹配。

（10）主机润滑油系统、EH 油系统正常。

（11）TSI 系统投运正常。

（12）发电机密封油系统、定子冷却水系统及氢气冷却系统运行正常。

（13）汽轮机冲转、升速及升负荷期间需重点监视的参数能正常显示。

（14）确认高、低压旁路系统在"自动"方式。

17. 高压缸预暖的投入条件是什么?

答：（1）汽轮机盘车已经正常投运。

（2）确认汽轮机在跳闸状态。

（3）高压主汽阀全关。

（4）凝汽器背压小于 25kPa。

（5）高压缸内缸第一级后内下壁金属温度小于等于150℃。

（6）辅助蒸汽压力小于等于0.7MPa，蒸汽过热度大于等于28℃。

18. 阀壳预暖前的准备工作有哪些？

答：（1）确认汽轮机在跳闸状态，负荷限制器在零位。

（2）检查并确认EH油压正常。

（3）确认主蒸汽温度高于271℃。

（4）检查并确认主蒸汽管道、调节汽阀上的疏水阀打开。

19. 阀壳预暖操作是什么？

答：（1）在DEH上调出"自动控制"画面，操作"汽轮机挂闸"按钮，在弹出窗口中点击"挂闸"按钮，DEH上"汽轮机挂闸"状态变为"挂闸"（表示汽轮机挂闸成功）。

（2）在自动控制画面中，点击"CV阀壳预暖"按钮选择"投入"，则两个高压阀组的主汽阀的预启阀开启至预暖位置21%，开始对阀壳进行预热。

（3）预暖时，注意观察调节汽阀蒸汽室内外壁金属的温度差，当温差超过90℃时，点击"CV阀壳预暖"按钮选择"撤出"，则全关主汽阀预启阀。

（4）主汽阀的预启阀关闭后，注意监视调节汽阀蒸汽室内外壁金属间的温度差。当温差小于80℃时，重新投入"CV阀壳预暖"，则预启阀开启至预热位置。

（5）在预暖过程中，根据阀壳温差情况及时调整上述预热操作，直至调节汽阀蒸汽室内外壁金属的温度都升至180℃以上，并且内外壁金属温差低于50℃。

（6）达到预热温度及温差要求时，撤出"CV阀壳预暖"，预热完成。

（7）如汽轮机短时间内不具备冲转条件，打闸。

20. 高压缸预暖期间注意事项有哪些？

答：（1）高压缸预暖蒸汽过热度大于等于28℃。

（2）高压缸暖缸期间应保证预暖缸汽源参数稳定。

（3）在高压缸暖缸期间，阀门开度值应以金属温升率限制和闷缸压力为主要依据。

（4）通过调整高压缸预暖节流门、高排止回阀前疏水门来调整汽缸的金属温升率要求，严格控制金属温升率小于0.5℃/min，在允许范围内。

（5）高压缸内压力（监视汽轮机高压缸第一级后蒸汽压力）约为0.5～0.7MPa，不得超过0.7MPa（确认高排止回阀关严），否则会产生附加的推力。

（6）高压缸预暖时间必须严格按照"高压缸预暖闷缸时间曲线"执行。

（7）汽轮机上下缸温差正常，未出现任何报警。

（8）汽缸膨胀、高低压缸胀差及转子偏心度在允许范围内。

（9）注意监视盘车装置运行正常。

21. 汽轮机摩擦检查如何操作？

答：（1）当主机转速达500r/min后，在自动控制画面，按下"摩擦检查"按钮，中压调节汽阀关闭，这样可避免升速太快并使蒸汽流动噪声消失，便于汽轮机运转声音的传出。中压调节汽阀关闭后汽轮机转速开始下降。

（2）到就地对机组进行动静摩擦检查，并确认高压调节汽阀、高压补汽阀和中压调节汽阀应关闭，通风阀（VV阀）全开。如就地摩擦检查无异常，撤出"摩擦检查"功能。在此期间，机组转速不允许低于200r/min。

（3）当转速小于300r/min，在自动控制画面，点击"正暖"按钮，在弹出窗口中"投入"，高压调节阀微微开启7.2%达到高压调节汽阀预启阀开启位置，期间转速升至400r/min，高压调节汽阀阀位由DEH锁定保持不变，检查确认VV阀全开。

22. 汽轮机暖机的目的是什么？

答：暖机的目的是使汽轮机各部金属温度得到充分的预热，减少汽缸法兰内外壁、法兰与螺栓之间的温差，从而减少金属内部应力，使汽缸、法兰及转子均匀膨胀，高压胀差值在安全范围内变化，保证汽轮机内部的动静间隙不致消失而发生摩擦。同时使带负荷的速度相应加快，缩短带至满负荷所需要的时间，达到节约能源的目的。

23. 盘车过程中应注意什么问题？

答：盘车过程中应注意如下问题：

（1）监视盘车电动机电流是否正常，电流表是否晃动。

（2）定期检查转子弯曲指示值是否有变化。

（3）定期倾听汽缸内部及高低压汽封处有无摩擦声。

（4）定期检查润滑油泵及顶轴油泵的工作情况。

24. 汽轮机正常运行检查项目有哪些？

答：（1）控制液压油压力和轴承润滑油压力。

（2）支持轴承和推力轴承的巴氏合金温度。

（3）支持轴承和推力轴承的排油温度。

（4）在每一轴承回油观察窗口处的回油流动状况。

（5）汽封系统的压力和温度。

（6）凝汽器真空度。

（7）低压缸排汽口的蒸汽温度。

（8）空气抽出系统。

（9）冷却水系统。

（10）各轴承振动。

（11）汽缸膨胀和胀差。

（12）内外壁金属的温度差。

（13）没有发生严重摩擦。

（14）蒸汽和金属壁间的温度差。

（15）MSV 阀疏水或阀杆处的泄漏量。

（16）所有疏水阀均处于正确位置。

（17）高压调节级、各抽汽压力和热段再热蒸汽管道处蒸汽的压力。

25. 高压缸预暖前准备工作有哪些？

答：（1）确认高排管道各疏水门全开，一段抽汽止回阀关闭，一段抽汽管道疏水阀全开。

（2）高压缸预暖系统暖管，开启预暖系统疏水阀 5min，然后关闭。

（3）检查关闭高排止回阀、高排通风阀，将高压缸第一级前疏水阀开度关至 20%。

26. 汽轮发电机组在临界转速区范围是什么？

答：（1）第一临界转速区 850 ～ 1369r/min。

（2）第二临界转速区 1621 ～ 2214r/min。

（3）第三临界转速区 2445 ～ 2645r/min。

27. 汽轮机冲转前应检查并记录哪些参数？

答：（1）高压主汽门前蒸汽温度。

（2）调节级金属温度。

（3）高压外缸内壁金属温度。

（4）高压进汽室外壁金属温度。

（5）中压进汽室内壁金属温度。

（6）中压进汽室外壁金属温度。

（7）高压调速汽门壳体内外壁金属温度。

（8）汽轮机高、中、低压缸胀差值。

（9）汽缸绝对膨胀值。

（10）转子偏心率。

28. 停机前汽轮机侧有哪些试验项目？

答：（1）主机润滑油启动油泵、交流油泵及直流油泵低油压启动试验。

（2）密封油备用交流油泵、直流油泵低油压启动试验。

（3）给水泵汽轮机机润滑油系统备用交流油泵、直流油泵低油压启动试验。

（4）汽轮机顶轴油泵启动试验。

（5）主机盘车电机空转试验。

（6）汽轮机高中压主汽门、调门全行程活动试验。

（7）汽轮机抽汽止回阀活动试验。

（8）真空严密性试验。

29. 汽轮机冲动转子前或停机后为什么要盘车？

答：在汽轮机冲动转子前或停机后，进入或积存在汽缸内的蒸汽使上缸温度高于下缸温度，从而转子上下不均匀受热或冷却，产生弯曲变形。因此，在冲动转子前和停机后必须通过盘车装置使转子以一定转速连续转动，以保证其均匀受热或冷却，消除或防止暂时性的转子热弯曲。

30. 机组启动暖机阶段的主要检查内容有哪些？

答：（1）倾听汽轮发电机组声音正常，各支承、推力轴承金属温度正常。

（2）各轴承回油温度正常，各轴承润滑油压、油温正常。

（3）密封油系统运行正常。

（4）汽轮机主再热、本体、抽汽管道疏水处于全部开启位置。

（5）低压缸喷水处于投入位置，真空正常，排汽温度不超过规定值。

（6）EH油系统工作正常，系统无漏泄，油压、油温正常。

（7）机组振动、串轴、胀差、绝对膨胀，上下缸温差在允许范围内。

（8）除氧器、凝汽器、真空泵分离水箱、内冷水箱、水位指示准确。

（9）主油箱油位指示正常。

（10）以上参数若超限或接近超限值有上升趋势或不稳定时，应立即汇报值长，查找原因，同时禁止升速。

31. 热态启动时，防止转子弯曲应特别注意哪些方面？

答：（1）热态启动前，负责启动的班组应了解上次停机的情况，有无异常，应注意哪些问题，并对每个操作人员讲明，做到人人心中有数。

（2）热态启动前，转子要连续盘车4h以上，测量转子晃动不大于原始值0.02mm。

（3）一定要先送轴封汽后抽真空。

（4）各管道、联箱应更充分地暖管、暖箱。

（5）严格要求冲转参数和旁路的开度（旁路要等凝汽器有一定的真空才能开启），主蒸汽温度一定要比高压内上缸温度高80～100℃，并有50℃以上的过热度。冲转和带负荷过程中也应加强主、再热蒸汽温度的监视，汽温不得反复升降。

（6）加强振动的监视。热态启动过程中，由于各部件温差的原因，容易发生振动，这时更应严格监视。振动超过规定值应立即打闸停机。

（7）开机过程中，应加强各部分疏水。

（8）应尽量避开极热态启动。

（9）热态启动前应对调节系统赶空气，因为调节系统内存有空气，有可能造成冲转过程中调节汽门大幅度移动，引起锅炉参数不稳定，造成蒸汽带水。

（10）极热态启动时不能做超速试验。

（11）热态启动时，应尽快带负荷至汽缸温度相对应的负荷水平。

32. 机组并网初期为什么要规定最低负荷？

答： 机组并网初期要规定最低负荷，主要是考虑负荷越低，蒸汽流量越小，暖机效果越差。此外，负荷太低往往容易造成排汽温度升高，所以一般规定并网初期的最低负荷。但负荷也不能过高，负荷越大，汽轮机的进汽量增加较多，金属又要进行一个剧烈的加热过程，会产生过大的热应力，甚至胀差超限，造成严重后果。

33. 汽轮机启动时的中速暖机有什么意义？

答： 在冲转阶段，高温蒸汽与低温汽轮机金属接触，急剧放热，汽轮机金属温度变化较剧烈。此时，转子、汽缸沿径向截面受热不均匀，容易产生过大的热应力，所以冲转后应限制进汽量，维持低转速暖机，以防热冲击过大。之所以需要中速暖机阶段，还在于此阶段可以进一步消除转子的热弯曲，及时排出冲转后在汽缸内形成的大量凝结水。另外，还可以在此阶段对机组进行全面检查。

34. 机组冲转前为什么要至少连续盘车 4h 以上？

答： 汽轮机冲动前连续盘车，主要是减少冲转惯性，消除弹性热弯曲，同时监视低速时动静是否有碰磨。因此冲转前盘车应连续运转 4h，特殊情况不少于 2h。

35. 盘车投入条件有哪些？

答：（1）润滑油压正常。

（2）顶轴油压正常。

（3）密封油压正常。

（4）左、右高压主汽门已关，且汽轮机转速至零。说明机组处于遮断状态。

（5）手动（人力）盘车联锁开关未投入。

36. 高压主汽门、调门阀壳预暖的要求及操作是什么？

答：（1）检查确认汽轮机处于跳闸状态，负荷限制器在零位。

（2）检查确认 EH 油泵已启动，EH 油压正常。

（3）确认主蒸汽母管疏水、主汽阀座疏水、高导管疏水、高调门阀座疏水均开启。

（4）检查主蒸汽温度高于 271℃。

（5）汽轮机挂闸。

（6）在 DEH 自动控制画面中点按阀壳预暖按钮，在弹出的操作端中，选择投入阀壳预暖灯亮。DEH 通过伺服阀将 MSV1、MSV2 开度开启 21%。主蒸汽进入主汽阀后通过疏水孔排出，对阀壳进行加热。注意盘车运转正常，防止主调门关闭不严导致汽轮机冲转。

（7）阀壳预暖过程中，当主汽调阀内、外壁金属温差达 90℃，MSV1、MSV2 自动关回，停止预暖，主汽调阀内、外壁金属温差达 80℃，MSV1、MSV2 自动开启，再次进行预暖。待高压主汽调阀内、外壁金属温度均大于 150℃后，主汽阀壳预暖完成，阀壳预暖指示灯灭，即退出阀壳预暖状态，汽轮机打闸。

37. 启动前向轴封送汽要注意什么问题？

答：轴封送汽应注意下列问题：

（1）轴封供汽前应先对送汽管道进行暖管，使疏水排尽。

（2）须盘车状态下向轴封送汽。热态启动应先送轴封供汽，后抽真空。

（3）向轴封供汽时间必须恰当，冲转前过早地向轴封供汽，会使上，下缸温差增大，或使胀差正值增大。

（4）要注意轴封送汽的温度与金属温度的四配。热态启动最好用适当温度的备用汽源，有利于胀差的控制，如果系统有条件将轴封汽的温度调节，使之高于轴封体温度则更好，而冷态启动轴封供汽最好选用低温汽源。

（5）轴封供汽投入后要严密监视高中、低压缸及高中压主、调节汽阀的温度，胀差、转子偏心度、盘车电流的变化情况，动静部分是否摩擦，轴加真空、水位是否正常，主机及小机回油窗是否有水雾等情况。

38. 盘车过程中应注意什么问题？

答：（1）监视盘车电动机电流是否正常，电流表是否晃动。

（2）定期检查转子弯曲指示值是否有变化。

（3）定期倾听汽缸内部及高低压汽封处有无摩擦声。

（4）定期检查润滑油泵及顶轴油泵的工作情况。

39. 为什么在启动、停机时要规定温升率和温降率在一定范围内？

答：汽轮机在启动、停机时，汽轮机的汽缸、转子是一个加热和冷却过程。启、停时，势必使内、外缸存在一定的温差。启动时由于内缸膨胀较快，受到热压应力，外缸膨胀较慢则受到热拉应力；停机时，应力形式则相反。当汽缸金属应力超过材料的屈服应力极限时，汽缸可能产生塑性变形或裂纹，而应力的大小与内外缸温差成正比，内外缸温差的大小与金属的温度变化率成正比，启动、停机时没有对金属应力的监测指示，取一间接指标，即用金属温升率和温降率作为控制热应力的指标。

40. 为什么机组达全速后要尽早停用高压油泵？

答：机组在启动冲转过程中，主油泵不能正常供油时，高压调速油泵代替主油泵工作。随着汽轮机转速的不断升高，主油泵逐步进入正常的工作状态，汽轮机转速达 3000r/min，泵达到工作转速，此时主油泵与高压油泵成了并泵运行，若设计的高压油泵出口油压比主油泵出口油压低，则高压调速油泵不上油而打闷泵，严重时将高压调速油泵烧坏，引起火灾事故。若设计的高压调速油泵出口油压比主油泵出口油压高，则主油泵出油受限转子窜动、轴向推力增加，推力轴承和叶轮口环均会发生摩擦，并且泄漏油量大，会造成前轴承箱满油，所以机组达到全速后，应检查主油泵出口油压正常后，及时停用高压油泵。

41. 汽轮机启动、停机时为什么要规定蒸汽的过热度?

答：如果蒸汽的过热度低，在启动过程中，由于前几级温度降低过大，后几级温度有可能低到此级压力下的饱和温度，变为湿蒸汽，蒸汽带水对叶片的危害极大，所以在启动、停机过程中蒸汽的过热度要控制在 $50 \sim 100℃$。

42. 滑参数停机时，为什么最好先降汽温、后降汽压?

答：由于汽轮机在正常运行中，主蒸汽的过热度较大，所以滑参数停机时最好先维持汽压不变而适当降低汽温，降低主蒸汽的过热度，这样有利于汽缸的冷却，可以使停机后的汽缸温度低一些，能够缩短盘车时间。滑参数停机温降幅度大，温降允许速率低，停机中途还应适当稳定，停机时间长，在实际操作中，一般滑参数停机都是因有检修工作，停机、停炉时间较长，都需要将粉仓烧空，一般应在停机前期煤粉充足时，将汽温适当降下来，免得到后期冲粉，使汽温难以控制，达不到降温要求，或无煤粉了，汽温仍不合要求，为降汽温而烧油，既延长了停炉时间，经济上也不合算。或者到时省调要求停机，可能缸温还未降到负荷要求。

43. 汽轮机在停机前应进行哪些试验? 有何要求?

答：停机前下列试验应合格：汽轮机交、直流润滑油泵、顶轴油泵、盘车装置联动和启动试验，高、中压主汽门、抽汽止回阀的活动试验。若不合格，非故障停机条件下应暂缓停机，待缺陷消除后再停机。

44. 汽轮机滑停过程中有关参数的控制有何要求?

答：（1）主、再热蒸汽降温速度：小于等于 $1.2℃/min$。

（2）汽缸金属的温降率：$0.5 \sim 1℃/min$。

（3）主、再热蒸汽过热度：不少于 $50℃$。

（4）先降负荷、再降汽温，分段交替下滑。

（5）在整个滑停过程中要严密监视汽轮机胀差、轴位移、上下缸的温差、各轴振及轴瓦温度在规程规定的范围内，否则应打闸停机。

45. 氢冷发电机进行气体置换过程时应注意什么？

答：（1）一般只有在发电机气体切换结束后，再提高风压或泄压。

（2）在排泄氢气时速度不宜过快。

（3）发电机建立风压时应向密封瓦供油。

（4）在排氢或倒氢时，应严密监视密封油箱油位及发电机密封油与氢气差压。

46. 氢气系统启动前应检查哪些项目？

答：充氢前确认发电机及氢气系统附近停止一切动火工作，现场消防设备完好。

（1）汽轮机处于静止或盘车状态。

（2）系统阀门按检查卡检查无误。

（3）有关阀门、表计和报警装置经校验合格，控制电源投入。

（4）发电机已全部封闭，发电机和相关的管道系统气密性试验合格。

（5）密封油系统及排烟风机已投用。

（6）检查现场准备有足够的氢气瓶和 CO_2 气体瓶。

（7）确认 H_2 / CO_2 气体纯度合格。

1）CO_2 的纯度大于或等于 99.9% 体积比，剩下的 0.1% 中不得含有腐蚀性污染物。也不得含有氨气 NH_3、和 SO_2。

2）H_2 的纯度大于或等于 99.9% 体积比，剩下的 0.1% 中不得含有腐蚀性污染物。也不得含有氨气 NH_3、和 SO_2。

（8）根据生产调度会要求，由值长发令，发电机方可充氢。

47. 氢冷发电机进行气体置换时应注意哪些事项？

答：（1）置换时应禁止一切明火作业。

（2）气体置换前及置换期间，应通知检修，禁止行车运行并远离，应打开汽轮机房屋顶风机。严禁在附近进行测绝缘等电气操作。

（3）气体置换必须用铜制工具。

（4）气体置换应在发电机静止或盘车状态时进行，同时应保持密封油系统运行正常。如果出现紧急情况，可在发电机减速的情况下进行气体置换，但转速不得超过 1000r/min，且不允许发电机充入 CO_2 气体在高速下运行。

（5）禁止向室内排放 H_2。

（6）发电机气体置换前将氢气纯度仪、湿度仪、氢气干燥器退出运行。

（7）必须使用惰性气体间接置换，严禁使用真空法、排氢法。

（8）气体置换采用 CO_2 气体作为中间介质，充氢顺序为先用 CO_2 驱赶机内空气，再用氢气驱赶机内的 CO_2，最后升高氢压，排氢顺序与充氢顺序相反。

（9）充排氢时，氢气流速不宜太高，维持机内正压，防止空气入内。

（10）在整个置换过程中，应密切注意油氢差压和密封油箱油位正常，防止跑氢和发电机内进油。

（11）发电机内存留 CO_2 不允许超过 24h，最好在 6h 内排出。

（12）发电机充氢气前，确认与充氢系统连接的空气气源管道堵板加好。

（13）在气体置换过程中，应由化学对 H_2 及 CO_2 取样分析。发电机测量 H_2 纯度应从发电机底部取样，测量 CO_2 纯度应从发电机顶部取样。

（14）排气时应注意同时排掉死区的气体，如氢气干燥器、油水继电器、氢气湿度仪、发电机绝缘监测装置等。

（15）一般只有在发电机气体置换结束后，再提高氢压或泄压。

（16）开启二氧化碳瓶时，应缓慢进行。必要时投入二氧化碳加热装置，为缩短气体置换时间，必要时可用数个二氧化碳瓶同时供气，注意二氧化碳瓶的结露情况，一般上升至离瓶底 0.5m 以上时，应及时调换。瓶内压力不应全部放尽，应不低于 0.45MPa。

（17）如遇下列情况之一，会发生爆炸或着火危险：

1）在发电机壳内，当 H_2 纯度降至 4% ~ 76% 时。

2）在发电机壳内，当含氧量超过 2% 时。

3）轴承回油管或在油箱中氧的含量超过 5% 时。

4）在距离漏氢地点 5m 以内遇有火源或电火花时。

48. 电机密封油系统运行方式是什么？

答：（1）第一种运行方式，正常运行回路方式。

正常运行时，一台主密封油泵运行，油源来自主机润滑油。正常运行，密封油真空箱要保持 –98 ～ –90 kPa 的额定真空，以利于析出并排出油中水气。运行回路如下：

如果真空泵故障停运，主密封油泵仍可正常运行供油，此时应加强对氢气纯度的监视。当氢气纯度明显下降时，每 8h 应操作扩大槽上部的排气阀进行排污并补氢，以保持机内氢气纯度合格。此工况下还应对真空油箱的油位进行密切监视，如无法维持允许的油位，则应停运主密封油泵，而改用事故密封油泵供油。

（2）第二种运行方式，事故运行回路方式。

事故密封油泵直流泵、投入运行时，由于密封油不经过真空油箱而不能净化处理，油中所含的空气和潮气可能随氢侧回油扩散到发电机内导致氢气纯度下降，此时应加强对氢气纯度的监视。当氢气纯度明显下降时，每 8h 应操作扩大槽上部的排气阀进行排污并补氢，以保持机内氢气纯度合格。

事故密封油泵直流泵、投入运行，且估计 12h 内主油泵不能恢复正常工作状态，则真空油箱补油管路上的阀门以及真空泵进口阀门应关闭，停运再循环泵及真空泵，然后操作真空破坏阀门破坏真空，真空油箱退出运行。

除主密封油泵故障需要投入事故密封油泵之外，真空油箱中的浮球阀故障需要检修，也应改用事故密封油泵供油，真空油箱退出运行。

（3）第三种运行方式，紧急密封油回路运行方式。

当交、直流密封油泵均故障时，应紧急停机并排氢，降氢压直至主机润滑油压能够对氢气进行密封，

（4）第四种运行方式，自循环密封油回路运行方式。

当主机润滑油系统停运时，可独立循环运行，此时应注意保

持密封油真空箱高真空。

49. 盘车运行中的注意事项有哪些?

答:(1)盘车运行或停用时手柄方向应正确。

(2)盘车运行时,应经常检查盘车电流及转子晃动值。

(3)盘车运行时应确保一台顶轴油泵运行。

(4)汽缸温度高于200℃,因检修需要停盘车,应按规定时间定期盘动转子180°。

(5)定期盘车改为连续盘车时,其投用时间要选择在二次盘车之间。

(6)应经常检查各轴瓦油流正常,油压正常,系统无漏油。

50. 盘车运行及停止规定有哪些?

答:(1)汽轮机冲转前4h,必须投入盘车。在连续盘车期间,如因工作需要或盘车故障使主轴停止,必须再连续盘车4h方可允许再次启机。

(2)机组安装后初次启动或大修后第一次启动前应采用就地手动方式盘车,正常后方可投入连续盘车。

(3)盘车运行时,必须保证润滑油、顶轴油和密封油不得中断,维持润滑油温在27~40℃,各轴承金属温度应正常,且油压充足,转子偏心度不超过0.076mm。

(4)盘车时,汽缸内有明显摩擦声,应停止连续盘车,改为每隔半小时转180°,不允许强行投连续盘车。

(5)中断盘车时,应停在大轴偏心指示最小位置,在重新投入盘车时应先转180°然后停留上次盘车停运时间的一半,直到转子偏心度指示为零,方可投入连续盘车。

(6)确认轴封供汽停止、高压缸调节级金属温度低于150℃,方可停止盘车装置的运行。

(7)解除盘车装置的联锁,停止盘车电机运行,检查盘车啮合齿轮脱开。

51. EH油系统的投运操作是什么?

答:(1)确认EH油箱油位460mm,油温低于20℃时,应首先启动一台EH油循环泵运行并投入电加热器,将油温提高至

20℃以上，方可启动 EH 油主油泵。

（2）启动 EH 油再生泵，投入 EH 油系统再生装置运行，检查过滤系统的压力表计指示正常。

（3）确认 EH 油质合格 NAS 小于等于6级，水分小于等于1000mg/L。

（4）启动一台 EH 油泵，检查 EH 油泵电流、出口压力指示正常，检查主机和两台给水泵小机 EH 油系统无漏油、无异常后，投入另一台 EH 油泵联锁备用。

（5）开启冷油器冷却水出、入口门，检查 EH 油温控阀自动调节正常。

52. EH 油系统运行监视项目有哪些？

答：（1）检查 EH 油箱温度在37～54℃，油箱温度高于37℃时，应检查油箱电加热自动退出，否则应手动停止。当 EH 油温低于32℃时，检查油箱电加热自动投入。

（2）检查 EH 油箱油位在270～460mm，检查系统无渗漏点。

（3）EH 油母管压力在（14±0.5）MPa，低于11.2MPa 应检查备用 EH 主油泵联锁启动。

（4）检查 EH 油泵电机电流、振动、温度、声音等应正常。

（5）各个滤网差压不大于0.5MPa，否则清洗或更换滤网。

（6）油箱空气干燥呼吸器投入良好，干燥剂呈蓝色。

（7）检查高、低压蓄能器氮气压力大于10MPa，入口门开启。

（8）定期对 EH 油进行取样化验。

53. 机组并网初期为什么要规定最低负荷？

答：机组并网初期要规定最低负荷，主要是考虑负荷越低，蒸汽流量越小，暖机效果越差，但负荷也不能太高，负荷越高，汽轮机的进汽量增加较多，金属又要进行一个剧烈的加热过程，会产生过大的热应力，所以一般要规定并网初期的最低负荷。

54. 投入邻机加热的注意事项有哪些？

答：（1）2 号高加汽侧投入时，注意控制出水温升率不大于3℃/min。

（2）邻机加热管道暖管时，加强就地检查，防止临机加热及给水管道振动。

（3）开启至邻机加热蒸汽供汽电动调节门过程中应尽量缓慢，以免引起正常运行机组汽温、汽压、负荷的大幅波动。

（4）因本机加热用汽量较大，注意控制邻机凝汽器水位正常，补水跟踪及时。

55. 机组运行中，低加全部解列，对机组运行有什么影响？

答： 运行中低加全部解列时，一方面进入除氧器凝水温度急剧下降，使除氧器的除氧效果急剧下降，使给水中的含氧量急剧增加；另一方面凝水温度急剧下降会使除氧器热负荷大，易使水侧过负荷，造成除氧器及管道振动大。对设备的安全运行带来危害，此外低加全部解列，使原用以加热凝水的抽汽进入汽轮机后面继续做功，汽轮机负荷瞬间增加，汽轮机监视段压力升高，各监视段压差升高，汽轮机的轴向推力增加，为防止汽轮机叶片过负荷，机组负荷应降低，此外凝水温度急剧下降使给水温度下降，锅炉蒸汽蒸发量下降，主汽温升高。

56. 辅机冷却水系统运行前的检查有哪些？

答：（1）检修工作结束，工作票已终结，检查所有设备、管道完好，人孔门关闭。

（2）辅机冷却水泵两台运行、一台备用。当单台机组运行时，可一台辅机冷却水泵运行。当两台机组同时运行时，投入两台辅机冷却水泵运行。机组运行前，至少有一台辅机冷却水泵投入运行。

（3）按辅机投运通则要求检查系统已具备启动条件，检查辅机冷却水系统所有阀门位置正确。相关设备按系统状况测绝缘合格后送电。

（4）检查辅机冷却水泵出口液控蝶阀油箱油位正常，油泵送电，启动液压油泵，检查油泵运行正常。

（5）检查机力塔水池、辅机冷却水泵前池及滤网清洁干净，无污物，水质合格。

（6）机力塔内无人员及遗留杂物，人孔门关闭。

（7）联系除灰、脱硫、燃运确认辅机冷却水至其相应用户已隔离，投入闭式水冷却器冷却水。

（8）检查排污坑水位正常，排污泵备用良好。

（9）确认机械通风冷却塔放水门关闭，通知化学，机力通风冷却塔补水至正常水位。

（10）开启辅机冷却水泵入口门，为系统注水，排尽辅机冷却水泵内和出口管空气。

（11）辅机冷却水泵、机力通风冷却塔风机电机、入口检修电动蝶阀、出口快关蝶阀、出口检修电动蝶阀测绝缘合格、送电，开关切至"远方"。

（12）确认控制电源和信号电源投入，各压力表门打开，所有热工仪表指示良好。

（13）确认辅机冷却水泵保护及联锁试验正常，阀门传动试验正常。

57．辅机冷却水系统投入操作有哪些？

答：（1）关闭辅机冷却水泵出口门，启动辅机冷却水泵，稍开运行辅机冷却水泵出口电动门，对辅机冷却水系统全面排空气，见水后关闭各放空气门，充水过程中注意塔池水位。

（2）逐渐全开辅机冷却水泵出口电动门，检查电机电流不超限。检查辅机冷却水泵出口压力、振动、轴承温度、电机线圈温度正常。

（3）检查机械通风冷却塔、辅机冷却水泵前、后池水位正常，自动补水阀动作正常。

（4）投入备用辅机冷却水泵"联锁"开关。

（5）通知除灰脱硫、燃运辅机冷却水系统已投运正常。

（6）辅机冷却水温度大于25℃，适时投入机力通风塔风机运行，检查风机电流、振动、声音、油温、油位正常。

（7）根据水温、环境温度适时投入风机自动来控制辅机冷却水温度。

（8）联系化学监测水质，投加药系统。

（9）在冬季工况（气温小于等于5℃）启动该系统时，应关闭机械通风冷却塔入口电动蝶阀，开启机械通风冷却塔入口旁路电动蝶阀。当冷却塔出口水温大于15℃时，让水进入冷却塔。

58. 辅助蒸汽系统运行方式有哪些？

答：（1）正常运行的机组，其辅助蒸汽由四抽供给。

（2）辅助蒸汽联箱的冷段再热供汽作为本机四段抽汽的备用汽源。在机组低负荷运行期间，当四抽压力不能满足辅汽联箱压力，需要提高压力时投入使用。

（3）首台机组启动时，辅汽由启动锅炉蒸汽提供，随着机组负荷上升，当汽轮机冷再参数达到0.6MPa以上时，切换为冷再向辅汽系统供汽。当四抽参数上升至0.6MPa以上时，切换为四抽向辅汽供汽。

（4）两台机组同时运行期间，辅助蒸汽联箱互为备用，应保持1号机侧联络电动门打开，2号机侧的联络电动门关闭，开启联络管疏水，保持热备用暖管状态。

（5）某台机组故障时，应及时打开1、2号机辅汽联络门，同时关闭故障机组四段抽汽供辅汽联箱电动门以及联络管疏水门。故障机组恢复正常运行后，应及时将辅汽汽源切回本机自带。

（6）单台机组运行期间，应保证启动锅炉在安全备用。

（7）单台机组运行，备用机组启动时，应采用邻机辅助蒸汽作为启动机组辅汽汽源。达到切换压力后，应及时切至本机自带。

59. 辅助蒸汽系统投入操作有哪些？

答：（1）辅助蒸汽联箱各变送器、压力开关、压力控制器、温度表投入。

（2）辅助蒸汽联箱投入时如采用启动锅炉作为汽源，应提前将启动锅炉启动。

（3）检查并确认辅助蒸汽系统各用汽阀门在关闭位置并严密。

（4）打开辅汽系统供汽管道沿程疏水门，进行管道疏水。

（5）打开辅助蒸汽联箱疏水门，对辅助蒸汽联箱进行疏水。

（6）稍开启动蒸汽供汽手动门，对蒸汽管道及蒸汽联箱进行暖管。

（7）确认蒸汽管道及蒸汽联箱彻底疏水后方可关闭疏水门，逐渐开大供汽门直至压力满足需求，在开大供汽门过程中，速度要缓慢，保持启动锅炉的稳定运行。

（8）根据用汽需要，投入相关用户。

（9）在机组启动、运行、停机过程中，应始终保持辅汽系统参数稳定。

60. 辅汽至高压缸预暖电动门开允许条件有哪些？

答：（1）汽轮机跳闸。

（2）盘车电机已运行。

（3）高压内缸壁温小于 150℃。

（4）凝汽器真空小于 –87.6kPa。

（5）辅助蒸汽联箱压力大于 0.7 MPa 且辅汽联箱温度大于 260℃

（6）一抽止回阀全关且一抽止回阀前疏水气动门全开且冷再热蒸汽母管前疏水气动门已开且冷再热蒸汽母管后疏水气动门已开。

61. 辅汽至高压缸预暖电动门保护关条件有哪些？

答：（1）凝汽器真空大于 –60kPa。

（2）汽轮机跳闸，取非。

（3）汽轮机调节级后压力大于 0.5MPa（3 取中）。

（4）发电机功率大于 100MW，且无汽轮机跳闸，且发电机已并网。

62. 旁路系统运行规定有哪些？

答：（1）机组启停时，旁路系统经充分疏水、暖管后使用。

（2）严禁高低压旁路系统超压、超温运行。

（3）投入旁路系统时应先投入低旁，后投入高旁。机组在启动期间低旁未投入运行，禁止投入高旁。

（4）高低压旁路系统正常退出运行时，必须先退出高旁，后退出低旁。

（5）机组背压高于 20kPa 时，禁止投入低压旁路。

（6）旁路减压阀、减温水截止门、减温水调整门不能远方控制时，禁止投入旁路系统。

（7）旁路减压阀后的温度表或压力表失灵，禁止投入相应的旁路系统。

（8）间接空冷机组在冬季滑参数启、停机过程中，为保证进入空冷凝汽器的最小热负荷，允许部分开启高压旁路，同时必须打开高排通风阀并进行喷水减温，保证高压缸排汽温度小于427℃。

63. 低压旁路系统的联锁保护有哪些？

答：（1）发电机有功功率大于198MW时，发电机解列或汽轮机跳闸或MFT跳闸，无延时低压旁路自动快速开启。

（2）低压旁路阀位置反馈大于5%，联锁开启低旁减温水液动阀。

（3）低压旁路阀位置反馈小于3%，联锁关闭低旁减温水液动阀。

（4）两侧低旁同时快关，5s脉冲，联锁快关高压旁路。

（5）低旁阀后蒸汽温度大于180℃，联锁快关对应侧低压旁路。

（6）凝汽器排汽压力大于60kPa，联锁快关对应侧低压旁路。

（7）凝汽器温度大于80℃，联锁快关低压旁路。

64. 高压旁路系统的联锁保护有哪些？

答：（1）高压旁路阀位置反馈大于5%，联锁开启高旁减温水液动阀。

（2）高压旁路阀位置反馈小于3%，联锁关闭高旁减温水液动阀。

（3）发电机有功功率大于198MW时，且旁路关闭（小于3%），发电机解列或汽轮机跳闸或MFT跳闸，延时2s，高压旁路自动快速开启。

（4）高旁阀后蒸汽温度大于370℃，联锁快关高压旁路。

65. 旁路系统运行注意事项有哪些？

答：（1）在投入旁路过程中，如发生水击、振动等异常情况，应立即停止操作，查明原因、采取措施。

（2）在投入旁路过程中，如发现减压阀、减温水液动门、调整门等不能远方控制，减压阀后压力表、温度表、减压阀阀位指示异常时应立即停止操作。

（3）当高旁后压力超过规定值，应立即减小旁路开度，温度超过规定值时，检查减温水压力与开度，如远方不能操作旁路时，应采取减弱锅炉燃烧等措施。

（4）旁路系统投入运行期间，要加强减温水压力的监视，减温水中断时，应立即退出旁路。

（5）并网后随着机组带负荷，高、低旁逐步关闭后，应切除"自动"。正常运行中高、低旁不得投"自动"。

66. 投运除氧器加热如何操作？

答：（1）除氧器水质合格后 Fe ≤ 200μg/l，停止除氧器换水。启动汽泵前置泵，投入除氧器加热。

（2）打开除氧器正常排气电动门。

（3）开启辅汽至除氧器供汽电动门，逐渐开大调门，以不大于 3℃/min 的加热速度加热至 80℃。

（4）关闭除氧器启动排气电动门。

67. 除氧器运行注意事项有哪些？

答：（1）除氧器本体及管道在升温过程中无振动。

（2）加热过程中注意除氧器水位调节阀动作正常。

（3）当除氧器水溶解氧合格后，可适当关小排氧门。

（4）根据高加投入情况，开启高加至除氧器疏水隔绝门和连续排气门。

（5）除氧器在四抽供汽时由定压运行改为滑压运行，主机带到 90% 额定负荷以上时，再转为定压运行。

68. 除氧器停运操作有哪些？

答：（1）当四抽压力低于 0.196MPa 时，应将除氧器汽源切至辅助蒸汽供汽，除氧器定压运行，压力设定值为 0.15MPa。

（2）当锅炉不需进热水时，停止除氧器加热，并将除氧器加热汽源隔离。

（3）确认凝泵再循环调节门处于自动状态，关闭除氧器水位调节门，停止除氧器上水，注意凝结水系统压力正常。

（4）若除氧器长期停用（超过两个月），应排尽积水，自然干燥，必要时放置干燥剂。

69. 除氧器联锁保护有哪些？

答：（1）除氧器水位达高Ⅲ值 2400mm，联开除氧器溢流阀、事故放水阀、四段抽汽止回阀前气动疏水阀、四段抽汽止回阀后气动疏水阀、四段抽汽电动蝶阀后气动疏水阀，联关四段抽汽电动闸阀、四段抽汽气动 1 号止回阀、四段抽汽气动 2 号止回阀、3 号高加正常疏水气动调节阀。除氧器水位下降至 2150mm 时，联关除氧器溢流阀、事故放水阀。

（2）除氧器水位达高Ⅱ值 2350mm，联开除氧器溢水门、联开凝结水最小流量再循环阀、联关除氧器水位薄膜气动调节阀、联关 3 号高加至除氧器疏水调节阀。

（3）除氧器水位达高Ⅰ值 2300mm，除氧器水位高报警。

（4）除氧器水位达低Ⅰ值 2000mm，除氧器水位低报警。

（5）除氧器水位达低Ⅱ值 600mm，给水泵跳闸。

70. 凝结水系统停运步骤有哪些？

答：（1）机组停运后，关闭凝结水加药门。

（2）若需停运凝结水系统，应先确认凝结水无用户且低压缸排汽温度小于 50℃，方可停运凝泵。

（3）解除备用凝泵联锁。

（4）停运凝泵。

（5）凝泵停后需隔离检修时，应注意关闭其泵体抽空气门。

71. 凝结水泵正常运行中如何切换操作？

答：以 B 凝泵变频运行，切至 A 凝泵变频运行为例。

（1）检查 A 凝结水泵备用良好，具备启动条件。

（2）将 B 凝结水泵变频泵切手动，输出调整至 50Hz，注意除氧器水位自动调节正常。

（3）检查 A 凝结水泵轴承油位正常，油质良好，轴承冷却水、密封水投入正常。

（4）确认 A 凝结水泵泵体抽空气手动门开启，入口滤网对空放气门关闭严密，滤网抽真空门开启。

（5）确认 A 凝结水泵入口门开启，关闭备用凝结水泵出口门。

（6）工频启动 A 凝结水泵，检查 A 凝结水泵组运行正常，联锁开启出口门。

（7）检查凝结水系统运行正常，可适当开启再循环进行调节。

（8）A 凝结水泵启动正常后，停变频 B 凝结水泵，断开变频器出线开关 K2。

（9）工频启动 B 凝结水泵。

（10）停运 A 凝结水泵工频运行，合变频器出线刀闸 K1 将 A 凝结水泵接入变频器，变频启动 A 凝结水泵。

（11）待 A 凝结水泵运行正常后，停运 B 凝结水泵工频运行，切换完成。

（12）切换过程注意除氧器、凝汽器、低加水位的变化，凝结水母管压力避免大幅波动，影响其他凝结水用户。

72. 凝结水系统运行监视项目有哪些？

答：（1）检查凝结水泵泵组的振动小于 50μm、声音正常、轴承温度大于 75℃、轴承油位在 1/2 ～ 2/3，流量正常，凝结水泵无汽蚀现象，系统无泄漏，管道无振动现象。

（2）凝结水母管压力大于 2.5MPa，凝结水温度小于 48℃。

（3）凝结水泵密封水压力大于 0.35MPa，检查轴封不冒水。

（4）凝结水泵电机线圈温度小于 130℃、电机轴承温度小于 85℃。

（5）凝汽器水位在 1100 ～ 1300mm，自动补水调节正常。

（6）检查凝结水泵进口滤网差压小于 10kPa，否则应切换凝泵，联系检修清洗滤网。

（7）除氧器正常水位在 2000mm，当除氧器上水调节门故障时，应采用旁路暂时调节，自动失灵或紧急情况下可切至手动方式进行干预调节。

（8）检查备用泵处于良好备用，无倒转。

73. 凝结水泵启动允许条件是什么？

答：（1）温度允许（泵轴温小于 75℃，电机轴温小于 90℃，电机线圈温度小于 130℃）。

（2）入口门已开。

（3）出口门已关或凝结水泵 A 备用状态。

（4）凝汽器水位大于 650mm。

（5）轴承座振动正常（轴承座 X/Y 方向均小于 7.1mm/s）。

（6）最小流量阀已开且管道电动门已开，或投入备用状态。

（7）无保护跳闸条件。

74. 凝结水泵跳闸条件是什么？

答：（1）温度保护（泵轴温大于 80℃，电机轴温大于 95℃）。

（2）凝结水泵 A 运行时，入口门关。

（3）凝结水泵 A 运行延时 30s，出口门关。

（4）热井水位低低。

（5）轴承座振动大（轴承座 X/Y 方向均大于 11.2mm/s）。

（6）最小流量保护（凝结水流量小于 325t/h，再循环管道电动阀关或再循环调阀开度小于 30%）延时 30s。

75. 真空泵正常运行巡视检查有哪些？

答：（1）高、低压凝汽器各对应的两台真空泵，正常运行时，一台运行，另一台备用，联锁投入。

（2）检查泵组运行正常，电流正常、电机外壳温度、轴承温度、振动正常。

（3）检查真空泵汽水分离器水位、水温及顶部排气正常。

（4）查系统应无泄漏现象，各真空破坏阀水封、凝汽器真空应正常。

（5）检查真空泵冷却器及冷却水循环泵工作正常。

（6）检查各阀门所处状态正确。

76. 机组启动暖机时的主要检查内容有哪些？

答：（1）倾听汽轮发电机组声音正常，各支持轴承、推力轴承金属温度正常。

（2）各轴承回油温度正常，各轴承润滑油压、油温正常。

（3）密封油系统运行正常。

（4）汽轮机主再热、本体、抽汽管道疏水处于全部开启位置。

（5）低压缸喷水处于投入位置，真空正常，排汽温度不超过规定值。

（6）EH 油系统工作正常，系统无漏泄，油压、油温正常。

（7）机组振动、串轴、胀差、绝对膨胀，上下缸温差在允许范围内。

（8）除氧器、凝汽器、真空泵分离水箱、内冷水箱、水位指示准确。

（9）主油箱油位指示正常。

（10）以上参数若超限或接近超限值有上升趋势或不稳定时，应立即汇报值长，查找原因，同时禁止升速。

77. 汽轮机冲转时，真空为什么不能过低，也不能过高？

答：真空过低：

（1）增大汽轮机冲转时的阻力，增大了蒸汽进入调节级汽室等处的热冲击。

（2）增大冲转时所需蒸汽量。

（3）冲转后大量蒸汽进入凝汽器，在冲转瞬间会有使排汽安全门动作的危险。

（4）使排汽温度升高，凝汽器钢管急剧膨胀造成胀口松弛，以至引起凝汽器漏水或使转子中心改变，造成机组振动。

真空过高：冲转所需汽量减少，对暖机不利。

78. 为什么尽量避免在 3000r/min 破坏真空？

答：因为转子转动时产生的摩擦鼓风损失与真空度成反比，与转速的三次方成正比，所以，在此转速破坏真空，使末级叶片摩擦鼓风损失所产生的热量大大增加，因而造成排汽温度和缸体温度的升高，严重的会导致缸体变形，转子中心发生变化，并影响凝汽器的安全，因而停机时应尽量避免在 3000r/min 破坏真空。

79. 汽轮机打闸后，为什么开始转速下降快，转速降低后下降慢？

答：转子转动时产生的摩擦鼓风损失与转速的三次方成正比，因此，汽轮机打闸后，由于高速下摩擦鼓风损失非常大，所以，转速下降得非常快，当达到大约 1500r/min 以后，转子的能量主要消耗在克服机械摩擦阻力，该阻力要比高转速下的摩擦鼓风损失小得多，因此转速下降的速度比较慢。

80. 汽轮机打闸后，转子惰走时间长短说明了什么？

答：惰走时间短，说明汽轮机内机械摩擦阻力增大，可能是由于轴承工作恶化或汽轮机动静部分发生摩擦所致，或凝汽器真空保持不好。

惰走时间长，说明主汽门、调门或抽汽管道上的止回阀不严，致使有压力蒸汽漏入或返回汽轮机所致。

81. 启动后，高加疏水何时导入除氧器？为什么？

答：机组并网后，当负荷大于 30% 且汽轮机切缸后，高加疏水可导入除氧器，因为此时高加内的压力可以克服管路压损、位差及除氧器内部压力，将水自压到除氧器。

82. 为什么说甩半负荷比甩满负荷更危险？

答：因为机组甩半负荷时，蒸汽的放热系数比甩满负荷时的放热系数大得多，汽缸内壁将受到快速冷却，而快速冷却将出现较大的拉压力，严重情况下将导致汽缸出现裂纹或损坏。

83. 冲转前汽轮机高压调节阀阀壳预暖如何规定？

答：（1）当高压调节阀蒸汽室内壁或外壁金属温度低于 150℃ 时，必须对高压调节阀室进行预暖。预暖蒸汽分别从左右侧主汽门的预启阀进入调门室。

（2）预暖蒸汽由主蒸汽来，在主蒸汽温度大于 271℃，高压缸预暖结束后，开始对调门室预暖。

（3）高压调节阀室预暖前准备工作如下：

检查并确认汽轮机跳闸，负荷限制器在零位。

检查并确认 EH 油压正常。

确认主蒸汽温度高于 271℃。

确认主蒸汽母管疏水、CV 阀座疏水开启。

84. 汽轮机的主保护有哪些？

答：汽轮机主保护包括：

机械超速保护、电超速保护、轴向位移保护、真空低保护、润滑油压低保护、抗燃油压低保护、轴振动保护、汽轮机胀差保护、轴承金属温度高保护、推力轴承温度高保护、机炉电大联锁保护、DEH 严重故障、高压缸压比低保护、高压缸排汽温度高保护、低压缸排汽温度高保护、润滑油箱油位低保护、抗燃油箱油位低保护、发电机定子冷水断水保护。

85. 汽轮机的主要监测参数有哪些？

答：汽轮机主要监测参数包括：

（1）汽轮机转速。

（2）汽轮机转子偏心度、振动。

（3）汽轮机胀差、汽缸膨胀。

（4）汽轮机转子轴向位移。

（5）汽缸热应力、汽缸金属温度、高中压主汽阀金属温度。

（6）调节级及各段抽汽蒸汽压力、温度、金属温度。

（7）主蒸汽、再热蒸汽及高、中、低压缸排汽压力和温度。

（8）主蒸汽流量、主给水流量、凝结水流量。

（9）支持轴承、推力轴承金属温度及回油温度。

（10）润滑油、密封油、顶轴油、EH 油油压和油温。

（11）高、中压主汽阀、调速汽阀的阀位指示。

（12）凝汽器、除氧器、疏水箱、油箱液位指示。

（13）加热器水位、进出口水温、疏水温度及疏水量。

（14）高、低压旁路阀位、温度。

（15）轴封蒸汽压力和温度。

（16）发电机定子冷却水温度、流量及电导率。

（17）发电机内氢气纯度、压力及冷氢温度。

86. 机组在检修后应做哪些试验？

答：（1）机组进行 A 级检修或调速系统检修后，应进行汽轮机调速系统静态特性试验和主汽阀、调速汽阀及抽汽止回阀关闭时间试验，其试验结果符合制造商的技术规定及 DL/T 711《汽轮机调节保安系统试验导则》的规定。

（2）机组进行 A 级、B 级检修后或停机备用 30 天以上，至少应进行以下试验：

1）汽轮机全部跳机保护试验及机炉电大联锁试验。

2）高压缸排汽止回阀、抽汽止回阀、控制阀、调节阀开关及保护联锁试验。

3）除氧器、加热器等主要辅助设备的联锁保护试验。

4）各种油泵、水泵、风机的启停及保护联锁试验。

（3）机组进行 C 级、D 级检修后，应进行以下试验：

1）机炉电大联锁试验。

2）对检修的设备进行保护联锁试验。

87. 汽轮机启动过程中一般有哪些试验？

答：汽轮机启动过程中一般有如下试验：调速系统静态试验、汽轮机热工保护装置试验、注油试验、主汽阀和调节汽阀的严密性试验、汽轮机超速试验、汽轮机甩负荷试验、真空严密性试验等。

88. 汽轮机在什么情况下应做超速试验？

答：机组大修后、危急保安器解体检修后、机组在正常运行状态下危急保安器误动作、停机备用一个月后再次启动、甩负荷试验前、机组运行 2000h 后无法做危急保安器注油试验或注油试验不合格。

89. 为什么滑参数停机过程中不允许做汽轮机超速试验？

答：在蒸汽参数很低的情况下做超速试验是十分危险的。一般滑参数停机到发电机解列时，主汽阀前蒸汽参数已经很低，要进行超速试验就必须关小调节汽阀来提高调节汽阀前压力。当压力升高后，蒸汽的过热度更低，有可能使新蒸汽温度低于对应压力下的饱和温度，致使蒸汽带水，造成汽轮机水冲击事故，所以规定大机组滑参数停机过程中不得进行超速试验。

90. 在哪些情况应进行危急保安器超速试验？

答：（1）汽轮机新安装后及机组大小修后。

（2）危急保安器检修后。

（3）机组停用一个月后再启动时。

（4）每运行 2000h 不能进行充油活动校验时。

（5）充油试验不合格时。

91. 汽轮机调节系统静态调整试验的要求是什么？

答：（1）汽轮机大、小修或调节系统解体后应进行调节系统静态调整试验。

（2）汽轮机油系统工作全部结束，油循环正常，并确认油质合格后，方可进行调节系统静态调整试验。

（3）静态试验应在锅炉点火前完成。

（4）先启动 EH 油泵，排除油系统内空气，油压稳定后，根据试验要求调节油压、油温。

（5）生产人员应将调节系统静态调整试验结果与设计或以前相比，应无明显差别。

92. 真空严密性试验方法有哪些？

答：（1）维持机组负荷在 80% 以上，运行工况稳定。

（2）记录试验前的机组负荷、凝汽器真空及其低压缸排汽温度。

（3）解除凝汽器真空泵联锁，停运全部真空泵，密切监视真空下降情况。

（4）30s 后开始记录，然后每隔 1min 记录一次高、低压凝汽器真空值及排汽温度，共记录 8min。

（5）8min 后试验结束，立即启动真空泵，恢复真空系统运行。

（6）取后 5 min 真空下降值的平均值作为测试结果。

（7）真空严密性评价标准：小于等于 0.133kPa/min 为优秀，小于等于 0.266kPa/min 为良好，小于等于 0.399kPa/min 为合格。当真空严密性较差时应联系检修进行真空查漏，消除故障。

（8）在试验过程中，如真空下降速度过快或真空低于 −89kPa时，应立即停止试验，并恢复到试验前状态。

93. 如何进行抽汽止回阀活动试验？

答：（1）检查主机运行稳定。

（2）确认压缩空气系统运行正常，试验的止回阀在全开位置。

（3）DCS 上关闭抽汽止回阀后立即开启。

（4）检查确认试验抽汽止回阀恢复至正常开启位置。

（5）试验过程中，止回阀如有卡涩现象，则可反复试验几次，直至卡涩现象消失。

（6）正常运行中，试验止回阀拒动或卡涩现象消除不了，联系检修消缺，必要时停运该级抽汽及相应加热器。试验过程中，若四抽止回阀有卡涩现象消除不了，汇报上级处理。

以同样的试验程序逐一对各抽汽止回阀进行活动试验。

94. 什么是注油试验？

答：为了能够在正常情况下，检查超速保安器动作是否灵活准确及活动超速保安器以防卡涩，机组一般都装有充油试验装置，超速保安器充油动作转速应略小于 3000r/min，复位转速应略高于额定转速。

95. 什么是主汽阀和调节汽阀严密性试验？

答：试验的目的是检查自动主汽阀和调节汽阀的严密程度。试验方法有如下两种：

（1）在额定汽压、正常真空和汽轮机空转条件下，当自动主汽阀（或调节汽阀）全关而调节汽阀（或自动主汽阀）全开时，最大漏汽量应不致影响汽轮机转速下降至 1000r/min 以下，即为自动主汽阀（或调节汽阀）严密性合格。

（2）汽轮机处于连续盘车状态，并做好冲转前的一切准备工作，自动主汽阀前主蒸汽压力处于额定汽压，全关自动主汽阀并全开调节汽阀，若此时汽轮机未退出盘车，即为自动主汽阀严密性合格；全关调节汽阀并全开自动主汽阀，若此时汽轮机虽退出盘车运转，但转速在 400～600r/min，即为调节汽阀严密性合格。

96. 什么是汽轮机超速试验？

答：为了确保机组运行的安全，大修后必须进行超速试验，以检查超速保安器的动作转速是否在规定范围内和动作的可靠性。

超速试验必须是在超速保安器跳闸试验和自动主汽阀、调速汽门严密性合格后进行。试验时，汽轮机必须已定速，启动油泵并保持运行，且高、中压转子温度应大于规定值。

试验应连续做两次，两次动作转速差不应超过 0.6%，如果转速至动作转速而保安器不动作时，应将转速降至 3000r/min，调整后重新做超速试验。如果第二次升速后仍不动作，应大闸停机，检查处理后，再进行试验。

97. 什么是汽轮机甩负荷试验？

答：甩负荷试验是在汽轮发电机组并网带负荷情况下，突然拉掉发电机主断路器，使发电机与电力系统解列，观察机组转速与调速系统各主要部件在过渡过程中的动作情况，从而判断调速系统的动态稳定性的试验。

甩负荷试验应在调速系统运行正常、锅炉和电气设备运行情况良好、各类安全阀调试动作可靠的条件下进行。甩负荷试验一般按甩负荷的 1/2、3/4 及全负荷 3 个等级进行。甩额定负荷的 1/2、3/4 负荷试验合格后，才可进行甩全负荷试验。

98. 机组深度调峰给汽轮机安全运行带来哪些问题？

答:（1）安全性问题。单阀配汽方式下，高调阀阀门开度小、汽流速度高、阀芯吹损、阀杆振动等问题。

（2）温度场和热应力变化剧烈导致的汽缸等静子部件变形、转子寿命缩短等问题。

（3）深度调峰小进汽流量下，低压长叶片鼓风、颤振、水蚀问题。

（4）深度调峰工况，轴封汽源无法形成自密封，轴封汽源参数不稳定时有可能出现胀差明显变化的情况。

（5）抽汽级间压差减小，回热系统加热器疏水不畅，疏水管道振动问题。

（6）给水泵汽轮机汽源切换时机及运行方式问题，导致给水流量波动。

99. 机组深度调峰期间汽轮机安全运行注意事项有哪些？

答: 机组深度调峰期间密切注意主再热汽温度的变化，特别是再热汽温的剧烈变化，防止引起汽轮机高中压缸轴振增加。

（1）机组深度调峰期间注意机组背压控制，由于背压过低将引起低压缸台板下降，运行中保证低压缸下沉量及进汽量，防止汽轮机进汽流量小造成低压缸两端轴振异常增大。

（2）机组深度调峰期间密切关注轴封漏汽量变化，深度调峰时漏汽量减少，低压轴封减温水量及低压轴封供汽温度将发生变化，及时调整，控制低压轴封体温度在 121 ～ 150℃。

（3）机组带供热深度调峰时，加强汽轮机参数监视，防止低压缸进汽量减少引起鼓风，防止抽汽量大引起中压缸过载。

（4）冬季深度调峰时，严格执行间冷防冻措施，防止热负荷降低引起循环水过冷，扇段温度过低，造成间冷扇段局部冻裂。

（5）负荷降时，应检查辅汽汽源切换平稳，防止辅汽压力、温度大幅度波动，注意检查小机供汽压力、小机供汽调门开度，防止小机供汽不足，给水中断。

（6）负荷降至198MW时，检查汽轮机低压段疏水联开，否则手动开启负荷降至132MW时汽轮机高、中压段疏水联开，否则手动开启。降负荷过程中保持高、中压轴封供汽温度在370℃以上，必要时投入电加热器运行。

（7）深度调峰过程中，注意给水自动和给水泵再循环自动监视，并及时做好调整，必要时解除再循环自动手动调节，防止给水泵再循环超驰开造成给水流量大幅度波动。

第四章

汽轮机常见典型事故及处理

1. 汽轮机超速的处理原则有哪些?

答:(1)立即破坏真空紧急停机,确认转速下降。

(2)如发现转速继续升高,应采取果断隔离及泄压措施。

(3)查明超速原因并消除故障,全面检查确认汽轮机正常方可重新启动,应经校验危急保安器及各超速保护装置动作正常方可并网带负荷。

(4)重新启动过程中应对汽轮机振动、内部声音、轴承温度、轴向位移、推力瓦温度等进行重点检查,发现异常应停止启动。

2. 防止汽轮机超速的措施有哪些?

答:(1)各超速保护装置均应完好并正常投入且工作正常。

(2)参数正常时调节系统应能维持汽轮机在额定转速运行。

(3)在额定参数下,机组甩去额定负荷后,调节系统应能将机组转速维持在危急保安器动作转速以下。

(4)调节系统的速度变动率不大于5%,迟缓率不大于0.2%。

(5)高中压自动主汽门及调速汽门应能迅速关闭严密,无卡涩。

(6)调节保安系统的定期试验装置应完好可靠。

(7)坚持做调节系统的静态特性试验,汽轮机大修后或调速系统检修后,均应做汽轮机调节系统试验。

(8)对新装机组或对机组的调节系统进行技术改造后,应进行调节系统动态特性试验,以保证汽轮机甩负荷后,转速飞升不超过规定值。

(9)机组大修或安装后、危急保安器解体或调整后、停机一个月以后再次启动时、机组甩负荷试验前，都应做超速试验。

（10）机组每运行 2000h 后应进行危急保安器充油试验，试验不合格时，仍需做超速试验。

（11）做超速试验时应选择适当参数，压力、温度应控制在规定范围，投入旁路系统，待参数稳定后，方可做超速试验。

（12）做超速试验时，调节汽门应平稳逐步开大，转速相应逐步升高至危急保安器动作转速，若调节汽门突然开至最大，应立即打闸停机，防止严重超速事故。

（13）按规定定期进行自动主汽门、调节汽门的活动试验，以及抽汽止回阀的活动试验。

（14）运行中发现主汽门、调节汽门卡涩时，要及时消除汽门卡涩，消除前要有防止超速的措施，主汽门卡涩不能立即消除时，要停机处理。

（15）加强对油质的监督，定期进行油质的分析化验，防止油中进水或杂物造成调节部套卡涩或腐蚀。

（16）加强对蒸汽品质的监督，防止蒸汽带盐使门杆结垢造成卡涩。

（17）运行人员要熟悉超速象征，严格执行紧急停机规定。

（18）机组长期停运时，应注意做好停机保护工作，防止汽水或其他腐蚀性物质进入或残留在汽轮机及调节供油系统内，引起汽门或调节部套锈蚀。

（19）机组大修后应进行汽门严密性试验，试验标准和方法应按制造厂的规定执行，运行中汽门严密性试验应每年进行一次。

（20）在汽轮机运行中，注意检查调门的开度和负荷对应关系以及调节汽门后的压力变化情况，若有异常，及时查找并分析原因。

（21）为防止大量的水进入油系统中，应加强监视和调整汽封压力不要过高，前箱、轴承箱内的负压也不宜过高。

（22）采用滑压运行的机组以及在机组滑参数启动过程中，调节汽门要留有裕度，不应开到最大限度，以防发生甩负荷超速。

（23）在停机时，应先打危急保安器，关闭主汽门和调节汽门，采用逆功率联跳发电机，但也应注意发电机解列至打闸的时间拖得太长，因这时属于无蒸汽运行状态，时间过长，会使排汽缸温度升高，胀差增大。

3. 轴向推力过大的主要原因有哪些？

答：（1）高、中压缸汽门未同时开启。

（2）汽轮机进水，发生水冲击。

（3）通流部分积盐。

（4）各监视段压力超过规定值。

（5）隔板汽封或隔板结合面间隙过大，产生漏汽，使叶轮前、后压差增大。

（6）机组在低汽温、低真空或过负荷工况下运行。

（7）多缸机组负荷波动，使平衡轴向推力的平衡力瞬间消失或减小。

4. 汽轮机发生轴承断油的原因有哪些？

答：（1）在汽轮机运行中进行油系统切换时发生误操作。

（2）主油泵失压而润滑油泵又未联动时，将引起断油，或在润滑油泵联动前的瞬间，也会引起断油。

（3）油系统存在大量空气未能及时排除，会造成轴瓦瞬间断油烧坏轴瓦。油过滤器、冷油器切换时未按规定预先排除空气，会使大量的空气进入供油管道，造成轴瓦瞬间断油。

（4）启动、停机过程中润滑油泵不上油。

（5）主油箱油位过低，注油器进入空气，使主油泵断油。

（6）因厂用电中断直流油泵不能及时投入时造成轴瓦断油。

（7）供油管道断裂，大量漏油造成供油中断。

（8）安装或检修时油系统存留有棉纱等杂物，造成进油堵塞。

（9）轴瓦在运行中位移，如轴瓦旋转，造成进油口堵塞。

5. 汽轮机轴承温度升高有哪些原因？

答：（1）机组负荷增加，轴向传热增加。

（2）轴封漏汽量大，使油中进水，油质恶化。

（3）轴承钨金脱壳或熔化磨损。

（4）冷油器出口温度升高。

（5）轴承进入杂物，使进油量减少或回油不畅。

（6）轴承振动大，引起油膜破坏，润滑不良。

6. 管道汽水冲击时的原因是什么？

答：（1）管道受热、膨胀不均。

（2）蒸汽管道疏水不及时，积水。

（3）水管道汽化或进入空气。

（4）加热器缺水或断水。

（5）加热器水侧泄漏 。

7. 造成汽轮机热冲击的主要原因是什么？

答：（1）启动时，蒸汽温度与汽轮机金属温度相差太大时会对金属部件产生热冲击。

（2）极热态启动时造成的热冲击。对于单元制大机组在极热态时不容易把蒸汽参数提到额定参数再冲动转子，往往是在蒸汽参数较低的情况下冲转。这时，蒸汽温度可能比金属温度低得多，因而在汽缸、转子上产生较大的热应力。

（3）甩负荷产生的热应力。汽轮机在额定工况下运行时，如果负荷发生大幅变化，则汽轮机的蒸汽温度将发生变化，使汽缸、转子产生热冲击。

（4）运行中由于汽温突变，造成热冲击。

8. 发电机氢压降低有哪些原因？对发电机有什么影响？

答：发电机氢压降低的原因包括：

（1）操作氢系统的阀门，如排氢门，而使氢气排掉，致使氢压降低。

（2）排氢门、氢冷器的放水门不严而漏氢，取样管、压力表管以及氢气系统的法兰处漏氢。

（3）密封油压调整不当而漏氢。

对发电机的影响：

氢压低使发电机出风温度升高，发电机铁心、绕组温度升高。

9. 防止汽轮机断油烧瓦的安全技术措施有哪些？

答：（1）加强油温、油压的监视调整，定期校验油位计、油压表、油温表。

（2）油净化装置运行正常，定期化验油质，油质应符合标准。

（3）严密监视轴承乌金温度，发现异常应及时查找原因并消除。

（4）油系统设备自动及备用可靠，并进行严格的定期实验。

（5）运行中的油泵或冷油器的投停切换应平稳谨慎，进行充分的放空气，严防断油烧瓦。

（6）注意监视机组的振动、串轴、胀差。防止汽轮机进水、大轴弯曲、轴承振动及通流部分损坏导致轴瓦磨损。

（7）汽轮发电机转子应可靠接地。

（8）启动前应认真按设计要求整定交、直流油泵的联锁定值，检查接线正确。

（9）油系统阀门不得垂直布置，大修完毕油系统应进行清理。

（10）运行中经常检查主油箱、高位油箱、油净化、密封油箱的油位，滤油机运行情况。发现主油箱油位下降快，补油无效时，应立即启动直流润滑油泵停机。

（11）直流润滑油泵电源熔断器应有足够的容量并可靠。

10. 引起汽轮发电机组不正常振动或振动过大的原因是什么？

答：（1）机械激振力引起的强迫振动。

（2）电磁激振力引起的强迫振动。

（3）系统刚度削弱引起的强迫振动。

（4）轴承的油膜自激振动和转子间隙自激振动。

（5）轴承的轴向振动等。

11. 轴封蒸汽温度过低的原因及有何危害？

答：危害：

（1）对轴封母管造成水冲击。

（2）使汽轮机负胀差过大。

（3）对汽轮机大轴产生应力损伤。

原因：

（1）轴封蒸汽母管带水。

（2）轴封母管疏水不良。

（3）高压辅汽至低压辅汽喷水过量。

12. 润滑油压下降的原因是什么?

答:（1）主油泵、油涡轮工作不正常。

（2）供油管路泄漏。

（3）冷油器漏。

（4）主油箱油位低。

（5）备用油泵出口止回阀不严。

13. 汽轮机润滑油压下降如何处理?

答: 处理:

（1）润滑油压下降时应立即核对表计, 查明原因, 注意监视油压、各轴承金属温度、回油温度、振动等参数的变化。发现油流中断或轴承温度异常升高等达到极限时, 立即破坏真空停机。

（2）当油压下降到 0.115MPa 时, 交流润滑油泵自动启动。当油压降到 0.07MPa 时, 直流润滑油泵自动启动, 否则手动启动。

（3）检查主油泵进出口油压力是否正常, 若主油泵或油涡轮工作失常, 应汇报值长, 申请停机。

（4）检查交、直流润滑油泵出口止回阀, 若出口止回阀不严, 油压保持不住时, 启动该油泵, 汇报值长, 申请停机。

（5）若冷油器泄漏, 切换冷油器, 并隔绝故障冷油器。

（6）当润滑油压低至 0.07MPa, 汽轮机自动跳闸, 否则紧急停机。

14. 汽轮机油系统润滑油漏油如何处理?

答: 当值班人员一旦发现润滑油箱油位下降, 值班人员应首先校对油位计, 确认油位下降, 应查找原因。

（1）检查事故放油门是否严密。对冷油器进行放水检查, 若冷油器泄漏应隔离泄漏冷油器。

（2）检查油系统管道有无漏油, 严防油漏至高温管道及设备上。

（3）当油箱油位下降至低一值报警时, 应加油。

（4）油系统大量漏油, 应立即设法堵漏, 以减少漏油或改变漏油方向, 严防油漏至高温管道及设备上, 同时迅速对油箱加油并消除缺陷。

（5）若因大量漏油使油箱油位快速下降至停机值或润滑油压力下降至 0.07MPa 保护未动，立即破坏真空紧急停机。

（6）当漏油至高温管道或部件引起火灾，应用干粉灭火器或泡沫灭火器，禁止用水灭火。应立即发出 119 火警警报通知消防队，并汇报值长及有关领导。

15. 密封油压力低的原因有哪些？

答：（1）密封油泵运行不正常。

（2）密封油滤网严重堵塞。

（3）密封瓦严重漏油。

（4）密封油泵再循环门误开或失灵。

（5）压差调节阀工作不正常。

16. 运行中高压加热器满水的现象、危害及处理方法。

答：（1）运行中高压加热器满水的现象：

1）疏水温度降低。

2）CRT 上高压加热器水位高或极高报警。

3）就地水位指示实际满水。

4）正常疏水阀全开及事故疏水阀频繁动作或全开。

5）满水严重时抽汽温度下降，抽汽管道振动大，法兰结合面冒汽。

6）高压加热器严重满水时汽轮机有进水迹象，参数及声音异常。

7）若水侧泄漏则给水泵的给水流量与给水总量不匹配。

（2）高加满水危害：

1）给水温度降低，影响机组效率。

2）若高压加热器水侧泄漏，给水泵转速增大，影响给水泵安全运行。

3）严重满水时，可能造成汽轮机水冲击，引起叶片断裂，损坏设备等严重事件。

（3）高压加热器满水时的处理：

1）核对就地水位计，判断高压加热器水位是否真实升高。

2）若疏水调节阀"自动"失灵，应立即切至"手动"调节。

3）当高压加热器水位上升至高值时，事故疏水阀自动开启。否则应手动开启，手动开启后水位明显下降，说明事故疏水阀自动失灵，告维修处理。手动开启事故疏水阀后水位无明显下降。根据给水泵的给水流量与给水总量是否匹配，若匹配说明疏水管道系统有堵塞，要求机务处理，若不匹配说明高压加热器水侧有可能泄漏，汇报值长，将高压加热器撤出并进行隔离。在撤出过程中严格控制好汽温，以及加强对凝结水系统监视及调整。告维修查漏处理。

4）当高压加热器水位上升至极高时，高压加热器应保护动作，否则应立即手动紧急停用。检查止回阀及电动阀自动关闭，否则手动关闭。告维修处理。汇报值长要求修改负荷曲线。

5）当高压加热器满水严重而影响机组安全运行时，应立即解列停机。

17. 哪些情况应紧急停运汽动给水泵？

答：（1）汽动给水泵组突然发生强烈振动或内部有明显的金属摩擦声。

（2）任一轴承断油或冒烟。

（3）小机发生水冲击。

（4）高低压蒸汽管道或给水管道破裂威胁人身、设备安全时。

（5）油系统着火且不能及时扑灭时。

（6）小机超速，而超速保护未动作时。

（7）保护达整定值而保护未动作时。

18. 辅机冷却水系统压力低如何处理？

答：（1）压力低于备用泵联锁启动压力而备用泵未启动时，应手动启动备用泵。

（2）机组负荷、环境温度高，冷却水流量加大造成辅机冷却水压力低时，应启动备用水泵运行。

（3）部分用户冷却水进、出口门开度过大，也会使系统流量过大、压力降低，这时可根据情况关小这些用户进、出水阀，提高系统压力，如果温度调节阀失灵全开则需切为手动控制或打开旁路控制，联系检修。

（4）如果平板滤网前后水位差过高或前池水位过低引起辅机冷却水泵出力不足，应清理滤网。

（5）系统流量过大时应注意不使辅机冷却水泵过负荷，电机线圈温度不超过允许值，备用泵启动后仍不能满足系统需要时，应降低机组负荷。

（6）如果系统压力降低的同时冷却塔水池水位降低很快，应检查压力管道是否破裂引起系统大量泄漏，如无法维持则申请停机。

19. 水泵汽化的原因是什么？

答：水泵汽化的原因在于进口水温高于进口处水压力下的饱和温度。当发生入口管阀门故障或堵塞使供水不足、水压降低，水泵负荷太低或启动时迟迟不开再循环门，入口管路或阀门盘根漏入空气等情况，会导致水泵汽化。

20. 除氧器水位异常处理原则有哪些？

答：当除氧器水位升高较快，应立即检查，调整减小除氧器进水流量，使之与给水流量适应。若除氧器水位调节阀失灵，应切至手动方式调节，联系热工人员处理。水位高Ⅰ值，此时应查明原因，并尽快降低水位至正常范围。水位高Ⅱ值，除氧器溢流阀应自动开启，必要时手动干预，若水位仍不下降，应开启除氧器事故放水门放水。水位高Ⅲ值，四段抽汽至除氧器进汽门应关闭。

当除氧器水位降低较快时，应立即检查，调整增大除氧器进水流量，若水位调节阀失灵，应切至手动方式调节。当除氧器水位低Ⅰ值报警，立即对系统检查，若非除氧器水位调节阀故障，且除氧器进水流量明显增大，应组织人员加强对除氧器、加热器、给水管道各放水门仔细检查，联系锅炉人员检查是否大量跑水，并设法消除。当水位低一不能恢复时，应联系值长，降低机组负荷。当水位低Ⅱ值，给水泵自动跳闸，机组应故障停机。

21. 除氧器振动大原因及处理方法。

答：原因：

（1）除氧器上水量大、进水温度低，超过允许热负荷。

（2）除氧器压力波动过大。

（3）内部结构损坏。

处理：

（1）检查低加运行情况，提高除氧器进水温度。

（2）视除氧器水位情况减小补水。

（3）降低供汽压力，必要时切换汽源。

（4）稳定机组负荷，避免大幅度的波动，必要时降低负荷。

22. 汽轮机发生水冲击的现象及运行处理原则。

答：现象：

（1）主蒸汽或再热蒸汽温度直线下降。

（2）蒸汽管道有强烈的水冲击声或振动

（3）主汽门、调速汽门的门杆、法兰、轴封处冒白汽或溅出水滴。

（4）负荷下降，机组声音异常，振动加大。

（5）轴向位移增大，推力轴承金属温度升高，胀差减小。

（6）汽轮机上、下缸金属温差增大或报警。

处理原则：

（1）机组发生水冲击，应按破坏真空紧急停机处理。

（2）注意汽轮机本体及有关蒸汽管道疏水门应开启。

（3）注意监视轴向位移、胀差、推力轴承金属温度、振动等参数。

（4）仔细倾听汽轮发电机内部声音，准确记录惰走时间。

（5）如因加热器、除氧器满水引起汽轮机进水，应立即关闭其抽汽电动门，解列故障加热器并加强放水。

（6）若汽轮机进水，使高、中压缸各上、下金属温差超标时，应立即破坏真空，紧急停机。

（7）汽轮机转速到零后，立即投入连续盘车。

（8）投盘车时要特别注意盘车电流是否增大，记录转子偏心度。转子变形严重或内部动静部分摩擦，盘车盘不动时，严禁强行盘车。

（9）机组发生水冲击紧急停机后，24h内严禁启动，再次启动前连续盘车不少于 6h，汽缸上、下缸温、转子偏心度符合要求。

（10）汽轮机符合启动条件后启动汽轮机，在启动过程中，应注意监视转子偏心度、轴向位移、胀差、推力轴承金属温度、振动等符合控制指标及汽轮机本体、蒸汽管道的疏水情况。

（11）如汽轮机重新启动时发现有异常声音或动静摩擦声，应立即破坏真空，停机并逐级汇报。

（12）惰走过程中，如汽轮机轴向位移、胀差、振动、推力轴承金属温度及回油温度明显升高，惰走时间明显缩短，应逐级汇报，根据推力瓦情况决定是否揭缸检查，否则不准启动。

（13）如果停机时发现汽轮机内部有异常声音和转动部分有摩擦，则应揭缸检查。

23. 停机过程中及停机后防止汽轮机进冷汽、冷水的措施有哪些？

答：（1）检查核对凝汽器水位及补水门的关闭情况。

（2）检查核对高、低压旁路及减温水的关闭情况。

（3）检查核对给水泵中间抽头的关闭情况。

（4）检查核对除氧器进汽电动门、高加疏水至除氧器电动门、除氧器至轴封供汽门、门杆漏汽至除氧器隔离门的关闭情况。

（5）检查核对主蒸汽、再热蒸汽辅助汽源至轴封供汽的隔离门的关闭情况。

（6）检查核对汽缸、法兰加热联箱进汽总门及调整门的关闭情况。

（7）检查核对汽缸本体疏水门、再热蒸汽冷段、热段，高压旁路后、低压旁路前的各疏水门的开启情况。

（8）停机后，运行人员应经常检查汽轮机的隔离措施是否完备落实，检查汽缸温度是否下降，汽轮机上下缸温差是否超标。

24. 汽轮机胀差大现象、原因及处理方法。

答：现象：

（1）DCS 画面上显示汽轮机胀差大报警。

（2）汽轮机内部有异音。

原因：

（1）锅炉负荷是否波动大。

（2）主再热蒸汽温度异常。

（3）汽缸上下温差大。

（4）滑销系统发生卡涩。

（5）轴封系统工作异常。

处理：

（1）当发现汽轮机胀差指示大时，汇报值长，检查有关的高中、低压缸胀差值、真空、轴向位移、轴承振动、推力瓦块温度的变化情况，通知热工校验表计是否准确，确认胀差指示大。

（2）检查锅炉负荷是否波动大，如波动大则及时进行燃烧调整，稳定锅炉负荷。

（3）检查主再热蒸汽温度是否正常，与汽缸温度是否匹配。检查减温水调节门动作是否正常。

（4）检查汽缸上下温差，超过规定值不大于35℃时应停止汽轮机运行。检查滑销系统是否发生卡涩。

（5）检查轴封系统工作是否正常，高中压缸轴封供汽温度与高中压缸转子金属温度差不大于110℃。

（6）在发现汽缸胀差异常时应对蒸汽温度变化情况、高低加、凝汽器、真空、本体疏水等各种参数进行综合分析，检查双层缸的夹层中是否流入冷汽，检查汽缸保温层的保温效果不佳或保温层脱落，及时发现问题。

（7）当胀差有太大的变化时，就地倾听机组声音，发现有金属摩擦声音时应立即汇报值长破坏真空紧急停机。

（8）机组打闸后应迅速检查汽轮机各主汽门、调门，高排止回阀、抽气止回阀关闭。机组转速下降，就地听音测振，并记录惰走时间。

（9）解除真空泵联锁，停真空泵，开启真空破坏门。

（10）检查电气解列，厂用电切换正常。

（11）检查锅炉灭火，锅炉 MFT 联动正常。

（12）真空到零，停止轴封供汽。转速到零后，按规程有关规定投运盘车。胀差大跳闸机组未查明原因之前严禁启动。

（13）采取可靠的隔离措施，防止汽缸进冷水冷汽。

（14）联系检修处理。

25. 离心泵运行中的轴承温度升高的原因是什么？

答：（1）油位过低，进入轴承的润滑油量减小。

（2）润滑油质不合格，油内进水有杂质或油乳化变质。

（3）油环不转，轴承供油中断。

（4）带有轴承冷却水的，冷却水量不足。

（5）轴承损坏。

（6）对滚动轴承，除以上原因外，轴承盖紧力过大，压死了它的径向间隙，失去灵活性。

26. 汽轮机油系统进水事故的原因有哪些？

答：（1）轴封系统不完善。当轴封供汽压力调节器工作不正常，高压轴封和低压轴封的供汽不能分别调整，可能使轴封供汽室的压力升高，或轴封抽汽器工作不正常，漏入轴封抽汽室的蒸汽不能全部被抽至轴封加热器，造成抽汽室压力升高，使蒸汽漏到汽缸外，进入轴承座内与油相混合后凝结成水。

（2）轴封径向间隙过大。轴封径向间隙过大导致轴封供汽漏入轴封抽气室的漏汽量加大，且不能全部被抽到轴封加热器去，继而漏入轴承座内。

（3）轴封冷却器工作不正常。若运行时通水量偏小，或换热面积垢，使抽入轴封冷却器的轴封漏汽凝结量减少，轴封抽汽器过负荷，导致轴封抽汽室的压力升高，而使蒸汽漏到汽缸外，被收入轴承座内。

（4）汽缸端部结合面漏汽。汽缸端部水平结合面的漏汽，被吸入轴承座内。

（5）汽轮机轴承座内负压过高，使轴封漏出的蒸汽被轴承吸入，导致油中进水。

（6）冷油器漏水。冷油器内冷却水压高于油压，若冷却管胀口不严将使冷却水漏入油中。

27. 主油箱油位异常的处理原则是什么？

答：当发现主油箱油位异常时，可活动油位计，检查是否卡涩。若主油箱回油滤网前后油位差过高，应进行记录。将冷油器水侧退出后进行查漏检查，若铜管泄漏，应切除其油侧，并联系检修处理。若油净化器油箱油位过高，检查确认润滑油处理泵工作正常，调整油泵出力，控制油净化器油位正常。若氢侧密封油箱满油，应将其自动补、排油门切除，手动方式将油位调整至正常。若系统外部泄漏，应设法消除，防止泄漏油向高温管道或设备蔓延，引起火灾。在检查主油箱油位下降的同时，应对主油箱进行补油。若补油仍难以维持油位，应做好停机准备，申请停机。当油位下降到跳闸值时，应破坏真空，紧急停机。

28. 机组负荷大幅度波动原因及处理措施有哪些？

答：电网振荡的处理措施：发生电网振荡，立即将 DEH 控制切至手动方式，适当减小汽轮机调门开度，以防汽轮机转速波动过大使 OPC 动作。加强对辅机运行监视，配合电气人员处理异常。当频率高至 $51.0 \sim 51.5$Hz，每次运行时间必须低于 30s；当频率低至 $48.5 \sim 48.0$Hz，每次运行时间必须低于 300s。

控制回路故障的处理措施：发现控制回路故障的象征，若负荷波动不大，立即联系热工人员进行处理。若负荷波动较大，应立即将 DEH 切至手动方式控制，联系热工人员处理正常后，再恢复操作员自动控制。

EH 油压波动引起负荷波动的处理措施：若 EH 油箱油位较低引起 EH 油压波动，补油至正常油位，并确认油箱油位下降原因。若 EH 油泵工作失常，应启动备用 EH 油泵，停止故障油泵，联系检修处理。当负荷大幅度波动时，各段抽汽压力也随之波动，需加强监视给水泵组、除氧器和各加热器的运行，注意机组推力轴承温度、轴向位移、振动等参数变化。

29. 高压加热器满水原因及处理措施有哪些？

答：高压加热器满水的主要原因：水位自动调节失灵，疏水调节阀故障，加热器水侧泄漏。若水位失常，检查高加疏水调节阀动作是否正常，并将自动切至手动控制，联系热工人员处理，正常后恢复自动。高加水位高报警，用就地水位计检查确认后，注意其旁路疏水门动作正常，否则手动强开。若高加主疏水调节阀和旁路疏水门全开，而水位仍难以控制正常，则应切除此高加汽侧，检查高加是否泄漏。若确认高加水侧泄漏，汇报值长，切除此高加水侧。

30. 汽轮机破坏真空紧急停机条件是什么？

答：汽轮机遇到下列情况之一时，应进行破坏真空紧急停机：

（1）汽轮机转速超过 3300r/min，保护拒动作。

（2）汽轮发电机组突然发生强烈振动或超过跳闸值。

（3）汽轮发电机组内部有明显的金属摩擦声或撞击声。

（4）轴向位移超过规定值或推力瓦块金属温度超规定值。

（5）润滑油供油中断或油压下降至规定值，备用油泵启动，仍无效，保护拒动作。

（6）润滑油箱油位下降至规定值，补油无效。

（7）汽轮发电机组任一轴承金属温度突然升高，超过规定值。

（8）汽轮机发生水冲击。

（9）汽轮机高、中压缸上、下缸温差超过制造商规定值。

（10）汽轮机运行期间，10min 内主、再热蒸汽温度突然下降50℃。

（11）汽轮机轴封异常摩擦并冒火花。

（12）发电机、励磁机冒烟着火或氢气系统发生爆炸。

（13）汽轮机油系统着火不能很快扑灭，严重威胁机组安全。

（14）汽轮机胀差超过规定值。

（15）厂用电全部失去。

（16）氢冷系统大量漏氢，发电机内氢压无法维持。

31. 汽轮机不破坏凝汽器真空紧急停机条件是什么？

答：汽轮机遇到下列情况之一时，应进行不破坏真空紧急停机：

（1）凝汽器真空降至保护值，保护拒动作。

（2）高压缸排汽温度超过规定值。

（3）低压缸排汽温度超过规定值。

（4）主、再热蒸汽温度超过规定值。

（5）主蒸汽压力超过规定值。

（6）发电机定子冷却水断水，保护拒动作。

（7）凝汽器冷却水管泄漏，凝结水水质严重超标，经采取措施仍不能消除。

（8）DEH、TSI故障，致使一些重要参数无法监控，不能维持机组运行时。

（9）汽轮机任一汽缸发生完全无蒸汽运行，时间超过制造商规定值仍不能恢复时。

（10）润滑油、抗燃油系统大量漏油，或油质严重恶化，无法维持正常运行。

（11）主/再热蒸汽管道、给水管道及不能隔离处理的其他管道破裂，危及人身和设备安全。

（12）开式循环冷却水、闭式循环冷却水中断，短时间无法恢复，无法维持机组运行时。

（13）机组热工保护或系统故障，在限时内无法恢复，影响机组安全、稳定运行时。

32. 机组发生故障时，事故处理的原则有哪些?

答：（1）发生事故时，按照保人身、保电网、保设备的原则进行处理。

（2）根据设备参数变化、设备联动和报警提示判断故障发生的区域，迅速消除对人身和设备的威胁，必要时应立即解列发生故障的设备，迅速查清故障的性质、发生的地点和范围，然后进行处理和汇报，保持非故障设备的正常运行，事故处理的每一阶段都要迅速汇报，正确地采取对策，防止事故蔓延。

（3）当判明是系统与其他设备故障时，则应采取措施，维持机组运行，以便有可能尽快恢复机组的正常运行。

（4）处理事故时，各岗位应互通情况、密切配合，迅速按规程规定处理，防止事故扩大。

（5）处理事故，应当准确、迅速。

（6）当发生规程未列举的事故及故障时，值班人员应根据自己的经验作出判断，主动采取对策，迅速进行处理。

（7）发生事故时，值班员要立即汇报，如发生值班员操作和巡视职责范围内的设备事故，值班员来不及汇报，为防止事故扩大，可根据实际情况先进行处理，待事故处理告一段落再逐级向上汇报。

（8）事故处理中，达到紧急停炉、停机条件而保护未动作时，应立即手动停止机组，运行辅机达到紧急停运条件而保护未动作时，应立即停止该辅机运行。

（9）若出现机组突然跳闸情况，事故处理完且事故原因已查清后应尽快恢复机组运行。

（10）在机组发生故障和处理事故时，运行人员不得擅自离开工作岗位。如果事故处理发生在交接班时间，应停止交接班，在事故处理完毕再进行交接班。在事故处理中，接班人员要主动协助进行事故处理。

（11）事故处理完毕，值班人员应将事故发生时的现象和时间、汇报的内容、接受的命令及发令人、采取的操作及操作的结果详细进行记录。

33. 简述汽轮机超速的危害、现象、原因、处理及防范措施。

答：（1）主要危害：严重时导致叶轮松动变形、叶片及围带脱落、轴承损坏、动静部分摩擦，甚至断轴、飞车。

（2）主要现象：

1）汽轮机转速急速上升，超过超速保护动作值。

2）机组声音异常，振动增大。

（3）主要原因：

1）机组甩负荷时，汽轮机调节控制系统工作不正常。

2）汽轮机超速试验时转速失控。

3）发电机解列后汽轮机主/再热蒸汽进汽阀、抽汽止回阀卡涩或关闭不到位。

（4）处理要点：

1）立即破坏真空紧急停机，确认锅炉灭火、汽轮机转速下降。若发现转速继续升高，应果断采取隔离及泄压措施。

2）严密监视停机时各参数变化，记录惰走时间和惰走曲线，对机组进行全面检查。

3）在机组停运后，查明超速原因并消除故障，全面检查确认汽轮机正常，具备启动条件后方可重新启动；定速后应重新做超速试验，确认超速保护试验合格后，方可并网带负荷。

4）重新启动过程中，应对汽轮机振动、内部声音、轴承温度、轴向位移、推力瓦温度等参数进行全面监视，发现异常应停止启动。

（5）防范措施：

1）各超速保护装置均应正常投入运行，机组重要运行参数监视表计应定期校验，确保转速监测控制系统工作正常。

2）运行中任一汽轮机超速保护故障且不能及时消除时，应停机处理。

3）对于新投产或汽轮机调速系统经过重大改造的机组，应做甩负荷试验。

4）按要求测试主汽阀、调速汽阀及抽汽止回阀关闭时间，进行主汽阀及调速汽阀严密性试验、超速保护试验。

5）定期进行危急保安器注油试验、汽轮机安全保护装置在线试验和主汽阀、调速汽阀及各级抽汽止回阀的活动试验。

6）汽、水、油品质应符合规定。

7）运行中发现主汽阀或调速汽阀卡涩应及时处理，必要时应停机处理。停机过程中发现主汽阀或调速汽阀卡涩，应设法将负荷降至 0MW，汽轮机先打闸，再解列发电机，或采用逆功率保护动作解列。

34. 简述汽轮机剧烈振动的危害、现象、原因、处理及防范措施。

答：（1）主要危害：造成轴承损坏，动静部分碰磨，甚至汽轮机损坏。

（2）主要现象：

1）汽轮机轴承绝对振动、相对振动突然增大。

2）机组声音异常。

（3）主要原因：

1）胀差超过规定值、上下缸温差超过规定值、汽缸左右两侧法兰金属温差超过规定值造成动静部分摩擦或大轴弯曲。

2）转子质量不平衡、叶片断裂或汽轮机内部部件损坏脱落。

3）轴承工作不正常或轴承座松动。

4）汽缸进水或冷汽造成汽缸变形。

5）汽轮机主汽阀或调速汽阀不正常关闭引起单侧进汽。

6）转子中心不正或联轴器松动。

7）滑销系统卡涩造成膨胀不均。

8）润滑油温过低、油中带水、油质恶化使轴承油膜失稳或润滑油系统断油、烧瓦。

9）发电机磁场不平衡或冷却风叶脱落。

10）电网频率变化幅度过大。

11）发电机不对称运行。

12）发电机非同期并列。

（4）处理要点：

1）机组启动过程中，在中速暖机之前，轴承振动超过0.03mm时，应立即打闸停机。通过临界转速，轴承振动超过0.1mm或者相对轴振动超过0.25mm时，应立即打闸停机，严禁强行通过临界转速或降速暖机。

2）机组运行中要求轴承振动不超过0.03mm或相对轴振动不超过0.08mm，超过时应设法消除。当相对轴振动大于0.25mm时应立即打闸停机；当轴承振动或相对轴振动变化量超过报警值的25%时，应查明原因设法消除；当轴承振动或相对轴承振动突然增加报警值的100%时，应立即打闸停机。

3）机组正常运行中，发现汽轮机内部有金属摩擦声、撞击声或轴封部位有明显摩擦，甚至冒火花时，不论振动有何变化，应立即破坏凝汽器真空打闸停机，未查明原因并消除隐患前，禁止重新启动。

（5）防范措施：

1）在机组启动及运行变负荷时，合理控制主、再热蒸汽温度变化率，避免胀差超过规定值。

2）润滑油在线再生、过滤装置运行正常，确保润滑油油质合格。

3）禁止发电机非同期并网。

4）防止汽缸进水或进冷汽。

35. 简述汽轮机轴承损坏的危害、现象、原因、处理及防范措施。

答：（1）主要危害：造成轴承损坏，严重时发生动静部分碰磨。

（2）主要现象：

1）轴承温度、润滑油回油温度明显升高或轴承冒烟。

2）润滑油回油中发现金属碎末。

3）汽轮机振动增大。

（3）主要原因：

1）轴承断油或润滑油压偏低、油量偏小。

2）润滑油油质不合格或润滑油油温超过规定值。

3）轴承过载或推力轴承超负荷，启停机过程中或盘车时顶轴油压低、大轴顶起高度不够。

4）轴承间隙、紧力不符合规定。

5）汽轮机进水或发生水冲击现象。

6）长期振动偏大，造成轴瓦损坏。

7）轴承制造质量差引起脱胎等，造成轴承损坏。

（4）处理要点：

1）运行中发现轴承温度超过规定值时，应紧急停机。

2）因轴承损坏停机后盘车不能投入运行时，不得强行盘车，应采取可靠的隔离措施，防止汽缸进水或进冷汽。

3）轴承损坏后应彻底清理油系统杂物，确保油质合格方可重新启动。

（5）防范措施：

1）防止汽轮机进水、大轴弯曲、轴承振动及通流部分损坏。

2）油系统油质应按要求进行定期化验，油质劣化时应及时处理，确保油质符合规定。

3）加强油温、油压、轴瓦温度的监视，发现异常应及时查明原因并消除。

4）润滑油系统联锁保护及测点安装位置应符合制造商的要求，润滑油压力低联启直流油泵的同时应跳闸停机。

5）油系统设备自动及备用可靠，并进行定期校验。

6）运行中油泵或冷油器的投停切换应平稳谨慎，操作中严密监视润滑油压的变化，严防断油烧瓦。

7）在汽轮机启停过程中，应按制造商规定的转速启停顶轴油泵，并严密监视顶轴油压。

8）汽轮发电机转子应可靠接地。

9）汽轮机交流润滑油泵电源的接触器应采取低电压延时释放措施，同时要保证自投装置动作可靠。

36. 简述汽轮机叶片损坏的危害、现象、原因、处理及防范措施。

答：（1）主要危害：造成汽轮机运行工况恶化、效率降低，转子质量不平衡而引起汽轮机振动、动静部分碰磨，甚至造成转子卡死使汽轮机设备严重损坏。

（2）主要现象：

1）振动突然增大。

2）各监视段压力突然发生变化。

3）轴向位移突变。

4）机组负荷突降，汽轮机调速汽阀开度突增。

5）有金属撞击声或盘车时有摩擦声。

6）凝结水硬度增大。

（3）主要原因：

1）叶片制造质量不良。

2）主蒸汽品质不合格造成叶片腐蚀结垢。

3）汽轮机运行中发生水冲击现象。

4）汽轮机超速或运行频率长时间偏离正常值，造成叶片疲劳。

5）主、再热蒸汽温度超过规定范围运行。

6）汽轮机长期在过低的背压下运行，引起叶片水蚀。

（4）处理要点：

1）当汽轮机内部发生明显的金属撞击声或汽轮机发生强烈振动时，应破坏真空紧急停机。

2）当发现振动异常时，应立即进行分析，同时参照调节级和各抽汽段压力、轴向位移、推力轴承金属温度、调速汽阀开度、机组负荷的变化，确认叶片断裂时应立即停机处理。

（5）防范措施：

1）防止汽轮机超速或发生水冲击。

2）控制主/再热蒸汽压力、主/再热蒸汽温度、机组背压和频率等参数在规定范围内运行，防止超负荷运行。

3）按要求严格控制进入汽轮机的蒸汽品质。

4）汽轮机停机后按规定进行养护。

37. 简述汽轮机大轴弯曲的危害、现象、原因、处理及防范措施。

答：（1）主要危害：引起汽轮机强烈振动或动静部分碰磨，严重时导致汽轮机损坏。

（2）主要现象：

1）汽轮机转子偏心度或晃度超过规定值，连续盘车4h不能恢复到正常值。

2）盘车电流或转速异常。

3）汽轮机升速或惰走过程中振动显著增大。

（3）主要原因：

1）汽轮机发生振动引起动静部分发生碰磨。

2）汽轮机运行中进水，启、停机过程中或停机后操作维护不当造成汽缸进水或进冷汽。

3）上、下缸温差大造成热弯曲，或汽缸法兰加热不均造成汽缸变形，以及汽缸膨胀不均、胀差过大等原因引起动静部分摩擦。

（4）处理要点：

运行中汽轮机发生强烈振动，应紧急停机。未查明大轴弯曲的原因及消除弯曲前，不得再次启动。

（5）防范措施：

1）大轴晃动值、轴向位移、胀差、低油压和振动保护等表计显示正确，并正常投入。

2）汽轮机冲转前及停机后，应严密监视转子偏心度，确认盘车运行正常，发现异常及时查明原因并进行处理。

3）汽轮机冲转前，发生转子弹性热弯曲应适当加长盘车时间，转子弹性热弯曲消除前严禁启动。

4）汽轮机启动时，应严密监视振动、胀差、膨胀、轴向位移等，避免动静部分碰磨引起大轴弯曲。

5）汽轮机启动时，主蒸汽温度应遵照制造商的规定，蒸汽过热度不小于 $56℃$ 。

6）汽轮机热态启动投轴封供汽时，应确认盘车装置运行正常，先向轴封供汽，后抽真空。停机后，凝汽器真空到零，方可停止轴封供汽。轴封供汽温度应与金属温度相匹配，符合制造商的规定。

7）汽轮机启动过程中，因振动异常停机回到盘车状态，应全面检查、认真分析、查明原因。当机组已符合启动条件时，连续盘车不少于 4h 才能再次启动，严禁盲目启动。

8）高、中压缸上、下缸温差不超过制造商规定值。

9）防止冷水或冷汽进入汽轮机。

10）汽轮机在热态下，严禁进行锅炉水压试验。

38. 简述汽轮机进水的危害、现象、原因、处理及防范措施。

答：（1）主要危害：引起汽缸变形、动静部分间隙消失发生碰磨、大轴弯曲等。

（2）主要现象：

1）上、下缸温差明显增大。

2）主、再热蒸汽温度突降，过热度减小。

3）汽轮机振动增大、轴向位移增大、推力瓦温度升高。

4）抽汽管道发生振动。

5）盘车状态下盘车电流增大或盘车转速低于正常盘车转速。

6）严重时，轴封处见水或冒白汽。

（3）主要原因：

1）锅炉主、再热蒸汽温度失控或主蒸汽流量瞬间突增造成蒸汽带水。

2）加热器、除氧器满水但汽轮机防进水保护拒动，或保护动作但抽汽止回阀及抽汽电动阀关闭不严。

3）轴封供汽或回热抽汽管道疏水不畅，积水或疏水进入汽缸。

4）再热器减温水或高压旁路减温水泄漏，高压缸排汽止回阀关闭不严密，泄漏的减温水从再热蒸汽冷段管道倒入汽轮机高压缸。

（4）处理要点：

1）运行中主、再热蒸汽温度突降超过规定值，应立即紧急停机。

2）汽轮机盘车中发现进水，应保持盘车运行一直到汽轮机上、下缸温差恢复正常。同时加强汽轮机内部声音、转子偏心度、盘车电流或盘车转速等的监视。

3）汽轮机在升速过程中发现进水，应立即停机进行盘车。

4）汽轮机运行中进水监测报警时，应迅速查明原因并消除。若振动、胀差、上下缸温差变化达到规定值时应立即停机。

（5）防范措施：

1）机组应装设防进水装置并可靠投入。

2）主、再热蒸汽温度应控制平稳，蒸汽过热度不小于 56℃，超过规定值时应紧急停机。

3）疏水管道、阀门应定期检查，确保畅通。

4）汽轮机启动前和暖机过程中应充分疏水，轴封供汽温度应按照制造商的技术要求进行控制。

5）加热器、除氧器、汽包锅炉及汽包水位调整应平稳，水位报警及保护应可靠投入。

6）抽汽电动阀和抽汽止回阀应能够严密关闭，定期进行抽汽止回阀活动试验。

7）加热器的检修维护和运行参数控制应符合制造商的规定，避免发生泄漏。

39. 简述汽轮机轴向位移过大的危害、现象、原因、处理及防范措施。

答：（1）主要危害：推力轴承损坏，严重时导致汽轮机动静部分碰磨。

（2）主要现象：汽轮机轴向位移增大，推力瓦温度升高，严重时振动增大。

（3）主要原因：

1）主蒸汽参数或负荷突变。

2）通流部分结垢、叶片断裂或汽封漏汽量增加。

3）汽轮机真空下降。

4）推力轴承断油或磨损。

5）汽轮机发生水冲击。

6）汽轮机发生剧烈振动，使平衡活塞汽封片磨损严重，失去平衡作用。

7）发电机转子窜动。

（4）处理要点：

1）轴向位移增大时，首先检查推力瓦温度及回油温度、胀差、振动等相关参数的变化。

2）负荷与蒸汽流量突变时，应迅速稳定负荷并调整蒸汽参数至正常值。

3）汽轮机真空下降时，应迅速查明原因并处理。

4）采取措施后轴向位移仍不能恢复正常时，应果断降负荷。

5）推力轴承内部或汽轮机内部有摩擦声或机组剧烈振动时，应紧急停机。

6）轴向位移超过规定值时，应紧急停机。

（5）防范措施：

1）控制主蒸汽参数、负荷变化率在规定范围内，杜绝大幅度波动。

2）按要求控制蒸汽品质，确保汽轮机通流部分清洁。

3）防止汽轮机进水、进冷汽。

4）防止汽轮机剧烈振动。

40. 简述汽轮机油系统着火的危害、现象、原因、处理及防范措施。

答：（1）主要危害：导致汽轮机停机或设备损坏，严重时威胁人身安全。

（2）主要现象：油系统着火，现场冒烟，有刺鼻的烟气味。

（3）主要原因：

1）油系统泄漏至高温部件。

2）电气设备着火或其他火情引起。

3）油系统及附近区域违章施工。

（4）处理要点：

1）立即组织灭火，汇报上级并联系消防部门。

2）正确使用消防器材进行灭火，同时应防止人员烧伤及窒息。

3）迅速采取隔离措施，防止火灾蔓延。

4）若火势不能很快扑灭且严重威胁汽轮机安全，应立即紧急停机。

5）需要开启事故放油阀时应控制放油速度，保证转子静止前润滑油不中断。

6）油系统着火时，禁止启动高压油泵，必要时应降低润滑油压以减少外泄油量，不得已时可停止油系统运行。

7）油系统着火威胁发电机氢气系统时，应立即紧急停机并迅速进行事故排氢。

8）密封油系统着火无法迅速扑灭，威胁设备安全时，应立即紧急停机，并在汽轮机惰走过程中，迅速进行事故排氢，密封油系统应尽量维持到汽轮机停转。

（5）防范措施：

1）油系统设计安装应尽量避免法兰连接，禁止使用铸铁阀门，油管道应可靠固定，防止振动磨损泄漏。

2）油管路法兰、阀门及可能漏油的部位附近不准有明火，若明火作业，应采取有效的防范措施。靠近油管道的高温管道或设备保温应完好，表面温度不超过 50℃并用金属外层保护。

3）加强运行巡检，发现轻微漏油应采取措施消除泄漏，防止漏油至高温管道设备而引起火灾。保温材料渗入油时，应立即消除漏点并更换保温材料。

4）现场消防设施完备、充足，运行人员应熟知一般消防器材的使用方法及灭火方法，定期进行消防灭火的反事故演习。

41. 简述汽轮机真空下降的危害、现象、原因、处理及防范措施。

答：（1）主要危害：汽轮机真空下降不仅使机组的经济性降低，严重时可能造成低压缸末级叶片发生非喘振、转子振动异常，甚至造成汽轮机事故。

（2）主要现象：汽轮机真空下降，低压缸排汽温度升高，轴向位移增大，汽轮机效率下降。

（3）主要原因：

1）湿冷机组循环水泵或空冷机组空冷岛冷却风机性能下降或跳闸引起冷却不足或中断。

2）湿冷机组冷却水水质脏污引起凝汽器冷却水管堵塞、结垢或空冷机组散热管束表面脏污，未进行及时清洗而引起换热效率降低。

3）循环水系统滤网堵塞引起循环水量大幅度下降。

4）抽真空系统故障或性能下降引起抽气能力不足。

5）轴封间隙调整不当，运行中磨损严重或轴封供汽压力降低造成轴封泄漏。

6）低压缸大气阀、真空破坏阀或其他负压系统管道和阀门泄漏造成空气漏入凝汽器。

7）湿冷机组凝汽器水位高过淹没部分冷却水管。

（4）处理要点：

1）发现真空下降应立即检查抽真空系统运行状况是否正常，若是抽真空系统运行异常引起真空下降，应及时启动备用抽真空设备。

2）当真空系统发生泄漏时，应及时查找漏点，进行系统隔离或堵漏。

3）真空下降时应按照制造商的规定进行降负荷，并观察真空变化情况。一般情况下，若负荷降至 30% 额定负荷真空仍不能恢复，应立即减负荷至 0MW 停机。真空降低及减负荷过程中，应注意监视以下各项：

真空降低时，要特别注意监视低压缸的振动情况，发现机组振动比原先明显增大时，应降负荷以消除振动，如降负荷无效且振动继续增大，当振动超过制造商规定值时应立即紧急停机。

真空降低时，应注意监视低压缸排汽温度，升高至规定温度时应确认低压缸喷水阀自动打开，否则应手动打开，若排汽温度超限应手动停机。

真空急剧降低达到停机值时，应立即打闸停机。

（5）防范措施：

1）凝汽器冷却水管清洗系统运行正常，定期检查清洗系统运行情况。

2）监视循环水系统滤网前后压差，及时清理滤网。

3）提高凝汽器抽真空系统的可靠性，备用设备应可靠备用。

4）定期进行真空严密性试验，当超过规定时，进行查漏并消除漏点。

5）检修中按制造商工艺标准调整轴封间隙，在汽轮机冲转及运行过程中避免振动过大导致轴封磨损。

6）运行中监视轴封压力在正常范围内，必要时切换轴封供汽汽源。

第五章

计 算 题

1. 某超超临界汽轮机设计热耗为 7512kJ/（kWh），锅炉额定负荷热效率为 94.91%，管道效率为 99%，标准煤低位发热量为 29.307MJ/kg，求该机组额定负荷设计发电煤耗。

解：机组设计发电煤耗 = 汽轮机设计热耗 / 标煤低位发热量 / 锅炉效率 / 管道效率 = 7512/29.307/0.949 1/0.99 = 272.8(g/kWh)

答：该机组设计发电煤耗为 272.8g/kWh。

2. 有一台水泵采用变速调节，当流量 q_{V1} 为 35m³/h 时的扬程 H 为 62m，用转速 n 为 1450r/min 的电动机带动，当转速提高到 n_1 为 2900r/min 时，求该水泵的扬程。

解：由水泵相似定律公式 $H/H_1 = (n/n_1)^2$，得

$$H_1 = H \times (n/n_1)^2 = 62 \times (2900/1450)^2 = 248(\text{m})$$

答：该水泵的扬程为 248m。

3. 某间接空冷系统循环水流量为 15 000t/h，循环水进、出口温度分别为 18℃、34℃，循环水进水压力为 0.33MPa，已知循环水的比定压热容为 4.129kJ/（kg·℃），求凝汽器热负荷。

解：依据 DL/T 932—2019《凝汽器与真空系统运行维护导则》，凝汽器热负荷计算公式为

$$Q = G_w \times c_p \times (t_{w2} - t_{w1}) / 1000$$
$$= 15\ 000/3.6 \times 4.129 \times (34-18)/1000$$
$$= 275.27(\text{MW})$$

答：进入凝汽器的热负荷为 275.27MW。

4. 某机组额定转速为 3000r/min，空负荷转速为 3120r/min，

满负荷转速为 3000r/min，问调速系统的速度变动率为多少？

解：调速系统速度变动率 = [(空负荷转速 − 满负荷转速)/ 额定转速] × 100%

$$= (3120-3000)/3000 \times 100\%$$
$$= 4\%$$

答：调速系统的速度变动率为 4%。

5. 某台凝汽器冷却水进口温度为 $t_{w1} = 20℃$，出口温度 $t_{w2} = 34℃$，冷却水流量 $D_w = 1.8 \times 10^4$t/h，水的比热容 $c_p = 4.187$kJ（kg·K），求该凝汽器 8h 内被冷却水带走了多少热量。

解：1h 内被冷却水带走的热量为

$$Q = D_w \times C_p \times (t_{w2}-t_{w1})$$
$$= 1.8 \times 10^4 \times 10^3 \times 4.187 \times (34-20)$$
$$= 1.05 \times 10^9 (\text{kJ/h})$$

8h 内被冷却水带走热量：$Q = 1.05 \times 10^9 \times 8 = 8.4 \times 10^9$(kJ)

答：该凝汽器 8h 内被冷却水带走了 8.4×10^9kJ 的热量。

6．电厂除氧器水箱中盛有温度为 105℃（$\rho = 951$kg/m³）的水，水箱自由表面上蒸汽压力为 $p_0 = 11.77 \times 10^4$Pa，除氧器中水面比水泵入口高 30m，求泵入口的水静压力为多少。

解：$p = p_0 + \rho g h = 11.77 \times 10^4 + 951 \times 9.8 \times 30$

$$= 397\ 294\ \text{Pa}$$
$$= 0.397\ 3（\text{MPa}）$$

答：泵入口的水静压力为 0.397 3MPa。

7. 冷油器入口油温 $t_1 = 55℃$，出口油温 $t_2 = 40℃$，油的流量 $Q = 50$t/h，求每小时放出的热量 Q（油的比热容 $c = 1.988\ 7$kJ/kg·K）。

解：$Q = c \times q \times (t_1-t_2)$

$$= 1.988\ 7 \times 50 \times 1000 \times (55-40)$$
$$= 1.49 \times 10^6 (\text{kJ/h})$$

答：每小时油放出的热量为 1.49×10^6kJ。

8. 设每千克蒸汽在锅炉中吸热 $q_1 = 2.51 \times 10^3$kJ/kg，蒸汽通过汽轮机做功后在凝汽器中放出热量 $q_2 = 2.09 \times 10^3$kJ/kg。蒸汽流量 $D = 2000$t/h，如果做的功全部用来发电，问每天能发出多少

度电?（不考虑其他能量损失）

解：$D = 2000t/h = 2 \times 10^6 \text{kg/h}$

$(q_1-q_2) \times D = (2.51-2.09) \times 10^3 \times 2 \times 10^6$

$= 8.4 \times 10^8 \text{(kJ/h)}$

因 $1\text{kJ} = 2.78 \times 10^{-4} \text{kWh}$

则每天发电量 $W = 2.78 \times 10^{-4} \times 8.4 \times 10^8 \times 24$

$= 5.6 \times 10^6 \text{(kWh)}$

答：每天能发出 $5.6 \times 10^6 \text{kWh}$。

9. 某 660MW 机组调节系统的迟缓率 $\varepsilon = 0.3\%$，速度变动率 $\delta = 5\%$，试计算由迟缓引起负荷摆动量是多少。

解：负荷摆动量 $\Delta P = (\varepsilon/\delta) \times P$

$= 0.3 \div 5 \times 660$

$= 39.6 \text{(MW)}$

答：由迟缓引起的负荷摆动量是 39.6MW。

10. 某台汽轮机额定参数：主蒸汽压力 $p_1 = 28\text{MPa}$，主蒸汽温度 600℃，做主汽门、调门严密性试验时的蒸汽参数：主蒸汽压力 $p_2 = 14.5\text{MPa}$，主蒸汽温度 580℃。问该台汽轮机转速 n 下降到多少时，主汽门、调门的严密性才算合格？

解：$n = p_2/p_1 \times 1000$

$= 14.5/28 \times 1000$

$= 518 \text{(r/min)}$

答：该汽轮机转速下降到 518r/min 以下时，主汽门、调门严密性才算合格。

11. 某凝汽式发电厂发电机的有功负荷为 660MW，锅炉的燃煤量为 247.7t/h，燃煤的低位发热量为 $Q_{\text{net, ar}} = 20\,900\text{kJ/kg}$，试求该发电厂的效率。

解：发电厂每小时锅炉消耗热量为

$Q_B = Q_{\text{net, ar}}$

$= 2.09 \times 10^4 \times 247.7 \times 10^3$

$= 5.176\,93 \times 10^9 \text{(kJ/h)}$

发电厂每小时输出的热量：

$Q_0 = P \times 3.6 \times 10^3$

$\quad = 660 \times 10^3 \times 3.6 \times 10^3$

$\quad = 2.376 \times 10^9 (\text{kJ/h})$

$h = Q_0/Q_B = 2.376 \times 109/5.176\ 93 \times 109 = 45.89\%$

答：该发电厂的效率 45.89%。

12. 某台汽轮机带额定负荷与系统并列运行，由于系统事故，该机甩负荷至零，如果调节系统的速度变动率 $\delta = 5\%$，试问该机甩负荷后的稳定转速 n_2 应是多少。

解：根据转速变动率公式：

$$\delta = (n_1 - n_2)/n_e \times 100\%$$

式中　n_2——负荷为额定功率的稳定转速；

　　　　N_1——负荷为零的稳定转速；

　　　　n_e——额定转速。

则 $n_2 = (1+\delta)n_e = (1+0.05) \times 3000 = 3150(\text{r/min})$

答：稳定转速为 3150r/min。

13. 汽轮机的主蒸汽温度每低于额定温度 10℃，汽耗量要增加 1.4%。一台 $P = 660$MW 的机组带额定负荷运行，汽耗率 $d = 2.8$ kg/（kWh），主蒸汽温度比额定温度低 15℃，计算该机组每小时多消耗多少蒸汽量。

解：主蒸汽温度低 15℃时，汽耗增加率为

$\Delta\delta = 0.014 \times 15/10 = 0.021$

机组在额定参数下的汽耗量为

$D = Pd = 660\ 000 \times 4.3 = 1\ 848\ 000(\text{kg/h}) = 1848(\text{t/h})$

由于主蒸汽温度比额定温度低 15℃致使汽耗量的增加量为

$\Delta D = D \times \Delta\delta = 1848 \times 0.021 = 38.8(\text{t/h})$

答：由于主蒸汽温度比额定温度低 15℃，使该机组每小时多消耗蒸汽量 38.8t。

14. 某电厂供电标准煤耗率 $B_0 = 288.537\ 3$g/kWh，厂用电率为 $n = 5.327.6\%$，汽轮机热耗 $q = 7512$kJ/kWh，试计算发电煤耗

及发电厂总效率。

解：发电煤耗： $B_1 = B_0 (1-n)$

$\qquad = 288.5 (1-0.053\ 2) = 273.15 (g/kWh)$

全厂总效率： $\eta = 0.123/B_0$

$\qquad = 0.123/0.288\ 5 = 0.329 = 42.63\%$

答：发电煤耗为 273.15g/kWh，总效率的 42.63%。

15. 某台 660MW 发电机组年运行小时为 4341.48h，强迫停运 346.33h，求该机组的强迫停运率。

解：强迫停运率＝强迫停运小时／（运行小时＋强迫停运小时）×100%

$\qquad = 346.33/(4341.48+346.33) \times 100\% = 7.39\%$

答：该机组强迫停运率为 7.39%。

16. 某汽轮机孤立运行，容量为 P_N=660MW，转速 n_0=3000r/min，调速变动率为 $\delta = 5\%$，如外界电负荷突然由 660MW 减少 330MW，按静态特性转速应升高多少？

解：由满负荷到零负荷转速的变化：

$\Delta n = 3000 \times 5\% = 150(r/min)$

当负荷突然由满负荷减到 330MW 时转速变化：

$150r/min \times 330/660 = 75r/min$

答：按静态特性曲线，转速应该升高 75r/min。

17. 某电厂一台 600MW 机组在 500MW 负荷下运行时，其凝汽器真空值为 89kPa，当地大气压为 0.093 5MPa，问此台机组当时真空度为多少？

解：真空度＝凝汽器真空／大气压 ×100%＝89/93.5×100%＝95.19%

答：凝汽器真空度为 95.19%。

18. 一台发电机的充氢体积为 86m³，漏氢试验持续时间 24 小时。试验开始时各参数：机内氢气压力 0.40MPa，发电机内平均温度 48℃。试验结束后各参数：机内氢气压力 0.394MPa，发电机内平均温度 44℃。温度每下降 1℃，压力下降约为 0.001 3 MPa。试估算发电机的漏氢量是多少？该台发电机在氢气置换二氧化碳时，大约需要多少氢气？

解：漏氢试验开始时与结束后，发电机的平均温度之差为48-44 = 4（℃）

所以影响的压力下降为 $4 \times 0.001\ 3 = 0.005\ 2$(MPa)

所以总压力降为 $(0.4-0.394)+0.005\ 2 = 0.011\ 2$(MPa)

0.1MPa 时发电机内氢气的体积是 86m³，氢压下降 0.011 2MPa 氢气的泄漏量为

$112 \times 86/0.1 = 9632$(m³)

由于该发电机容积为 86m³，所以该台发电机在氢气置换二氧化碳时，大约需要 $3 \times 86 = 258$m³ 的氢气。

答：该发电机的漏氢量大约为 9.632m³，在氢气置换二氧化碳时，大约需要 258m³ 的氢气。

19. 某汽轮发电机额定功率为 660MW，带额定负荷时主蒸汽流量为 1950t/h，求汽耗率 D 是多少。

解：$D = Q/P = 1\ 950\ 000/660\ 000 = 2.95$kg/kWh

答：该汽轮机的汽耗率是 2.95kg/kWh。

20. 某台 660MW 汽轮发电机组年可用时间为 6500h，要求平均无故障可用小时达到 3500h，求最多强迫停运多少次。

解：强迫停运次数 = 可用小时 / 平均无故障可用小时

$$= 6500/3500 = 1.8 \approx 2$$

答：最多强迫停运 2 次。

第三篇

电气设备及系统

第一章

填 空 题

1. 电能质量的三要素：频率、电压、波形。

2. 我国规定的输电线路标准电压等级：0.22kV、0.38kV、3kV、6kV、10kV、35kV、110kV、220kV、330kV、500kV、750kV、1000kV。

3. 安全电压：42V、36V、24V、12V、6V 五个额定等级。

4. 三相交流电路中所谓三相负载对称是指电阻相等、电抗相等、电抗性质相同。

5. 对称三相交流电路，中性点电压等于 0。

6. 在三相电路中，三相负载不对称，且没有中性线或中性线阻抗较大时，三相负载中性点会出现电压，这种现象称为中性点位移现象。

7. 交流电路中常用 P、Q、S 表示有功功率、无功功率、视在功率，而功率因数是指 P/S。

8. 用焦耳定律公式 $Q = I^2RT$ 计算热量，这个公式适用于任何用电器。

9. 导体的电阻与导体的长度关系为正比。

10. 导体的电阻与导体的截面积关系为反比。

11. 单位时间内，电流所做的功称为电功率。

12. 在电阻、电感、电容和电抗组成的电路中，消耗电能的元件是电阻。

13. 变压器一次侧为额定电压时，其二次侧电压随着负载电流的大小和功率因数的高低而变化。

14. 变压器绕组和铁芯在运行中会发热，其发热的主要因素是铁损和铜损。

15. 测电气设备的绝缘电阻时，应先将该设备的电源切断，测量有较大电容的设备前还要进行放电。

16. 高压设备发生接地时，室内不得接近故障点 4m 以内，室外不得接近故障点 8m 以内。进入上述范围人员必须穿绝缘靴，接触设备的外壳和架构时，应戴绝缘手套。

17. 高压验电必须戴绝缘手套，验电时应使用相应电压等级的专用验电器。

18. 装卸高压熔断器保险，应戴护目眼镜和绝缘手套，必要时使用绝缘夹钳，并站在绝缘垫或绝缘台上。

19. 在室内高压设备上工作，其工作地点两旁间隔和对面间隔的遮栏上应悬挂"止步高压危险"标示牌。

20. 发现有人触电，应立即切断电源，使触电人脱离电源，并进行急救。如在高空工作，抢救时必须注意防止高空坠落。

21. 遇有电气设备着火时，应立即将有关设备的电源切断，然后进行救火。

22. 大容量电力系统正常运行电网频率为（50±0.2）Hz，在AGC 投入情况下电网频率不得超过（50±0.1）Hz。

23. PSS 的中文含义是电力系统稳定器，作用是抑制电力系统的低频振荡。

24. 在电力系统中，所谓短路是指相与相或相与地之间，通过电弧或其他较小阻抗的一种非正常连接。

25. 把两个完全相同的电阻，分别通入交流电和直流电，如果产生的热量相同，就把这个直流电流的数值称作这个交流电流的有效值。

26. 将电气设备的外壳和配电装置金属构架等与接地装置用导线做良好的电气连接称接地，此类接地属保护接地，为防止因绝缘损坏而造成触电危险。

27. 电力系统接地开关分为检修接地开关和快速接地开关。

28. 断路器主要由四部分组成：导电部分、灭弧部分、绝缘部分、操作机构部分。

29. 手车开关状态分为五种状态，即运行状态、热备用状态、试验状态、冷备用状态、检修状态。

30. 隔离开关的作用：接通或断开允许的负荷电路；造成一个明显断开点，保证人身安全；与断路器配合倒换运行方式。

31. 断路器分闸，位置指示绿色灯亮，此时表示合闸回路完好。

32. 断路器合闸，位置指示红色灯亮，此时表示跳闸回路完好。

33. 快切装置的切换分为正常切换、事故切换和不正常情况切换三种。

34. 厂用电源的串联切换过程：一个电源切除后，才允许另一个电源投入。

35. 厂用电正常倒换电源时，必要时先调整启备变分接头，确保开关两侧的电压差小于5%，必要时还可调整发电机无功达到电压差要求。

36. 事故切换是由工作电源向备用电源的单向切换，切换方式采用串联切换或残压切换。

37. 400V厂用备用电源分为明备用和暗备用。

38. 合环是指将电气环路用开关或刀闸进行闭合的操作。

39. 解环是指将电气环路用开关或刀闸进行拉开的操作。

40. 解列是指将发电机或一个系统与系统解除并列运行。

41. 自同期并列将发电机用自同期法与系统并列运行。

42. 进相运行是指发电机定子电流相位超前电压相位，发电机从系统中吸收无功。

43. 冲击合闸是指新设备在投入运行时，连续操作合闸，正常后拉开再合闸。

44. 电力系统的防雷设施有避雷器、避雷针、进出线架设架空地线及装设管型避雷器、放电间隙和接地装置。

45. 大气过电压的幅值取决于雷电参数和防雷措施，与电网额定电压无直接关系。

46. 主变压器引线上所接的避雷器其作用主要是防止雷击造成过电压。

47. 防止雷电波侵入的过电压，其保护：避雷器和保护间隙。

48. 主变中性点装设避雷器的作用：防止中性点雷击过电压而损坏中性点绝缘。

49. 发电机定子包括机座、端盖、定子铁芯、定子绕组、隔振结构和端部结构等。

50. 发电机转子包括转子铁芯、转子绕组、转子护环、转子阻尼结构、转子风扇等构成。

51. 大型同步发电机，广泛采用氢气冷却，因为氢气的重量仅为空气的 1/14，导热性能比空气高 6 倍。

52. 水氢氢冷却方式的发电机定子绕组采用水内冷，定子铁芯、转子绕组及铁芯采用氢气冷却。

53. 励磁系统一般由励磁功率单元和励磁调节器两个主要部分组成。

54. 每套励磁调节器都含有一个自动电压调节器 AVR 和励磁电流调节器 FCR。

55. AVR 控制方式自动方式为恒机端电压闭环方式，即维持发电机端电压不变。

56. FCR 控制方式手动方式为恒转子电流闭环方式，即维持发电机转子电流不变。

57. 自动调整励磁装置，在发电机正常运行或发生事故的情况下，能够提高电力系统的静态稳定和动态稳定。

58. 熔断器是由熔体、熔管两部分组成的。

59. 熔体为一次性使用元件，再次工作必须更换新的熔体。

60. 交流接触器是一种用来频繁接通或分断主电路的自动控制电器。

61. 时间继电器是一种触头延时接通或断开的控制电器。

62. 双速电动机的定子绕组在低速时是三角形接线，高速时是双星形接线。

63. 交流接触器的结构由电磁机构、触头系统、灭弧装置和其他部件组成。

64. 接触器的额定电压是指主触头上的额定电压。

65. 三相异步电动机常用的电气启动方法有全压启动、降压启动。

66. 改变三相异步电动机旋转方向的方法是对调任意两相。

67. 热继电器是利用电流的热效应来工作的电器。

68. 一般绝缘材料的绝缘电阻随着温度的升高而减小，金属导体的电阻随着温度的升高而增大。

69. 测量电气设备绝缘时，当把直流电压加到绝缘部分上，将产生一个衰减性变化的最后趋于稳定的电流，该电流由电容电流、吸收电流和传导电流三部分组成。

70. 定子绕组采用水内冷的发电机，运行中最容易发生漏水的地方：绝缘引水管的接头部分和绕组的焊接部分。

71. 为防止水内冷发电机因断水引起定子绕组超温而损坏，所装设的保护称为断水保护。

72. 发电机封闭母线内含氢量超过 1%，发电机轴承油系统或主油箱内含氢量超过 1%，内冷水系统含氢量体积含量超过 10% 时，应立即采取相应措施处理。

73. 发电机轴电压较高时，不光在油膜击穿情况下产生轴电流，而且还会影响汽轮机测速装置的准确性。

74. 发电机假同期试验的目的是检查同期回路接线的正确性，防止二次接线错误而造成发电机非同期并列。

75. 发电机本体最容易漏氢的部位是温度测点引出线处、发电机两端盖结合面、密封瓦等处。

76. 发电机励磁碳刷间负荷分布不均匀时，应用直流卡钳检测碳刷的电流分布情况。对负荷过重及过轻的碳刷及时调整处理。

77. 发电机着火时，发电机定子冷却水不应中断，当火熄灭时，发电机转子应维持较长时间盘车，防止转子变形。

78. 发电机定子和转子电流不能超过额定值的 1.05 倍长期运行，运行中监视发电机的各部温度不得超过允许值。

79. 发电机定子电压允许在额定值范围 ±5% 内变动，当功率因数为额定值时，其额定容量不变，即定子电压在该范围内变动时，定子电流可按比例相反变动。但当发电机电压低于额定值的 95% 时，定子电流长期允许的数值不得超过额定值 105%。

80. 发电机定时限过负荷保护反映发电机定子电流的大小。

81. 发电机定子绕组的过电压保护反映端电压的大小。

82. 发电机定时限负序过流保护反映发电机定子负序电流的大小，防止发电机转子表面过热。

83. 发电机正常运行时，定子电流三相不平衡值一般不能超过定子额定值的 10%。

84. 发电机突然甩负荷后，会使端电压升高，使铁芯中的磁通密度增加，导致铁芯损耗增加、温度升高。

85. 同步发电机的运行特性，一般指空载特性、短路特性、负载特性、调整特性和外特性五种。

86. 发电机的空载特性是指发电机在额定转速下，空载运行时，其电动势与励磁电流之间的关系曲线。

87. 发电机的短路特性是指发电机在额定转速下，定子三相短路时，定子稳态短路电流与励磁电流之间的关系曲线。

88. 发电机的负载特性是指发电机的转速、定子电流为额定值，功率因数为常数时，定子电压与励磁电流之间的关系曲线。

89. 发电机的外特性是指在发电机的励磁电流、转速和功率因数为常数情况下，定子电流和发电机端电压之间的关系曲线。

90. 发电机在运行中若发生转子两点接地，由于转子绕组一部分被短路，转子磁场发生畸变，使磁路不平衡，机体将发生强烈振动。

91. 发电机在运行中转子线圈产生的磁场，与定子磁场是相对静止的。

92. 发电机和母线上电压表指针周期性摆动、照明灯忽明忽暗、发电机发出有节奏的轰鸣声，此时，发电机发生了振荡事故。

93. 正常停机时，在汽轮机打闸后，应先检查发电机有功功率是否到零，确认到零后，再将发电机与系统解列，严禁带负荷解列。

94. 发电机与电网采用自动准同期并列，并列必须满足：电压相等、频率相等、相位相同、相序一致。

95. 发电机严禁采用手动准同期方式并网运行。

96. 发电机功率因数变动时，应该使该功率因数下的有、无功功率不超过在当时氢压下的 P-Q 负荷曲线范围。

97. 发电机正常运行时的允许温升与该发电机的冷却方式、绝缘等级 和冷却介质有关。

98. 用水内冷发电机定子绝缘测试仪进行发电机定子绝缘测量时应将进出水汇水管接到仪表的屏蔽端子上，绝缘电阻值不得低于上次测量结果的 1/5 ~ 1/3，吸收比 R_{60}/R_{15} 应大于 1.3，否则应查明原因消除。

99. 当氢气温度高于额定值时，发电机要按照氢气冷却的转子绕组温升条件限制出力。

100. 发电机运行中，铁芯的温度比绕组温度要高。

101. 发电机如果在运行中功率因数过高会使发电机静态稳定性降低。

102. 发电机长期进相运行，会使发电机定子端部发热。

103. 发电机运行中一台氢冷器退出运行时，发电机在额定氢压、额定功率因数下可带 80% 的额定负荷运行。

104. 发电机在受到小的扰动后，能恢复到原来平衡状态继续同步运行就称为同步发电机的静态稳定。

105. 机壳内为空气或二氧化碳介质的大容量氢冷发电机不允许启动到额定转速甚至进行试验，以防止风扇叶片根部的机械应力过高。

106. 大型汽轮发电机一般能在进相功率因数超前为 0.95 时长期带额定有功连续运行。

107. 发电机失磁后转入异步运行，发电机将从系统吸收无功功率，供给转子，定子建立磁场，向系统输出有功功率。

108. 系统短路时，瞬间发电机内将流过数值为额定电流数倍的短路电流，对发电机本身将产生有害的、巨大的电动力，并产生高温。

109. 当系统发生不对称短路时，发电机绕组中将有负序电流出现，在转子上产生 100Hz 频率的电流，有可能使转子局部过热或造成损坏。

110. 运行发电机失去励磁使转子磁场消失，一般称为发电机的失磁。

111. 发电机振荡失去同步，如果采取一些措施，失步的发电机其转速还有可能接近同步转速时而被重新拉入同步，这种情况称为再同步。

112. 通过测量发电机不同转速下的转子交流阻抗，可判断转子绕组匝间短路故障。

113. 感性无功电流对发电机磁场起去磁作用，容性无功电流对发电机的磁场起助磁作用。

114. 水内冷发电机定子线棒层间最高和最低温度间的温度差达 8℃或定子线棒引水管出水温差达 8℃时应报警并查明原因，此时可降负荷处理。

115. 水内冷发电机定子线棒温差达 14℃或定子引水管出水温差达 12℃，或任一定子槽内层间测温元件温度超过 90℃或出水温度超过 85℃时，在确认测温元件无误后，为避免发生重大事故，应立即停机，进行反冲洗及有关检查处理。

116. 系统振荡，振荡线路各点电压、电流之间的相位角也在周期性变化，由于三相对称，所以振荡时无有负序分量和零序分量。

117. 运行中若发现发电机机壳内有水，应查明原因，如果是由于结露所引起的则应提高发电机的进水和进风温度。

118. 如发电机不平衡电流出现在发电机并列后不久时，可能是发电机主开关非全相合闸引起。则应立即解列发电机。

119. 发电机失步时转子的转速不再和定子磁场的同步转速保持一致，发电机的功角在 0°～180° 输出有功功率，在 180°～360° 吸收有功功率。

120. 发电机停机后为防止定子线圈堵塞，应进行发电机内冷水系统反冲洗。

121. 具有双星形绕组引出端的发电机，一般装设横联差动保护来反映定子绕组匝间故障和层间短路故障。

122. 发电机一经转动，即认为发电机及所连设备均带有电压，在发变组回路上的工作均应按发电机运行中来做安全措施。

123. 发电机停机以后，为防止有人误合开关造成发电机非同期并列，应将厂用电工作电源开关解除备用。

124. 停用发电机水、氢、油系统程序：首先应停用内冷水，再进行氢冷却水停运，然后进行排氢置换。密封油系统的停运应在氢气置换后进行。

125. 停机时间小于一周且发电机内部无检修项目时的保养：发电机不排氢，维持氢压运行，监视氢气纯度大于等于98%，控制机内氢气露点小于等于–5℃且大于等于–25℃。

126. 发电机差动保护的保护范围为中性点 TA 至出口 TA 之间的对称与非对称短路故障。

127. 当发电机 TV 断线报警时，首先处理是停用该 TV 相关保护。

128. 发电机出口 TV 熔断器熔断时，有功、无功表计指示可能降低。有功、无功电度表异常。

129. 短路对电气设备的主要危害：电流的热效应使设备烧毁或损坏绝缘，电动力使电气设备变形毁坏。

130. 发电机强行励磁是指系统内发生突然短路，发电机的端电压突然下降，当超过一定数值时，励磁电源会自动、迅速地增加励磁电流到最大。

131. 若发电机强励动作，则不得随意干涉。20s 后强励仍不返回，应手动解除强励。

132. 按相数变压器可分为单相变压器和三相变压器。

133. 按每相线圈数可分为双绕组变压器和三绕组变压器。

134. 按油浸变压器的冷却方式，冷却系统可分为：油浸自冷式、油浸风冷式、强迫油循环风冷式、强迫油循环水冷式等几种。

135. 变压器调压方式可分为无载调压及有载调压两种。

136. 油浸式变压器一般是由铁芯、绕组、变压器油、油箱、冷却装置、绝缘套管等主要部分构成。

137. 变压器是根据电磁感应的原理，把某一等级的交流电压变换成另一等级的交流电压。

138. 大型机组主变压器的连结组别一般采用 YND11。

139. 变压器的温升是指绕组或上层油的温度与变压器环境温度之差。

140. 变压器并联运行的理想条件：空载时并联的各变压器一次侧间无环流，负载时各变压器所负担的负载电流按容量成比例分配。

141. 变压器的绝缘老化，是指绝缘材料受到热或其他物理、化学作用而逐渐失去机械强度和电气强度的现象。

142. 变压器的正常过负荷能力，自然油循环变压器负荷不得超过额定负荷的 1.3 倍，强迫油循环变压器负荷不得超过额定负荷的 1.2 倍。

143. 并联运行的变压器，最大最小容量比一般不超过 3∶1，漏阻抗标幺值之差小于 10%。

144. 变压器的温升决定于绕组绝缘材料的等级，温度越高，绝缘老化越严重越迅速。

145. 变压器的正常过负荷能力，以不牺牲变压器正常使用寿命制定。同时还规定，过负荷期间负荷和各部分温度不得超过规定的最高限制值。

146. 油浸式变压器绕组温升的限值为 65℃，上层油温升的限值为 55℃，变压器在正常运行时，上层油的最高温度不应超过 95℃，一般不宜超过 85℃。

147. 强迫油循环风冷的变压器上层油温一般不超过 75℃，最高不超过 85℃。

148. 变压器在运行中，各部分的温度是不同的，其中绕组的温度最高，铁芯的温度次之，绝缘油的温度最低，且上部油温高于下部油温。

149. 变压器外加一次电压，一般不得超过该分接头额定值的 105%，此时变压器的二次侧可带额定电流。

150. 变压器的铁芯是由导磁性能极好的硅钢片组装成闭合的磁回路。

151. 变压器的高压套管可连接变压器高压侧出线和外部引线，以及起到绝缘作用。

152. 大型变压器常采用在储油器中加装隔膜或充氮气等措施，使油与大气隔离。

153. 变压器呼吸器内装的干燥剂是浸有氯化钴的硅胶，其颗粒在干燥时是蓝色的，但是随着硅胶吸收水分接近饱和时，粒状硅胶就转变成粉白色或红色。

154. 在正常运行方式下，电工绝缘材料是按其允许最高工作温度分级的。

155. 变压器在运行中，如果电源电压过高，则会使变压器的励磁电流增加，铁芯中的磁通密度增大。

156. 若变压器在电源电压过高的情况下运行，会引起铁芯中的磁通过度饱和，磁通波形发生畸变。

157. 当运行中的变压器顶层油温或变压器负荷达到规定值时，辅助冷却器应自动投入运行，当切除故障冷却器时，备用冷却器应自动投入。

158. 变压器的过负荷一般分为正常过负荷和事故过负荷两种，过负荷期间变压器各部分温度不得超过规定的最高限制值。

159. 变压器允许正常过负荷，其过负荷的倍数及允许时间应根据变压器的负载特性和冷却介质温度来确定。

160. 变压器在运行中产生的损耗，主要有铜损和铁损，这两部分损耗最后全部转变成热能形式使变压器铁芯绕组发热，温度升高。

161. 变压器分级绝缘是指变压器绕组靠近中性点部分的主绝缘，其绝缘水平低于首端部分的主绝缘。

162. 影响变压器温度变化的主要原因：负荷的变化、环境温度变化及变压器冷却装置的运行状况等。

163. 变压器内部着火时，必须立即把变压器各侧电源断开，变压器有爆炸危险时，应立即将油放掉。

164. 主变每台冷却器工作状态分为工作、停止、辅助、备用四种状态。

165. 对变压器进行全电压冲击试验的目的：检查变压器的绝缘强度能否承受全电压和操作过电压考验。

166. 并列运行变压器，倒换中性点接地刀闸时，应先合上要投入的中性点接地刀闸，然后拉开要停用的中性点接地刀闸。

167. 剧冷剧热天气，应着重检查变压器油温、油位的变化情况，冷却装置的工作情况。

168. 现场处理呼吸器畅通工作或更换硅胶时，变压器重瓦斯保护应由跳闸位置改为信号位置运行，工作完毕，经1h试运行后，方可将重瓦斯投入跳闸。

169. 400V低压厂用变压器均采用干式变，低压干式变采用三相树脂浇注干式低压变压器，冷却方式为风冷，冷却风扇可以手动控制启停，也可以根据变压器温度自动控制。

170. 正常情况下，变压器轻瓦斯保护投信号位置，重瓦斯保护投跳闸位置。

171. 变压器内部油的作用是绝缘和冷却。

172. 在变压器瓦斯保护动作跳闸的回路中，必须有自保持回路，用以保证有足够的时间使断路器跳闸。

173. 断路器的主要作用：在正常情况下，接通和断开各种电力线路和设备；当电力系统发生故障时，在继电保护的作用下，自动地切除故障线路和设备，以保证电力系统的安全稳定运行。

174. 正常情况下电动机启动时，开关拒绝合闸或启动时跳闸，在未查明原因前，严禁再次合闸，若启动时间超过了本电机一般启动时间，且电流又未返回到正常值，应立即拉开电动机电源开关，并应查明原因。

175. 隔离开关没有专门的灭弧装置，所以不能用它来接通和切断负载电流和短路电流，但它可以在设备检修时造成明显断开点，使检修设备与带电设备隔离。

176. 高压隔离开关的作用：接通或断开允许的负荷电路；造成一个明显断开点，保证人身安全；与断路器配合倒换运行方式。

177. 手动切断隔离开关时，必须缓慢而谨慎，但当拉开被允许的负荷电流时，则应迅速而果断，操作中若刀口刚离开时产生电弧则应立即合上。

178. 手动合隔离开关时，必须迅速果断，但合闸终了时不得用力过猛，在合闸过程中产生电弧，也不准把隔离开关再拉开。

179. 如发生带负荷拉闸时，在未断弧前应迅速合上，如已断弧则严禁重新合上。如发生带负荷合闸，则严禁重新断开。

180. 自动重合闸的四种运行方式：单相重合闸方式、三相重合闸方式、综合重合闸方式、停用重合闸方式。

181. 综合重合闸投"单相重合闸方式"，当线路发生单相故障时，跳开单相断路器进行单相重合，若线路发生相间故障时，三相断路器跳闸后，不进行重合闸。

182. 最大容量的电动机正常启动时，厂用母线的电压应不低于额定电压的80%。

183. 事故处理时，在电源倒换时注意系统间同期性，防止发生非同期并列。

184. 变频器所带电机出现掉闸，必须查清原因才能恢复备用或投入运行。

185. 抽屉开关送电前必须检查，抽屉内的控制熔断器完好并在合上位置，确保电气设备的正常备用。

186. 厂用电源的并联切换的优点是能保证厂用电的连续供给，缺点是并联期间短路容量增大，增大了对断路器断流能力的要求。

187. 电压互感器二次侧不允许短路，电流互感器二次侧不允许开路。

188. 在进行电压互感器停电时，除断开一次侧隔离开关外，还必须断开二次空气开关或熔断器，防止二次回路试验加压时二次向一次反充电。

189. 在电阻、电感、电容组成的电路中，只有电阻元件是消耗电能的，而电感元件和电容元件是进行能量交换的，不消耗电能。

190. 短路对电气设备的主要危害：电流的热效应使设备烧毁

或损坏绝缘，电动力使电气设备变形毁坏。

191. 直流母线不允许脱离蓄电池组仅由充电器单独运行，蓄电池为浮充运行方式。

192. 直流母线并列前，必须检查两组母线电压一致，正、负极性相同。

193. 直流接地时，禁止在二次回路上工作。

194. 直流系统接地运行不允许超过 2 小时。

195. 蓄电池在电厂中作为控制和保护的直流电源，具有电压稳定，供电可靠等优点。

196. 蓄电池是一种储能设备，它能把电能转变为化学能储存起来，使用时，又把化学能转变为电能，通过外电路释放出来。

197. 蓄电池放电时，端电压逐渐下降，当电瓶端电压下降到 1.8V 后，则应停止放电，这个电压称为放电终止电压。

198. 蓄电池放电容量的大小与放电电流的大小和电解液温度有关。

199. 保安 MCC 段失电时，其低电压继电器启动，跳开保安段厂用侧进线开关，同时发出指令去启动柴油发电机。

200. 输电线路停电的顺序是断开断路器，拉开线路侧隔离开关，拉开母线侧隔离开关。

201. 输电线路送电的顺序：合上母线侧隔离开关，合上线路侧隔离开关，合上断路器。

202. 合上接地刀闸前，必须确知有关各侧电源开关在断开位置，并在验明无电压后进行。

203. 在 110kV 及以上的中性点直接接地的电网中，发生单相接地故障时，由于零序电流的分布和发电机电源无关，且零序电流的大小受电源影响较小，所以系统运行方式的变化对零序保护的影响也较小。

204. 在大电流接地系统中，两侧电源线路接地故障，一侧断路器跳开后，另一侧零序电流增大。

205. 在保护范围内发生故障，继电保护的任务：自动，迅速、有选择切除故障。

206. 继电保护投入保护装置的顺序：先投入<u>功能连接片</u>，再投入<u>出口连接片</u>。停用保护装置时顺序相反。

207. 线路零序保护装置的动作时限必须按时间<u>阶梯</u>原则来选择以保证动作的<u>选择性</u>。

208. 距离保护是反映故障点到保护安装处的<u>电气距</u>离并根据此距离的大小确定<u>动作</u>时限的保护装置。

209. 变压器瓦斯保护的保护范围为<u>变压器内部</u>的对称与非对称短路故障。

210. 在变压器瓦斯保护动作跳闸的回路中，必须有<u>自保持回路</u>，用以保证有足够的时间使断路器跳闸。

211. 运行中的变压器，当气体继电器本身存在缺陷时，应将<u>重瓦斯保护</u>退出。

212. 运行中的变压器，当在瓦斯保护回路工作结束后，应放尽气体继电器内的气体，然后将<u>重瓦斯保护</u>投入运行。

213. 干式变绕组温度保护报警值<u>130℃</u>、跳闸值<u>150℃</u>。

214. 启备变正常运行时或备用启备变<u>有载调压装置瓦斯保护</u>应投跳闸。

215. 大型发电机不允许无励磁，应加装<u>失磁保护</u>，此保护应投入<u>跳闸</u>位置。

216. 自动重合闸的启动方式有<u>保护启动</u>和<u>断电器位置不对应</u>启动两种方式。

217. 电压互感器有明显故障时，严禁将电压互感器<u>手车拉出</u>。禁止用电压互感器的隔离开关隔绝故障<u>电压互感器</u>。在通常情况下，电气设备不允许<u>无保护</u>运行，必要时可停用部分保护，但<u>主保护</u>不允许同时停用。

218. 倒母线操作过程中，不允许<u>母差保护</u>退出运行。

219. 在 330kV 线路进行母线倒换的过程中，需要投入<u>母线互联</u>开关，以保证母差保护能够正确反应区间故障。

220. 由于距离保护是依据<u>故障点至保护安装处的阻抗值</u>来动作的，因此保护范围基本上不受运行方式及<u>短路电流大小</u>的影响。

221. 相差动高频保护在线路两端的<u>电流相位相同</u>或线路两端

电流相位在动作范围内时，保护装置将动作跳闸。

222. 330kV 线路充电运行时，应将电源侧断路器的重合闸临时退出运行。

223. 接地故障点的零序电压最高，随着离故障点的距离越远，则零序电压就越低。

224. 三相不一致保护的动作条件是开关辅助触电不对应和零序电流判别。

225. 能躲开非全相运行的保护有高频保护，定值较大的零序一段保护，动作时间较长的零序三段保护。

第二章

选　择　题

1. 为把电能输送到远方，减少线路上的功率损耗和电压损失，主要采用（A）。

   A. 提高输电电压水平　　　　　B. 增加线路截面减少电阻

   C. 提高功率因数减少无功　　　D. 增加有功

2. 在电力系统中，由于操作或故障的过渡过程引起的过电压，其持续时间一般（A）。

   A. 较短　　　　B. 较长　　　　C. 时长时短　　　D. 不确定

3. 电力系统发生 A 相金属性接地短路时，故障点的零序电压（B）。

   A. 与 A 相电压同相位　　　　　B. 与 A 相电压相位相差 180°

   C. 超前于 A 相电压 90°　　　　D. 滞后于 A 相电压 90°

4. 电网中性点接地的运行方式对切除空载线路来说（A）。

   A. 可以降低过电压　　　　　　B. 可以升高过电压

   C. 没有影响　　　　　　　　　D. 影响不大

5. 综合重合闸在线路单相接地时，具有（D）功能。

   A. 切除三相瞬时重合　　　　　B. 切除三相延时重合

   C. 切除故障相延时三相重合　　D. 切除故障相延时单相重合

6. 当电网频率降低时，运行中的发电机将出现（A）现象。

   A. 铁芯温度升高　　　　　　　B. 转子风扇出力升高

   C. 可能使汽轮机叶片断裂　　　D. 发电机的效率升高

7. 在发电厂使用的综合重合闸装置中，不启动重合闸的保护有（C）。

   A. 高频保护　　　B. 阻抗保护　　　C. 母线保护　　　D. 接地保护

8. 断路器在送电前，运行人员应对断路器进行拉、合闸和重合闸试验一次，以检查断路器（C）。

    A. 动作时间是否符合标准　　　B. 三相动作是否同期

    C. 合、跳闸回路是否完好　　　D. 合闸是否完好

9. 在正常运行时，应监视隔离开关的电流不超过额定值，其温度不超过（B）运行。

    A. 60℃　　　　B. 70℃　　　　C. 80℃　　　　D. 90℃

10. 以 SF_6 为介质的断路器，其绝缘性能是空气的 2～3 倍，而灭弧性能为空气的（B）倍。

    A. 50　　　　B. 100　　　　C. 150　　　　D. 50

11. 断路器的额定开合电流应（C）。

    A. 等于通过的最大短路电流　　B. 小于通过的最大短路电流

    C. 大于通过的最大短路电流　　D. 等于断路器的额定电流

12. SF_6 气体，具有优越的（C）性能。

    A. 绝缘　　　B. 灭弧　　　C. 绝缘和灭弧　D. 冷却

13. SF_6 断路器的解体检修周期一般可在（D）以上。

    A. 5 年或 5 年　　　　　　　B. 6 年或 6 年

    C. 8 年或 8 年　　　　　　　D. 10 年或 10 年

14. 真空开关有很强的熄弧能力，故当开断电流很小时，电弧被截断而使电流强迫过零，这就是所谓的（D）现象。

    A. 过零　　　B. 截止　　　C. 复归　　　　D. 截流

15. 真空断路器在燃弧过程中触头的有效利用表面越大，开断能力越（A）。

    A. 强　　　　B. 弱　　　　C. 平均　　　　D. 快

16. 真空断路器在使用中应尽量保持良好的环境，并定期检查灭弧室的（C）。

    A. 绝缘值　　B. 温度　　　C. 真空度　　　D. 机械性能

17. F-C 回路的基本工作原理是，负荷的正常启动和停止全部依靠（A）来完成。

    A. 真空接触器　B. 交流接触器　C. 控制回路　　D. 保护回路

18. F-C 手车的（B）是电动机相间短路及电动机与配电装置间连

接电缆上发生故障的主保护。

  A. 过电压 B. 速断 C. 堵转 D. 过负荷

19. 表现断路器开断能力的参数是（A）。

  A. 开断电流 B. 额定电流 C. 额定电压 D. 额定容量

20. 发电机绕组的最高温度与发电机入口风温差值称为发电机的（C）。

  A. 温差 B. 温降 C. 温升 D. 温度

21. 如果发电机的功率因数为迟相，则发电机送出的是（A）无功功率。

  A. 感性的   B. 容性的

  C. 感性和容性的   D. 电阻性的

22. 发电机绕组中流过电流之后，就在绕组的导体内产生损耗而发热，这种损耗称为（B）。

  A. 铁损耗 B. 铜损耗 C. 涡流损耗 D. 杂散损耗

23. 大容量的发电机采用离相封闭母线，其目的主要是防止发生（B）。

  A. 受潮 B. 相间短路 C. 人身触电 D. 污染

24. 目前大型汽轮发电机组大多采用内冷方式，冷却介质为（B）。

  A. 水 B. 氢气和水 C. 氢气 D. 水和空气

25. 发电机采用的水—氢—氢冷却方式是指（A）。

  A. 定子绕组水内冷、转子绕组氢内冷、铁芯氢冷

  B. 转子绕组水内冷、定子绕组氢内冷、铁芯氢冷

  C. 铁芯水内冷、定子绕组氢内冷、转子绕组氢冷

  D. 定子、转子绕组水冷、铁芯氢冷

26. 发电机定子线圈的测温元件，通常都埋设在（C）。

  A. 上层线棒槽口处   B. 下层线棒与铁芯之间

  C. 上、下层线棒之间   D. 下层线棒槽口处

27. 发电机功角是指（C）。

  A. 定子电流与端电压的夹角

  B. 定子电流与内电动势的夹角

  C. 定子端电压与内电动势的夹角

D. 功率因数角

28. 发电机定子冷却水中（B）的多少是衡量铜腐蚀程度的重要依据。

A. 电导率　　　　B. 含铜量　　　　C. pH 值　　　　D. 钠离子

29. 汽轮发电机的强行励磁电压与额定励磁电压之比称为强行励磁的倍数，对于汽轮发电机应不小于（B）。

A. 1.5　　　　　B. 2　　　　　　C. 2.5　　　　　D.3

30. 对隐极式汽轮发电机承受不平衡负荷的限制，主要是由转子（A）决定的。

A. 发热条件　　B. 振动条件　　C. 磁场均匀性　D. 电流性

31. 提高发电机容量，必须解决发电机在运行中的（B）问题。

A. 噪声　　　　B. 发热　　　　C. 振动　　　　D. 膨胀

32. 发电机内氢气循环的动力是由（A）提供的。

A. 发电机轴上风扇　　　　　　B. 热冷气体密度差

C. 发电机转子的风斗　　　　　D. 氢冷泵

33. 发电机铁损与发电机（B）的平方成正比。

A. 频率　　　　B. 机端电压　　C. 励磁电流　　D. 定子的边长

34. 发电机正常运行时的允许温升与该发电机的冷却方式、（C）和冷却介质有关。

A. 负荷大小　　B. 工作条件　　C. 绝缘等级　　D. 运行寿命

35. 发电机的输出功率与原动机的输入功率失去平衡会使系统（B）发生变化。

A. 电压　　　　B. 频率　　　　C. 无功功率　　D. 运行方式

36. 正常情况下，发电机耐受（A）的额定电压，对定子绕组的绝缘影响不大。

A. 1.3 倍　　　B. 1.5 倍　　　C. 1.8　　　　　D. 2 倍

37. 发电机在运行时，当定子磁场和转子磁场以相同的方向、相同的（A）旋转时，称为同步。

A. 速度　　　　B. 频率　　　　C. 幅值　　　　D. 有效值

38. 发电机在运行中失去励磁后，其运行状态是（B）。

A. 继续维持同步　　　　　　　B. 由同步进入异步

C. 时而同步，时而异步   D. 发电机振荡

39. 大型发电机组，当厂用工作电源和备用电源都消失时，为确保事故状态下能安全停机，事故消除后又能及时恢复供电，应设置（B），以保证事故保安负荷和不停电负荷的连续供电。

　　A. 工作   B. 事故保安电源

　　C. 检修   D. 无法确定

40. 正常运行的发电机，在调整有功负荷时，对发电机无功负荷（B）。

　　A. 没有影响   B. 有一定的影响

　　C. 影响很大   D. 不一定有影响

41. 发电机振荡或失步时，应增加发电机励磁，其目的是（C）。

　　A. 提高发电机电压

　　B. 多向系统输出无功

　　C. 增加定子与转子磁极间的拉力

　　D. 增加阻尼

42. 发电机连续运行的最高电压不得超过额定电压的（A）倍。

　　A. 1.1   B. 1.2   C. 1.3   D. 1.4

43. 发电机长期进相运行，会使发电机（B）发热。

　　A. 转子   B. 定子端部   C. 定子铁芯   D. 定子线圈

44. 同步发电机不对称运行会使（C）发热。

　　A. 定子绕组   B. 定子铁芯   C. 转子表面   D. 定子齿轭部

45. 发电机定子线圈出水温度差到（C）℃，必须停机。

　　A. 8   B. 10   C. 12   D. 14

46. 汽轮发电机承受负序电流的能力，主要决定于（B）。

　　A. 定子过载倍数   B. 转子散热（发热）条件

　　C. 机组振动   D. 定子散热条件

47. 同步发电机的功角越接近 90°，其稳定性（B）。

　　A. 越好   B. 越差   C. 不能确定   D. 适中

48. 发电机定子回路绝缘监察装置，一般均接于（C）。

　　A. 零序电压滤波器处

　　B. 发电机出线电压互感器的中性点处

C. 发电机出线电压互感器开口三角处

D. 零序电压滤波器与发电机出线电压互感器串接

49. 发电机定子铁芯最高允许温度为（B）。

A. 110℃　　　　B. 120℃　　　　C. 130℃　　　　D. 150℃

50. 当电力系统发生故障时，要求继电保护动作，将靠近故障设备的断路器跳开，用以缩小停电范围，这就是继电保护的（B）。

A. 可靠性　　　B. 选择性　　　C. 速动性　　　D. 灵敏性

51. 高压试验工作应（A）。

A. 填写第一种工作票

B. 填写第二种工作票

C. 可以电话联系

52. 高压室内的二次接线和照明等回路上的工作，需要将高压设备停电或做安全措施的工作，应填用（A）。

A. 电气第一种工作票

B. 电气第二种工作票

C. 热机工作票

53. 扑救可能产生有毒气体的火灾（如电缆着火等）时，扑救人员应使用（B）。

A. 防毒面具

B. 正压式消防空气呼吸器

C. 自救空气呼吸器

54. 特种作业人员必须经（A）合格后，方可持证上岗。

A. 安全培训考试

B. 领导考评

C. 文化考试

55. 接地保护反映的是（C）。

A. 负序电压、零序电流　　　　B. 零序电压、负序电流

C. 零序电压或零序电流　　　　D. 电压和电流比值变化

56. 发电机在并列过程中，当发电机电压与系统电压相位不一致时，将产生冲击电流，此冲击电流最大值发生在两个电压相差

为（C）时。

　　A. 0º　　　　　　B. 90º　　　　　　C. 180º　　　　　D. 100 º

57. 发电机与系统并列运行时，有功负荷的调整是改变汽轮机（C）。

　　A. 进汽压力　　B. 进汽温度　　　C. 进汽量　　　　D. 转速

58. 水内冷发电机定子回路的绝缘应使用（C）水内冷专用绝缘电阻表测量。

　　A. 500V　　　　B. 1000V　　　　C. 2500V　　　　D. 5000V

59. 测量发电机转子绕组绝缘电阻时，绝缘电阻表一端接于转子滑环上，另一端接于（A）。

　　A. 转子轴上　　　　　　　　　B. 机座上

　　C. 发电机外壳上　　　　　　　D. 接地网的接地点上

60. 若测得发电机绝缘的吸收比低于（C），说明发电机受潮了。

　　A. 1.2　　　　　B. 1.25　　　　　C. 1.3　　　　　D. 1.35

61. 干式变压器绕组温度的温升限值为（A）。

　　A. 100℃　　　　B. 90℃　　　　　C. 80℃　　　　　D. 60℃

62. 变压器二次电流增加时，一次侧电流（C）。

　　A. 减少　　　　B. 不变　　　　　C. 随之增加　　D. 不一定变

63. 变压器绕组和铁芯在运行中会发热，其发热的主要因素是（C）。

　　A. 电流　　　　B. 电压　　　　　C. 铜损和铁损　D. 电感

64. 变压器一次侧为额定电压时，其二次侧电压（B）。

　　A. 必然为额定值

　　B. 随着负载电流的大小和功率因数的高低而变化

　　C. 随着所带负载的性质而变化

　　D. 无变化规律

65. 变压器运行中一二次侧不变的是（C）。

　　A. 电压　　　　B. 电流　　　　　C. 频率　　　　D. 功率

66. 油浸风冷式电力变压器，最高允许温度为（B）。

　　A. 80℃　　　　B. 95℃　　　　　C. 100℃　　　　D. 85℃

67. 主变压器投停都必须合上各侧中性点接地刀闸，以防止（B）

损坏变压器。

　　A. 过电流　　　　B. 过电压　　　　C. 局部过热　　　D. 电磁冲击力

68. 变压器铁芯应（A）。

　　A. 一点接地　　B. 两点接地　　　C. 多点接地　　　D. 不接地

69. 国家规定变压器绕组允许温升（B）的根据是以 A 级绝缘为基础的。

　　A. 60℃　　　　B. 65℃　　　　　C. 70℃　　　　　D. 80℃

70. 现在普遍使用的变压器呼吸器中的硅胶，正常未吸潮时颜色应为（A）。

　　A. 蓝色　　　　B. 黄色　　　　　C. 白色　　　　　D. 黑色

71. 变压器呼吸器中的硅胶在吸潮后，其颜色应为（A）。

　　A. 粉红色　　　B. 橘黄色　　　　C. 淡蓝色　　　　D. 深红色

72. 一台降压变压器如果一二次绕组采用同一材料和同样截面的导线绕制，在加压时，将出现（B）。

　　A. 两绕组发热量一样　　　　　B. 二次绕组发热量较大

　　C. 一次绕组发热量较大　　　　D. 二次绕组发热量小

73. 变压器铁芯采用叠片式的目的是（C）。

　　A. 减少漏磁通　　　　　　　　B. 节省材料

　　C. 减小涡流损失　　　　　　　D. 减小磁阻

74. 变压器的调压分接头装置都装在高压侧，原因是（D）。

　　A. 高压侧相间距离大，便于装设

　　B. 高压侧线圈在里层

　　C. 高压侧线圈材料好

　　D. 高压侧线圈中流过的电流小，分接装置因接触电阻引起的发热量小

75. 变压器铭牌上的额定容量是指（C）。

　　A. 有功功率　　B. 无功功率　　　C. 视在功率　　　D. 平均功率

76. 变压器油中的（C）对油的绝缘强度影响最大。

　　A. 凝固点　　　B. 黏度　　　　　C. 水分　　　　　D. 硬度

77. 变压器油中含微量气泡会使油的绝缘强度（D）。

　　A. 不变　　　　B. 升高　　　　　C. 增大　　　　　D. 下降

78. 如果油的色谱分析结果表明，总烃含量没有明显变化，乙炔增加很快，氢气含量也较高，说明存在的缺陷是（C）。

    A. 受潮　　　　B. 过热　　　　C. 火花放电　　D. 木质损坏

79. 通过变压器的（D）试验数据，可以求得阻抗电压。

    A. 空载试验　　B. 电压比试验　C. 耐压试验　　D. 短路试验

80. 变压器中主磁通是指在铁芯中成闭合回路的磁通，漏磁通是指（B）。

    A. 在铁芯中成闭合回路的磁通

    B. 要穿过铁芯外的空气或油路才能成为闭合回路的磁通

    C. 在铁芯柱的中心流通的磁通

    D. 在铁芯柱的边缘流通的磁通

81. 变压器油的主要作用是（A）。

    A. 冷却和绝缘　B. 冷却　　　　C. 绝缘　　　　D. 消弧

82. 变压器运行时，温度最高的部位是（B）。

    A. 铁芯　　　　B. 绕组　　　　C. 上层绝缘油　D. 下层绝缘油

83. 当变压器一次绕组通入直流时，其二次绕组的感应电动势（D）。

    A. 大小与匝数成正比

    B. 近似于一次绕组的感应电动势

    C. 大小不稳定

    D. 等于零

84. 变压器的储油柜容积应保证变压器在环境温度（C）停用时，储油柜中要经常有油存在。

    A. -10℃　　　　B. -20℃　　　　C. -30℃　　　　D. 0℃

85. 变压器储油柜油位计的 +40℃油位线，是表示（B）的油位标准位置线。

    A. 变压器温度在 +40℃时　　　B. 环境温度在 +40℃时

    C. 变压器温升至 +40℃时　　　D. 变压器温度在 +40℃以上时

86. 变压器绕组的极性主要取决于（A）。

    A. 绕组的绕向　　　　　　　　B. 绕组的几何尺寸

    C. 绕组内通过电流大小　　　　D. 绕组的材料

87. 电源电压高于变压器分接头的额定电压较多时，对 110kV 及以上大容量变压器的（A）危害最大

    A. 对地绝缘　　　　　　　　B. 相间绝缘

    C. 匝间绝缘　　　　　　　　D. 相间及匝间绝缘

88. 当（C）时变压器的效率最高。

    A. 铜损大于铁损　　　　　　B. 铜损小于铁损

    C. 铜损等于铁损　　　　　　D. 变压器满负荷时

89. 一台变压器的负载电流增大后，引起二次侧电压升高，这个负载一定是（B）。

    A. 纯电阻性负载　　　　　　B. 电容性负载

    C. 电感性负载　　　　　　　D. 空载

90. 考验变压器绝缘水平的一个决定性试验项目是（B）。

    A. 绝缘电阻试验　　　　　　B. 工频耐压试验

    C. 变压比试验　　　　　　　D. 升温试验

91. 电源电压不变，电源频率增加一倍，变压器绕组的感应电动势（A）。

    A. 增加一倍　　　　　　　　B. 不变

    C. 是原来的 1/2　　　　　　D. 略有增加

92. 变压器低压线圈比高压线圈的导线直径（A）。

    A. 粗　　　　B. 细　　　　C. 相等　　　　D. 粗、细都有

93. 变压器套管是引线与（C）间的绝缘。

    A. 高压绕组　　B. 低压绕组　　C. 油箱　　　　D. 铁芯

94. 绕组对油箱的绝缘属于变压器的（B）。

    A. 外绝缘　　　B. 主绝缘　　　C. 纵绝缘　　　D. 次绝缘

95. 在有载分接开关中，过渡电阻的作用是（C）。

    A. 限制分头间的过电压　　　B. 熄弧

    C. 限制切换过程中的循环电流　D. 限制切换过程中的负载电流

96. 两台变比不同的变压器并联接于同一电源时，由于二次侧（A）不相等，将导致变压器二次绕组之间产生环流。

    A. 绕组感应电动势　　　　　B. 绕组粗细

    C. 绕组长短　　　　　　　　D. 绕组电流

97. 变压器中性点接地称为（A）。

　　A. 工作接地　　B. 保护接地　　C. 工作接零　　D. 保护接零

98. 分裂绕组变压器低压侧的两个分裂绕组，它们各与不分裂的高压绕组之间所具有的短路阻抗（A）。

　　A. 相等　　　　　　　　　　B. 不等

　　C. 其中一个应为另一个的 2 倍　　D. 其中一个应为另一个的 3 倍

99. 变压器二次侧突然短路时，短路电流大约是额定电流的（D）倍。

　　A.1～3　　　　B.4～6　　　　C.6～7　　　　D.10～25

100. Y，D11 接线的变压器二次侧线电压超前一次侧电压（B）。

　　A. 330°　　　　B. 30°　　　　C. 300°　　　　D. 0°

101. 绕组中的感应电动势大小与绕组中（C）。

　　A. 磁通的大小成正比

　　B. 磁通的大小成反比

　　C. 磁通的大小无关，而与磁通的变化率成正比

　　D. 磁通的变化率成反比

102. 油浸变压器温度计所反映的温度是变压器的（A）。

　　A. 上部温度　　B. 中部温度　　C. 下部温度　　D. 匝间温度

103. 三绕组变压器的分接头装在（A）。

　　A. 高、中压侧　　　　　　　　B. 中、低压侧

　　C. 高、低压侧　　　　　　　　D. 高、中、低压各侧

104. 变压器并列运行的条件之一，即各台变压器的短路电压相等，但可允许误差值在（C）以内。

　　A. ±2%　　　B. ±5%　　　C. ±10%　　　D. ±15%

105. 变压器的使用年限主要决定于（A）的运行温度。

　　A. 绕组　　　　B. 铁芯　　　　C. 变压器油　　D. 外壳

106. 高压厂用电系统工作和备用变压器为了限制短路电流，减少故障母线对非故障母线的影响，采用了（B）。

　　A. 双绕组变压器　　　　　　　B. 分裂绕组变压器

　　C. 自耦变压器　　　　　　　　D. 电抗器

107. 当电源电压高于变压器分接头额定电压较多时会引起（A）。

　　A. 励磁电流增加　　　　　　　B. 铁芯磁密减小

　　C. 漏磁减小　　　　　　　　　D. 一次绕组电动势波形畸变

108. 若变压器线圈匝间短路造成放电，轻瓦斯保护动作，收集到的为（C）气体。

　　A. 红色无味不可燃　　　　　　B. 黄色不易燃

　　C. 灰色或黑色易燃　　　　　　D. 无色

109. 变压器励磁涌流的衰减时间为（B）。

　　A. 1.5～2s　　B. 0.5～1s　　C. 3～4s　　D. 4.5～5s

110. 变压器铁芯硅钢片的叠接采用斜接缝的叠装方式，充分利用了冷轧硅钢片顺碾压方向的（B）性能。

　　A. 高导电　　B. 高导磁　　C. 高导热　　D. 延展

111. 变压器铁芯磁路上均是高导磁材料，磁导很大，零序励磁电抗（C）。

　　A. 很小　　　B. 恒定　　　C. 很大　　　D. 为零

112. 变压器绕组和铁芯、油箱等接地部分之间、各相绕组之间和各不同电压等级之间的绝缘，称为变压器的（A）。

　　A. 主绝缘　　B. 纵绝缘　　C. 分级绝缘　　D. 附属绝缘

113. 中性点直接接地的变压器通常采用（C），此类变压器中性点侧的绕组绝缘水平比进线侧绕组端部的绝缘水平低。

　　A. 主绝缘　　B. 纵绝缘　　C. 分级绝缘　　D. 主、附绝缘

114. 调整三绕组变压器的中压侧分接头开关，可改变（B）的电压。

　　A. 高压侧　　B. 中压侧　　C. 低压侧　　D. 高、低压侧

115. 用手触摸变压器外壳时有麻电感，可能是（C）。

　　A. 母线接地引起　　　　　　　B. 过负荷引起

　　C. 外壳接地不良　　　　　　　D. 铁芯接地不良

116. 运行中的变压器电压允许在分接头额定值的（B），其额定容量不变。

　　A. 90%～100%　　　　　　　　B. 95%～105%

　　C. 100%～110%　　　　　　　　D. 90%～110%

117. 厂用变压器停电时，应按照（A）的顺序来操作。

　　A. 先断开低压侧开关，后断开高压侧开关

　　B. 先断开高压侧开关，后断开低压侧开关

　　C. 先断哪侧都行

　　D. 先停上一级母线，后停下一级母线

118. 测量变压器绝缘电阻的吸收比来判断绝缘状况，用加压时的绝缘电阻表示为（B）。

　　A. R15″/R60″　　B. R60″/R15″　　C. R15″/R80″　　D. R80″/R15″

119. 变压器出现（A）情况时，应汇报值长，通知检修处理。

　　A. 正常负荷及冷却条件下，温度不断上升

　　B. 套管爆炸

　　C. 内部声音异常，且有爆破声

　　D. 变压器着火

120. 油浸风冷变压器当风扇故障时变压器允许带负荷为额定容量的（B）。

　　A. 65%　　　　　B. 70%　　　　　C. 75%　　　　　D. 80%

121. 变压器短路阻抗与阻抗电压（A）。

　　A. 相同　　　　　　　　　　B. 不同

　　C. 阻抗电压大于短路阻抗　　D. 阻抗电压小于短路阻抗

122. 变压器出现（C）情况时，应立即停止变压器运行。

　　A. 有载调压装置卡涩　　　　B. 变压器内部声音不正常

　　C. 内部声音异常，且有爆破声 D. 变压器油位很低

123. 电力变压器的电压比是指变压器在（B）运行时，一次电压与二次电压的比值。

　　A. 负载　　　　B. 空载　　　　C. 满载　　　　D. 欠载

124. 导致变压器油击穿的因素为（C）。

　　A. 大气条件　　　　　　　　B. 电场不均匀

　　C. 极性杂质及水分．纤维等　D. 操作条件

125. 不同的绝缘材料，其耐热能力不同，如果长时间在高于绝缘材料的耐热能力下运行，绝缘材料容易（B）。

　　A. 开裂　　　　B. 老化　　　　C. 破碎　　　　D. 变脆

126. 氢冷发电机组运行时，氢气压力要（A）定子冷却水压力。

    A. 高于　　　　B. 等于　　　　C. 低于　　　　D. 不确定

127. 如果发电机在运行中定子电压过低，会使定子铁芯处在不饱和状态，此时将引起（B）。

    A. 电压继续降低　　　　　　　B. 电压不稳定

    C. 电压波形畸变　　　　　　　D. 不变

128. 电力系统在运行中受到大的干扰时，同步发电机仍能过渡到稳定状态下运行，则称为（A）。

    A. 动态稳定　　　　　　　　　B. 静态稳定

    C. 系统抗干扰能力　　　　　　D. 发电机抗干扰能力

129. 发电机有功不变的前提下，增加励磁后（A）。

    A. 定子电流增大　　　　　　　B. 定子电流减小

    C. 定子电流不变　　　　　　　D. 损耗减小

130. 发电机正常运行的功率角一般为（B）。

    A. 15°～30°　　　　　　　　B. 30°～45°

    C. 45°～70°　　　　　　　　D. 70°～85°

131. 为了保证氢冷发电机的氢气不从两侧端盖与轴之间逸出，运行中要保持密封瓦的油压（A）氢压。

    A. 大于　　　　B. 等于　　　　C. 小于　　　　D. 近似于

132. 发电机的功率因数越低，表明定子电流中的（A）分量越大。

    A. 无功　　　　B. 有功　　　　C. 零序　　　　D. 基波

133. 当电网频率降低时，运行中的发电机将出现（A）现象。

    A. 铁芯温度升高　　　　　　　B. 转子风扇出力升高

    C. 可能使汽轮机叶片断裂　　　D. 发电机的效率升高

134. 发电机的允许温升主要取决于发电机的（D）。

    A. 有功负荷　　　　　　　　　B. 运行电压

    C. 冷却方式　　　　　　　　　D. 绝缘材料等级

135. 发电机定子升不起电压，最直观的现象是（A）。

    A. 定子电压表指示很低或为零

    B. 定子电流表指示很低或为零

    C. 转子电压表指示很低或为零

D. 转子电流表指示很低或为零

136. 发电机失磁的现象为（C）。

A. 事故喇叭响，发电机出口断路器跳闸、灭磁开关跳闸

B. 系统频率降低，定子电压、定子电流减小，转子电压、电流表指示正常

C. 转子电流表指示到零或在零点摆动，转子电压表指示到零或在零点摆动

D. 发电机无功此时为零

137. 发电机振荡或失去同步的现象为（D）。

A. 有功、定子电压表指示降低，定子电流表指示大幅度升高，并可能摆动

B. 转子电流表指示到零或在零点摆动

C. 转子电流表指示在空载或在空载摆动

D. 定子电流表指示剧烈摆动，发电机发出有节奏的轰鸣声

138. 发电机电压回路断线的现象为（B）。

A. 功率表指示摆动

B. 电压表、功率表指示异常

C. 定子电流表指示大幅度升高，并可能摆动

D. 转子电流表指示大幅度升高，并可能摆动

139. 运行中的发电机，当励磁回路正极发生一点金属性接地时，其负极对地电压（A）。

A. 增高　　　　B. 降低　　　　C. 不变　　　　D. 降至零

140. 防止发电机运行中产生轴电流，还应测量发电机的轴承对地、油管及水管对地的绝缘电阻不小于（B）MΩ。

A. 0.5　　　　B. 1　　　　C. 0.1　　　　D. 1.5

141. 发电机冷却水中断超过（B）保护拒动时，应手动停机。

A. 60s　　　　B. 30s　　　　C. 90s　　　　D. 120s

142. 发电机做空载特性试验时，除注意稳定发电机转速外，在调节励磁电流的上升或下降曲线的过程中，不允许（B）。

A. 间断调节　　B. 反向调节　　C. 过量调节　　D. 快速调节

143. 出现（B）时发电机应紧急手动停运。

　　A. 系统振荡　　　　　　　　B. 发电机主要保护拒动

　　C. 发电机进相　　　　　　　D. 发电机异常运行

144. 发电机遇有（A）时，应立即将发电机解列停机。

　　A. 发生直接威胁人身安全的紧急情况

　　B. 发电机无主保护运行

　　C. 发电机过负荷

　　D. 发电机过电压

145. 300MW 以上的发电机中性点引出线只有（C）端头，由此不能采用常规的横差保护作为定子绕组匝间短路保护。

　　A. 1 个　　　　　B. 2 个　　　　　C. 3 个　　　　　D. 4 个

146. 发电机发生（C）故障时，对发电机和系统造成的危害能迅速地表现出来。

　　A. 低励　　　　B. 失磁　　　　C. 短路　　　　D. 断路

147. 由反应基波零序电压和利用三次谐波电压构成的100% 定子接地保护，其基波零序电压元件的保护范围是（B）。

　　A. 由中性点向机端的定子绕组的85% ～ 90% 线匝

　　B. 由机端向中性点的定子绕组的85% ～ 90% 线匝

　　C. 100% 的定子绕组线匝

　　D. 由中性点向机端的定子绕组的50% 线匝

148. 发电机转子发生两点接地，静子会出现（A）。

　　A. 二次谐波　　B. 三次谐波　　C. 五次谐波　　　D. 零序分量

149. 发电机横差保护的不平衡电流主要是（B）引起的。

　　A. 基波　　　　B. 三次谐波　　C. 五次谐波　　　D. 高次谐波

150. 电能质量管理的主要指标是电网的（A）。

　　A. 电压和频率　　　　　　　B. 电压

　　C. 频率　　　　　　　　　　D. 供电可靠性

151. 发电机均装有自动励磁调整装置，用来自动调节（A）。

　　A. 无功负荷　　B. 有功负荷　　C. 系统频率　　　D. 励磁方式

152. 发电机无功功率调节的主要方法是（B）。

　　A. 调整功角 δ　　　　　　　　B. 调整发电机的励磁电流

C. 调整发电机的功率因数　　　D. 调整发电机的原动机出力

153. 加强对励磁功率柜的日常巡视，根据设备所处环境的状况制定清扫通风孔滤网的周期，防止由于滤网堵塞引起的（B）而导致的机组跳闸事故。

A. PSS 退出　　B. 功率柜过热　C. 强励　　　　D. 差动动作

154. 以下哪项不是有载调压的作用（D）。

A 可以提高电压合格率　　　B. 可以提高无功补偿能力

C 可以降低电能损耗　　　　D. 可以减少三次谐波

155. 为保证气体继电器可靠动作，要求变压器大盖沿储油柜方向应有升高坡度（C）。

A. 2%～4%　B. 4%　　　　　C. 1%～1.5%　D. 5%

156. 变压器泄漏电流测量主要是检查变压器的（D）。

A. 绕组绝缘是否局部损坏　　B. 绕组损耗大小

C. 内部是否放电　　　　　　D. 绕组绝缘是否受潮

157. 大型变压器的主保护有（C）。

A. 瓦斯保护　　　　　　　　B. 差动保护

C. 瓦斯和差动保护　　　　　D. 差动和过流保护

158. 导致变压器重瓦斯保护动作的因素为（C）。

A. 气体体积　　　　　　　　B. 气体浓度

C. 油气流速　　　　　　　　D. 可燃气体含量

159. 变压器正常运行时的声音是（B）。

A. 断断续续的嗡嗡声　　　　B. 连续均匀的嗡嗡声

C. 时大时小的嗡嗡声　　　　D. 无规律的嗡嗡声

160. 直接作用于跳闸的变压器保护为（A）。

A. 重瓦斯　　　B. 轻瓦斯　　　C. 定时限过负荷　D. 温度高

161. 瓦斯保护是变压器的（B）。

A. 主后备保护　　　　　　　B. 内部故障的主保护

C. 外部故障的主保护　　　　D. 外部故障的后备保护

162. 油浸自冷、风冷变压器正常过负荷不应超过（C）倍的额定值。

A. 1.1　　　　　B. 1.2　　　　　C. 1.3　　　　　D. 1.5

163. 电流互感器铁芯内的交变主磁通是由（C）产生的。

　　A.一次绕组两端的电压　　　　B.二次绕组内通过的电流

　　C.一次绕组内流过的电流　　　D.二次绕组的端电压

164. 互感器的二次绕组必须一端接地，其目的是（B）。

　　A.防雷　　　　　　　　　　　B.保护人身及设备的安全

　　C.防鼠　　　　　　　　　　　D.起牢固作用

165. 三绕组电压互感器的辅助二次绕组一般接成（A）。

　　A.开口三角形　　　　　　　　B.三角形

　　C.星形　　　　　　　　　　　D.曲折接线

166. 电气设备断路器和隔离开关（包括电压互感器、避雷器）都在断开位置，电压互感器高低压熔丝都取下的状态称为（B）。

　　A.热备用　　　B.冷备用　　　C.检修　　　　D.运行

167. 下列（D）装置与母线电压互感器无关。

　　A.阻抗保护　　　　　　　　　B.检同期重合闸

　　C.方向保护　　　　　　　　　D.电流速断保护

168. 在小电流接地系统中，某处发生单相接地时，接于母线电压互感器开口三角形的电压为（C）。

　　A.故障点距母线越近，电压越高

　　B.故障点距母线越近，电压越低

　　C.不管距离远近，基本上电压一样高

　　D.不确定

169. 为了保证电流互感器的准确度，应使接于电流互感器二次回路元件的总阻抗（D）互感器的额定阻抗。

　　A.大于　　　　B.大于或等于　C.等于　　　　D.小于

170. 电压互感器在额定方式下可长期运行，但在任何情况下不得超过（C）运行。

　　A.额定电流　　B.额定电压　　C.最大容量　　D.额定容量

171. 电磁式电压互感器接在空载母线上，当给母线充电时，有的规定先把电压互感器一次侧隔离开关断开，母线充电正常后再合入，其目的是（C）。

A. 防止冲击电流过大，损坏电压互感器

B. 防止全电压冲击，二次产生过电压

C. 防止铁磁谐振

D. 防止与电压有关的保护误动

172. 开关控制回路中的 HWJ 继电器的作用是（B）。

    A. 监视合闸回路是否正常　　　　B. 监视分闸回路是否正常

    C. 防止开关跳跃　　　　　　　　D. 起信号自保持作用

173. 刀闸允许拉合励磁电流不超过（C）、10kV 以下，容量小于 320kVA 的空载变压器。

    A. 10A　　　　B. 5A　　　　C. 2A　　　　D. 1A

174. 断路器触头不同时闭合或断开，称作（B）。

    A. 开关误动　B. 三相不同期　C. 开关拒动　D. 开关假合

175. 为在切断短路电流时加速灭弧和提高断路能力，自动开关均装有（B）。

    A. 限流装置　B. 灭弧装置　　C. 速动装置　D. 均压装置

176. 直流系统接地时，对于断路器合闸电源回路，可采用（A）寻找接地点。

    A. 瞬间停电法　　　　　　　　B. 转移负荷法

    C. 分网法　　　　　　　　　　D. 任意方法

177. 直流系统发生两点接地，将会使断路器（C）。

    A. 拒动　　　　B. 误动作　　　C. 误动或拒动　D. 烧毁

178. 直流系统发生负极完全接地时，正极对地电压（A）。

    A. 升高到极间电压　　　　　　B. 降低

    C. 不变　　　　　　　　　　　D. 略升高

179. 直流屏上合闸馈线的熔断器熔体的额定电流应比断路器合闸回路熔断器熔体的额定电流大（B）级。

    A. 1～2　　　　B. 2～3　　　C. 3～4　　　　D. 4～6

180. 直流母线应采用分段运行的方式，每段母线应分别采用独立的蓄电池组供电，并在两段直流母线之间设置（D）。

    A. 刀闸　　　　B. 开关　　　　C. 电缆连接　　D. 联络断路器

181. 直流负母线的颜色为（C）。

A. 黑色　　　　B. 绿色　　　　C. 蓝色　　　　D. 赭色

182. 在直流电路中，我们把电流流入电源的一端称为电源的（B）。

A. 正极　　　　B. 负极　　　　C. 端电压　　　　D. 电动势

183. 在寻找直流系统接地时，应使用（C）。

A. 绝缘电阻表　　　　　　　　B. 低内阻电压表

C. 高内阻电压表　　　　　　　D. 验电笔

184. 要加强蓄电池和直流系统（含逆变电源）及柴油发电机的维修，确保主机（D）和主要辅机小油泵供电可靠。

A. 交流泵　　　　　　　　　　B. 直流泵

C. 润滑泵　　　　　　　　　　D. 交直流润滑油泵

185. 为了防止发生两点接地，直流系统应装设（B）足够高的绝缘监察装置。

A. 安全性　　　B. 灵敏度　　　C. 可靠性　　　D. 绝缘

186. 按定期试验时间（每周）安排启动柴油发电机，以检查并保证柴油发电机的完好性，每次空载试运时间（B）分钟。

A. 5　　　　　B. 10　　　　　C. 15　　　　　D. 30

187. 一般设柴油发电机作为全厂失电后的电源系统是（A）。

A. 保安系统　　B. 直流系统　　C. 交流系统　　D. 保护系统

188. 装设接地线的顺序是（B）。

A. 先装中相后装两边相　　B. 先装接地端，再装导体端

C. 先装导体端，再装接地端　D. 随意装

189. 拆接地线的导线端时，要对（C）保持足够的安全距离，防止触电。

A. 构架　　　B. 瓷质部分　　C. 带电部分　　D. 导线之间

190. 为了保障人身安全，将电气设备正常情况下不带电的金属外壳接地称为（B）。

A. 工作接地　　B. 保护接地　　C. 工作接零　　D. 保护接零

191. 由直接雷击或雷电感应而引起的过电压称为（A）过电压。

A. 大气　　　B. 操作　　　　C. 谐振　　　　D. 雷电

192. 在输配电设备中，最容易遭受雷击的设备是（C）。

    A. 变压器　　　B. 断路器　　　C. 输电线路　　　D. 隔离开关

193. 雷雨天气，需要巡视室外高压设备时，应穿（B），并不准靠近避雷器和避雷针。

    A. 雨鞋　　　　B. 绝缘靴　　　C. 橡胶鞋　　　　D. 绝缘鞋

194. 在电力系统中，使用 ZnO 避雷器的主要原因是（C）。

    A. 造价低　　　B. 便于安装　　C. 保护性能好　D. 不用维护

195. 避雷器泄漏电流值与正常值相比不得超过（D），应及时汇报生技部门。

    A. 5%　　　　　B. 10%　　　　　C. 15%　　　　　D. 20%

196. 防雷保护装置的接地属于（A）。

    A. 工作接地　　B. 保护接地　　C. 防雷接地　　D. 保护接零

197. 变电站接地网的接地电阻大小与（A）无关。

    A. 土壤电阻率　　　　　　　　B. 接地网面积

    C. 站内设备数量　　　　　　　D. 接地体尺寸

198. 强行励磁装置在发生事故的情况下可靠动作能提高（A）保护动作的可靠性。

    A. 带延时过流　　　　　　　　B. 差动

    C. 匝间短路　　　　　　　　　D. 频率保护

199. 在 Y/△接线的变压器两侧装设差动保护时，其高、低压侧的电流互感器二次接线必须与变压器一次绕组接线相反，这种措施一般称为（A）。

    A. 相位补偿　　B. 电流补偿　　C. 电压补偿　　D. 过补偿

200. 变压器空载合闸时，励磁涌流的大小与（B）有关。

    A. 断路器合闸快　　　　　　　B. 合闸初相角

    C. 绕组的型式　　　　　　　　D. 合闸

201. 电机转子过电压是由于运行中（B）而引起的。

    A. 灭磁开关突然合入

    B. 灭磁开关突然断开

    C. 励磁回路突然发生一点接地

    D. 励磁回路发生两点接地

202. 由中性点向机端的定子绕组的 50% 线匝利用发电机三次谐波电压构成的定子接地保护的动作条件是（A）。

    A. 发电机机端三次谐波电压大于中性点三次谐波电压

    B. 发电机机端三次谐波电压小于中性点三次谐波电压

    C. 发电机机端三次谐波电压等于中性点三次谐波电压

    D. 三次谐波电压大于整定值

203. 变压器过励磁保护是按磁密 B 正比于（B）原理实现的。

    A. 电压 U 与频率 f 乘积

    B. 电压 U 与频率 f 的比值

    C. 电压 U 与绕组线圈匝数 N 的比值

    D. 电压 U 与绕组线圈匝数 N 的乘积

204. 下列判据中，不属于失磁保护判据的是（B）。

    A. 异步边界阻抗圆　　　　　　B. 发电机出口电压降低

    C. 静稳极限阻抗圆　　　　　　D. 系统侧三相电压降低

205. 400V 电动机装设的接地保护若出现（D），则保护动作。

    A. 接线或绕组断线　　　　　　B. 相间短路

    C. 缺相运行　　　　　　　　　D. 电机引线或绕组接地

206. 在 110kV 及以上的系统中发生单相接地时，其零序电压的特征是（A）最高。

    A. 在故障点处　　　　　　　　B. 在变压器中性点处

    C. 在接地电阻大的地方　　　　D. 在离故障点较近的地方

207. 短路点的过渡电阻对距离保护的影响，一般情况下（B）。

    A. 使保护范围伸长　　　　　　B. 使保护范围缩短

    C. 保护范围不变　　　　　　　D. 二者无联系

208. 阻抗继电器是反映（D）而动作的。

    A. 电压变化　　　　　　　　　B. 电流变化

    C. 电压与电流差值变化　　　　D. 电压和电流比值变化

209. 零序电流滤过器输出 $3I_0$ 是指（C）。

    A. 通入的三相正序电流　　　　B. 通入的三相负序电流

    C. 通入的三相零序电流　　　　D. 通入的三相正序或负序电流

210. 过流保护采用低压启动时，低压继电器的启动电压应小于

（A）。

  A. 正常工作最低电压   B. 正常工作电压

  C. 正常工作最高电压   D. 正常工作最低电压的 50%

211. 距离保护是以距离（A）元件作为基础构成的保护装置。

  A. 测量   B. 启动   C. 振荡闭锁 D. 逻辑

212. 按躲过负荷电流整定的线路过电流保护，在正常负荷电流下，由于电流互感器极性接反而可能误动的接线方式为（C）。

  A. 三相三继电器式完全星形接线

  B. 两相两继电器式不完全星形接线

  C. 两相三继电器式不完全星形接线

  D. 两相电流差式接线

213. 电流相位比较式母线完全差动保护，是用比较流过（C）的电流相位实现的。

  A. 线路断路器   B. 发电机断路器

  C. 母联断路器   D. 旁路断路器

214. 在距离保护中为了监视交流电压回路，均装设"电压断线闭锁装置"，当二次电压回路发生短路或断线时，该装置（B）。

  A. 发出断线信号   B. 发出信号，断开保护电源

  C. 断开保护电源   D. 发出声音报警

215. 断路器失灵保护是（C）。

  A. 一种近后备保护，当故障元件的保护拒动时，可依靠该保护切除故障

  B. 一种远后备保护，当故障元件的断路器拒动时，必须依靠故障元件本身保护的动作信号启动失灵保护以后切除故障点。

  C. 一种近后备保护，当故障元件的断路器拒动时，可依靠该保护隔离故障点。

  D. 一种远后备保护，当故障元件的保护拒动时，可依靠该保护切除故障。

216. 高频保护连接片解除. 收发信机电源投入，这种状态称为高频保护的（B）状态。

  A. 跳闸   B. 信号   C. 停用   D. 运行

217. 微机保护中重合闸的启动，可以由保护启动，也可以由（B）
     启动。

     A. 断路器位置不一致　　　　　　B. 断路器位置不对应

     C. 选相元件　　　　　　　　　　D. 断路器辅助接点

218. 下列元件中，开关电器有（C）。

     A. 组合开关　　B. 接触器　　　C. 行程开关　　　D. 时间继电器

219. 下列元件中，主令电器有（C）。

     A. 熔断器　　　B. 按钮　　　　C. 刀开关　　　　D. 速度继电器

220. 熔断器的作用是（C）。

     A. 控制行程　　　　　　　　　　B. 控制速度

     C. 短路或严重过载　　　　　　　D. 弱磁保护

221. 接触器的型号为CJ10-160，其额定电流是（B）。

     A. 10A　　　　　B. 160A　　　　C. 10～160A　　D. 大于160A

222. 交流接触器在不同的额定电压下，额定电流（A）。

     A. 相同　　　　　　　　　　　　B. 不相同

     C. 与电压无关　　　　　　　　　D. 与电压成正比

223. 下面不是接触器的组成部分（B）。

     A. 电磁机构　　B. 触点系统　　C. 灭弧装置　　　D. 脱扣机构

224. 时间继电器的作用是（C）。

     A. 短路保护　　　　　　　　　　B. 过电流保护

     C. 延时通断主回路　　　　　　　D. 延时通断控制回路

225. 通电延时时间继电器，它的延时触点动作情况是（A）。

     A. 线圈通电时触点延时动作，断电时触点瞬时动作

     B. 线圈通电时触点瞬时动作，断电时触点延时动作

     C. 线圈通电时触点不动作，断电时触点瞬时动作

     D. 线圈通电时触点不动作，断电时触点延时动作

226. 热继电器中双金属片的弯曲作用是由于双金属片（A）。

     A. 温度效应不同　　　　　　　　B. 强度不同

     C. 膨胀系数不同　　　　　　　　D. 所受压力不同

227. 在控制电路中，如果两个常开触点串联，则它们是（B）。

     A. 与逻辑关系　　　　　　　　　B. 或逻辑关系

C. 非逻辑关系　　　　　　　　D. 与非逻辑关系

228. 下列电动机中，可以不设置过电流保护（B）。

　　A. 直流电动机　　　　　　　　B. 三相笼型异步电动机

　　C. 绕线式异步电动机　　　　　D. 以上三种电动机

229. 异步电动机三种基本调速方法中，不含（B）。

　　A. 变极调速　　　　　　　　　B. 变频调速

　　C. 变转差率调速　　　　　　　D. 变电流调速

230. 一般电气设备铭牌上的电压和电流的数值是（C）。

　　A. 瞬时值　　　　B. 最大值　　　　C. 有效值　　　　D. 平均值

231. 作为发电厂低压厂用变压器的接线组别一般采用（B）。

　　A. YNy0　　　　B. Yyn0　　　　C. YND11　　　　D. Dyn11

232. 用绝缘电阻表摇测设备绝缘时，如果绝缘电阻表的转速不均
　　匀（由快变慢），测得结果与实际值比较（B）。

　　A. 偏低　　　　B. 偏高　　　　C. 相等　　　　　D. 无关

233. 钢芯铝绞线运行时的允许温度为（A）。

　　A. 70℃　　　　B. 75℃　　　　C. 80℃　　　　　D. 90℃

234. 高压大电网中，要尽量避免的是（C）。

　　A. 近距离大环网供电　　　　　B. 近距离单回路供电

　　C. 远距离单回路供电　　　　　D. 远距离双回路供电

235. 如果把电压表直接串联在被测负载电路中，则电压表（A）。

　　A. 指示不正常　　　　　　　　B. 指示被测负载端电压

　　C. 线圈被短路　　　　　　　　D. 烧坏

第三章

问 答 题

第一节 电气主接线

1. 电气主接线分哪些形式？

答：单母线接线、单母线分段接线、单母线带旁路母线接线、双母线接线、双母线分段的特点、3/2 接线、4/3 接线、单元接线、桥形接线等接线。

2. 对电气主接线有哪些基本要求？

答：基本要求：具有供电的可靠性、具有运行上的安全性和灵活性、简单、操作方便、具有建设及运行的经济性、应考虑将来扩建的可能性。

3. 单母线接线的特点是什么？

答：优点：接线简单清晰，设备少、投资低，操作方便，便于扩建，也便于采用成套配电装置。另外，隔离开关仅仅用于检修，不作为操作电器，不易发生误操作。缺点：可靠性不高，不够灵活。断路器检修时该回路需停电，母线或母线隔离开关故障或检修时则需全部停电。

4. 双母线接线的特点是什么？

答：特点如下：

（1）轮流检修母线而不致使供电中断。当修理任一回路的母线隔离开关时只断开该回路。

（2）工作母线故障时，可将全部回路转移到备用母线上，从而使装置迅速恢复供电。

（3）修理任何一个回路的断路器时，不致使该回路的供电长期中断。

（4）在个别回路的断路器需要单独进行试验时，可将该回路分出来，并单独接至备用母线上。

5. 3/2 断路器双母线接线的特点是什么？

答：特点如下：

（1）可靠性高：任何一个元件（一回出线、一台主变）故障均不影响其他元件的运行，母线故障时与其相连的断路器都会跳开，但各回路供电均不受影响。当每一串中均有一电源一负荷时，即使两组母线同时故障都影响不大（每串中的电源和负荷功率相近时）。

（2）调度灵活：正常运行时两组母线和全部断路器都投入工作，形成多环状供电，调度方便灵活。

（3）操作方便：只需操作断路器，而不必用隔离开关进行倒闸操作，使误操作事故大为减少。隔离开关仅供检修时用。

（4）检修方便：检修任一台断路器只需断开该断路器自身，然后拉开两侧的隔离开关即可检修，检修母线也不需切换回路，都不影响各回路的供电。

6. 单元接线的特点是什么？

答：特点如下：

（1）发电机—变压器—线路。直接串联单元接线就是将发电机与变压器或者发电机—变压器—线路都直接串联起来，中间没有横向联络母线的接线。

（2）配电装置简洁。这种接线大大减少了电器的数量，简化了配电装置的结构，降低了工程投资。

（3）减少了故障点。每个单元元件较少，减少了故障的可能性。

（4）降低了短路电流。单个单元容量都不大，故障后的短路电流值较小。

（5）元件故障或检修时，该单元全停。当某一元件故障或检修时，该单元全停。

7. 中性点非直接接地的电力网的绝缘监察装置起什么作用？

答：中性点非直接接地的电力网发生单相接地故障时，会出现零序电压，故障相对地电压为零，非故障相对地电压升高为线电压，因此绝缘监察装置就是利用系统母线电压的变化来判断该系统是否发生了接地故障。

8. 在远离负荷中心的大电厂，一般采用哪种电气接线方式，为什么？

答：推荐采用发电机 - 变压器 - 线路组单元接线或双母线双断路器、母线分开运行、机组和出线均衡配置的运行接线方式。这种将大电源分成几块的直接效果是当一回送电线路发生故障，在其后的系统暂态摇摆过程中，电厂内只有与该线路相连的几台机组处于送电侧。

9. 中性点不接地系统中单相接地有何危害？

答：电网的每一相与大地间都具有一定的电容，均匀分布在导线全线长上。线路经过换位等措施后对地电容基本上可以看作是平衡对称的，则中性点的对地电压为零。如果任一相绝缘破坏而一相接地时，该相对地电压为零，其他二相对地电压将上升为线电压，有时因单相接地效应甚至会超过线电压值，而对地电容电流也将增大，这个接地电容电流由故障点流回系统，在相位上较中性点对地电压（即零序电压）超前 90°，对通讯产生干扰。母线接地时，增加断路器断口间电压，造成灭弧困难，由于接地电流和中性点对地电压在相位上相差 90°，所以当接地电流过零时，加在弧隙两端的电流电压为最大值，因此故障点的电弧重燃相互交替的不稳定状态，这种间歇性电弧现象引起了电网运行状态的瞬息变化，导致电磁能的强烈振荡，并在电网中产生危险的过电压，其值一般为三倍最高运行相电压，个别可达五倍，这就是弧光接地过电压。将对电网带来严重威胁。对中性点接地的电磁设备，造成过电压，产生过励磁，致使设备发热和波形畸变。

第二节　厂用电系统

1. 按其在生产过程中的重要性，厂用负荷可分为几类?

答：可分为以下几类：

（1）Ⅰ类负荷：短时（手动切换恢复供电所需时间）的停电可能影响人身或设备安全，使生产停顿或发电机组出力大量下降的负荷。例如：锅炉引风机、一次风机和送风机、直吹式磨煤机、凝结水泵和凝结水升压泵等。

（2）Ⅱ类负荷：允许短时停电，但停电时间延长有可能损坏设备或影响正常生产的负荷。例如，有中间粉仓的制粉系统设备。

（3）Ⅲ类负荷：长时间停电不会直接影响生产的负荷，例如修配车间的电源。

（4）不停电负荷：在机组运行期间，以及正常或事故停机过程中，甚至在停机后的一段时间内，需要进行连续供电的负荷，简称0Ⅰ类负荷。例如，电子计算机、热工保护、自动控制和调节装置等。

（5）事故保安负荷：在发生全厂停电时，为了保证机组安全地停止运行，事后又能很快地重新启动，或者为了防止危及人身安全等原因，需要在全厂停电时能够继续供电的负荷。按负荷所要求的电源可分为直流保安负荷（如汽轮机直流润滑油泵、发电机氢侧和空侧密封直流油泵）和交流保安负荷（如交流润滑油泵、盘车电动机、顶轴油泵）。

2. 厂用电设备禁止投入运行条件是什么?

答：运行条件如下：

（1）无保护或保护回路故障的设备。

（2）绝缘电阻不合格的设备。

（3）开关机构拒动或五防功能不全。

（4）开关操作机构有问题或事故遮断次数超过规定。

（5）设备内部主保护动作未查明原因或未排除故障。

3. 厂用电系统一般有什么特点？

答：特点如下：

（1）厂用电系统的倒闸操作和运行方式的改变，应由值长发令，并通知有关人员。

（2）除紧急操作及事故处理外，一切正常操作均应按规定填。

（3）写操作票。

（4）厂用电系统的倒闸操作应避免在高峰负荷或交接班时进行。

（5）新安装或进行变更的厂用电系统，在并列前应进行核相，检查相序检位的正确性。

（6）厂用电系统切换前必须了解系统的连接方式，防止非同期。

（7）倒闸操作应考虑环并回路与变压器有无过载的可能，运行系统是否可靠及事故处理是否方便等。

（8）厂用电系统送电操作时，应先合电源侧隔离开关，后合负荷侧隔离开关、停电操作顺序与此相反。

（9）断路器拉合操作中应考虑继电保护和自动装置的投切情况，并检查相应仪表变化，指示灯及有关信号以验证短路器动作的正确性。

4. 厂用电接线应满足哪些要求？

答：满足以下要求：

（1）正常运行时的安全性、可靠性、灵活性及经济性。

（2）发生事故时，能尽量缩小对厂用系统的影响，避免引起全厂停电事故，即各机组厂用系统具有较高的独立性。

（3）保证启动电源有足够的容量和合格的电压质量。

（4）有可靠的备用电源，并且在工作电源发生故障时能自动地投入，保证供电的连续性。

（5）厂用电系统发生事故时，处理方便。

5. 厂用系统初次合环并列前如何定相？

答：

新投入的变压器与运行的厂用系统并列，或厂用系统接线有可能变动时，在合环并列前必须做定相试验，其方法如下：

（1）分别测量并列点两侧的相电压是否相同。

（2）分别测量两侧同相端子之间的电位差。

（3）若三相同相端子上的电压差都等于零，经定相试验相序正确即可合环并列。

6. 低压厂用电系统的中性点经高电阻接地方式具有哪些特点？

答：特点如下：

（1）当发生单相接地故障时，可以避免断路器立即跳闸和电动机停运，也不会使一相的熔断器熔断造成电动机两相运行，提高了低压厂用电系统的运行可靠性。

（2）当发生单相接地故障时，单相电流值在小范围内变化，可以采用简单的接地保护装置，实现有选择性的动作。

（3）动力系统和照明系统不能共用，必须另外设置照明、检修网络，需要增加照明和其他单相负荷的供电变压器，不过同时也消除了动力网络和照明、检修网络之间的相互影响。

（4）不需要为了满足短路保护的灵敏度而加大馈线电缆的截面。

（5）可按满足所选用的接地指示装置动作要求为原则选择接地电阻的大小，但不应超过电动机带单相接地运行的允许电流值。

7. 电气设备的状态有哪些？

答：运行状态：指设备的隔离开关、断路器合上，继电保护及自动装置投入，控制、信号电源已送上。

热备用状态：指设备的断路器断开，而隔离开关在合闸位置，其他同运行状态。

冷备用状态：指设备的断路器、各侧隔离开关均在断开位置。断路器操作熔断器取下。（注意：断路器转冷备用时，应停用该开关失灵保护连接片及母差保护跳该断路器连接片。）

检修状态：指设备各侧断路器，隔离开关均断开，相应接地开关合上或挂上接地线，并挂好安全标志牌。

8. 按厂用电系统的运行状态，厂用电源的切换分为哪两种？

答：厂用电源的切换分为以下两种：

（1）正常切换：指厂用电系统处于正常运行状态时，由于运行的需要（机组开停机等），厂用母线从一个电源切换至另一个电源。此类切换对速度没有特殊要求。

（2）事故切换：指由于发生事故（厂用工作变压器和机炉电主机事故等），厂用母线工作电源被切除时，要求备用电源自动投入，实现尽快安全切换。

9. 厂用电操作规定是什么？

答：规定如下：

（1）拉合隔离开关及推拉小车断路器前，必须检查断路器在分闸位置。防止带负荷拉合隔离开关。若隔离开关已误合，则在断路器未拉开前不允许再拉开。

（2）小车断路器停电时，检查断路器在分闸位置，将"远方/就地"切换开关切至"就地"，先拉开控制电源、储能电源、保护装置电源，再将小车断路器摇至隔离位置，拉开智能显示电源，拔下二次插头。

（3）小车断路器送电时，检查断路器在分闸位置，检查"远方/就地"切换开关在"就地"，先装上二次插头，合上智能显示电源，再将小车断路器摇至工作位置，最后合上控制电源、储能电源、保护装置电源。将"远方/就地"切换开关切至"远方"。

（4）母线送电前，检查各馈线回路的断路器在分闸位置，进TV和母线TV投入运行。厂用电母线受电后，必须检查母线三相电压正常后，方允许对各负荷送电。

（5）厂用电母线停电之前，先检查母线上的各负荷开关已在分闸位置，对带备自投的母线解除备自投装置。拉开电源进线断路器后，检查母线三相电压为0后，退出母线TV。

（6）厂用变压器投入运行时，先合电源侧断路器，检查变压器充电正常后，再合负荷开关。变压器停电操作顺序与此相反。

（7）正常情况下，禁止使用隔离开关切断负荷。

10. 快切装置闭锁原因有哪些?

答:原因如下:

(1)切换完毕:表明切换过程顺利完成,该跳开的开关已跳开,该合上的开关已合上。

(2)TV 断线:表明输入装置的厂用母线三相电压中,有一相或两相电压低,可能由 TV 断线造成,须仔细查明。

(3)保护闭锁:表明装置接到外部"保护闭锁"指令。

(4)切换异常:切换过程中该跳开的开关未跳开或该合上的开关未合上或启动切换后设定时间内仍无法满足切换条件,装置将发出此信号。

(5)后备电源失电:后备电源失电闭锁功能投入时,当厂用母线由备用电源供电,如开机前或停机后,因此时发电机端无电压,即工作进线 TV 无电压,不具备切换条件,装置将闭锁,并发此信号,同样,当母线由机端供电时,若备用电源电压低于整定值,该光字牌也会亮。

(6)装置异常:此光字牌亮时,表明装置自检到某些主要部件出了故障。如 CPU、RAM、EEPROM、AD 等,应立即通知维护。

(7)开关位置异常:上电时工作、备用开关全在合或全在分,运行时合工作造成全合、运行时合备用造成全合、运行时分备用造成全分、工作假分等此光字牌会亮,应查明原因。

11. 厂用电事故处理有何原则?

答:以下原则:

(1)备用电源自动投入,检查母线电压是否已恢复正常,并复归开关把手,检查继电保护,查找原因。

(2)备用电源未投入,立即对备用电源强送一次。

(3)备用电源处于热备用状态,立即对备用电源强送一次。

(4)无备用电源,厂变内部继电保护未动作时,可试投入工作电源一次。

(5)备用电源投入又跳闸,不能再强送电,证明可能是母线或用电设备故障的越级跳闸。

（6）询问机、炉有无拉不开或故障设备跳闸的设备。

（7）将母线所有负荷短路器全停用，对母线进行外观检查，必要时测绝缘。

（8）母线短时不能恢复供电时，应将负荷转移。

（9）检查故障情况，采取相应的安全措施。

（10）加强对正常母线监视，防止过负荷。

（11）因厂用电中断而造成停机时，应设法保证安全停机电源的供电。

12. 厂用电快切装置使用注意事项有哪些？

答：注意事项如下：

（1）切换失败时装置闭锁，故障未消除前禁止复位。

（2）正常切换操作一般在 DCS 上进行，切换时切换方式选择"并联切换"，正常运行时，切换方式选择"并联切换"。

（3）任何情况下严禁不经过快切装置进行 10kV 厂用电切换操作。

（4）正常运行时应投入 10kV 各段工作电源开关、备用电源开关跳闸、合闸连接片，只有在需退出某快切装置时，方可解除对应连接片。

（5）正常切换前后应检查快切装置上均无闭锁报警信号。

13. 备自投闭锁条件是什么？

答：闭锁条件如下：备自投动作失败、开关位置异常、母线 TV 断线告警、备自投充电未完成、备用进线无压。

14. 如何提高厂用电设备的自然功率因数？

答：具体如下：

（1）合理选择电动机的容量，使其接近满负荷运行。

（2）对于平均负荷小于 40% 的感应电动机，换用小容量电动机或改定子绕组三角形接线为星形接线。

（3）改善电气设备的运行方式，限制空载运行。

（4）正确选择变压器的容量，提高变压器的负荷率。

（5）提高感应电动机的检修质量。

第三节 汽轮发电机结构及冷却系统

1. 发电机本体结构组成是什么?

答：发电机本体主要由一个不动的定子（包括机座、端盖、定子铁芯、定子绕组等）和一个可以转动的转子（包括转子铁芯、转子绕组、转子护环、转子阻尼结构、转子风扇等）构成。另外为保证发电机在运行中定子、转子各部分不超温，为此，发电机还设有定子内冷水冷却系统，发电机氢冷系统和为防止氢气从轴封漏出的密封油系统。

2. 发电机定子组成及作用有哪些?

答：发电机定子主要由机座、端盖、定子铁芯、定子绕组等部分组成。

（1）机座与端盖。机座是用钢板焊成的壳体结构，它的作用主要是支持和固定定子铁芯和定子绕组。此外，机座可以防止氢气泄漏和承受住氢气的爆炸力，端盖是发电机密封的一个组成部分。

（2）定子铁芯。定子铁芯是构成发电机磁路和固定定子绕组的重要部件。减少铁芯的磁滞和涡流损耗。

（3）定子绕组。定子绕组是嵌入铁芯槽内的绝缘条形线棒组成，线棒由空心股线和实心股线混合编织换位组合而成，定子线棒是通过空心股线中的水介质来冷却的，冷却水从励端的汇水管和绝缘引水管并通过线棒头的水接头进入线圈，冷却线圈后再经汽端过的绝缘引水管和汇流管排入外部水系统。

3. 发电机转子组成及作用有哪些?

答：发电机转子主要由转子铁芯、转子绕组、转子护环、转子阻尼结构、转子风扇等部分构成。

（1）转子铁芯。转子铁芯既是转子磁极的主体，也是巨大离心力的受体，转子铁芯具备高导磁性和高机械强度。

（2）转子绕组。转子绕组采用具有良好的导电性能、机械性能和抗蠕变性能的含银铜导线制成，转子绕组由嵌入槽中的多个串联线圈组成，两个线圈组构成一个极。每个线圈则由若干个串联的线匝组成，而每个线匝则由两个纵向线匝和横向线匝构成，各线匝在端截面钎焊在一起。

（3）转子护环。采用整体式转子护环来抑制转子端部绕组的离心力。转子护环由非磁性高强度钢质材料制成，以降低杂散损耗。每个护环悬空热套在转子本体上。

（4）转子槽楔和阻尼结构。转子槽楔由强度高、导电率好的铜合金材料制成，槽楔中间开有径向通风孔，外伸到护环的搭接面下，并确保槽楔和转子护环间良好的电接触。阻尼槽楔承受负序电流在本体表面产生的涡流。

（5）转子风扇。在发电机汽端、励端各装有一个多级的轴流风扇，为氢气冷却提供驱动力。

4. 同步发电机如何利用电磁感应原理？

答： 同步发电机是利用电磁感应原理将机械能转变为电能。在同步发电机的定子铁芯内，对称地放着 A-X、B-Y、C-Z 三相绕组。所谓对称三相绕组，就是每相绕组匝数相等、三相绕组的轴线在空间互差120°电角度。在同步电机的转子上装有励磁绕组，励磁绕组中通入励磁电流后，产生转子磁通，当转子以逆时针方向旋转时，转子磁通将依次切割定子 A、B、C 三相绕组，在三相绕组中会感应出对称的三相电动势。

5. 发电机的损耗分为哪几类？

答： 发电机的损耗大致可分为五大类，即定子铜损、铁损、励磁损耗、电气附加损耗、机械损耗。发电机运行中，所有的损耗几乎都以发热的形式表现出来。

（1）定子铜损即定子电流流过定子绕组所产生的所有损耗。

（2）铁损即发电机磁通在铁芯内产生的损耗，主要是主磁通在定子铁芯内产生的磁滞损耗和涡流损耗，还包括附加损耗。

（3）励磁损耗即转子回路所产生的损耗，主要是励磁电流在励磁回路中产生的铜损。

（4）电气附加损耗则比较复杂，主要有端部漏磁通在其附近铁质构件中产生的损耗、各种谐波磁通产生的损耗、齿谐波和高次谐波在转子表层产生的铁损等。

（5）机械损耗主要包括通风损耗、轴承摩擦损耗等。

6. 发电机冷却介质的置换为什么要用 CO_2 作中间气体？

答： 氢气与空气混合能形成爆炸气体，遇到明火即能引起爆炸。二氧化碳气体是一种惰性气体，二氧化碳与氢气混合或二氧化碳与空气混合不会产生爆炸性气体，所以发电机的冷却介质的置换首先向发电机内充二氧化碳驱走空气，避免空气和氢气接触而产生爆炸性气体。二氧化碳制取方便，成本低，二氧化碳的传热系数是空气的 1.132 倍，在置换过程中，效果比空气好，另外，用二氧化碳作为中间介质还有利于防火。

7. 发电机气体置换合格的标准是什么？

答： 标准如下：

（1）二氧化碳置换空气：发电机内二氧化碳含量大于 85% 合格。

（2）氢气置换二氧化碳：发电机内氢气纯度大于 96%，含氧量小于 1.2% 合格。

（3）二氧化碳置换氢气：发电机内二氧化碳含量大于 95% 合格。

（4）空气置换二氧化碳：发电机内空气的含量超过 90% 合格。

8. 何谓发电机漏氢率？

答： 发电机漏氢率是指额定工况下，发电机每天漏氢量与发电机额定工况下氢容量的比值。

9. 如何防止发电机绝缘过冷却？

答： 发电机的冷却器只有在发电机准备带负荷时才通冷却水（循环水），当负荷增加时，逐渐增加冷却器的冷却水量，以便使氢（空）气保持在规定范围内。在发电机停机前减负荷时，应随负荷的减少逐渐减少冷却器的冷却水量，以保持氢（空）气温度不变，防止发电机绝缘过冷却。

10. 进风温度过低对发电机有哪些影响？

答： 有以下影响：

（1）容易结露，使发电机绝缘电阻降低。

（2）导线温升增高，因热膨胀伸长过多而造成绝缘裂损。转子铜、铁温差过大，可能引起转子绕组永久变形。

（3）绝缘变脆，可能经受不了突然短路所产生的机械力的冲击。

11. 发电机漏氢的薄弱环节有哪些？

答：有四个影响环节：机壳的结合面、密封油系统、氢冷却器、出线套管。

12. 为什么提高氢冷发电机的氢气压力可以提高效率？

答：氢压越高，氢气密度越大，其导热能力越高。因此，在保证发电机各部分温升不变的条件下，能够散发出更多的热量，发电机的效率就可以相应提高，特别是对氢内冷发电机，效果更显著。

13. 大型发电机解决发电机端部发热问题的方法有哪些？

答：解决方法如下：

（1）在铁芯齿上开小槽阻止涡流通过。

（2）压圈采用非磁性材料，并在其轴向中部位置开径向通风孔，加强冷却通风。

（3）设有两道磁屏蔽环，以形成漏磁通分路，使端部损耗减少，温度降低。

（4）铁芯端部最外侧加电屏蔽环。它是由导电率高的铜、铝等金属制成。其作用是削弱或阻止磁通进入端部铁芯。

（5）端部压圈和电屏蔽环等温度高的部件设置冷却水铜管。

第四节 汽轮发电机的运行

1. 什么是自动发电控制（AGC）？

答：自动发电控制简称 AGC，它是能量管理系统（EMS）的重要组成部分。按电网调度中心的控制目标将指令发送给有关发电厂或机组，通过电厂或机组的自动控制调节装置，实现对发电机功率的自动控制。

2. 什么是电压不对称度？

答：中性点不接地系统在正常运行时，由于导线的不对称排列而使各相对地电容不相等，造成中性点具有一定的对地电位，这个对地电位称为中性点位移电压，也称为不对称电压。不对称电压与额定电压的比值称不对称度。

3. 简述大型发电机组加装电力系统稳定器（PSS）的作用。

答：电力系统稳定器是作为发电机励磁系统的附加控制，在大型发电机组加装电力系统稳定器，适当整定电力系统稳定器有关参数可以起到以下作用：

（1）提供附加阻尼力矩，可以抑制电力系统低频振荡。

（2）提高电力系统静态稳定限额。

4. 同步发电机和系统并列应满足哪些条件？

答：（1）待并发电机的电压等于系统电压。允许电压差不大于 5%。

（2）待并发电机频率等于系统频率，允许频率差不大于 0.1Hz。

（3）待并发电机电压的相序和系统电压的相序相同。

（4）待并发电机电压的相位和系统电压的相位相同。

5. 发电机正常运行检查项目有哪些？

答：（1）发电机无异音、异味和异常振动，各参数不超过允许值。

（2）发电机轴承、铁芯、绕组、发电机冷氢、热氢、冷却水温度不应超过允许值。

（3）运行定子线棒温差达 8℃ 或定子线棒引水管同层出水温差达 8℃ 报警时，应检查定子三相电流是否平衡，定子绕组水路流量与压力是否异常，如果发电机的过热是由内冷水中断或内冷水量减少引起，则应立即恢复供水。一旦定子线棒温差达 14℃ 或定子引水管出水温差达 12℃，或任一定子槽内层间测温元件温度超过 90℃ 或出水温度达 85℃ 时，应紧急降负荷，在确认测温元件无误后，应立即停机进行反冲洗及有关检查处理。

（4）发电机、励磁变、励磁设备、互感器、中性点接地变压器、母线、开关、碳刷及电气连接的导线等无过热、打火、放电、冒烟、松动、绝缘焦味等现象。

（5）氢气压力、纯度、湿度正常，密封油压力、氢油压差符合规定。

（6）定子冷却水的压力、导电率、流量、温度均在规定范围。各管路及连接法兰有无渗漏现象。

（7）发电机封闭母线气压正常，各避雷器运行正常。

（8）励磁系统的整流柜风机运转正常，温度符合规定。整流柜各元件均流正常，各部分的表计指示正常。

（9）发电机的碳刷接触是否良好，有无异常火花，碳刷与刷握之间是否保持滑动配合，有无卡塞、过短、歪斜晃动和跳跃等情况。

（10）发电机油水液位计无液位指示，如有指示开启放水阀，并根据油水排放量的大小分析运行情况。

6. 发电机启动前检查项目有哪些?

答：发电机的启动过程是随着原动机同时进行的，在升速过程中，发电机的检查项目应与原动机检查项目同时进行，在每个预定的目标转速下，检查下列项目：

（1）发电机开始转动后，即应认为发电机及其全部设备均已带电。

（2）在冲转前，检查发电机自动准同期并列装置具备并车条件。

（3）对安装和检修后第一次启动的机组，应缓慢升速并监听发电机的声音，检查轴承供油及振动情况，确认无摩擦现象。

（4）发电机密封油系统、定子冷却水系统、氢气冷却系统运行正常。

（5）轴承振动及回油温度正常。

（6）旋转整流器熔断器无熔断报警现象。

（7）发电机各部温度正常，表计指示正常。

（8）自动励磁调节器在大于 2950r/min 下才能投入运行。

7. 发电机并、解列前为什么必须投主变压器中性点接地隔离

开关？

答：因为主变压器高压侧断路器一般是分相操作的，而分相操作的断路器在合、分操作时，易产生三相不同期或某相合不上、拉不开的情况，可能在高压侧产生零序过电压，传递给低压侧后，引起低压绕组绝缘损坏。如果在操作前合上接地隔离开关，可有效地限制过电压，保护绝缘。

8. 运行中引起发电机振动突然增大的原因有哪些？

答：主要可分为两类，即电磁原因和机械原因。

（1）电磁原因：转子两点接地，匝间短路，负荷不对称，气隙不均匀等。

（2）机械原因：找正找得不正确，联轴器连接不好，转子旋转不平衡。

其他原因：系统中突然发生严重的短路故障，如单相或两相短路等运行中，轴承中的油温突然变化或断油。由于汽轮机方面的原因引起的汽轮机超速也会引起转子振动，有时会使其突然加大。

9. 发电机启动升压时为何要监视转子电流、定子电压和定子电流？

答：主要有以下原因：

（1）若转子电流很大，定子电压较低，励磁电压降低，可能是励磁回路短路，方便及时发现问题。

（2）额定电压下的转子电流较额定空载励磁电流明显增大时，可以判定转子绕组有匝间短路或定子铁芯片间有短路故障。

（3）监视定子电压是为了防止电压回路断线或电压表卡，发电机电压升高失控，危及绝缘。

（4）监视定子电流是为了判断发电机出口和主变高压侧有无短路现象。

10. 什么是发电机轴电流？有何危害？采取什么措施消除发电机的轴电流？

答：由于转子磁极产生的磁通分两路通过定子铁芯的两个半边，因制造或转子偏心等其他原因使两条并联的磁路并不完全对称，因此在旋转的转子中便感应出交变的电动势和电流。当轴颈与轴承间油膜被破坏时电流沿转子端部，经轴承与底座再回到转子端部。即形成轴电流。

轴电流的危害是流过轴承时会把轴瓦、轴颈烧坏，会损坏汽轮机及油泵的传动蜗轮和蜗杆，还会使汽轮机的有关部件、发电机的外壳、轴承和其他与转轴相连接的部件发生磁化现象。可采取励端轴承对地的绝缘、机端轴经接地碳刷接地来消除发电机的轴电流。

11. 水内冷发电机在运行中要注意什么？

答：注意如下：

（1）出水温度是否正常。出水温度升高，不是进水少或漏水，就是内部发热不正常，应加强监视。

（2）观察端部有无漏水，绝缘引水管是否断裂或折扁、部件有无松动、局部是否有过热、结露等情况发生。

（3）定、转子线圈冷却水不能断水，断水时只允许运行 30s

（4）监视线棒的震动情况，一般采用测量测温元件对地电位的方法进行监视。

（5）对各部分温度进行监视。注意运行中高温点及各点温度的变化情况。

12. 发电机过负荷运行应注意什么？

答：在事故情况下，发电机过负荷运行是允许的，但应注意：

（1）当定子电流超过允许值时，应注意过负荷的时间不得超过允许值。

（2）在过负荷运行时，应加强对发电机各部分温度的监视使其控制在规程规定的范围内。否则，应进行必要的调整或降出力运行。

（3）加强对发电机端部、滑环和碳刷的检查。

（4）如有可能加强冷却，降低发电机入口风温，发电机变压器组增开油泵、风扇。

13. 发电机进相后监视和注意事项有哪些？

答：发电机进相后，应加强对该发电机定子电流、电压、功率因数、转子温度、铁芯、线圈温度、出、入口氢温的监视，尤其是端部铁芯温度，控制其在规定的范围内。

（1）定子铁芯温度小于等于 120℃。

（2）定子铁芯端部结构件温度小于等于 120℃。

（3）定子绕组层间温度小于等于 120℃。

（4）定子绕组及出线水温度小于等于 85℃。

（5）集电环温度小于等于 120℃。

（6）加强对厂用电动机监视，防止电动机超电流。

（7）加强对发电机氢气系统监视，氢压降低及时补氢。

（8）加强对该发电机系统巡回检查，发现缺陷及时消除。

（9）在电网系统振荡或发电机本身出现振动或振荡等其他异常时，首先将发电机改迟相运行。

（10）发电机进相期间，尽量不启动该机厂用段的大型电动机。

（11）做好发电机失磁跳闸的事故预想。

（12）大型辅机（引风机、电泵等）启动时，应尽可能提高 10kV 母线电压，可暂时滞相运行，启动正常后恢复原进相方式，同时应注意监视 330kV 电压满足调度曲线。

（13）厂用母线电压低于 9.5kV 而 330kV 电压仍无法满足调度要求时，可向部门汇报，将 10kV 厂用倒至启备变带，再继续进相至调度要求。

14. 发电机非全相运行要注意哪些问题？

答：（1）不能打闸。

（2）不能断励磁开关。

（3）根据发电机容量控制负序电流小于额定电流 6% ～ 8%。

（4）如励磁开关动作跳闸，主汽门已关闭，应立即拉开发变组所接母线上的所有开关。

15. 发电机逆功率运行对发电机有何影响？

答：（1）一般发生在刚并网时，负荷较轻，造成发电机逆功率运行，这样的情况对发电机一般不会有什么影响。

（2）当发电机带着高负荷运行时，若引起发电机逆功率运行可能造成发电机瞬间过电压，因为带负荷时一般为感性（即迟相运行），即正常运行的电枢反应磁通的励磁电流在负荷瞬间消失后，会使全部励磁电流令发电机电压升高，升高多少与励磁系统特性有关，从可靠性来讲，发生过电压对发电机有不利的影响，可能由于某种保护动作引起机组跳闸。

16. 发电机运行中两侧汇流管屏蔽线为什么要接地？不接地行吗？测发电机绝缘时为什么屏蔽线要接绝缘电阻表屏蔽端？

答： 定子绕组采用水内冷的发电机，两侧汇流管管壁上分别焊接一根导线，称为屏蔽线。并将其接至发电机接线盒内的专用端子，通常称为屏蔽端子。运行中将两个屏蔽端子通过外部引线连在一起接在接地端子上，即运行中两侧汇流管屏蔽线接地，停机测发电机定子绕组绝缘时，将两个屏蔽端子通过外部引线连在一起接在绝缘电阻表屏蔽端，即停机测发电机定子绕组绝缘时将屏蔽线接绝缘电阻表屏蔽端。

发电机运行中两侧汇流管屏蔽线接地，主要是为了人身和设备的安全，因为汇流管距发电机线圈端部近，且汇流管周围埋很多测温元件，如果不接地，一旦线圈端部绝缘损坏或绝缘引水管绝缘击穿，使汇流管带电，对在测温回路工作的人员和测温设备都是危险的。

用绝缘电阻表测发电机定子绕组对地绝缘电阻，实际上是在定子绕组和地端之间加一直流电压，测量流过的电流及其变化情况，来判断绝缘好坏。电流越大，绝缘电阻表指针偏转角度越小，指示的绝缘电阻值越小。定子绕组采用水内冷的发电机，由于外部水系统管道是接地的，且水中含有导电离子，当绝缘电阻表的直流电压加在绕组和地端之间时，水中要产生漏泄电流，水中的漏泄电流流入绝缘电阻表的测量机构，将使绝缘电阻读数显著下降，引起错误判断。测发电机定子绕组绝缘时，若采用将两侧汇流管屏蔽线接到绝缘电阻表的屏蔽端的接线方式，可使水中的漏泄电流经绝缘电阻表的屏蔽端直接流回绝缘电阻表的电源负极，不流过测量机构，也就不会带来误差，即消除水中漏泄电流的影响。

17. 如何根据测量发电机的吸收比判断绝缘受潮情况?

答: 吸收比对绝缘受潮反应很灵敏,同时温度对它略有影响,当温度在 $10 \sim 45℃$ 测量吸收比时,要求测得的 60s 与 15s 绝缘电阻的比值,应该大于或等于 1.3 倍(R60"/R15" $\geqslant$ 1.3),若比值低于 1.3 倍,应进行烘干。

18. 运行中,定子铁芯个别点温度突然升高时应如何处理?

答: 运行中,若定子铁芯个别点温度突然升高,应当分析该点温度上升的趋势及有功、无功负荷变化的关系,并检查该测点的正常与否。若随着铁芯温度、进出风温度和进出风温差显著上升,又出现"定子接地"信号时,应立即减负荷解列停机,以免铁芯烧坏。

19. 发电机断水时应如何处理?

答: 运行中,发电机断水信号发出时,运行人员应立即看好时间,做好发电机断水保护拒动的事故处理准备,与此同时,查明原因,尽快恢复供水。若在保护动作时间内冷却水恢复,则应对冷却系统及各参数进行全面检查,尤其是转子绕组的供水情况,如果发现水流不通,则应立即增加进水压力恢复供水或立即解列停机,若断水时间达到保护动作时间而断水保护拒动时,应立即手动拉开发电机断路器和灭磁开关。

20. 发电机在运行中功率因数降低有什么影响?

答: 当功率因数低于额定值时,发电机出力应降低,因为功率因数越低,定子电流的无功分量越大,由于电枢电流的感性无功电流起去磁作用,会使气隙合成磁场减小,使发电机定子电压降低,为了维持定子电压不变,必须增加转子电流,此时若保持发电机出力不变,则必然会使转子电流超过额定值,引起转子绕组的温度超过允许值而使转子绕组过热。

21. 转子发生一点接地可以继续运行吗?

答: 转子绕组发生一点接地,即转子绕组的某点从电的方面来看与转子铁芯相通,由于电流构不成回路,所以按理能继续运行。但这种运行不能认为是正常的,因为它有可能发展为两点接地故障,那样转子电流就会增大,其后果是部分转子绕组发热，有可能被烧毁，而且电机转子由于作用力偏移而导致强烈振动。

22. 发电机电压达不到额定值有什么原因?

答：（1）磁极绕组有短路或断路。

（2）磁极绕组接线错误，以致极性不对。

（3）磁极绕组的励磁电流过低。

（4）换向磁极的极性错误。

（5）励磁机整流子铜片与绕组的连接处焊锡熔化。

（6）电刷位置不正或压力不足。

（7）原动机转速不够或容量过小，外电路过载。

23. 发电机启动前应做哪些试验?

答：（1）断路器、灭磁开关、励磁开关的合分试验。

（2）断路器与灭磁开关、整流柜的联锁试验。

（3）磁场变阻器调节试验。

（4）整流柜风机联锁试验。

（5）断水保护动作联跳断路器和灭磁开关试验。

（6）主汽门关闭联跳断路器、灭磁开关试验。

24. 试述非同期并列可能产生的后果及防止非同期并列事故应采取的技术和组织措施。

答：凡不符合准同期条件进行并列，即将带励磁的发电机并入电网，称为非同期并列。

非同期并列是发电厂的一种严重事故，由于某种原因造成非同期并列时，将可能产生很大的冲击电流和冲击转矩，会造成发电机及有关电气设备的损坏。严重时会将发电机线圈烧毁、端部变形，即使当时没有立即将设备损坏，也可能造成严重的隐患。就整个电力系统来讲，如果一台大型机组发生非同期并列，这台发电机与系统间将产生功率振荡，严重扰乱整个系统的正常运行，甚至造成电力系统稳定破坏。

为了防止非同期并列事故，应采取以下技术和组织措施：

（1）并列人员应熟悉主系统和二次系统。

（2）严格执行规章制度，并列操作应由有关部门批准的有并列权的值班人员进行，并由班长、值长监护，严格执行操作票制度。

（3）采取防止非同期并列的技术措施，如使用同期插锁、同期角度闭锁、自动准同期并列装置等。

（4）新安装或大修后发电机投入运行前，一定要检查发电机系统相序和进行核相。有关的电压互感器二次回路检修后也应核相。

25. 发电机必须满足哪些条件才允许进相运行？

答：（1）发电机组必须经过进相运行试验，并且试验结果符合进相运行的要求。

（2）发电机的自动励磁调节器应投入运行，且备用的自动励磁调节器跟踪正常、能够在线自动切换。

（3）自动励磁调节器的低励限制器性能良好，并且其定值能够同时满足最大进相深度和机组稳定性的要求。

（4）自动励磁调节器的电压限制性能良好，其限制范围在并网状态下为 95% ～ 105%。

（5）发电机的失磁保护和失步保护必须投入运行，并且失磁保护的定值能够躲过低励限制器的定值。

（6）为了防止机组在进相运行时无功摆动较大，机组有功负荷应不小于 50%。

（7）发电机的冷却系统运行正常，定冷水温度和冷氢温度在合格范围内。

（8）发电机定子线圈、端部铁芯等温度测点（特别是屏蔽环测点）回路正常。

第五节　汽轮发电机异常运行及事故处理

1. 发电机、励磁机着火及氢气爆炸应如何处理？

答：（1）发电机、励磁机着火及氢气爆炸时，应立即紧急停机。

（2）关闭补氢门，停止补氢。

（3）立即进行排氢。

（4）及时调整密封油压至规定值。

2. 发电机启动时升不起电压的处理方法有哪些？

答：（1）检查变送器电压是否正常。

（2）检查电压互感器是否正常，一次插头是否接触良好，一、二次熔断器及接线是否良好。

（3）检查转子回路是否开路，电压表计回路是否正常。

（4）检查碳刷接触是否良好。

（5）检查励磁变输出、功率柜输出电压及励磁调节器是否正常。

（6）可根据当时有无报警、光字牌有无动作等异常现象加上必要的表计测量做综合判断。

3. 运行中如何防止发电机滑环冒火？

答：（1）检查电刷牌号，必须使用制造厂家指定的或经过试验适用的同一牌号的电刷。

（2）用弹簧秤检查电刷压力，并进行调整。各电刷压力应均匀，其差别不应超过 10%。

（3）更换磨得过短，不能保持所需压力的电刷。

（4）电刷接触面不洁时，用干净帆布擦去或刮去电刷接触面的污垢。

（5）电刷和刷辫、刷辫和刷架间的连接松动时，应检查连接处的接触程度，设法紧固。

（6）检查电刷在刷盒内能否上下自如地活动，更换摇摆和卡涩的电刷。

（7）用直流卡钳检测电刷电流分布情况。对负荷过重、过轻的电刷及时调整处理，重点是使电刷压力均匀、位置对准集电环（滑环）圆周的法线方向、更换发热磨损的电刷。

4. 发电机 TV 熔断器熔断处理有哪些？

答：（1）按继电保护运行规程退出相关保护。

（2）若测量回路未能切换，造成发电机有功、无功仪表指示异常，应尽量减少对有功、无功的调节，并根据汽轮机主蒸汽流量、发电机定子电流、转子电流等其他表计数值进行监视，保持发电机的稳定运行。

（3）查出哪只 TV 熔断器熔断，如二次熔断器熔断，应检查 TV 二次回路及所接负载，如为初级熔断器熔断，则应检查 TV 及其二次回路。并会同有关人员查明原因，消除故障。

（4）将故障消除后，调换熔断器。若是初级熔断器熔断，需将 TV 小车拉出，才能更换高压熔断器。更换时应注意安全距离。

（5）发电机电压互感器恢复正常后，检查定子电压、有功、无功表指示正常，投入停用的保护，并检查有关保护是否正常将电压调节器（AVR）恢复自动方式运行。

（6）记录影响发电机有、无功的电量及时间。

5. 实际运行中，造成发电机失步而引起振荡主要原因有哪些？

答：（1）系统发生短路故障。

（2）静态稳定的破坏。

（3）电力系统功率突然发生不平衡。

（4）大机组失磁或跳闸。

（5）原动机调速系统失灵。

（6）电源间非同期并列未能拉入同步。

6. 发电机转子绕组两点接地故障有哪些危害？

答：（1）发电机转子绕组两点接地后，相当于一部分绕组短路，两个接地点之间有故障电流流过，它可能引起线圈燃烧和由于磁路不平衡引起发电机剧烈振动。

（2）转子电流流过转子本体，如果电流大可能烧坏转子铁芯。

（3）由于转子本体局部通过电流，引起局部发热，使转子缓慢变形而偏心，进一步加剧振动。

7. 引起转子励磁绕组绝缘电阻过低或接地的常见原因有哪些？

答：（1）受潮，当发电机长期停用，尤其是梅雨季节长期停用，很快使发电机转子的绝缘电阻下降到允许值以下。

（2）滑环表面有电刷粉或油污堆积、引出线绝缘损坏或滑环绝缘损坏时，也会使转子的绝缘电阻下降或造成接地。

（3）发电机长期运行未进行护环检修，使绕组端部大量积灰（一般大修中只能清除小部分积灰，护环里面的绕组端部的积灰则无法清除），也会使转子的绝缘电阻下降等。

（4）转子的槽绝缘断裂造成转子绝缘过低或接地。

8. 氢冷发电机在运行中氢压降低是什么原因引起的？

答：氢压降低原因如下：

（1）轴封中的油压过低或供油中断。

（2）供氢母管氢压低。

（3）发电机突然甩负荷，引起过冷却而造成氢压降低。

（4）氢管破裂或阀门泄漏。

（5）密封瓦塑料垫破裂，氢气大量进入油系统、定子引出线套管，或转子密封破坏造成漏氢，空芯导线或冷却器铜管有砂眼或运行中发生裂纹，氢气进入冷却水系统中等。

（6）运行误操作，如错开排氢门等，造成氢压降低等。

9. 短路对发电机有什么危害？

答：短路的主要特点是电流大，电压低。电流大的结果是产生强大的电动力和发热，它有以下几点危害：

（1）定子绕组的端部受到很大的电磁力的作用。

（2）转子轴受到很大的电磁力矩的作用。

（3）引起定子绕组和转子绕组发热。

10. 发电机定子绕组单相接地对发电机有何危险？

答：发电机的中性点是绝缘的，如果一相接地，表面看构不成回路，但是由于带电体与处于地电位的铁芯间有电容存在，发生一相接地，接地点就会有电容电流流过。单相接地电流的大小，与接地绕组的份额成正比。当机端发生金属性接地，接地电流最大，而接地点越靠近中性点，接地电流越小，故障点有电流流过，就可能产生电弧，当接地电流大于 5A 时，就会有烧坏铁芯的危险。此外，单相接地故障还会进一步发展为匝间短路或相间短路，从而出现巨大的短路电流，造成发电机的损坏。

11. 发电机内定子冷却水系统泄漏有哪几种情况？

答：以下几种情况：

（1）定子绝缘引水管有裂缝或水接头有泄漏。

（2）定子水接头焊缝泄漏或汇流管焊缝、法兰连接处泄漏。

（3）定子线棒空心导线被小铁块等异物钻孔而引起泄漏。

（4）定子线棒空心导线材质有问题产生裂纹而泄漏。

12. 短路和振荡的主要区别是什么？

答：主要区别：

（1）振荡过程中，由并列运行发电机电动势间相角差所决定的电气量是平滑变化的，而短路时的电气量是突变的。

（2）振荡过程中，电网上任一点的电压之间的角度，随着系统电动势间相角差的不同而改变，而短路时电流和电压之间的角度基本上是不变的。

（3）振荡过程中，系统是对称的，故电气量中只有正序分量，而短路时各电气量中不可避免地将出现负序和零序分量。

13. 发电机 – 变压器组保护动作掉闸后应如何处理？

答：（1）根据故障现象及断路器动作情况判定属变压器、发电机内部故障、外部故障，还是系统故障引起的掉闸。

（2）检查是哪种保护动作掉闸，应记录保护及自动装置的动作情况，并根据各种保护的动作情况分别进行处理。

（3）检查是否由于人员的误操作或误碰引起保护跳闸，如确认，应尽快恢复机组的运行。

（4）发变组保护动作掉闸时，应查看厂用电源是否自投成功，否则，应抢合备用电源一次，保证发电机厂用电系统的正常运行。

14. 汽轮发电机的振动有何危害？引起振动的原因有哪些？

答：危害如下：

（1）使机组轴承损耗增大。

（2）加速滑环和碳刷的磨损。

（3）励磁机碳刷易冒火，整流子磨损增大，整流片开焊，电枢绑线断裂。

（4）发电机零部件松动损伤。

（5）破坏建筑物。

原因如下：

（1）电磁原因：转子两点接地、匝间短路、负荷不对称、气隙不均匀等。

（2）机械原因：找正不正确、靠背轮连接不好、转子旋转不平衡等。

第六节　发电机励磁系统

1. 励磁系统的主要作用有哪些？

答：（1）根据发电机负荷的变化相应的调节励磁电流，以维持机端电压为给定值。

（2）控制并列运行各发电机间无功功率分配。

（3）提高发电机并列运行的静态稳定性。

（4）提高发电机并列运行的暂态稳定性。

（5）在发电机内部出现故障时，进行灭磁，以减小故障损失程度。

（6）根据运行要求对发电机实行最大励磁限制及最小励磁限制。

2. 励磁小间检查内容有哪些？

答：（1）AVR 面板各指示灯指示正确。

（2）励磁调节器柜没有任何报警，各仪表指示正常。

（3）各整流柜、各冷却系统工作正常，空气进出风口无杂物堵塞。

（4）四个整流柜电流指示基本平衡，其中任一整流柜电流不大于电流平均值的 15%。

（5）励磁调节器无异常声音和异味。

（6）励磁调节器各柜门均在关闭状态，通风机运行正常，运行中功率柜柜门严禁打开。

（7）励磁小间温度维持在 15 ～ 30℃，空调运行良好。

3. 励磁变压器检查内容有哪些?

答:(1)检查变压器内部运行声音正常,无焦味。

(2)检查变压器各接头紧固,无过热变色现象,导电部分无生锈、腐蚀现象,套管清洁、无爬电现象。

(3)线圈及铁芯无局部过热和绝缘烧焦的气味,外部清洁,无破损、无裂纹。

(4)电缆无破损,变压器本体无搭挂杂物。

(5)线圈温度正常,变压器温控仪工作正常。

(6)检查变压器前后柜门均应在关闭状态,如变压器温度高需要打开柜门时,应设置临时围栏,悬挂"止步,高压危险"警示牌。

(7)检查变压器周围无漏水、积水现象,照明充足,消防器材齐全。

4. 励磁系统投入运行应具备的条件是什么?

答:(1)检修工作已结束,工作票已终结,安全措施已恢复。

(2)设备的标志齐全、正确、清晰,各开关、连片、熔断器等完好,接线正确。

(3)所需电源等均正常可靠并能按要求投入。

(4)所有设备在检修调试完毕后经试验验证达到规定的性能和质量要求。

(5)励磁参数整定及功能投入和切除应能满足并入电网条件。

(6)现场安全设施齐备,具备安全运行条件。

5. 励磁调节器装置发生哪些情况从运行主套的自动方式切换至备用从套的自动方式?

答:(1)励磁调节器电源故障。

(2)励磁调节器脉冲故障。

(3)调节装置故障。

(4)TV测量回路故障。

6. 励磁系统的巡视检查内容有哪些?

答:(1)DCS画面显示励磁系统各状态正确,参数正常,无报警。

（2）就地励磁柜上各显示屏无故障报警、无限制器动作，面板各指示灯指示正常。

（3）功率柜电流指示基本平衡，其中任一柜电流不大于平均值的 15%。

（4）功率柜各柜门均在关闭状态，其通风机运行正常，空气进出风口无杂物。

（5）励磁系统无异常振动、异音、异味，就地温度表指示正常。

（6）励磁系统元件无松动、过热，熔断器无熔断现象。

（7）励磁小间温度正常，通风机运行良好，空气进出风口无杂物。

（8）发电机两端碳刷处无火花。

7. 双通道励磁调节系统如何实现通道的切换？

答： 励磁系统具有两个完全独立的调节器和控制通道（通道 1 及通道 2）。两个通道完全相同，因此可以自由地选择通道 1 或通道 2 作为工作通道。备用的通道（不工作的通道）总是自动地跟踪工作通道。基本上，除了下述情况以外，通道的切换可以在任何时间进行。

如果工作通道检测到故障，将自动地紧急切换到第二个通道。而后，直到故障修复才可能再切回到工作通道。如果不工作的通道故障，不能实现从工作通道到不工作通道的手动切换。

若一个通道发生故障，发电机电压同时也发生动态扰动，立即自动切换到不工作的通道，此不工作的通道不跟随发电机电压的动态扰动。为了防止这种情况的发生，不工作的通道相对缓慢地跟随发电机电压，并具有一段延时。

8. 发电机失磁对发电机本身与电力系统的危害是什么？

答：（1）低励或失磁时，发电机从电力系统吸收无功，引起系统电压下降。如果电力系统无功储备不足，将使临近故障发电机组的系统某点电压低于允许值，使电源与负荷间失去稳定，甚至造成电力系统因电压崩溃而瓦解。

（2）一台发电机失磁电压下降，电力系统中的其他发电机组在自动调整励磁装置作用下将增大无功输出，从而可能使某些发电机组和线路过负荷，其后备保护可能发生误动作，使故障范围扩大。

（3）一台发电机失磁后，由于有功功率的摆动，以及电力系统电压的下降，可能导致相邻正常发电机与电力系统之间或系统各回路之间发生振荡，造成严重后果。

（4）发电机额定容量越大，低励、失磁引起的无功缺额也越大。如果电力系统相对容量较小，则补偿这一无功缺额的能力较差，由此而来的后果会更严重。

对发电机的影响：

（1）失磁后，发动机定转子之间出现转差，在发电机转子回路中产生损耗超过一定值时，将使转子过热。特别是大型发电机组，其热容量裕度较低，转子易过热。而流过转子表面的差额电流，还将使转子本体与槽楔、护环的接触面上发生严重的局部过热。

（2）低励或失磁发电机进入异步运行后，由机端观测到的发电机等效电抗降低，从电力系统吸收无功功率增加。失磁前所带的有功越大，转差就越大，等效电抗就越小，从电力系统吸收无功就越大。因此，在重负荷下失磁发电机进入异步运行后，如不立即采取措施，发动机将因过电流使定子绕组过热。

（3）在重负荷下失磁后，转差也可能发生周期性的变化，使发电机出现周期性的严重超速，直接威胁着发电机组的安全。

（4）低励、失磁时，发动机定子端部漏磁增加，将使发电机端部部件和边段铁芯过热，这一情况通常是限制发电机失磁异步运行能力的主要条件。

9. 运行中励磁机整流子发黑的原因是什么？

答：（1）流经碳刷的电流密度过高。

（2）整流子灼伤。

（3）整流子片间绝缘云母片突出。

（4）整流子表面脏污。

第七节　变压器及运行

1. 分裂变压器有何特点？

答：（1）能有效地限制低压侧的短路电流，因而可选用轻型开关设备，节省投资。

（2）用分裂变压器对两段母线供电时，当一段母线发生短路，除能有效地限制短路电流外，另一段母线电压仍能保持一定的水平，不致影响供电。

（3）当分裂绕组变压器对两段低压母线供电时，若两段负荷不相等，则母线上的电压不等，损耗增大，所以分裂变压器适用于两段负荷均衡又需限制短路电流的场所。

（4）分裂变压器在制造上比较复杂，例如当低压绕组发生接地故障时，很大的电流流向一侧绕组，在分裂变压器铁芯中失去磁的平衡，在轴向上由于强大的电流产生巨大的机械应力，必须采取结实的支撑机构，因此在相同容量下，分裂变压器约比普通变压器贵 20%。

2. 变压器有哪些接地点？各接地点起什么作用？

答：（1）绕组中性点接地：为工作接地，构成大电流接地系统。

（2）外壳接地：为保护接地，防止外壳上的感应电压高而危及人身安全。

（3）铁芯接地：为保护接地，防止铁芯的静电电压过高使变压器铁芯与其他设备之间的绝缘损坏。

3. 运行中变压器冷却装置电源突然消失如何处理？

答：（1）准确记录冷却装置停运时间。

（2）严格控制变压器电流和上层油温不超过规定值。

（3）迅速查明原因，恢复冷却装置运行。

（4）如果冷却装置电源不能恢复，且变压器上层油温已达到规定值或冷却器停用时间已达到规定值，按有关规定降低负荷或停止变压器运行。

4. 对变压器检查的特殊项目有哪些?

答:(1)系统发生短路或变压器因故障跳闸后,检查有无爆裂、移位、变形、烧焦、闪络及喷油等现象。

(2)在降雪天气引线接头不应有落雪融化或蒸发、冒气现象,导电部分无冰柱。

(3)大风天气引线不能强烈摆动。

(4)雷雨天气瓷套管无放电闪络现象,并检查避雷器的放电记录仪的动作情况。

(5)大雾天气瓷瓶、套管无放电闪络现象。

(6)气温骤冷或骤热时变压器油位及油温应正常,伸缩节无变形或发热现象。

(7)变压器过负荷时,冷却系统应正常。

5. 试述变压器并联运行应满足哪些要求? 若不满足这些要求会出现什么后果?

答:变压器并联运行应满足以下要求:

(1)一次侧和二次侧的额定电压应分别相等(电压比相等)。

(2)绕组接线组别(联结组标号)相同。

(3)阻抗电压的百分数相等。

条件不满足的后果:

(1)电压比不等的两台变压器,二次侧会产生环流,增加损耗,占据容量。只有当并联运行的变压器任何一台都不会过负荷的情况下,可以并联运行。

(2)如果两台接线组别不一致的变压器并联运行,二次回路中将会出现相当大的电压差。由于变压器内阻很小,将会产生几倍于额定电流的循环电流,使变压器烧坏。

(3)如果两台变压器的阻抗电压(短路电压)百分数不等,则变压器所带负载不能按变压器容量的比例分配。例如,若电压百分数大的变压器满载,则电压百分数小的变压器将过载。

6. 论述如何根据变压器的温度及温升判断变压器运行工况。

答:变压器在运行中铁芯和绕组的损耗转化为热量,引起各部位发热,使温度升高。热量向周围以辐射、传导等方式扩散,当发热与散热达到平衡时，各部位温度趋于稳定。巡视检查变压器时，应记录环境温度、上层油温、负荷及油面高度，并与以前的记录相比较、分析，如果发现在同样条件下温度比平时高出10℃以上，或负荷不变，但温度不断上升，而冷却装置又运行正常，温度表无误差及失灵时，则可以认为变压器内部出现异常现象。由于温升使铁芯和绕组发热，绝缘老化，影响变压器使用寿命和系统运行安全，因此对温升要有规定。

7. 变压器的外加电压有何规定？

答：变压器的外加一次电压可以较额定电压高，但一般不得超过相应分接头电压值的5%。不论电压分接头在何位置，如果所加一次电压不超过其相应分接头额定值的5%，则变压器的二次侧可带额定电流。

根据变压器的构造特点，经过试验或经制造厂认可，加在变压器一次侧的电压允许比该分接头额定电压增高10%。此时，允许的电流值应遵守制造厂的规定或根据试验确定。无载调压变压器在额定电压 ±5% 范围内改换分接头位置运行时，其额定容量不变，如为 −7.5% 和 −10% 分头时，额定容量应相应降低2.5%和5%。有载调压变压器各分头位置的额定容量，应遵守制造厂规定。

8. 主变气体继电器的作用是什么？

答：当变压器内部发生绝缘击穿、匝间短路和铁芯烧毁等事故时，发出报警信号或切断电源，保护变压器。

9. 变压器储油柜的主要作用是什么？

答：（1）调节油量，当变压器油的体积随温度变化时，储油柜起到储油及补油的作用，保证油箱充满油。

（2）减少油和空气的接触面，防止油氧化和受潮。

（3）可在储油柜与油箱连通管上装设瓦斯继电器作为变压器内部故障保护。

10. 变压器操作时应遵守什么原则？

答：（1）投入时先合电源侧开关，后合负荷侧开关。

（2）两侧均有电源时，先合有保护侧开关，都有保护时先合高压侧。

（3）变压器停运的操作与投入时顺序相反。

（4）变压器停送电操作，必须使用断路器，严禁用拉合刀闸投停变压器。

11. 变压器投运的一般规定有哪些?

答：（1）新投运的变压器，其冲击合闸次数为 5 次，更换绕组后的变压器其冲击合闸次数为 3 次。

（2）投运时观察励磁涌流的冲击情况，若发生异常，立即断开电源。

（3）变压器充电时，重瓦斯保护必须投入跳闸位置。

（4）主变投运或退出前，必须先合入中性点接地开关。

12. 变压器停运有哪些规定?

答：（1）变压器停运必须用相应的开关切断。

（2）应先断开负荷侧开关，再断开电源侧开关，最后拉开各侧刀闸。

（3）干式变不准无故停运，以防受潮。

13. 无载分接头开关调整电压挡位的操作顺序是什么?

答：（1）将变压器停电，做好安全措施，由运行人员协助检修人员进行调整。

（2）拧松分接头开关操作手柄上的螺栓。

（3）将分接头开关旋至所要调整的新电压档次的位置上，为了清除接点接触面上的氧化膜及沉积物，应将分接头开关位于新的电压档次位置，左右旋转五、六下后再定位。

（4）测量变压器高压侧三相绕组的直流电阻，最大与最小差值不应大于最小值的 2%，并检查锁紧位置。

（5）拧紧分接头开关手柄上的定位螺栓。

（6）做好调整后的新电压挡位及三相直流电阻值的详细记录。

14. 有载调压开关调整电压挡位的操作顺序是什么?

答：（1）检查有载调压装置电动机动力熔断器良好。

（2）检查有载调压装置抽头位置指示器电源良好。

（3）检查有载调压装置机构箱内挡位指示与集控室厂用控制

屏上的挡位指示一致。

（4）按预定的调压目标按一下升压或降压调节操作按钮，注意挡位指示灯的变化及电压表指示值的变化，逐步将电压调整到所要求的数值。

（5）调整结束后还应检查有载调压装置机构箱内挡位指示与集控室厂用控制屏上的指示是否一致。

（6）对变压器及有载调压装置进行全面检查，应无异常现象。

（7）做好调整记录。

15. 变压器的额定运行方式有哪些?

答：（1）运行中的变压器电压允许在分接头额定值的95%～105%，其额定容量不变。

（2）变压器外加的一次电压可以较额定电压高，但不得超过相应分接头额定电压值的105%。

（3）强迫油循环风冷变压器，上层油温最高不得超过85℃。

（4）自然循环风冷、自然冷却的变压器，上层油温最高不得超过95℃。

（5）变压器不应以额定负荷时上层油温低于最高上层油温作为过负荷运行的依据。

（6）对于 F 级绝缘的干式变压器的温升：绕组小于等于100℃

16. 发电机变压器组在哪些情况会出现过励磁?

答：（1）发电机在低速下预热，或发电机在启动过程中转速还未升至额定值，此时加上励磁，如电压升至额定值，即会因频率较低而出现过励磁。

（2）停机时，转速下降，如灭磁开关未跳开，而自励励磁调整器仍作用调压则会导致过励磁。

（3）正常运行中突然甩负荷时，由于自动调节励磁装置有惯性，也会导致过励磁。

17. 什么是变压器过负荷能力? 为什么在一定的条件下允许变压器过负荷? 原则是什么?

答：变压器的过负荷能力是指为满足某种运行需要而在某些时间内允许变压器超过其额定容量运行的能力。按过负荷运行的目的不同，变压器的过负荷一般又分为正常过负荷和事故过负荷两种。

变压器运行时的负荷是经常变化的，日负荷曲线的峰谷差很大。根据等值老化原则，可以在一部分时间内允许变压器超过额定负荷运行，即过负荷运行，而在另一部分时间内小于额定负荷运行，只要在过负荷期间多损耗的寿命与低于额定负荷期间少损耗的寿命相互补偿，变压器仍可获得原设计的正常使用寿命。变压器的正常过负荷能力，就是以不牺牲变压器正常使用寿命制定。同时还规定，过负荷期间负荷和各部分温度不得超过规定的最高限制值。我国目前的规定：绕组最热点不超过 140℃，自然油循环变压器负荷不得超过额定负荷的 13 倍，强迫油循环变压器负荷不得超过额定负荷的 12 倍。

变压器的事故过负荷，也称为短时间急救过负荷。当电力系统发生事故时，保证不间断供电是首要任务，变压器绝缘老化加速是次要的。所以，事故过负荷和正常过负荷不同，它是以牺牲变压器的寿命为代价的。事故过负荷时，绝缘老化率允许比正常过负荷时高很多，即允许较大的过负荷，但我国规定绕组最热点的温度仍不得超过 140℃。

18. 变压器运行中，发生哪些现象，可以投入备用变压器后，将该变压器停运处理？

答：（1）套管发生裂纹，有放电现象。

（2）变压器上部落物危及安全，不停电无法消除。

（3）变压器严重漏油，油位计中看不到油位。

（4）油色变黑或化验油质不合格。

（5）在正常负荷及正常冷却条件下，油温异常升高 10℃ 及以上。

（6）变压器出线接头严重松动、发热、变色。

（7）变压器声音异常，但无放电声。

（8）有载调压装置失灵、分接头调整失控且手动无法调整正常时。

19. 变压器过负荷应如何处理?

答:(1)检查各侧电流是否超过规定值。

(2)检查变压器的油位、油温是否正常,同时将全部冷却器投入运行。

(3)及时调整运行方式,如有备用变压器,应投入。

(4)联系值长,及时调整负荷分配情况。

(5)如属正常过负荷,可根据正常过负荷的倍数确定允许时间,并加强监视油位、油温,不得超过允许值,若超过时间,则应立即减少负荷。

(6)若属事故过负荷,则过负荷倍数及时间,应依制造厂的规定执行。

20. 变压器上层油温超过规定时怎么办?

答:变压器油温的升高超过许可限度时,值班人员应判明原因,采取措施使其降低,因此必须进行下列工作:

(1)检查变压器的负荷和冷却介质的温度,并与在同一负荷和冷却介质温度下应有的油温核对。

(2)核对温度表。

(3)检查变压器机械冷却装置或变压器室的通风情况。

(4)若温度升高的原因是由于冷却系统的故障,且在运行中无法修理时,应立即将变压器停运修理;若不需停下可修理时(如油浸风冷变压器的部分风扇故障、强迫油循环变压器的部分冷却器故障等),则值班人员应根据现场规程的规定,调整变压器的负荷至相应的容量。

(5)若发现油温较平时同一负荷和冷却温度下高出10℃以上,或变压器负荷不变,油温不断上升,而检查结果证明冷却装置正常、变压器室通风良好、温度计正常,则认为变压器内部已发生故障(如铁芯严重短路、绕组匝间短路等),而变压器的保护装置因故不起作用。在这种情况下立即将变压器停运检查。

(6)必要时降负荷控制油温。

21. 变压器遇有哪些情况,应紧急停运?

答:紧急停运情况如下:

（1）变压器冒烟着火。

（2）变压器有异音且有不均匀爆炸声。

（3）变压器端头接触处烧红或熔断。

（4）防爆膜破裂，释压阀动作，且向外喷油。

（5）变压器漏油，油面下降到气体继电器以下。

（6）变压器油箱破裂。

（7）套管爆炸、破裂、大量漏油、油面突然下降。

（8）变压器无保护运行。

（9）变压器故障，保护或开关拒动。

（10）发生直接威胁人身安全的紧急情况。

（11）变压器轻瓦斯信号动作，放气检查为黄色或可燃气体。

22. 变压器投运前的试验有哪些？

答：（1）新安装或大修后的变压器投运前应做全电压合闸试验。

（2）变压器各侧开关的跳、合闸试验。

（3）变压器各侧开关的联锁试验。

（4）新安装或二次回路工作过的变压器，应做保护传动试验，有交代记录。

（5）冷却电源的切换试验。

（6）有载调压装置调整试验，试验正常放至适当位置。

23. 新安装或大修后的变压器，投运前应具备哪些条件？

答：（1）有变压器和充油套管的绝缘试验合格结论。

（2）有油质分析合格结论。

（3）有设备安装和变更通知单。

（4）设备标志齐全。

24. 变压器运行中过负荷规定是什么？

答：（1）变压器可以在正常过负荷下运行，变压器过负荷时应投入备用冷却器。

（2）变压器冷却系统不正常，严重漏油，色谱分析异常等，不准过负荷运行。

（3）全天满负荷运行的变压器不宜过负荷运行。

（4）正常过负荷允许值根据油温、所带负荷量和过负荷时间来确定。

（5）变压器过负荷运行时，其相应回路的元件，包括电流互感器、断路器均应满足其载流要求，否则严禁过负荷运行。

（6）油浸变压器过负荷能力应满足表 3-3-1 的要求（环境温度 40℃）。

表 3-3-1　　　　　　　　变压器过负荷的允许时间

过电流（%）	20	30	45	60	75	100
允许运行时间（min）	480	120	80	45	20	10

1）干式变压器在投入冷却风机运行后，可以连续过负荷 150%，风机不开启时能在 110% 额定负荷下长期运行。

2）变压器经过事故过负荷以后，应对变压器全面检查，并对过负荷的大小和持续时间做详细记录。

25. 变压器测绝缘的规定有哪些?

答：规定如下：

（1）新安装、检修后的变压器或停电时间超过一周的干式变压器在投入运行前均应测量绝缘电阻，并填入绝缘测量登记本。

（2）测量绝缘应使用相应电压等级的绝缘电阻表，断开变压器各侧开关及刀闸，验明无电压后分别测量各线圈对地、线圈之间的绝缘，并做好记录。

（3）电压等级在 1000V 以上者，测量绝缘电阻应使用 2500V 绝缘电阻表，1000V 以下者，应使用 1000V 绝缘电阻表，所测数值与前一次测量结果在同温度下比较无明显变化，R_{60} 大于等于出厂值的 70%，并且大于 $1M\Omega/kV$，且吸收比 R_{60}/R_{15} 不低于 1.3。电压等级在 500V 以下者，用 500V 绝缘电阻表测量，绝缘电阻应大于 $1M\Omega$。

第八节 互感器和开关电器

1. 电流互感器、电压互感器发生哪些情况必须立即停用？

答：具体如下：

（1）电流互感器、电压互感器内部有严重放电声和异常声。

（2）电流互感器、电压互感器发生严重振动时。

（3）电压互感器高压熔丝更换后再次熔断。

（4）电流互感器、电压互感器冒烟、着火或有异臭。

（5）引线和外壳或绕组和外壳之间有火花放电，危及设备安全运行。

（6）严重危及人身或设备安全。

（7）电流互感器、电压互感器发生严重漏油或喷油现象。

2. 为什么电压互感器的二次侧是不允许短路的？

答：因为电压互感器本身阻抗很小，如二次侧短路，二次回路通过的电流很大，会造成二次侧熔断器熔体熔断，影响表计的指示及可能引起保护装置的误动作。

3. 为什么电流互感器的二次侧是不允许开路的？

答：因为电流互感器二次回路中只允许带很小的阻抗，所以在正常工作情况下，接近于短路状态，如二次侧开路，在二次绕组两端就会产生很高的电压，可能烧坏电流互感器，同时，对设备和工作人员产生很大的危险。

4. 电压互感器的作用是什么？

答：具体有下列 3 个作用：

（1）变压：将按一定比例把高电压变成适合二次设备应用的低电压（一般为 100V），便于二次设备标准化。

（2）隔离：将高电压系统与低电压系统实行电气隔离，以保证工作人员和二次设备的安全。

（3）用于特殊用途。

5. 为什么 110kV 及以上电压互感器的一次侧不装设熔断器？

答：因为 110kV 及以上电压互感器的结构采用单相串级式，

绝缘强度大，还因为 110kV 系统为中性点直接接地系统，电压互感器的各相不可能长期承受线电压运行，所以在一次侧不装设熔断器。

6. 电流互感器为什么不允许长时间过负荷？

答：电流互感器是利用电磁感应原理工作的，因此过负荷会使铁芯磁通密度达到饱和或过饱和，则电流比误差增大，使表针指示不正确。由于磁通密度增大，使铁芯和二次绕组过热，加快绝缘老化。

7. 电流互感器、电压互感器着火的处理方法有哪些？

答：具体处理方法如下：

（1）立即用断路器断开其电源，禁止用刀闸断开故障电压互感器或将手车式电压互感器直接拉出断电。

（2）若干式电流互感器或电压互感器着火，可用四氯化碳、砂子灭火。

（3）若油浸电流互感器或电压互感器着火，可用泡沫灭火器或砂子灭火。

8. 引起电压互感器的高压熔断器熔丝熔断的原因是什么？

答：原因如下：

（1）系统发生单相间歇电弧接地。

（2）系统发生铁磁谐振。

（3）电压互感器内部发生单相接地或层间、相间短路故障。

（4）电压互感器二次回路发生短路而二次侧熔丝选择太粗未熔断时，可能造成高压侧熔丝熔断。

9."防误闭锁装置"应该能实现哪五种防误功能？

答：有下列防误功能：

（1）防止误分及误合断路器。

（2）防止带负荷拉、合隔离开关。

（3）防止带电挂（合）接地线（接地隔离开关）。

（4）防止带地线（接地隔离开关）合断路器。

（5）防止误入带电间隔。

10. 什么是手车开关的运行状态？

答：手车开关本体在"工作"位置，开关处于合闸状态，二次插头插好，开关操作电源、合闸电源均已投入，相应保护投入运行。

11. 常用开关的灭弧介质有哪几种？

答：有四种灭弧介质：真空、空气、SF_6 气体和绝缘油。

12. 为什么高压断路器与隔离开关之间要加装闭锁装置？

答：因为隔离开关没有灭弧装置，只能接通和断开空载电路。所以在断路器断开的情况下，才能拉、合隔离开关，严重影响人身和设备安全，为此在断路器与隔离开关之间要加装闭锁装置，使断路器在合闸状态时，隔离开关拉不开、合不上，可有效防止带负荷拉、合隔离开关。

13. 断路器、负荷开关、隔离开关在作用上有什么区别？

答：断路器、负荷开关、隔离开关都是用来闭合和切断电路的电器，但它们在电路中所起的作用不同。断路器可以切断负荷电流和短路电流，负荷开关只可切断负荷电流，短路电流是由熔断器来切断的，隔离开关则不能切断负荷电流，更不能切断短路电流，只用来切断电压或允许的小电流。

14. 高压断路器在电力系统中的作用是什么？

答：高压断路器能切断、接通电力电路的空载电流、负荷电流、短路电流，保证整个电网的安全运行。

15. SF_6 断路器有哪些优点？

答：优点如下：

（1）断口电压高。

（2）允许断路次数多。

（3）断路性能好。

（4）额定电流大。

（5）占地面积小，抗污染能力强。

16. 高压断路器采用多断口结构的主要原因是什么？

答：主要原因如下：

（1）有多个断口可使加在每个断口上的电压降低，从而使每段的弧隙恢复电压降低。

（2）多个断口把电弧分割成多个小电弧段串联，在相等的触头行程下多断口比单断口的电弧拉伸更长，从而增大了弧隙电阻。

（3）多断口相当于总的分闸速度加快了，介质恢复速度增大。

17. 什么是防止断路器跳跃闭锁装置？

答：所谓断路器跳跃是指断路器用控制开关手动或自动装置，合闸于故障线路上，保护动作使断路器跳闸，如果控制开关未复归或控制开关接点、自动装置接点卡住，保护动作跳闸后发生"跳—合"多次的现象。为防止这种现象的发生，通常是利用断路器的操作机构本身的机械闭锁或在控制回路中采取预防措施，这种防止跳跃的装置称为断路器防跳闭锁装置。

18. 操作隔离开关的要点有哪些？

答：具体要点如下：

（1）合闸时：对准操作项目操作迅速果断，但不要用力过猛，操作完毕，要检查合闸良好。

（2）拉闸时：开始动作要慢而谨慎，刀闸离开静触头时应迅速拉开，拉闸完毕，要检查断开良好。

19. 10kV 开关柜连锁说明有哪些？

答：有下列连锁说明：

（1）只有手车处于试验位置或工作位置时开关才能分、合闸。

（2）开关处于合闸状态时，手车不能摇进、摇出。

（3）开关手车只有在试验位置时，航空插头能够拔出，手车在工作位置或中间位置航空插头被锁定不能拔。

（4）接地刀闸合闸时，开关手车不能由试验位置摇到工作位置。

（5）接地刀闸分闸状态时，电缆室门无法打开或关闭。

（6）操作接地刀闸分、合闸时，开关只能处于试验位置或移出柜外，电缆室门必须关闭、锁紧。

（7）接地刀闸带闭锁电磁铁，只有当控制电源投入，高压侧不带电时，闭锁电磁铁吸合，才可以操作接地刀闸。

20. 禁止将 GIS 设备投入运行的情况有哪些?

答: 下列情况禁止投入 GIS:

(1) 无主保护。

(2) 电气试验不合格。

(3) 断路器机构拒绝跳闸。

(4) 断路器事故跳闸次数超过规定值。

(5) SF$_6$ 气体压力超过规定值范围。

(6) 主保护动作, 未查明原因, 未消除故障。

21. 禁止用隔离开关进行的操作有哪些?

答: 下列情况禁止操作:

(1) 带负荷的情况下合上或拉开隔离开关。

(2) 投入或切断变压器及送出线。

(3) 切除接地故障点。

22. 断路器分、合闸速度过快或过慢有哪些危害?

答: 危害如下:

(1) 分闸速度过慢, 不能快速切断故障, 特别是刚分闸后速度降低, 熄弧时间拖长, 且容易导致触头烧损, 断路器喷油, 灭弧室爆炸。

(2) 若合闸速度过慢, 又恰好断路器合于短路故障时, 断路器不能克服触头关合电动力的作用, 引起触头振动或处于停滞, 也将导致触头烧损, 断路器喷油, 灭弧室爆炸的后果。

(3) 分、合闸速度过快, 将使运动机构及有关部件承受超载的机械应力, 使各部件损坏或变形, 造成动作失灵, 缩短使用寿命。

23. 为什么断路器掉闸辅助接点要先投入, 后断开?

答: 具体如下列情况:

(1) 串在掉闸回路中的断路器触点, 称为掉闸辅助接点。

(2) 先投入原因: 断路器在合闸过程中, 动触头与静触头未接通之前, 掉闸辅助接点就已经接通, 做好掉闸的准备, 一旦断路器合入, 故障时能迅速断开。

(3) 后断开原因: 断路器在掉闸过程中, 动触头离开静触头之后，掉闸辅助接点再断开，以保证断路器可靠地掉闸。

24. 禁止将开关投入运行的情况有哪些？

答：下列情况禁止投入：

（1）无主保护。

（2）电气试验不合格。

（3）开关拒绝跳闸。

（4）开关事故跳闸次数超过规定值。

（5）SF_6 气体压力超过规定值范围。

（6）主保护动作，未查明原因，未消除故障。

25. 操作隔离开关时，发生带负荷误操作怎样办？

答：如错拉隔离开关：当隔离开关未完全断开便发生电弧，应立即合上。若隔离开关已全部断开，则不许再合上。如错合隔离开关时：即使错合，甚至在合闸时发生电弧，也不准再把刀闸拉开，应尽快操作断路器切断负荷。

26. 母线停送电的原则是什么？

答：原则如下：

（1）母线停电时，应断开工作电源断路器、检查母线电压到零后，再对母线电压互感器进行停电。送电时顺序与此相反。

（2）母线停电后，应将低电压保护熔断器取下，母线充电正常后，加入低电压保护熔断器。

27. 机组运行中，一台 10kV 负荷开关单相断不开，如何处理？

答：处理步骤如下：

（1）10kV 负荷开关在操作中确认一相断不开时，应降低机组负荷，投油保持锅炉稳定燃烧。

（2）将该负荷开关所在的 10kV 母线上的负荷，能转移的，转到另一段母线；母线带不能转移的，安排停运。在转移负荷时，不能使 10kV 另一工作段过负荷。

（3）机、炉均单侧运行，负荷不宜超过 50%。要调整好燃烧，保证机组安全运转。

（4）将故障负荷所在的 10kV 备用电源开关由热备用转为冷

备用。

（5）将故障负荷所在的10kV工作电源开关由运行转为冷备用。

（6）通知检修人员设法将故障开关拉出柜外，由检修人员对开关故障进行处理。

（7）将停运的10kV母线恢复运行。

（8）逐步恢复正常运行方式，增加机组负荷，停油。

28. 运行中液压操动机构的断路器泄压应如何处理？

答：若断路器在运行中发生液压失压时，在远方操作的控制盘上将发出"跳合闸闭锁"信号，自动切除该断路器的跳合闸操作回路。运行人员应立即断开该断路器的控制电源、储能电机电源，采取措施防止断路器分闸，如采用机械闭锁装置（卡板）将断路器闭锁在合闸位置，断开上一级断路器，将故障断路器退出运行，然后对液压系统进行检查，排除故障后，启动油泵，建立正常油压，并进行静态跳合试验正常后，恢复断路器的运行。

29. 断路器越级跳闸应如何检查处理？

答：断路器越级跳闸后，应首先检查保护及断路器的动作情况。如果是保护动作断路器拒绝跳闸造成越级，应在拉开拒跳断路器两侧的隔离开关后，给其他非故障线路送电。如果是因为保护未动作造成越级，应将各线路断路器断开，合上越级跳闸的断路器，再逐条线路试送电（或其他方式），发现故障线路后，将该线路停电，拉开断路器两侧的隔离开关，再给其他非故障线路送电，最后再查找断路器拒绝跳闸或保护拒动的原因。

第九节　直流系统、交流不停电电源系统（UPS）及柴油发电机组

1. 直流系统在发电厂中起什么作用？

答：直流系统在发电厂中为控制、信号、继电保护、自动装置及事故照明等提供可靠的直流电源。它还为操作提供可靠的操

作电源。直流系统的可靠与否，对发电厂的安全运行起着至关重要的作用，是发电厂安全运行的保证。

2. 直流动力母线接带哪些负荷？

答：直流动力母线主要是接大的直流动力负荷，如断路器合闸及储能电源、直流润滑油泵、直流密封油泵、UPS 的直流电源及事故照明等。该系统正常情况下不带负荷或接带瞬时负荷，因此只保留浮充电电流。事故情况下靠蓄电池放电维持直流母线电压。

3. 查找直流电源接地应注意什么？

答：具体如下：

（1）查找和处理必须二人进行。

（2）查找接地点禁止使用灯泡查找的方法。

（3）查找时不得造成直流短路或另一点接地。

（4）断路前应采取措施防止直流失电压引起保护自动装置误动。

4. 什么是蓄电池浮充电运行方式？

答：直流系统正常运行主要由充电设备供给正常的直流负载，同时还以不大的电流来补充蓄电池的自放电。蓄电池平时不供电，只有在负载突然增大（如断路器合闸等），充电设备满足不了时，蓄电池才少量放电。这种运行方式称为浮充电方式。

5. 为什么要定期对蓄电池进行充放电？

答：定期充放电也称核对性放电，就是对浮充电运行的蓄电池，经过一定时间要使其极板的物质进行一次较大的充放电反应，以检查蓄电池容量，并可以发现老化电池，及时维护处理，以保证电池的正常运行，定期充放电一般是一年不少于一次。

6. 什么是 UPS？有几路电源？分别取自哪里？

答：交流不间断供电电源系统就称为 UPS。

一般 UPS 输入有三路电源，具体如下：

（1）工作电源：取自保安电源母线。

（2）直流电源：取自直流 220V 母线。

（3）旁路电源：取自保安电源母线。

7. 直流正、负极接地有什么危害?

答: 正极接地有造成保护误动的可能,因跳闸线圈负极接电源,如果这些回路再发生接地或绝缘不良,会引起误动。

负极接地可能造成保护拒动,道理同正极接地一样,两点接地将使跳闸或合闸线圈短接,烧坏继电器接点。

8. 直流系统的正常运行方式有哪些?

答: 正常运行方式如下:

(1)直流 110V 系统由蓄电池和充电装置在直流母线上并列运行,1 号(2 号)充电装置除带正常 Ⅰ(Ⅱ)段母线上的负荷外,同时对 1 号(2 号)蓄电池组浮充电,充电装置的电源分别取自 1、2 号机 400V 保安 PC A.B 段。

(2)直流 110V 系统 Ⅰ、Ⅱ 母线分段运行,联络刀闸在断开位置。

(3)直流 220V 系统由蓄电池组和充电装置在直流母线上并列运行,充电装置除带正常 220V 母线上负荷外,同时对蓄电池组浮充电,1 号(2 号)机 220V 充电装置交流电源取自 1 号(2 号)机 400V 保安 PC A 段母线 。

(4)1、2 号机直流 220V 母线联络刀闸在断开位置。

(5)蓄电池表面清洁,无渗漏现象,摆放平稳,无倾斜破损现象。

9. 直流系统运行的检查项目有哪些?

答: 运行的检查项目如下:

(1)直流 220V 母线电压应维持在 232 ~ 236V,以确保单个蓄电池的浮充电压在 2.23 ~ 2.27V。

(2)充电装置应工作在室温不低于 –10℃,不高于 40℃的环境中,空气相对湿度平均不超过 90%(日平均小于等于 95%),周围应没有导电及易爆尘埃,没有腐蚀金属和破坏绝缘的气体及蒸汽。

10. 蓄电池的检查内容有哪些?

答: 检查内容如下:

(1)外观整洁、无损坏,各接头连接牢固,无松动发热,端子处无爬酸。

（2）蓄电池体无漏液、变形及发热现象。

（3）蓄电池安全阀不漏液。

（4）各蓄电池间浮充电压差小于 ±100mV。

（5）蓄电池室房屋完好，地面清洁，通风良好。

（6）蓄电池室温应经常保持在 15～25℃。

11．UPS 系统运行中的检查有哪些？

答：运行中的检查项目如下：

（1）装置运行状态指示正常，无故障报警灯亮。

（2）装置的输入与输出电压、频率在规定范围。

（3）各元件无异常电磁声、无异味，接头处无过热现象。

（4）柜内变压器声响正常，无发热现象。

（5）风扇运转正常，无异声。

（6）直流供电回路正常。

（7）调压变压器的温升正常。

（8）负载未超过额定值。

（9）调压系统和传动机构工作正常。

12．防止直流系统事故措施是什么？

答：具体措施如下：

（1）直流电缆布置尽量避开酸碱浓度较大的地区，以免因腐蚀造成接地和动力电缆分开布置，以及动力电缆发生火灾后引起直流电缆着火，使保护和控制电源失去酿成大事故。

（2）10kV 系统、380V 系统的操作电源回路不得合环。

（3）若发生接地必须立即查找，以避免发生两点接地引起设备及保护误动。在查找接地时必须两人进行。

（4）直流绝缘监测装置不得擅自退出。

（5）蓄电池室内严禁烟火，照明采用防爆灯具。

（6）蓄电池不得长期单独带负荷运行，两组蓄电池、整流器不得长期并列运行。

13．柴油发电机运行监视和维护项目有哪些？

答：运行监视和维护项目如下：

（1）柴油发电机可在额定工况下连续运行，运行中应监视、检查各运行参数不超过规定值。

（2）运行中的柴油发电机组，应无异常振动现象，柴油发电机的排烟无异常颜色。

（3）正常运行时，柴油发电机启动方式置远方位置。

（4）柴油发电机控制面板及并网柜上所有指示灯指示正确，无异常报警信号。

（5）柴油发电机出口开关、柴油发电机至保安段进线开关、刀闸指示正确，符合当前运行方式。

（6）油箱间燃油油箱无漏油现象，油位正常（大于 2/3）。

（7）柴油发电机冷却液液位正常，柴油发电机冷却液风冷系统完好，风机皮带无松动、无裂痕。

（8）柴油机本体清洁无漏油，润滑油油位正常（一般位于 L 和 H 之间）。

（9）柴油机启动蓄电池组清洁，蓄电池充电装置投入正常，电池电压正常大于 26V，无报警信号。

（10）柴油机加热器投运正常，柴油机本体处于暖机状态。

（11）室内温度正常，不大于 45℃，各照明、消防设施完好。

14. 保证柴油机正常备用的注意事项有哪些?

答：注意事项如下：

（1）柴油机的润滑油系统正常。

（2）冷却水系统正常。

（3）柴油机的燃油充足、油路正常，冬季使用 –10 号轻柴油。

（4）按照规定更换机油。

（5）柴油发电机的控制电源正常。

（6）柴油机的启动蓄电池正常，24V 蓄电池的充电装置正常。

（7）柴油机出口断路器及控制电源正常。

（8）保安段工作电源开关、备用电源开关二次回路完好。

（9）电源切换 ASCO 开关运行正常。

（10）柴油机的启动方式选择正确。

（11）柴油发电机组控制系统在复位状态。

（12）柴油机室内环境温度应保持在 20℃。

第十节 配电装置

1. 室外配电装置的特点是什么？

答：特点如下：

（1）土建工程量和费用较小，建设周期短。

（2）扩建比较方便。

（3）相邻设备之间距离较大，便于带电作业。

（4）占地面积大。

（5）受外界空气影响，设备运行条件较差，需加强绝缘。

（6）外界气象变化对设备维修和操作有影响。

（7）110kV 及以上电压等级一般多采用室外配电装置。

2. 室内配电装置的特点是什么？

答：所有电气设备均放置在室内，安全净距小，可采用分层布置，占地面积小，外界污秽气体及灰尘对电气设备的影响较小，操作、维护与检修都在室内进行，工作条件较好，不受气候影响，土建工程量大，投资较大。

3. 高压配电装置按照绝缘方式分类及介绍有哪些？

答：高压配电装置按照绝缘方式分为三种，具体介绍如下：

（1）空气绝缘开关设备，简称 AIS（air insulated switchgear），一般指高压断路器与其他电气元件之间的连接暴露在空气中，又称敞开式配电装置，其母线裸露，直接与空气接触，断路器可用瓷柱式或罐式。其特点是外绝缘距离大，占地面积大因设备外露部件多，易受气候环境条件的影响，不利于系统的安全及可靠运行但投资少，安装简单，可视性好，现大多数电力用户使用的均是这类配电装置。

（2）气体绝缘金属封闭开关设备，简称 GIS（gas instulated switchgear）为封闭式组合电器，主要把母线、断路器、TA、TV、隔离开关、避雷器都组合在一起，封闭于高于一个大气压的 SF_6

气体中，常称为 SF_6 全封闭组合电器。GIS 的优点在于占地面积小，可靠性高，安全性强，维护工作量很小，其主要部件的维修间隔不小于 20 年，但投资大，对运行维护的技术性要求很高。

（3）复合式气体绝缘金属封闭开关设备，简称 HGIS（hybrid gas instuled switchgear），是一种介于 GIS 和 AIS 之间的新型高压开关设备。HGIS 的结构与 GIS 基本相同，母线采用开敞式，其他均为 SF_6 气体绝缘装置。其优点是母线不装于 SF_6 气室，是外露的，因而结线清晰、简洁、紧凑，安装及维护检修方便，运行可靠性高。

4. 成套配电装置组成是什么？

答：成套配电装置是以断路器为主的电气设备，是制造厂成套供应的设备，由制造厂预先按照主接线的要求，将每一回路的电气设备高低压电器（包括控制电器、保护电器、测量电器，如断路器、隔离开关、互感器等）以及母线、载流导体、绝缘子等，装配在封闭或半封闭的金属柜中，构成各单元电路分柜，此单元电路分柜成为成套配电装置。安装时，按主接线方式，将各单元分柜（又称间隔）组合起来，就构成整个配电装置。

5. 高压配电装置的一般要求是什么？

答：保证工作的可靠性，维护方便和安全；保证电气设备发生故障或火灾故障时，能局限在一定范围并宜于迅速解除；保证运行经济合理，技术先进，安装和修理时能运送设备以及预留发展和扩建余地。

6. 什么是配电装置？其作用是什么？

答：配电装置：根据电气主接线的接线方式，由开关设备、母线装置、保护和测量电器、必要的辅助设备等构成，按照一定技术要求建造而成的特殊电工建筑物。

配电装置的作用：正常运行时进行电能的传输和再分配，故障情况下迅速切除故障部分恢复运行。

7. 继电器的种类有哪些？

答：按其结构原理可分为：电磁型、感应型、磁电型、整流型、极化型、晶体管型。按反映物理量可分为：电压、电流、功率方向、阻抗、频率继电器。按反应量大小可分为：过量继电器和低量继电器。

8. 低压配电装置巡视检查的项目内容是什么？

答：检查的项目：

（1）总负荷及各分路负荷与仪表的指示值是否对应，三相负荷是否平衡，三相电压是否平衡，电路末端的电压降是否超过规定。

（2）各部位连接点（包括母线连接点）有无过热、螺母有无松动或脱落、发黑现象；整个装置的各部位有无异常响动或异味、焦糊味；装置和电器的表面是否清洁完整，接地连接是否正常良好。

（3）绝缘子有无损伤、歪斜或放电现象及痕迹，母线固定卡子有无松脱；易受外力震动和多尘场所，应检查电气设备的保护罩、灭弧罩有无松动、是否清洁。

（4）低压配电室的门窗是否完整，通风和环境温度、湿度、是否满足电气设备的要求。室外电器的防护箱是否漏水；室内外的维护通道是否畅通，室外道路是否被雨水冲断等。

（5）室内照明是否正常，备品备件是否满足运行维修的需要，安全用具及携带式仪表是否符合使用要求。

（6）空气开关过流脱扣器整定值、热元件配置，与负荷是否匹配，能否满足保护要求；空开、接触器的电磁线圈吸合是否正常，有无过大噪声或线圈过热。

（7）负荷高峰、异常天气或发生事故及过负荷运行时应进行特殊巡视。

（8）雨后应检查室内是否进水、漏水，电缆沟是否进水，瓷绝缘有无闪络或放电现象。

（9）设备发生事故后，重点检查熔断器及保护装置的动作情况，以及事故范围内的设备有无烧伤或毁坏情况，有无其他异常情况等。

9. 简述装设临时接地线的步骤。

答：具体步骤如下：

（1）验明装设点无电压。

（2）接好临时接地线接地端。

（3）依次接好装设点。

（4）挂已接地标示牌。

10. 电力电缆检查项目有哪些？

答：检查项目如下：

（1）电缆不应浸于水中运行，电缆外皮应完好无损伤。

（2）电缆头应清洁，无放电痕迹和放电现象。

（3）电缆屏蔽或保护接地良好。

（4）电缆沟中应无积水，不应有酸、碱液体排入电缆沟。

（5）电缆构架应牢固无锈烂。

（6）电缆终端头及套管无裂纹和放电现象，外皮接地线良好。

第十一节　发电厂防雷

1. 电力系统过电压有哪几种类型？

答：过电压按产生机理分为外部过电压（又称大气过电压或雷电过电压）和内部过电压。外部过电压又分为直接雷过电压和感应雷过电压两类，内部过电压又分为操作过电压、工频过电压和谐振过电压三类。

2. 什么是雷电放电记录器？

答：放电记录器是监视避雷器运行，记录避雷器动作次数的一种电器。它串接在避雷器与接地装置之间，避雷器每次动作，它都以数字形式累计显示出来，便于运行人员检查和记录。

3. 雷电流有什么特点？

答：雷电流在流通过程中，它的大小并非始终都是相同的，开始它增长很快（很陡），在极短时间内（几微秒）达最大值，然后慢慢下降，约在几十到上百微秒内降到零。

4. 什么是直接雷过电压？

答：雷电放电时，不是击中地面，而是击中输配电线路、杆塔或其建筑物。大量雷电流通过被击物体，经被击物体的阻抗接地，在阻抗上产生电压降，使被击点出现很高的电位被击点对地的电压称为直接雷过电压。

5. 常见雷有几种？哪种雷危害最大？

答：平时常见的雷，大多数是线状雷。其放电痕迹呈线形树枝状，有时也会出现带形雷、链形雷和球形雷等。云团与云团之间的放电称空中雷，云团与大地之间的放电称落地雷。实践证明，对电气设备经常造成危害的就是落地雷。

6. 大电流接地系统，电力变压器中性点接地方式有哪几种？

答：变压器中性点接地的方式有以下三种：

（1）中性点直接接地。

（2）经消弧线圈接地。

（3）中性点不接地。

7. 避雷器运行中进行哪些检查？

答：进行以下检查：

（1）瓷瓶清洁，无裂纹、破损、放电现象。

（2）组合避雷器节间连接牢固，无松动、倾斜现象。

（3）避雷器引线连接牢固，接地良好。

（4）雷雨后应及时检查雷电记录器的动作情况，并做好记录。

（5）雷雨天气巡视设备时不得靠近避雷针、避雷器等设备。

（6）避雷器均压环无松动、锈蚀、倾斜、脱落现象。

8. 氧化锌避雷器具有哪些优点？

答：具有以下优点：

（1）由于不用串联火花间隙，所以结构简单，体积缩小，有较好的抗震性能，防污性能好，避免了由于瓷套外污秽使串联火花间隙放电电压不稳定的缺点。

（2）由于氧化锌阀片的通流能力很大（必要时也可采用两柱或三柱阀片并联），提高了避雷器的动作负载能力。

（3）可降低电气设备所受的过电压。

（4）当装入 SF_6 组合电器（GIS）时，不存在因 SF_6 气体变化引起放电电压的变动和间隙中的电弧引起 SF_6 气体分解的问题。

（5）易于制造成直流避雷器。因为直流续流不像工频续流那样会通过自然零点，所有直流避雷器中用火花间隙就比较难以制造。

（6）氧化锌避雷器在大气过电压下动作后，实际上没有工频续流通过，所以通过避雷器的能量大为减少，从而可以承受多重雷击，并延长工作寿命。

第十二节　发电厂电气设备继电保护

1. 发电机应装设哪些保护？它们的作用是什么？

答：装设的保护及其作用：

（1）纵联差动保护：定子绕组及其引出线的相间短路保护。

（2）横联差动保护：定子绕组一相匝间短路保护，只有当一相定子绕组有两个及以上并联分支而构成两个或三个中性点引出端时，才装设此种保护。

（3）单相接地保护：定子绕组的单相接地保护。

（4）励磁回路接地保护：励磁回路的接地故障保护，分为一点接地和两点接地保护。一般汽轮发电机，当励磁回路一点接地时再投入两点接地保护。

（5）失磁保护：为防止发电机低励或失去励磁后，从系统吸收大量无功功率产生不利影响，一般发电机均装设这种保护。

（6）过负荷保护：发电机长时间超过额定负荷运行时作用于信号的保护。大型发电机应分别装设定子过负荷和励磁绕组过负荷保护。

（7）定子绕组过电流保护：当发电机纵差保护范围外发生短路，应装设反映外部短路的过电流保护，这种保护兼作纵差保护的后备保护。

（8）定子绕组过电压保护：大型发电机装设该种保护，以切除突然电气全部负荷后引起定子绕组过电压。

（9）负序电流保护：电力系统发生不对称短路或者三相负荷

不对称时，定子绕组中就有负序电流。该负序电流在转子中会产生双倍频率的电流，使转子端部、护环处表面严重发热，影响转子的安全，因此应装设负序电流保护。大型发电机大多装设负序反时限电流保护。

（10）逆功率保护：当汽轮机主汽门误关闭，或机炉保护动作关闭主汽门而发电机出口开关未跳闸时，发电机变成电动机运行，从电力系统吸收有功功率，它可能造成汽轮机尾部叶片过热而造成事故，故大型发电机均装设该保护。

2. 发变组的非电量保护有哪些？

答：保护有以下内容：

（1）主变、高厂变瓦斯保护。

（2）发电机断水保护。

（3）主变温度高保护。

（4）主变冷却器全停保护等。

3. 发电机－变压器组保护动作掉闸后应如何处理？

答：处理方式如下：

（1）根据故障现象及断路器动作情况判定属变压器、发电机内部故障、外部故障，还是系统故障引起掉闸。

（2）检查是哪种保护动作掉闸，应记录保护及自动装置的动作情况，并根据各种保护的动作情况分别进行处理。

（3）检查是否由于人员的误操作或误碰引起保护跳闸，如确认，应尽快恢复机组的运行。

（4）发变组保护动作掉闸时，应查看厂用电源是否自投成功，否则，应抢合备用电源一次，保证发电机厂用电系统的正常运行。

4. 为什么现代大型发电机应装设非全相运行保护？

答：发电机－变压器组高压侧的断路器多为分相操作的断路器，常由于误操作或机械方面的原因使三相不能同时合闸或跳闸，或在运行中突然一相跳闸，这种异常工作，将在发电机－变压器组的发电机中流过负序电流，如果靠反映负序电流的反时限保护动作（对于联络变压器，要靠反映短路故障的后备保护动作），则会由于动作时间较长，而导致相邻线路对侧的保护动作，使故障范围扩大，甚至造成系统瓦解事故。因此，对于大型发电机 - 变压器组，在 220kV 及以上电压侧为分相操作的断路器，要求装设非全相运行保护。

5. 发电机低励、过励、过励磁限制的作用是什么?

答：作用如下：

（1）低励限制：发电机低励运行期间，其定、转子间磁场联系减弱，发电机易失去静态稳定。为了确保一定的静态稳定裕度，励磁控制系统（AVR）在设计上均配置了低励限制回路，即当发电机一定的有功功率下，无功功率滞相低于某一值或进相大于某一值时，在 AVR 综合放大回路中输出一增加机端电压的调节信号，使励磁增加。

（2）过励限制：为了防止转子绕组过热而损坏，当其电流越过一定的值时，该限制起作用，通过 AVR 综合放大回路输出一减小励磁的调节信号。

（3）过励磁限制：当发电机出口 V/f 值较高时，主变和发电机定子铁芯将过励磁，从而产生过热，易损坏设备。为了避免这种现象的发生，当 V/F 超过整定值时，通过过励磁限制器向 AVR 综合放大回路输出一降低励磁的调节信号。

6. 为什么发电机要装设转子接地保护?

答：发电机励磁回路一点接地故障是常见的故障形式之一，励磁回路一点接地故障，对发电机并未造成危害，但相继发生第二点接地，即转子两点接地时，由于故障点流过相当大的故障电流而烧伤转子本体，并使励磁绕组电流增加可能因过热而烧伤；由于部分绕组被短接，使气隙磁通失去平衡从而引起振动，甚至还可使轴系和汽轮机磁化，两点接地故障的后果是严重的，故必须装设转子接地保护。

7. 防止励磁系统故障引起发电机损坏的要求是什么?

答：要求如下：

（1）对有进相运行或长期高功率因数运行要求的发电机应进行专门的进相运行试验，按电网稳定运行的要求、发电机定子边段铁芯和结构件发热情况及厂用电压的要求来确定进相运行深度。

进相运行的发电机励磁调节器应放自动挡，低励限制器必须投入，并根据进相试验的结果进行整定，自动励磁调节器应定期校核。

（2）自动励磁调节器的过励限制和过励保护的定值应在制造厂给定的容许值内，并定期校验。

（3）励磁调节器的自动通道发生故障时应及时修复并投入运行。严禁发电机在手动励磁调节（含按发电机或交流励磁机的磁场电流的闭环调节）下长期运行。在手动励磁调节运行期间，调节发电机的有功负荷时必须先适当调节发电机的无功负荷，以防止发电机失去静态稳定性。

（4）在电源电压偏差为 –15% ～ +10%、频率偏差为 –6% ～ +4% 时，励磁控制系统及其继电器、开关等操作系统均能正常工作。

（5）在机组启动、停机和其他试验过程中，应有在机组低转速时切断发电机励磁的措施。

8. 变压器差动保护不平衡电流是怎样产生的？

答：产生原因如下：

（1）变压器正常运行时的励磁电流。

（2）由于变压器各侧电流互感器型号不同而引起的不平衡电流。

（3）由于实际的电流互感器变比和计算变比不同引起的不平衡电流。

（4）由于变压器改变调压分接头引起的不平衡电流。

9. 在什么情况下需将运行中的变压器差动保护停用？

答：变压器在运行中有以下情况之一时应将差动保护停用：

（1）差动保护二次回路及电流互感器回路有变动或进行校验时。

（2）继电保护人员测定差动回路电流相量及差压。

（3）差动保护互感器一相断线或回路开路。

（4）差动回路出现明显的异常现象。

（5）误动跳闸。

10. 变压器差动保护动作时应如何处理？

答：变压器差动保护主要保护变压器内部发生的严重匝间

短路、单相短路、相间短路等故障。差动保护正确动作，变压器跳闸，变压器通常有明显的故障象征（如喷油、瓦斯保护同时动作），则故障变压器不准投入运行，应进行检查、处理。若差动保护动作，变压器外观检查没有发现异常现象，则应对差动保护范围以外的设备及回路进行检查，查明确属其他原因后，变压器方可重新投入运行。

11. 变压器重瓦斯保护动作后应如何处理？

答：变压器重瓦斯保护动作后，值班人员应进行下列检查：

（1）变压器差动保护是否有掉牌。

（2）重瓦斯保护动作前，电压、电流有无波动。

（3）防爆管和吸湿器是否破裂，释压阀是否动作。

（4）气体继电器内部是否有气体，收集的气体是否可燃。

（5）重瓦斯掉牌能否复归，直流系统是否接地。

通过上述检查，未发现任何故障迹象，可初步判定重瓦斯保护误动。在变压器停电后，应联系检修人员测量变压器绕组的直流电阻及绝缘电阻，并对变压器油做色谱分析，以确认是否为变压器内部故障。在未查明原因，未进行处理前，变压器不允许再投入运行。

12. 为什么变压器差动保护不能代替瓦斯保护？

答：变压器瓦斯保护能反映变压器油箱内的任何故障，如铁芯过热烧灼、油面降低等，而差动保护对此无反应。又如变压器绕组发生少数线匝的匝间短路，虽然短路匝内短路电流很大会造成局部绕组严重过热产生强烈的油流向储油柜方向冲击，但表现在相电流上其量值却不大，所以差动保护反映不出，但瓦斯保护对此却能灵敏地加以反映。因此，差动保护不能代替瓦斯保护。

13. 变压器零序保护的保护范围是什么？

答：变压器零序保护用来反映变压器中性点直接接地系统侧绕组的内部及其引出线上的接地短路，也可作为相应母线和线路接地的后备保护。

14. 什么是断路器失灵保护？

答：失灵保护又称后备接线保护。该保护装置主要考虑由于各种因素使故障元件的保护装置动作，而断路器拒绝动作（上一级保护灵敏度又不够），将有选择地使失灵断路器所连接母线的断路器同时断开，防止因事故范围扩大使系统的稳定运行遭到破坏，保证电网安全。这种保护装置称断路器失灵保护。

15. 厂用电动机低电压保护起什么作用？

答：作用如下：

当电动机供电母线电压短时降低或短时中断时，为了防止多台电动机自启动使电源电压严重降低，通常在次要电动机上装设低电压保护。

当供电母线电压低到一定值时，低电压保护动作将次要电动机切除，使供电母线电压迅速恢复到足够的电压，以保证重要电动机的自启动。

16. 大容量的电动机为什么应装设纵联差动保护？

答：电动机电流速断保护的动作电流是按躲过电动机的启动电流来整定的，而电动机的启动电流比额定电流大得多，这就必然降低了保护的灵敏度，因而对电动机定子绕组的保护范围很小。因此，大容量的电动机应装设纵联差动保护，来弥补电流速断保护的不足。

17. 电力系统故障动态记录的主要任务是什么？

答：电力系统故障动态记录的主要任务是记录系统大扰动，如短路故障、系统振荡、频率崩溃、电压崩溃等发生后的有关系统电参量的变化过程及继电保护与安全自动装置的动作行为。

18. 为什么高压电网中要安装母线保护装置？

答：母线上发生短路故障的概率虽然比输电线路少，但母线是多元件的汇合点，母线故障如不快速切除，会使事故扩大，甚至破坏系统稳定，危及整个系统的安全运行，后果十分严重。在双母线系统中，若能有选择性的快速切除故障母线，保证健全母线继续运行，具有重要意义。因此，在高压电网中要求普遍装设母线保护装置。

19. 大容量发电机为什么要采用 100% 定子接地保护？

答：利用零序电流和零序电压原理构成的接地保护，对定子绕组都不能达到 100% 的保护范围，在靠近中性点附近有死区，而实际上大容量的机组，往往由于机械损伤或水内冷系统的漏水等原因，在中性点附近也有发生接地故障的可能，如果对这种故障不能及时发现，就有可能使故障扩展而造成严重损坏发电机事故。因此，在大容量的发电机上必须装设 100% 保护区的定子接地保护。

20. 发电机为什么要装设负序电流保护？

答：电力系统发生不对称短路或者三相不对称运行时，发电机定子绕组中就有负序电流，这个电流在发电机气隙中产生反向旋转磁场，相对于转子为两倍同步转速。因此在转子部件中出现倍频电流，该电流使得转子上电流密度很大的某些部位局部灼伤，严重时可能使护环受热松脱，使发电机造成重大损坏。另外 100Hz 的交变电磁力矩，将作用在转子大轴和定子机座上，引起频率为 100Hz 的振动。为防止上述危害发电机的问题发生，必须设置负序电流保护。

21. 大接地电流系统为什么不利用三相相间电流保护兼作零序电流保护，而要单独采用零序电流保护？

答：三相式星形接线的相间电流保护，虽然也能反应接地短路，但用来保护接地短路时，在定值上要躲过最大负荷电流，在动作时间上要由用户到电源方向按阶梯原则逐级递增一个时间级差来配合。而专门反映接地短路的零序电流保护，则不需要按此原则来整定，故其灵敏度高，动作时限短，且因线路的零序阻抗比正序阻抗大得多，零序电流保护的保护范围长，上下级保护之间容易配合。故一般不用相间电流保护兼作零序电流保护。

22. 零序电流互感器是如何工作的？

答：由于零序电流互感器的一次绕组就是三相星形接线的中性线。在正常情况下，三相电流之和等于零，中性线（一次绕组）无电流，互感器的铁芯中不产生磁通，二次绕组中没有感应电流。当被保护设备或系统上发生单相接地故障时，三相电流之和不再等于零，一次绕组将流过电流，此电流等于每相零序电流的三倍，此时铁芯中产生磁通，二次绕组将感应出电流。

23. 在母线电流差动保护中，为什么要采用电压闭锁元件？怎样闭锁？

答：为了防止差动继电器误动作或误碰出口中间继电器造成母线保护误动作，故采用电压闭锁元件。它利用接在每组母线电压互感器二次侧上的低电压继电器、负序电压继电器和零序过电压继电器实现。低电压继电器和负序电压继电器反映各种相间短路故障，零序过电压继电器反映各种接地故障。利用电压元件对母线保护进行闭锁，接线简单。防止母线保护误动接线是将电压重动继电器的触点串接在各个跳闸回路中。这种方式如误碰出口中间继电器不会引起母线保护误动作，因此被广泛采用。

24. 双母线完全电流差动保护在母线倒闸操作过程中应怎样操作？

答：在母线配出元件倒闸操作的过程中，配出元件的两组隔离开关双跨两组母线，配出元件和母联断路器的一部分电流将通过新合上的隔离开关流入（或流出）该隔离开关所在母线，破坏了母线差动保护选择元件差流回路的平衡，而流过新合上的隔离开关的这一部分电流正是它们共同的差电流。此时，如果发生区外故障，两组选择元件都将失去选择性，全靠总差流启动元件来防止整套母线保护的误动作。

在母线倒闸操作过程中，为了保证在发生母线故障时，母线差动保护能可靠发挥作用，需将保护切换成由启动元件直接切除双母线的方式。但对隔离开关为就地操作的变电站，为了确保人身安全，此时一般需将母联断路器的跳闸回路断开。

25. 零序功率方向继电器如何区分故障线路与非故障线路？

答：在中性点不接地系统中发生单相接地故障时，故障线路的零序电流滞后于零序电压 $90°$。非故障线路的零序电流超前于零序电压 $90°$，即故障线路与非故障线路的零序电流相差 $180°$。因此，零序功率方向继电器可以区分故障线路与非故障线路。

26. 在什么情况下需要将运行中的变压器差动保护停用？

答：有下列情况：

（1）差动二次回路及电流互感器回路有变动或进行校验时。

（2）继保人员测定差动保护相量图及差压时。

（3）差动电流互感器一相断线或回路开路时。

（4）差动误动跳闸后或回路出现明显异常时。

27. 大电流接地系统中，为什么有时要加装方向继电器组成零序电流方向保护？

答：大电流接地系统中，如线路两端的变压器中性点都接地，那么当线路上发生接地短路时，在故障点与各变压器中性点之间都有零序电流流过，其情况和两侧电源供电的辐射形电网中的相间故障电流保护一样。

为了保证各零序电流保护有选择性动作和降低定值，就必须加装方向继电器，使其动作带有方向性，使得零序方向电流保护母线向线路输送功率时投入，线路向母线输送功率时退出。

第十三节　高压输电线路保护

1. 继电保护装置的基本任务是什么？

答：当电力系统发生故障时，利用一些电气自动装置将故障部分从电力系统中迅速切除，当发生异常时，及时发出信号，以达到缩小故障范围，减少故障损失，保证系统安全运行的目的。

2. 电力系统对继电保护装置的基本要求是什么？

答：基本要求：

（1）快速性：要求继电保护装置的动作时间尽量短，以提高系统并列运行的稳定性，减轻故障设备的损坏，加速非故障设备恢复正常运行。

（2）可靠性：要求继电保护装置随时保持完整、灵活状态。不应发生误动或拒动。

（3）选择性：要求继电保护装置动作时，跳开距故障点最近的断路器，使停电范围尽可能缩小。

（4）灵敏性：要求继电保护装置在其保护范围内发生故障时，应灵敏地动作。灵敏性用灵敏系数表示。

3. 何谓继电保护"四统一"原则?

答:继电保护"四统一"原则:统一技术标准、统一原理接线、统一符号、统一端子排布置。

4. 什么是母线完全差动电流保护?

答:母线完全差动电流保护,按差动保护原理工作。在母线连接的所有元件上,都装设变比和特性均相同的电流互感器。电流互感器的二次绕组在母线侧的端子相互连接。差动继电器绕组与电流互感器二次绕组并联。各电流互感器之间的一次电气设备,就是母线差动保护的保护区。

5. 什么是中性点直接接地电网?它有何优缺点?

答:优点:过电压数值小,绝缘水平要求低,因而投资少,经济。

缺点:单相接地电流大,接地保护动作于跳闸、降低供电可靠性,另外接地时短路电流大,电压急剧下降,还可能导致电力系统动稳定的破坏,接地时产生零序电流还会造成对通信系统的干扰。

6. 什么是系统的最大、最小运行方式?

答:最大运行方式是指在被保护对象末端短路时,系统的等值阻抗最小,通过保护装置的短路电流为最大的运行方式。

最小运行方式是指在被保护对象末端短路时,系统等值阻抗最大,通过保护装置的短路电流为最小的运行方式。

7. 什么是主保护、后备保护、辅助保护?

答:主保护是指发生短路故障时,能满足系统稳定及设备安全的基本要求,首先动作于跳闸,有选择地切除被保护设备和全线路故障的保护。

后备保护是指主保护或断路器拒动时,用以切除故障的保护。

辅助保护是为补充主保护和后备保护的不足而增设的简单保护。

8. 何谓近后备保护?近后备保护的优点是什么?

答:近后备保护就是在同一电气元件上装设 A、B 两套保护,当保护 A 拒绝动作时,由保护 B 动作于跳闸。当断路器拒绝动作时，保护动作后带一定时限作用于该母线上所连接的各路电源的断路器跳闸。

近后备保护的优点是能可靠地起到后备作用，动作迅速，在结构复杂的电网中能够实现选择性的后备作用。

9. 遇哪些情况应停用微机线路保护？

答：（1）在微机保护装置使用的交流电压、交流电流、开关量输入、开关量输出回路作业。

（2）装置内部作业。

（3）继电保护人员输入定值，带高频保护的微机线路保护装置如需停用直流电源，应按照调度命令，待两侧高频保护装置停用后，才允许停直流电源。

10. 什么是串联谐振？其发生的条件是什么？为什么发生串联谐振时电感与电容上的电压可能高于线路外施电压很多倍？发生串联谐振时线路无功流向如何？

答：在由电阻、电感和电容组成的串联电路中，出现电路两端电压与线路电流同相的现象称串联谐振。

条件：串联谐振发生的条件是线路中的电抗等于零，也即容抗正好等于感抗。

原因：发生串联谐振时由于线路电抗为零，此时线路的阻抗就等于线路的电阻，电流最大。如果此时线路中感抗和容抗大于线路电阻，那么在电感和电容元件上的电压有效值就可能大于外施电压许多倍。

无功流：发生串联谐振时电源不向回路输送无功功率。电感与电容中的无功功率大小相等、完全互补，无功能量的交换在它们之间进行。

11. 母差保护的保护范围包括哪些设备？

答：母差保护的保护范围为母线各段所有出线断路器的母差保护用电流互感器之间的一次电气部分，即全部母线和连接在母线上的所有电气设备。

12. 综合重合闸装置的作用是什么？

答：综合重合闸的作用：当线路发生单相接地或相间故障时，

进行单相或三相跳闸及进行单相或三相一次重合闸。特别是当发生单相接地故障时，可以有选择地跳开故障相两侧的断路器，使非故障两相继续供电，然后进行单相重合闸。这对超高压电网的稳定运行有着重大意义。

13. 电力网线路主保护配置有何要求？

答：要求如下：

（1）设置两套完整、独立的全线速动主保护。

（2）两套主保护的交流电流、电压回路分别采用电流互感器和电压互感器的不同二次绕组，直流回路应分别采用专用的直流熔断器供电。

（3）每一套主保护对全线路内发生的各种类型故障（包括单相接地、两相接地、两相短路、三相短路、非全相运行故障及转移性故障等），均能无时限动作切除故障。

（4）每套主保护应具有独立选相功能，能按用户要求实现分相跳闸或三相跳闸。

（5）断路器有两组跳闸线圈，每套主保护分别启动一组跳闸线圈。

（6）两套主保护分别使用独立的远方信号传输设备。

14. 330～500kV 电力网线路后备保护配置有何要求？

答：要求如下：

（1）线路保护采用近后备保护方式。

（2）每条线路都应配置能反应线路各种类型故障的后备保护。当双重化的每套主保护都有完善的后备保护时，可不再另设后备保护。只要其中一套主保护无后备，则应再设一套完整的独立的后备保护。

（3）对相间短路，后备保护宜采用阶段式距离保护。

（4）对接地短路，应装设接地距离保护并辅以阶段式或反时限零序电流保护。对中长线路，若零序电流保护能满足要求时也可只装设阶段式零序电流保护。接地后备保护应保证在接地电阻不大于 3000Ω 时，能可靠地、有选择性地切除故障。

（5）正常运行方式下，保护安装处短路，当电流速断保护的灵敏系数在 1.2 以上时，还可装设电流速断保护作为辅助保护。

第十四节　发电厂电气控制

1. 简述电磁机构中灭弧产生的机理及常用的一些灭弧措施。

答：当断路器或接触器触电切断电路时，如电路中电超过 10 ～ 12V 和电流超过 80 ～ 100mA，在拉开的两个触点间的撞击电离、热电子发射和热游离使得呈现大量向阳极飞驰的电子流，出现强烈火花，即"电弧"。灭弧的措施：①磁吹式灭弧装置 – 直流；②灭弧栅 – 交流；③灭弧罩 – 交流和直流灭弧；④多断电灭弧。

2. 试阐述热继电器的工作原理。

答：发热元件串联电动机工作回路中，电动机正常运转时，热元件仅能使双金属片弯曲，还不足以使触头动作。当电动机过载时，即流过热元件的电流超过其整定电流时，热元件的发热量增加，使双金属片弯曲得更厉害，位移量增大，经一段时间后，双金属片推动导板使热继电器的动断触头断开，切断电动机的控制电路，使电机停车。

3. 为什么电动机要设零电压和欠电压保护？

答：零电压保护：当电源电压消失，或者电源电压严重下降使接触器 KM 由于铁芯吸力消失或减小而释放，这时电动机停转并失去自锁。而电源电压又重新恢复时，要求电动机及其拖动的运动机构不能自行启动，以确保操作人员和设备的

4. 试阐述电流型保护的分类和工作原理。

答：分类：短路保护、过电流保护、过载保护、欠电流保护、断相保护。

工作原理：将保护电器检测的信号经过变换或放大后去控制被保护对象，当电流达到整定值时保护电器动作。

5. 试阐述电压型保护的分类和工作原理。

答：分类：失压保护、欠电压保护、过电压保护。

　　工作原理：将保护电器检测的信号经过变换或放大后去控制被保护对象，当电压达到整定值时保护电器动作。

　　6. 电气控制线路常用的保护环节有哪些？各采用什么电器元件？

　　答：（1）电流型保护：熔断器、自动空气开关、热继电器、欠电流继电器。

　　（2）电压型保护：接触器、零压继电器、空气开关、专门的电磁式欠电压继电器和接触器、专门的电磁式过电压继电器和接触器。

　　（3）其他保护以及各种继电器、晶闸管。

　　7. 简述电子温度继电器的工作原理，并说明与传统的双金属片热保护继电器有何不同。

　　答：工作原理：电子温度继电器将温度传感器埋入电动机绕组，直接检测绕组的温度来保护。可以用来保护电动机绕组由于任何原因引起的过热。它具有在其居里点的附近极高的温度系数，所以该继电器灵敏度高，但是由于它只能工作在居里点附近，因此动作值的可调范围很窄，对应不同的保护动作温度就必须选配不同的热敏电阻。传统的双金属保护继电器是通过一个因素即电流的热效应原理来进行保护工作的。

　　8. 为什么要加强对电动机温升变化的监视？

　　答：电动机在运行中，要加强对温升变化的监视。主要是通过对电动机各部位温升的监视，判断电动机是否发热，及时准确地了解电动机内部的发热情况，有助于判断电动机内部是否发生异常等。

　　9. 对电动机的启动间隔有何规定？

　　答：在正常情况下，鼠笼式转子的电动机允许在冷态下启2～3次，每次间隔时间不得小于5min，允许在热态下启动1次。只有在事故处理时，以及启动时间不超过2～3s的电动机可以视具体情况多启动一次。

　　10. 厂用电动机做动平衡时，启动时间间隔如何规定？

　　答：500kW以上电动机不低于2h、200～500kW电动机不低于 1h、200kW 以下电动机不低于 0.5h。

11. 什么是电动机自启动?

答:感应电动机因某些原因,如所在系统短路,换接到备用电源等,造成外加电压短时消失或降低致使转速降低,而当电压恢复正常后转速又恢复正常,这就是电动机自启动。

12. 异步电动机空载电流出现不平衡是由哪些原因造成的?

答:①电源电压三相不平衡;②定子绕组支路断线,使三相阻抗不平衡;③定子绕组匝间短路或一相断线;④定子绕组一相接反。

13. 电动机启动困难或达不到正常转速是什么原因?

答:①负荷过大;②启动电压或方法不适当;③电动机的六极引线的始端、末端接错;④电源电压过低;⑤转子铝(铜)条脱焊或断裂。

14. 电动机接通电源后电动机不转,并发出"嗡嗡"声是什么原因?

答:原因如下:

(1)线路有接地或相间短路。

(2)熔丝容量过小。

(3)定子或转子绕组有断路或短路。

(4)定子绕组一相反接或将星形接线错接为三角形接线。

(5)转子的铝(铜)条脱焊或断裂,滑环电刷接触不良。

(6)轴承严重损坏,轴被卡住。

15. 电动机振动可能有哪些原因?

答:原因如下:

(1)电动机与所带动机械的中心找得不正。

(2)电动机转子不平衡。

(3)电动机轴承损坏。使转子与定子铁芯或绕组相摩擦(即扫膛现象)。

(4)电动机的基础强度不够或地脚螺栓松动。

(5)电动机缺相运行等。

16. 检修高压电动机和启动装置时，应做好哪些安全措施？

答：做好以下安全措施：

（1）在断路器（开关）、隔离开关（刀闸）操作把手上悬挂"禁止合闸，有人工作！"的标示牌。

（2）拆开后的电缆头须三相短路接地。

（3）做好防止被其带动的机械（如水泵、空气压缩机、引风机等）引起电动机转动的措施，并在阀门上悬挂"有人工作！"的标示牌。

（4）断开一次侧电源如断路器（开关）、隔离开关（刀闸），断开二次侧电源经验明确无电压后，装设接地线或在隔离开关（刀闸）间装绝缘隔板，小车开关应从成套配电装置内拉出并将柜门上锁。

第十五节　调度规程及两个细则

1. 什么是调度管辖范围设备和许可范围设备？

答：（1）管辖范围设备：指该级调度直接下令操作调整的设备。

（2）许可范围设备：下级调度直接调度的设备，其状态改变对系统安全运行有重大影响，操作前必须征得本级调度许可的设备。

2. 发电厂调度管理的主要任务是什么？

答：（1）组织、指挥全厂生产运行和设备、系统操作。

（2）制订并执行主、辅设备及系统运行方式，充分发挥主、辅设备潜力，使全厂生产处于最经济状况下运行。

（3）组织全厂生产系统完成上级调度下达的各项操作调整任务。

（4）指挥调度管辖范围内的设备操作。

（5）指挥全厂的事故处理，组织分析事故原因，并落实有关技术措施。

（6）严格按计划曲线发电，并负责落实电量考核办法。

（7）编制并执行调度范围内设备检修进度表，并批准检修。

（8）全面组织或参加大型试验。

（9）对调度范围设备的继电保护、自动装置及通讯远动装置负责运行管理。

（10）对全厂和各生产单位完成调度计划及执行调度命令情况进行汇总考核。

（11）负责联系上级调度范围内的设备检修及其他事宜。

3. 省调对于重大事件汇报制度中规定汇报的主要内容有什么?

答：（1）事件发生的时间、地点、背景情况。

（2）事件经过，保护及安全自动装置动作情况。

（3）重要设备损坏情况、对重要用户的影响。

（4）系统恢复情况。

4. 凡并网发电厂因自身原因，哪些情况可纳入机组非计划停运考核范围? 哪些情况不纳入机组非计划停运考核?

答：（1）正常运行机组直接跳闸和被迫停运，按额定容量 2分/万 kW 考核。

（2）机组发生临检，按额定容量 1分/万 kW 考核。

（3）停机备用机组并网（运行机组解列）时间较调度指令要求提前或推后 3 小时以上，按额定容量 2分/万 kW 考核。

（4）火电机组缺煤（气）停机，停机期间，按发电容量每天 0.1分/万 kW 考核。

（5）各级调度机构按其调度管辖范围可以批准并网发电厂机组利用负荷低谷进行消缺（后夜低谷时段为：23：00—7：00，其中甘肃、宁夏、青海、新疆白天低谷时段为：11：00—17：00），该机组停运不计作非计划停运，但工期超出低谷时段的按额定容量 1分/万 kW 考核。

以下情况不纳入机组非计划停运考核：

（1）机组在检修后启动过程（从并网至机组带至最低技术出力期间）中发生一次停运。

（2）稳控装置正确动作切机。

5. 对并网发电机组提供 AGC 服务的考核内容有哪些？机组 AGC 的可用率、调节速率、响应时间技术标准是什么？

答：（1）并网发电机组不具备 AGC 功能按 200 分/月考核。机组 AGC 参数发生变化后，发电企业应及时完成相关设备改造，并在相关调度机构配合下完成 AGC 试验和测试，未按期完成 AGC 试验和测试，按 10 分/天考核。在调度机构下达限期试验及测试书面通知后，逾期不能完成者，按 10 分/天考核。

（2）AGC 机组的调节容量原则上应满足从最小技术出力到额定出力的范围，AGC 机组的实际调节容量若达不到要求，按照调节容量缺额 10 分/万 kW 每月考核。

（3）要求并网机组 AGC 月可用率应达到 98%，每降低 1% 按 1 分/万 kW 每月考核。

（4）对于火电机组 AGC 的调节速率按照不同机组标准，每降一个百分点按 0.5 分/万 kW 计入考核。

（5）AGC 机组的响应时间必须达到规定要求，达不到要求的按 5 分/次考核。

机组 AGC 的可用率、调节速率、响应时间技术标准如下：

1）可用率。

①具有 AGC 功能的机组其性能应达到国家有关标准且 AGC 可用率要达到 98% 以上。

②AGC 可用率 =（AGC 可用小时数/机组并网小时数）× 100%。对于全厂成组投入的电厂，AGC 可用率 =（AGC 可用小时数/全月日历小时数）× 100%。

2）调节速率。

①调节速率 =[ABs（目标出力-当前出力）/机组额定有功功率/（目标出力达到时间-命令下发时间）]× 100%（单位：机组调节容量占额定有功功率的比例/分钟）。

②对于火电机组：直吹式制粉系统的汽包炉的火电机组为每分钟机组额定有功功率的 1.5%，带中间储仓式制粉系统的火电机组为每分钟机组额定有功功率的 2.0%，循环流化床机组和燃用特

殊煤种（如煤矸石电厂）的火电机组为每分钟机组额定有功功率的 1.0%，超临界定压运行直流炉机组为每分钟机组额定有功功率的 2.0%，其他类型直流炉机组为每分钟机组额定有功功率的 1.5%，燃气机组为每分钟机组额定有功功率的 3.5%。

3）响应时间。

AGC 响应时间，从调度机构下达 AGC 命令算起，到 AGC 机组开始执行命令止，采用直吹式制粉系统的火电机组 AGC 响应时间小于或等于 60s，采用中储式制粉系统的火电机组 AGC 响应时间小于或等于 40s，采用循环流化床机组响应时间小于或等于 100s。

6. 依据两个细则发电机组无功调节如何考核？

答：（1）电力调度机构按月向直调电厂下发母线电压曲线，并作为无功辅助服务考核的依据。并网发电厂按照电力调度机构下达的电压曲线进行无功控制。

（2）电力调度机构统计计算各并网发电厂母线电压月合格率，发电企业月度电压曲线合格率：750kV 及 330kV 应达到 100%，220kV 应达到 99.90%，110kV 应达到 99.80%，每降低 0.1% 按 10 分 / 月考核。

（3）若并网发电厂已经按照机组最大无功调节能力提供无偿或有偿无功服务，但母线电压仍然不合格，该时段免于考核。

（4）并网发电厂的 AVC 装置投入运行，并与电力调度机构主站 AVC 装置联合闭环在线运行的电厂不参与无功管理考核。

（5）并网发电厂发电机组应具备辅机高低电压穿越能力，不具备此项能力的机组，按 2 分 /（万 kW·月）考核。

7. 依据两个细则对并网发电机组 AVC 服务如何考核？

答：并网发电机组不具备 AVC 功能按 10 分 / 月考核。加装 AVC 设备的并网发电厂应保证其正常运行，不得擅自退出并网机组的 AVC 功能，否则按 5 分 /h 考核。AVC 机组的调节容量发生变化时，电厂应提前一周报相应调度机构备案，未及时报送按 5 分 / 次考核。

（1）并网机组 AVC 月投运率应达到 98%，每降低 1% 按 2 分 /

万 kW 每月考核，全厂成组投入的 AVC，AVC 投运率按全厂统计。

（2）调度机构通过 AVC 系统按月统计考核机组 AVC 装置调节合格率。调节合格率应达到 99%，每降低 1% 按 1 分 / 万 kW 每月考核。

（3）机组 AVC 的投运率、调节合格率技术标准如下：

1）AVC 投运率 = 机组投入 AVC 闭环运行时间 / 机组出力满足 AVC 运行时间 ×100%。（机组投入 AVC 运行的有功出力范围参照西北网调制定的 AVC 管理规定）。

2）AVC 调节合格率 = 执行合格点数 / 调度机构下发调节指令次数 ×100%。

第四章

电气设备事故处理及预防

1. 发电机内大量进油有哪些危害？怎样处理？

答：发电机大量进油的危害：

（1）侵蚀电机的绝缘，加快绝缘老化。

（2）使发电机内氢气纯度降低，增大排污补氢量。

（3）如果油中含水量大，将使发电机内部氢气湿度增大，绝缘受潮，降低气体电击穿强度，严重时可能造成发电机内部相间短路。

处理：

（1）控制发电机氢、油压差在规定范围内，以防止进油。

（2）运行人员加强监视，发现有油及时排净，不使油大量积存。

（3）保持油质合格。

（4）经常投入氢气干燥器，使氢气湿度降低。

（5）如密封瓦有缺陷，应尽早安排停机处理。

2. 发变组保护动作跳闸现象有哪些？如何处理？

答：现象：

（1）发出事故音响信号、"发变组保护动作"等中央信号。

（2）发电机励磁系统开关跳闸。

（3）330kV 开关跳闸，发电机出口开关跳闸，10kV 系统工作电源开关跳闸，备用电源开关联动合闸或者只跳发电机出口开关。

（4）发电机各表计全部到零。

（5）汽轮机主汽门关闭、锅炉灭火。

处理：

（1）如 330kV 开关跳闸，则应检查厂用电切换是否成功，并做相应处理，若发现 10kV 厂用电工作电源开关未跳闸，应迅速手动将其拉开，完成厂用电的自动切换。尽量保证厂用电源的正常运行。如只有发电机出口开关跳闸，厂用电源不用切换。

（2）检查保护动作情况，判断跳闸原因，汇报值长。

（3）若由于外部故障，引起母差、后备保护动作跳闸或发电机保护误动跳闸，在确认故障排除后，应立即隔绝故障点或解除误动保护，迅速将机组并网。

（4）若为内部故障，则应进行如下检查：

1）应对发电机及其保护范围内的所有设备进行详细的外部检查，查明有无外部象征，以判明发电机有无损伤，也可询问电网有无故障象征，加以判别，分析清跳闸原因。

2）若跳闸原因不明，应测量发电机定、转子绝缘检测点的温度是否正常。

3）经上述检查及测量无问题后，可经公司主管生产批准后，对发电机手动零起升压，继续进行检查，升压时若发现有不正常现象，应立即停机处理。如升压试验正常，可将发电机并入系统运行。

（5）如发现确实属于人员误动，可不经检查立即联系调度将发电机并网。

（6）如发现故障点，应做好措施通知检修处理。

3. 发电机失磁的原因、现象有哪些？如何处理？

答：发电机失磁后，转子磁场消失，发电机从电网吸收大量无功功率，定子合成磁场与转子磁场间的"拉力"变小，即发电机的电磁力矩减小，而此时汽轮机的输入力矩没有改变，过剩力矩将使转子转速加快，超出同步转速而产生相对速度，使发电机失步而进入异步运行状态。此时，定子磁场以转差速度切割转子，在转子绕组和铁芯感应出交变电流，这个电流又与定子磁场作用产生力矩，即异步力矩。发电机转子在克服这个力矩的过程中，继续向系统送出有功功率。

原因：

（1）转子绕组或励磁回路开路。

（2）转子绕组短路。

（3）灭磁开关误跳。

（4）自动励磁调节器故障。

（5）人为误操作。

现象：

（1）转子电流等于零或接近于零。

（2）定子电流升高并摆动。

（3）有功读数下降并摆动。

（4）定子电压下降并摆动。

（5）无功读数为负值。

（6）转子转速超过额定转速。

（7）转子各部分温度升高。

（8）P-Q 图上发电机工作点进入第二象限。

处理：

（1）如因灭磁开关掉闸而失磁，则主开关联跳，按事故跳闸进行处理。

（2）如失磁保护动作，按事故跳闸进行处理。

（3）若保护未动作，在热工保护和电调的配合下，应在失磁起的 30s 内将发电机的负荷降至 60% 的额定负荷、在 90s 内将发电机的负荷降至 40% 的额定负荷，总的失磁异步运行时间不得超过 15min。

（4）若 15min 内不能恢复励磁，应请示值长将机组与电网解列。

（5）若本机失磁后引起邻机和系统震荡，应立即紧停发电机。

4. 发电机逆功率运行的现象有哪些？如何处理？

答：现象：

（1）发电机有功读数负值。

（2）有"汽轮机脱扣"信号。

（3）发电机无功读数升高，电流读数降低。

（4）定子电压和励磁回路参数正常。

处理：

（1）运行中机组保护未动作而主汽门或调汽门误关，应立即强行开启。

（2）发电机逆功率保护动作跳闸，按事故跳闸进行处理。

（3）若逆功率保护在设定时间内不动作，紧停发电机。

5. 发电机过负荷现象有哪些？如何处理？

答：现象：

（1）定、转子电流超过额定值。

（2）DCS 发对称过负荷报警。

（3）发电机各部分温度升高。

处理：

（1）发电机对称过负荷保护跳闸时，按发变组跳闸处理。

（2）发电机过负荷时，应密切监视运行时间，注意不超过过负荷允许时间。

（3）发电机转子过负荷，若系统电压正常，应减少励磁电流，降低转子电流到额定值，但应注意不得使发电机无功功率进相超过范围。

（4）发电机强励动作引起的过负荷，20s 内运行人员不得干涉，超过时间应将调节器切至手动，将发电机励磁电流、定子电流降至额定值以下。

（5）发电机过负荷运行时，加强对发电机本体温度、主变绕组温度及油温、励磁系统的监视，若超过应及时降低发电机负荷，使温度降低到规定值以内。

6. 发电机三相电流不平衡的现象、原因有哪些？如何处理？

答：现象：

（1）当发电机负序电流达到 8% 额定电流值时 DCS 发报警信号。

（2）发电机转子温度升高。

（3）机组振动增大。

原因：

（1）发变组出口开关非全相。

（2）系统故障引起。

（3）机组内部故障引起。

（4）厂用电系统缺相运行。

（5）发电机出口 TA 及测量回路故障。

处理：

（1）在负序电流小于报警值且定子最大电流未超过额定值时，允许连续运行。

（2）当负序电流超过报警值时，应向调度汇报，降低发电机无功负荷或有功负荷，将负序电流降至允许值范围内。

（3）如果负序电流达到保护动作值时，发电机跳闸，按事故停机处理。

（4）若不平衡由于机组内部故障引起，则应停机处理。

（5）若不平衡由厂用电系统缺相运行引起，应向调度汇报，并采取相应措施。

（6）发电机不平衡由系统故障引起，应立即汇报调度，设法消除。并在发电机带不平衡负荷运行的允许时间未到达之前，拉开非全相运行的线路开关，以保证发电机安全运行。

（7）发电机在带不平衡电流运行时，应加强对发电机转子温度和机组振动的监视和检查。

7. 励磁系统 AVR 故障的现象、原因有哪些？如何处理？

答：现象：DCS 发"励磁系统 AVR 故障"报警，事故喇叭响。

原因：

（1）励磁系统 TV 故障。

（2）励磁系统自动通道电源故障。

（3）在自动方式时，励磁系统晶闸管触发回路故障。

（4）自动方式时，励磁过电流。

（5）励磁系统控制单元故障。

（6）励磁系统自动通道同步电压消失。

处理：

（1）就地检查励磁系统 AVR 装置报警原因，联系检修人员处理。

（2）检查励磁系统 AVR 自动切至另一通道运行或切至手动方式运行，否则根据需要将自动切至手动方式运行。

（3）如励磁系统 AVR 故障不能消除，汇报值长，申请停机处理。

8. 发电机升不起电压的现象、原因有哪些？如何处理？

答：现象：

（1）发电机定子电压指示很低或为零。

（2）转子电压表有指示，而电流表无指示。

（3）转子电流表有指示，而电压表无指示或指示很低。

（4）转子电流表无指示、电压表无指示。

原因：

（1）发电机测量用 TV 二次开关接触不良或一次熔断器熔断。

（2）发电机定子电压表、励磁电压、励磁电流表指示异常。

（3）启励电源故障。

（4）发电机灭磁开关未合好。

（5）励磁变、励磁调节器、整流柜故障。

（6）发电机碳刷接触不良。

处理：

（1）汇报值长，通知检修继电保护人员立即到现场共同检查处理。

（2）检查发电机定子电压表、励磁电压及励磁电流表指示是否正常，检查转子回路是否短、开路。

（3）检查发电机测量用 TV 二次开关接触是否良好，一次熔断器是否正常。

（4）检查发电机灭磁开关是否合闸良好，发电机是否启励，启励电源是否正常。

（5）检查励磁变、励磁调节器、整流柜是否良好，调节器直流电源是否良好。

（6）检查发电机碳刷接触是否良好。

9. 发电机内进油水的现象、原因有哪些？如何处理？

答：现象：

（1）DCS 画面油水继电器报警。

（2）就地油水继电器有液位。

原因：

（1）发电机油氢压差阀故障或油氢差压调整不当，导致油氢压差过大，密封油进入。

（2）发电机密封油回油不畅。

（3）启动润滑油系统，未隔离密封油系统备用油源。

（4）氢气置换过程中，发电机内气体压力波动大。

（5）发电机内定冷水泄漏、氢冷器泄漏。

处理：

（1）汽轮机在启动或正常运行中，当出现发电机泄漏报警应立即检查发电机油氢压差阀调节状态是否正常，如不正常进行手动调节，然后再进一步分析原因。启动润滑油系统，如未隔离密封油系统备用油源应隔离。

（2）就地及时排污，若发电机氢压过低应及时进行补氢。

（3）就地检查发电机油氢压差阀信号管、阀门是否正常，如不正常联系热控处理。

（4）如因氢冷器泄漏应降低负荷、设法隔离。

（5）严密监视发电机氢气纯度，如不合格应及时置换，联系检修共同处理。

（6）汇报值长，必要时可降负荷运行。

10. 发电机滑环碳刷发生火花的现象、原因有哪些？如何处理？

答：现象：

（1）碳刷产生剧烈火花，并伴有放电声。

（2）转子电流、电压及无功可能出现摆动或异常。

原因：

（1）使用的碳刷牌号不符合要求，或不同牌号的碳刷用在同一集电环上。

（2）碳刷压力不均匀，或不符合要求。

（3）碳刷磨至极限线以下。

（4）碳刷接触面不清洁，个别或全部碳刷出现火花。

（5）碳刷和刷辫、刷辫和刷架间的连接松动，发生局部火花。

（6）碳刷在刷握中摇摆或卡涩，火花随负荷而增加。

（7）滑环表面凸凹不平。

（8）碳刷间负荷分配不均匀或弹簧发热变软、失去弹性。

（9）刷架的位置不对或刷盒与集电环的间隙不符合规定。

处理：

（1）碳刷压力不均，更换过短碳刷，使电流分布均匀。

（2）碳刷表面脏污，用压缩空气清扫。

（3）碳刷型号要一致，如不一致，及时更换。

（4）严重时，立即请示值长，降低转子电流。

（5）如已构成环火，而且已经引起发电机表计摆动，威胁发电机安全运行，应汇报值长，申请停机处理。

11. 发电机电流互感器二次回路断线故障现象有哪些？如何处理？

答：现象：

（1）测量用电流互感器二次回路断线时，发电机有关电流表指示（显示）到零，有功表、无功表指示（显示）下降，电度表转慢。

（2）保护用电流互感器二次回路断线时，有关保护可能误动作。

（3）励磁系统电流互感器二次回路断线时，自动励磁调节器输出可能不正常。

（4）电流互感器二次开路，其本身会有较大的响声，开路点会产生高电压，会出现过热、冒烟等现象，开路点会有烧伤及放电现象，TA 断线信号发出。

处理：

（1）根据表计指示（显示）判断是哪组电流互感器故障。视情况降低机组负荷运行。

（2）测量用电流互感器二次回路断线，部分表计指示异常，此时应加强对其他表计的监视，不得盲目对发电机进行调节，并立即联系检修处理。

（3）如保护用电流互感器二次回路断线，应将有关保护停用。

（4）如励磁调节电流互感器二次回路断线，自动励磁调节器输出不正常，应切换手动方式运行。

（5）对故障电流互感器二次回路进行全面检查，如互感器本身故障，应申请停机处理，如系有关端子接触不良，应采用短接法，戴好绝缘用具进行排除，故障无法消除时，申请停机处理。

12. 发电机出口 TV 断线的现象有哪些？如何处理？

答：现象：

（1）发电机电压、有功、无功显示降低、为零或不变。

（2）发电机频率显示可能失常。

（3）发电机定子电流显示正常。

（4）发变组保护装置 TV 断线信号灯可能亮。

（5）发电机报警画面上发电压不平衡信号。

（6）励磁调节器主、从方式可能切换。

处理：

（1）当 1TV、2TV 发生断线时，首先机组应该退出 AGC 及 CCS 运行，锅炉主控和汽轮机主控切为手动，尽量维持当前有功。

（2）联系继保人员检查励磁系统，励磁系统发出 TV 断线告警，由 1TV 对应 M1、2TV 对应 M2 退出相应 TV 断线告警的控制器，此时励磁系统单通道运行，应将正常运行的控制器退至手动，通过对当前运行的控制器显示的有功、无功以及机端电压，手动控制励磁系统的输出，维持机端电压。

（3）联系继保人员确认当前 TV 断线所对应的保护屏。若 1TV 断线，应退出以下保护：发电机差动 1（负序电压），发电机失磁 1，逆功率 1，失步 1，频率异常 1，过励磁 1，发电机定子接地三次谐波 1（100% 定子接地），定子过电压 1，突加电压 1，低压记忆过流 1，电压回路断线 1，发电机定子匝间负序功率方向 1

（并网后定子匝间），2TV 同上。

（4）联系继保人员退出相应的测量和远程信号传输装置 PMU。当继保退出以上保护及测量装置时，应检查 DCS 画面定子电压三相相间电压显示正常，有功、无功功率显示正常。与此同时，无功功率应与对应励磁系统正常通道的无功显示一致。发电机零序电压显示正常。

（5）当 3TV 断线时，应退出发变组保护 A、B 屏的定子匝间保护连接片以及发电机负序功率方向保护连接片，与此同时，因为 3TV 所对应的是计量，应通知值长与调度。此时电度有功功率表和无功功率表会显示有误。

13. 发电机励磁回路断线的现象有哪些？如何处理？

答：现象：

（1）转子电流表指示到零，转子电压升高，定子电压降低。

（2）发电机失磁保护动作。

（3）定子电流升高，发电机进相运行或失步。

（4）如果引线或绕组断线，灭磁开关触头接触不良，则转子电流到零。

处理：

（1）若失磁保护未动作时而励磁调节器没有切换成功，应立即紧急停机。

（2）如果系统电压低，值长应立即汇报省调值班调度，并下令增加其他发电机的无功出力，防止电网瓦解。

（3）若失磁保护动作则发电机出口 GCB 开关跳闸，按发电机电气保护动作跳闸处理。

（4）对励磁回路进行全面检查，查明原因，消除故障后尽快将机组并网运行。

14. 发电机碳刷集电环过热烧红或出现剧烈火花的原因有哪些？如何处理？

答：原因：

（1）恒力弹簧压力不均，接触不良。

（2）碳刷与刷握间隙不当，碳刷卡塞或摆动。

（3）碳刷型号不一致，电流不均匀。

（4）碳粉积垢脏污、集电环表面脏污。

（5）碳刷过短，接触面减小，破损。

（6）刷架接触不良，固定不牢固松动。

（7）机组振动或滑环表面不平整，滑环过热变形。

（8）风道堵塞，通风孔积碳。

处理：

（1）使用钳型电流表检查各碳刷的分流情况，不要盲目的更换过热和电流大的碳刷。

（2）首先检查不打火和无过热的碳刷是否接触良好。

（3）对于单只发热的碳刷，电流较低，可以将其提起。

（4）更换过短、破损、不分流的碳刷以及不同牌号的碳刷。

（5）重新打磨卡塞、接触不良的碳刷。

（6）更换弹簧压力不足和过热失效的恒力弹簧。

（7）更换过热后变形，破碎或引线变色断线的碳刷。

（8）滑环表面不平整，通知检修进行研磨。

（9）调整接触不良、松动的刷架。

（10）若机组振动超过极限规定，应按有关规定打闸停机。

（11）若个别碳刷产生严重火花或烧红，在发电机机端电压和系统电压允许的情况下，可采用转移无功负荷或申请降低无功负荷的办法，并按照上述规定进行处理。

（12）若发生滑环严重过热或局部刷架烧红或运行人员处理不了，应联系调度降低发电机励磁电流，必要时申请降低发电机有功负荷或强制通风，并尽快通知检修人员处理。

（13）如果积粉堵塞风道或引起发电机转子绝缘降低，一点接地保护报警，应申请停机处理。

15. 发电机定子线圈个别点温度升高的原因有哪些？如何处理？

答：原因：

（1）测温装置、测温元件、测温回路是否存在问题。

（2）发电机过载。

（3）定子冷却水进水温度过高。

（4）定子冷却水流量不足。

（5）发电机个别定子线圈空心铜线堵塞。

（6）氢气入口温度高。

处理：

（1）首先排除测温元件的故障，分析定子绕组温度过高的原因。

（2）降低发电机负荷。

（3）排除冷却水回路的缺陷等。

（4）检查定子冷却水调温阀是否正常，氢气冷却器是否正常。

（5）对于个别线圈空心铜线堵塞引起的温度过高情况，可先进行监视，待停机时再行处理。若发电机进出口氢气温差无明显增加时，且周围测点温度无明显变化应汇报有关领导。

（6）检查冷却水压力、泵的电流、流量、温度是否正常，必要时应适当提高冷却水压力和加大流量。

（7）滤网是否堵塞，冷却器是否泄漏，系统阀门是否严密，定子冷却水箱是否憋压等引起压力和流量不足。

（8）若线圈温度显著升高，进、出口氢气温差也明显增大，出现定子单相接地时应立即停机。

（9）如果报警后采取的措施无效，定子绕组温度继续升高，当定子绕组层间测温元件任一元件温度达到 120℃或任一出水温度达到 90℃时应停机处理。

16. 励磁系统故障现象、原因有哪些？如何处理？

答：现象：

（1）发电机出口 GCB 开关跳闸、灭磁开关跳闸、汽轮机跳闸。

（2）DCS 盘上发出"励磁系统故障"报警。

（3）励磁系统就地 ETA 面板有报警出现。

（4）励磁调节器通道切换。

（5）强励动作、励磁调节器限制动作。

原因：

（1）功率柜晶闸管触发脉冲消失或励磁调节器电源失去。

（2）功率柜晶闸管熔断器熔断。

（3）过励限制器动作。

（4）过励磁 V/F 限制器动作。

（5）励磁变速断过流保护动作。

（6）励磁变延时过流保护动作。

（7）转子电压越限自动灭磁，半导体晶闸管灭磁单元动作。

处理：

（1）如果机组没有跳闸，只是通道切换，则不要再次盲目切回原方式，维持机组运行，查明原因加以消除。

（2）如果励磁调节器故障报警，应通知检修人员处理。

（3）如果功率柜风机全停，应立即降低无功负荷，检查功率柜风机电源并尽快恢复。

（4）如果功率柜晶闸管熔断器熔断，降低机组无功输出，通知检修处理。

（5）过励限制器动作，查明电网是否有冲击或无功缺额较大，降低机组无功输出。

（6）过励磁 V/F 限制器动作，查明原因立即处理，降低发电机电压。

（7）励磁变速断过电流保护动作，查明电网是否有冲击或转子存在短路。

（8）励磁变延时过电流保护动作，查明转子是否有短路。

（9）转子电压越限，查明是否存在励磁电流大，转子开路发电机失磁。

（10）如果系统电压低，应联系值长增加其他发电机的无功出力，防止电网瓦解。

（11）如果就地检查励磁变超温，应降低发电机励磁电流，加强励磁变的通风。

17. 变压器轻瓦斯保护动作现象、原因有哪些？如何处理？

答：现象：DCS 画面发变压器"轻瓦斯动作"信号报警。

原因：

（1）变压器内部有故障。

（2）变压器加油、滤油或冷却系统不严密，致使空气进入变压器。

（3）变压器因漏油、渗油、温度下降，引起油位降低。

（4）保护装置二次回路故障。

处理：

（1）检查变压器储油柜中的油位及油色是否正常，变压器本体及油循环系统是否有漏油现象。

（2）检查变压器是否有放电声和异常声音。

（3）查气体继电器内是否有气体，若有气体，应收集气体进行分析，根据表 3-4-1 判断故障性质。

表 3-4-1 气体颜色及故障性质

气体颜色	故障性质
无色无味不可燃	油中分离的空气
淡黄色、带强烈臭味、可燃	纸板故障
黄色不易燃	木质故障
灰色、黑色、易燃烧	油故障

（4）如气体继电器内聚集的是空气，变压器仍可继续运行。当放气后气体继电器内气体仍不断产生，且频繁发信号时，不准将运行变压器的重瓦斯保护改投信号位，迅速汇报值长，查明原因加以消除。

（5）如不是空气，而是其他颜色的气体，则应立即汇报值长并采油样进行色谱分析，判明变压器故障后停用处理。

18. 重瓦斯保护动作现象、原因有哪些？如何处理？

答：现象：

（1）DCS 画面发"变压器重瓦斯保护动作"信号。

（2）变压器各侧开关跳闸。

原因：

（1）变压器内部出现故障。

（2）保护误动。

处理：

（1）查看变压器差动保护、速断保护是否同时动作。

（2）检查变压器外部有无异常，压力释放阀是否动作喷油。

（3）检查油位计是否有油位指示，储油柜、散热器法兰盘垫及各油管路接头焊缝是否因膨胀而损坏。

（4）对于强迫油循环风冷变压器，若因膨胀损坏部件而漏油，应立即停运冷却装置，降低油压力，隔离或消除漏油点。

（5）检查气体继电器并取样做色谱分析（油样、气样），判断瓦斯跳闸原因，若分析发现问题，未经处理不得将变压器投运。

（6）如经以上检查未发现明显故障，应检查瓦斯保护及二次回路是否误动。因误动所致，应汇报值长，并经总工批准后，解除瓦斯保护，但变压器其主保护（差动保护）必须投入，将变压器投入运行。

（7）经以上检查确认变压器有故障时，应将变压器停运，并做好安全措施，通知检修处理。

19. UPS 主机柜故障原因有哪些？如何处理？

答：原因：

（1）主电源输入电压超出允许范围。

（2）整流器故障。

（3）逆变器故障。

处理：

（1）若整流器故障，UPS 自动切至电池直流供电方式，逆变器故障时，则切至静态旁路运行。

（2）检查主电源输入电压是否缺相或有其他故障。

（3）检查主电源开关是否跳闸，若跳闸应联系检修处理，待消除故障后及时恢复。

（4）主机柜故障需要隔离检修的，则切至维修旁路运行，故障处理后，恢复正常供电方式。

20. 直流系统接地故障现象有哪些？如何处理？

答：现象：

（1）DCS画面上发出直流系统接地故障报警。

（2）微机直流监控装置发出直流系统接地报警。

（3）微机直流绝缘监测装置发出报警信号，故障灯亮。

处理：

（1）在微机直流绝缘监测装置上查看系统对地绝缘数据，查明接地性质及哪个回路接地，询问是否有辅机启动，直流回路有无工作。

（2）使用便携式直流接地探测装置确定接地故障点的位置。

（3）对查出的接地负载回路采用瞬时拉合分路（根据运行情况先拉次要，后拉主要回路）的方式进行选切，拉合前应与设备管辖运行值班人员联系，需要停用有关保护时，应先按规定办理有关手续。

（4）不论设备有无接地，都应立即恢复供电，对接地回路或设备确认后，汇报值长，联系检修处理。

（5）若直流馈线回路无接地故障，则可能发生在直流母线、整流充电器柜、蓄电池或微机直流绝缘监测装置本身，可采用逐一停用倒换办法查找。

注意事项：

（1）直流系统发生接地时，不得在该系统内进行任何工作，以免发生两点接地造成保护和自动装置误动或拒动。

（2）用拉路法查找接地时，应做好有关保护和自动装置误动或拒动的防范措施，对严禁失电的负载，则不得采用拉路法选切，应通知检修人员查找。

（3）需要切换或停用负载时，应联系值长后进行。

（4）拉路过程中机组发生异常情况，应立即停止操作。

（5）查找直流系统接地必须两人进行，直流接地运行时间不超过两小时。

21. 主变压器跳闸原因有哪些？如何处理？

答：原因：

（1）变压器保护范围内发生故障。

（2）外部故障而保护拒动或断路器失灵造成变压器后备保护动作。

（3）系统操作或外部故障造成变压器保护误动。

（4）二次回路故障造成断路器误动。

处理：

（1）检查 DCS 和 NCS 后台发出声光报警，跳闸开关绿灯闪光，查清保护动作名称及动作出口时间、安控装置动作信息。主变四侧开关是否全跳，值长立即向省调值班调度汇报。

（2）检查 400 V 保安电源是否切换至 10 kV 保安变接带成功，保安负荷自启动运行正常。

（3）检查 10 kV 工作电源开关断开，低电压保护动作切除次要负荷，仅保留 A、B 锅炉变。备自投装置动作 10 kV 备用电源开关合闸，10 kV 厂用系统由邻机接带恢复供电。恢复厂用电切换过程中跳闸的辅机。

（4）厂高变跳闸应将所接带的 400V PC 段转移到另一台变压器接带。

（5）联系电气一次班开展主变设备检查，有无喷油着火，非电量保护是否动作，15min 内，要求值长向省调值班调度汇报相关一、二次设备检查基本情况，确认保护、安控装置是否全部正确动作，确认是否具备试送条件。

（6）根据保护动作情况、故障录波、跳闸顺序等，判断跳闸原因和性质。

（7）如果是二次回路原因或保护误动应查清原因尽快消除，检查跳闸变压器无异常后申请省调值班调度同意，恢复跳闸变压器运行。

（8）如果是变压器后备过流保护动作跳闸，找到故障并有效隔离后，申请省调值班调度同意后可试送一次。

（9）如果是变压器差动保护或重瓦斯保护动作跳闸，不得试送电应通过检查变压器外观、瓦斯气体、保护动作和故障录波等情况，确认变压器无内部故障后，申请省调值班调度同意后可试送一次。

（10）如经省调值班调度同意对跳闸主变试送电成功，则恢复机组高、低压厂用电系统运行方式，申请省调值班调度同意恢复机组启动。

（11）如经省调值班调度同意对跳闸主变试送电不成功，依据省调值班调度命令后续隔离处理，投入 330 kV 开关间短引线保护，拉开主变高压侧隔离开关，恢复 330 kV 系统开关合闸运行。向省调值班调度办理紧急抢修申请单并做好安全措施后，待值班调度核实无误下达开工令后方可开始检修工作。

22. 正常运行方式 10 kV 母线失压，切换不成功事故现象有哪些？如何处理？

答：现象：

（1）事故音响报警，DCS 报警画面上相应光字牌点亮。

（2）该 10 kV 段母线工作电压表指示到零。

（3）该 10 kV 段母线工作电源开关跳闸，DCS 画面开关绿色闪光。

（4）该 10 kV 段母线备用电源开关未切换或切换后相应保护动作又跳闸。

（5）该 10 kV 段母线除锅炉变外其他各负荷开关低电压保护动作跳闸，对应的转机跳闸停运，对应厂高变接带 400 V PC 段失电，DCS 画面开关绿色闪光。

（6）400 V 保安 PC 段和各重要 MCC 段 ASCO 双电源自动切换装置动作。

（7）母联开关接带 400 V 保安 PC 段运行，柴油发电机联锁启动。

处理：

（1）解除音响信号，在 DCS 画面上复位相应开关，检查保护装置动作情况并作好记录，汇报值长。

（2）如厂用电备自投装置未动作且无分支过流保护动作，可手动抢合备用电源一次。

（3）检查相应 400 V 保安 PC 段已由 10 kV 保安变接带，且电压正常，柴油发电机启动建压后出口开关合闸失败停运，将柴油发电机控制方式切手动并复位报警。

（4）厂用10kV母线失压，跳闸电动机不得抢送，退出该10kV段母线备自投装置。

（5）检查是否为负荷故障、开关拒动而引起的越级跳闸，如发现某负荷有保护动作跳闸而开关未跳，应断开该负荷开关并摇至"试验"位置，用备用电源向母线充电一次，正常后恢复正常运行。

（6）该10kV段母线短时间内不能恢复供电时，设法保证相应的400V各段母线的正常运行。

（7）无法判明是越级跳闸，应对10kV母线进行检查，若母线无明显故障，应将该母线上全部负荷开关停电并摇至"试验"位置，测量母线绝缘合格后用备用电源对该母线试送一次，成功后则逐一对负荷测绝缘合格后送电。

（8）对于人员误操作引起的厂用失电，操作人员应立即汇报失电原因，立即对失电母线进行强送，并尽快恢复跳闸设备。

（9）检查10kV母线失电的原因，联系检修人员到场处理，原因查明且故障点消除后恢复厂用电系统正常运行方式。

23. 10 kV系统TV高压熔断器一相熔断的现象有哪些？如何处理？

答：现象：

（1）异常音响报警，DCS报警画面上相应"TV断线"光字牌点亮。

（2）该10kV系统监视电压指示不平衡，一相降低甚至到零，另两相变化不大。

（3）该10kV段母线备自投装置发出"闭锁"报警信号。

处理：

（1）解除音响信号，汇报值长。

（2）将该10kV段母线备自投装置退出运行。

（3）根据现象判断TV高压熔断器哪一相断线。

（4）退出相应各负荷开关低电压保护。

（5）断开 TV 二次交流开关。

（6）将 TV 摇至试验位，取下二次插件。

（7）测 TV 绝缘良好后更换熔断器，恢复送电。

（8）合上 TV 二次交流开关。

（9）检查 10kV 系统各电压正常，各光字牌已恢复正常。

（10）投入相应各负荷开关低电压保护。

24. 10 kV 段母线故障的现象有哪些？如何处理？

答：现象：

（1）事故音响报警，DCS 报警画面上相应"分支零序过流"光字牌点亮。

（2）该 10kV 段母线工作电压表指示到零。

（3）该 10kV 段母线工作电源开关跳闸，DCS 画面开关绿色闪光。

（4）该 10kV 段母线备用电源开关未切换或切换后相应保护动作又跳闸。

（5）该 10kV 段母线除锅炉变外其他各负荷开关低电压保护动作跳闸，对应的转机跳闸停运，对应厂高变接带 400VPC 段失电，DCS 画面开关绿色闪光。

（6）400V 保安 PC 段和各重要 MCC 段 ASCO 双电源自动切换装置动作。

（7）母联开关接带 400V 保安 PC 段运行，柴油发电机联锁启动。

处理：

（1）解除音响信号，在 DCS 画面上复位相应开关，检查保护装置动作情况并做好记录，汇报值长。

（2）检查相应 400V 保安 PC 段已由 10kV 保安变接带，且电压正常，柴油发电机启动建压后出口开关合闸失败停运，将柴油发电机控制方式切手动并复位报警。

（3）厂用 10kV 母线失压，跳闸电动机不得抢送，退出该 10kV 段母线备自投装置。

（4）检查是否为负荷故障接地、开关拒动而引起的越级跳闸，如发现某负荷有零序过流保护动作跳闸而开关未跳，应断开该负荷开关并摇至"试验"位置，用备用电源向母线充电一次，正常后恢复正常运行。

（5）该 10kV 段母线短时间内不能恢复供电时，设法保证相应的 400V 各段母线的正常运行。

（6）无法判明是越级跳闸，应对 10kV 母线和 TV 进行检查，若母线和 TV 无明显故障，应将该母线上全部负荷开关停电并摇至"试验"位置，测量母线和 TV 绝缘合格后用备用电源对该母线试送一次，成功后则逐一对负荷测绝缘合格后送电。

（7）联系检修人员到场处理，原因查明且故障点消除后恢复厂用电系统正常运行方式。

25. 厂用 400 V 母线失电的现象有哪些？如何处理？

答：现象：

（1）事故音响报警，DCS 报警画面上相应光字牌点亮。

（2）某 10kV 低厂变低压侧开关跳闸，对应接带 400V PC 段失电，DCS 画面开关绿色闪光。

（3）跳闸的 400VPC 段母线及变压器回路各表计指示为零。

（4）相应 400V 重要 MCC 段 ASCO 双电源自动切换装置动作。

处理：

（1）解除音响信号，在 DCS 画面上复位相应开关，检查保护装置动作情况并做好记录，汇报值长。

（2）如厂高变故障，应检查断开故障变压器低压侧开关，尽快用 400 V PC 段联络开关恢复供电。

（3）若为低压厂变的过流保护动作时，发现明显故障点时，应及时隔离。若 400V 母线故障无法消除则将该母线转为检修状态。将 400V 母线所带 MCC 进行电源切换，注意先拉后合，并通知检修人员处理。无明显故障点时，应测 400V 母线绝缘合格后，由工作电源试送电。

（4）检查是否为负荷故障开关拒动而引起的越级跳闸，如是应断开该负荷开关，用工作电源充电正常后恢复供电。

第五章

计 算 题

1. 有一盏 220V、60W 的白炽灯，接在电压为 220V、频率为 50Hz 的交流电源上，试求该电灯的电流和电阻？并写出电压和电流的瞬时值表达式。

解：根据欧姆定律和公式 $P = UI$，得

电灯的电流为 $I = \dfrac{P}{U} = \dfrac{60}{220} = 0.273(\text{A})$

电灯的电阻为 $R = \dfrac{U}{I} = \dfrac{220}{0.273} = 806(\Omega)$

$\omega = 2\pi f = 2 \times 3.14 \times 50 = 314(\text{rad/s})$

可认为电灯电路为纯电阻电路，并以电压为参考相量，所以电压的瞬时值表达式为 $u = \sqrt{2} \times 220\sin 314\,t(\text{V})$

电流的瞬时值表达式为 $i = \sqrt{2} \times 0.273\sin 314\,t(\text{A})$

答：电灯的电流为 0.237A，电灯的电阻为 806Ω。

2. 有一直流稳压电源，其铭牌数据为 24V、200W，试问该电源允许输出电流为多大？允许接入的电阻范围为多少？

解：该电源允许输出电流即为额定电流，则

$$I = \frac{P}{U} = \frac{200}{24} = 8.33(\text{A})$$

允许接入的最小电阻为

$$R = \frac{U}{I} = \frac{24}{8.33} = 2.88(\Omega)$$

答：电源允许输出电流为 8.33A，允许接入的电阻范围为 2.88Ω 到无穷大。

3. 如图 3-5-1 所示，若电源 E_1 为 3.2V，内阻 r_1 为 0.3Ω，被

充电的电池 E_2 为 2.6V，内阻 r_2 为 0.01Ω，此时蓄电池充电电流是多少？蓄电池端电压是多少？

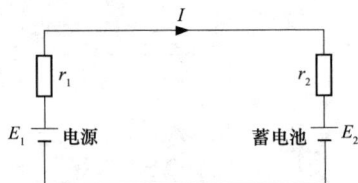

图 3-5-1

解： 由 $I = \dfrac{E_1 - E_2}{r_1 + r_2}$ 得

蓄电池充电电流为 $I = \dfrac{3.2 - 2.6}{0.3 + 0.01} \approx 1.94(\text{A})$

蓄电池端电压为 $U = E_2 + Ir_2 = 2.6 + 1.94 \times 0.01 \approx 2.62(\text{V})$

答： 蓄电池充电电流为 1.94A，蓄电池端电压为 2.62V。

4. 某电厂 6 台机组运行最大发电功率为 350 000kW，24h 发电量为 8 128 447kWh，厂用电量为 628 353kWh 时，输出电量有多少？平均发电功率是多少？负荷率和厂用电率各是多少？

解： 输出电量 = 发电量 - 厂用电量 = 8 128 447-628 353 = 7 500 094(kWh)

$$平均发电功率 = \frac{发电量}{时间} = \frac{8\,128\,447}{24} = 338\,685(\text{kW})$$

$$负荷率为 K = \frac{平均发电功率}{最大发电功率} \times 100\% = \frac{338\,685}{350\,000} \times 100\% = 96.77\%$$

$$厂用电率 = \frac{厂用电量}{发电量} \times 100\% = \frac{628\,353}{81\,288\,447} \times 100\% = 7.73\%$$

答： 输出电量 7 500 094kWh，平均发电功率是 338 685kWh，负荷率 96.77%，厂用电率 7.73%。

5. 已知一线圈的电阻 $R = 4\Omega$，$L = 9.55$mH，将其接入工频交流电网中，电网电压为 380V。试求流入线圈的电流 I、电阻压降 U_R、线圈的有功功率 P、无功功率 Q 及功率因数 $\cos\varphi$。

解： $X_L = 2\pi fL = 2 \times 3.14 \times 50 \times 9.55 \times 10^{-3} \approx 3(\Omega)$

$Z = \sqrt{R^2 + X_L^2} = \sqrt{4^2 + 3^2} = 5(\Omega)$

$I = U/Z = 380/5 = 76(A)$

$U_R = IR = 76 \times 4 = 304(V)$

$P = IU_R = 76 \times 304 = 23\ 104(W) = 23.1(kW)$

$Q = I^2 X_L = 76^2 \times 3 = 17\ 328(var) = 17.3(kvar)$

$$\cos\varphi = P/S = \frac{P}{\sqrt{P^2 + Q^2}} = \frac{23.1}{\sqrt{23.1^2 + 17.3^2}} = 0.8$$

答：流入线圈的电流为 76A，电阻压降为 304V，线圈的有功功率为 23.1kW，无功功率为 17.3 kvar，功率因数为 0.8。

6. 一台三相异步电动机额定功率 20kW，额定电压 380V，功率因数 0.6，效率 97%，试求电动机的额定电流。

解：$I_e = \dfrac{P_e}{\sqrt{3}U_e \eta \cos\varphi}$

$= \dfrac{20 \times 1000}{\sqrt{3} \times 380 \times 0.6 \times 0.97} = 52(A)$

答：电动机的额定电流为 52A。

7. 有一台直流发电机，在某一工作状态下测得该机端电压 $U = 230V$，内阻 $R_0 = 0.2\Omega$，输出电流 $I = 5A$，求发电机的电动势 E、负载电阻 R_f 和输出功率 P 各为多少。

解：$R_f = \dfrac{U}{I} = \dfrac{230}{5} = 46(\Omega)$

$E = IR_f + R_0 = 5 \times 46 + 0.2 = 231(V)$

$P = UI = 230 \times 5 = 1150(W)$

答：发电机的电动势为 231V，负载电阻为 46Ω，输出功率为 1150W。

8. 一条电压 U 为 220V 纯并联电路，共有额定功率 P_1 为 40W 的灯泡 20 盏，额定功率 P_2 为 60W 的灯泡 15 盏，此线路的熔断器容量应选多大的?

解：$I_1 = P_1/U = 40/220 = 0.18(A)$

$I_2 = P_2/U = 60/220 = 0.27(A)$

总电流 $I = 20I_1 + 15I_2 = 0.18 \times 20 + 0.27 \times 15 = 3.6 + 4.05 = 7.65(A)$

根据线路熔断器容量选择原则略大于工作电流之和，所以选 10A 熔断器。

答：此线路熔断器应选 10A。

9. 根据规定，发电机励磁回路绝缘电阻不得低于 0.5MΩ。若发电机在运行时测得正极对地电压为 5V，负极对地电压为 7V，测极间电压为 120V，使用的电压表内阻为 $1 \times 10^5 \Omega$，求励磁回路的绝缘电阻是否合格。

解：绝缘电阻的计算公式为

$$R = R_V \left(\frac{U_{+-}}{U_+ + U_-} - 1 \right) \times 10^{-6}$$

则励磁回路绝缘电阻为

$$R = 1 \times 10^5 \times \left(\frac{120}{5+7} - 1 \right) \times 10^{-6} = 0.9 (\text{M}\Omega)$$

答：因为 0.9MΩ>0.5MΩ，则该励磁回路的绝缘电阻是合格的。

10. 已知变压器的容量为 31 500VA，一次侧为 115V，且为星形接法。为消除不平衡电流，一次侧电流互感器采用三角形接法，试求电流互感器标准变比及电流互感器二次线电流。

解：变压器一次侧电流为

$$I_N = \frac{S_N}{\sqrt{3} U_N} = \frac{31\ 500}{\sqrt{3} \times 115} = 158.15 (\text{A})$$

电流互感器理想变比计算

$$n = \frac{\sqrt{3} I_N}{5} = \frac{1.732 \times 158.15}{5} = 54.6$$

电流互感器标准变比选择 $\frac{300}{5} = 60$

电流互感器二次线电流计算 $I_2 = \dfrac{\sqrt{3} \times 158.15}{60} = 4.56 (\text{A})$

答：电流互感器标准变比为 300/5，电流互感器二次线电流为 4.56A。

11. 已知电路中电压 $u = U_m \sin \left(\omega t + \dfrac{\pi}{2} \right)$ V，电流 $i = I_m \sin \omega t$ A，电路频率为 50Hz。试求电压与电流的相位差，并说明两者相位是超前还是滞后的关系。两者时间差是多少？

解：已知 $\phi_u = \dfrac{\pi}{2}$，$\varphi_1 = 0$

∴电压与电流的相位差是

$$\phi = \phi_u - \phi_i = \frac{\pi}{2} - 0 = \frac{\pi}{2}$$

因为 $\varphi = \frac{\pi}{2} > 0$，所以电压超前电流 $\frac{\pi}{2}$。

u 超前 i 的时间 $t = \dfrac{\phi}{\omega} = \dfrac{\dfrac{\pi}{2}}{2\pi f} = 0.005(\text{s})$

答：电压超前电流 $\frac{\pi}{2}$，电压超前电流 0.005s。

12. 一个负载为星形接线，每相电阻 R 为 5Ω，感抗 X_L 为 4Ω，接到线电压 U_L 为 380V 的对称三相电源上，求负载电流的大小。

解：据公式

阻抗 $Z = \sqrt{R^2 + X_L{}^2} = \sqrt{5^2 + 4^2} = 6.4(\Omega)$

因为负载为星形接线，则

$U_L = \sqrt{3} U_{ph}$

$I_L = I_{ph}$

相电压 $U_{ph} = \dfrac{U_L}{\sqrt{3}} = \dfrac{380}{\sqrt{3}} \approx 220(\text{V})$

负载的电流为相电流，则

$I_{ph} = \dfrac{U_{ph}}{Z} = \dfrac{220}{6.4} \approx 34.4(\text{A})$

答：负载电流为 34.4A。

13. 一台三相变压器的低压侧线电压为 6000V，线电流为 10A，功率因数 $\cos\varphi = 0.866$，求有功功率 P，视在功率 S，无功功率 Q。

解：$P = \sqrt{3} U_L I_L \cos\varphi$

$= \sqrt{3} \times 6000 \times 10 \times 0.866$

$\approx 90(\text{kW})$

视在功率 $S = \sqrt{3} U_L I_L = \sqrt{3} \times 6000 \times 10$

$\approx 103.9(\text{kV·A})$

无功功率 $Q = \sqrt{3} U_L I_L \sin\varphi$

$= \sqrt{3} \times 6000 \times 10 \times \sqrt{1^2 - 0.866^2}$

$\approx 51.9 \text{(kvar)}$

答：有功功率 P 为 90kW，视在功率 S 为 103.9kV·A，无功功率 Q 为 51.9kvar。

14. 有一日光灯电路，额定电压为 220V，频率为 50Hz，电路的电阻为 200Ω，电感为 1.66H，试计算这个电路的有功功率、无功功率、视在功率和功率因数。

解：根据公式 $X_L = \omega L$

电路的阻抗

$Z = R + j\omega L = 200 + j2 \times \pi \times 50 \times 1.66 = 200 + j521 = 558e^{j69°}$

电路的电流

$I = \dfrac{U}{Z} = \dfrac{220}{558} \approx 0.394 \text{(A)}$

电路的视在功率 $S = UI = 220 \times 0.394 \approx 86.74 \text{(V·A)}$

电路的有功功率 $P = I^2 R = 0.394^2 \times 200 \approx 31 \text{(W)}$

电路的无功功率 $Q = I^2 X_L = 0.394^2 \times 521 \approx 81 \text{(var)}$

功率因数 $\cos\varphi = \dfrac{P}{S} = \dfrac{31}{86.7} = 0.358$

答：电路的视在功率 S 为 86.74V·A，电路的有功功率 P 为 31W，电路的无功功率 Q 为 81var，功率因数为 0.358。

15. 有一台星形连接的电动机，接于线电压 380V 的电源上，电动机的功率为 2.74kW，功率因数为 0.83，试求电动机的相电流和线电流？如果将此电动机误接成三角形，仍接在上述电源上，那么它的相电流、线电流和功率各为多少？

解：根据三相功率计算公式 $P = \sqrt{3} U_L I_L \cos\varphi$ 及星形、三角形接线时相、线电压、电流关系式，可以得出

星形连接时：$I_P = I_L, U_P = \dfrac{U_L}{\sqrt{3}}$

电动机的相电流

$I_P = \dfrac{P}{\sqrt{3} U_L \cos\varphi} = \dfrac{2.74 \times 10^3}{\sqrt{3} \times 380 \times 0.83} = 5 \text{(A)}$

电动机的线电流 $I_L = I_P = 5A$

电动机的相阻抗为 $Z = \dfrac{U_P}{I_P} = \dfrac{380}{\sqrt{3} \times 5} \approx 44(\Omega)$

误接成三角形时：$U_P = U_L$，$I_P = \dfrac{I_L}{\sqrt{3}}$

电动机的相电流 $I_P = \dfrac{U_P}{Z} = \dfrac{380}{44} \approx 8.64(A)$

电动机的线电流 $I_L = \sqrt{3}I_P = \sqrt{3} \times 8.64 \approx 15(A)$

电动机的功率为

$P_\triangle = \sqrt{3}U_L I_L \cos\varphi = \sqrt{3} \times 380 \times 15 \times 0.83 \approx 8194(W) = 8.2(kW)$

答：电动机接成星形时，相电流是 5A，线电流是 5A。电动机误接成三角形时，它的相电流是 8.64A，线电流是 15A，功率是 8.2kW。

16. 有一只变比为 15 000/100V 的电压互感器，二次侧插入一只电压表，当电压表指示在 15 750V 时，求表头电压是多少。

解：电压互感器在正常工作情况下，二次电压与一次电压成正比关系，则

15 000/15 750 = 100/U_2

电压表表头电压 $U_2 = \dfrac{15\ 750 \times 100}{15\ 000} = 105(V)$

答：电压表表头电压为 105V。

17. 某变压器变比为 35 000 ± 5%/10 000V，接线组别为 Y，D11 低压绕组 150 匝，请找出高压绕组在各分接上的匝数。

解：高压绕组在第 Ⅰ 分接上的匝数

$W_{\text{I}} = U_{\text{I}} W_2 /(\sqrt{3}\,U_2) = 1.05 \times 35\ 000 \times 150/(1.732 \times 10\ 000) \approx 318(\text{匝})$

在第 Ⅱ 分接上的匝数

$W_{\text{II}} = U_{\text{II}} W_2 /(\sqrt{3}\,U_2) = 35\ 000 \times 150/(1.732 \times 10\ 000) \approx 303(\text{匝})$

在第 Ⅲ 分接上的匝数

$W_{\text{III}} = U_{\text{III}} W_2 /(\sqrt{3}\,U_2) = 0.95 \times 35\ 000 \times 150/(1.732 \times 10\ 000) \approx 288(\text{匝})$

答：高压绕组在各分接上的匝数分别为 318 匝、303 匝、288 匝。

18. 一台容量 S 为 320V·A 的三相变压器，该地原有负载功率 P 为 210W，平均功率因数 $\cos\varphi$ 为 0.69 感性，试问此变压器

能否满足要求？负载功率增加到 255W 时，问此变压器容量能否满足要求？

解： 根据公式 $P=\sqrt{3}UI\cos\varphi=S\cos\varphi$

负载功率为 210W 时所需变压器容量

$S_1=P/\cos\varphi=210/0.69=304(V\cdot A)<320(V\cdot A)$

负载功率为 255W 时所需变压器容量 $S_2=255/0.69$
$$=370(V\cdot A)<320(V\cdot A)$$

答： 当负载功率为 210W 时，此台变压器容量满足要求，当负载功率为 255W 时，此台变压器容量不够，应增容。

19. 断路器铭牌上表示的额定电压 U 为 110kV，遮断容量 S 为 3500MV·A，若使用在电压 $U_1=60kV$ 的系统上，遮断容量为多少？

解： 因为遮断容量 $S=\sqrt{3}UI$

$I=S/(\sqrt{3}U)=3\,500\,000/(\sqrt{3}\times110)=18\,370(A)$

使用在 60kV 系统上时 $S'=\sqrt{3}U_1I$
$$=\sqrt{3}\times60\times18\,370=1909(MV\cdot A)$$

答： 使用在 60kV 系统上的遮断容量为 1909MV·A。

20. 有一台三相电阻炉，其每相电阻 $R=8.68\Omega$，电源线电压 U_L 为 380V，如要取得最大消耗总功率，采用哪种方法接线？（最好通过计算说明）

解：（1）三相电阻采用 Y 型接线时：

线电流 $I_L=I_{ph}=U_{ph}/R=U_L/(\sqrt{3}R)=380/(\sqrt{3}\times8.68)=25.3(A)$

单相功率 $P_{ph}=I_{ph}^2R=25.3^2\times8.68=5556(W)$

三相功率 $P=3\times5556=16\,668(W)$

（2）采用 △ 型接线时：

线电压 $U_{ph}=U_L=380(V)$

相电流 $I_{ph}=U_{ph}/R=380/8.68=43.8(A)$

$P_{ph}=I^2R=43.8^2\times8.68=16\,652(W)$

三相功率 $P=3\times16\,652=49\,956(W)$

（1）与（2）的计算结果相比较，可知采用三角形接法时有最大消耗功率。

答： 采用三角形接法会获得最大消耗功率。

21. 星形连接的三相对称负载，已知各相电阻 $R = 6\Omega$，感抗 $X_L = 6\Omega$，现把它接入 $U_l = 380V$ 的三相对称电源中，求：

（1）通过每相负载的电流 $\dot{I}$。

（2）三相消耗的总有功功率。

解：设

$$\dot{U}_A = \frac{380\ \underline{/0^\circ}}{\sqrt{3}} = 219.4\ \underline{/0^\circ}\ (V)$$

$$\dot{U}_B = \frac{380\ \underline{/-120^\circ}}{\sqrt{3}} = 219.4\underline{/-120^\circ}\ (V)$$

$$\dot{U}_c = \frac{380\ \underline{/120^\circ}}{\sqrt{3}} = 219.4\underline{/120^\circ}\ (V)$$

$$Z = R + jX_L = 6 + j6 \approx 8.485\ \underline{/45^\circ}\ \Omega$$

（1）通过每相电流

$$\dot{I}_A = \frac{\dot{U}_A}{Z} = \frac{219.4\ \underline{/0^\circ}}{8.485\ \underline{/45^\circ}} = 25.86\underline{/-45^\circ}(A)$$

$$\dot{I}_B = \frac{\dot{U}_B}{Z} = \frac{219.4\underline{/-120^\circ}}{8.485\ \underline{/45^\circ}} = 25.86\underline{/-165^\circ}(A)$$

$$\dot{I}_C = \frac{\dot{U}_C}{Z} = \frac{219.4\underline{/120^\circ}}{8.485\ \underline{/45^\circ}} = 25.86\underline{/75^\circ}(A)$$

（2）三相消耗的总有功功率

$$P = 3U_{ph}I_{ph}\cos\varphi$$

$$= 3 \times 219.4 \times 25.86 \times \cos45^\circ = 12.034(W)$$

答：$\dot{I}_A$ 为 $25.86\ \underline{/-45^\circ}$ A，$\dot{I}_B$ 为 $25.86\ \underline{/-165^\circ}$ A，$\dot{I}_C$ 为 $25.86\ \underline{/75^\circ}$ A，三相消耗的总有功功率为 12.034W。

22. 如图 3-5-2 所示系统中的 k 点发生三相金属性短路，试用标幺值求次暂态电流。

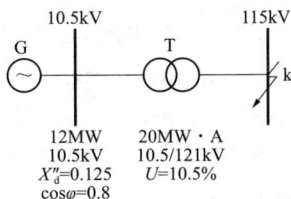

图 3-5-2

解：选基准功率 $S_j = 100\text{MV·A}$，基准电压 $U_j = 115\text{kV}$，基准电流

$$I_j = \frac{100}{\sqrt{3} \times 115} = 0.5(\text{kA})$$

则 $X_{G*} = \dfrac{0.125 \times 100}{12/0.8} = 0.83$

$X_{T*} = \dfrac{0.105 \times 100}{20} = 0.53$

$I_{K*} = \dfrac{1}{0.83 + 0.53} = 0.735$

故 $I_k = 0.5 \times 0.735 = 0.368(\text{kA})$

答：次暂态电流为 0.368 kA。

23. 某单位有 100kV·A、10±5%/0.4kV 配电变压器一台，分接开关在 Ⅱ 的位置上，低压配电盘上的电压 U_2 为 360V，问电动机启动困难应如何处理？

解：电动机启动困难的原因是电压低，可设法调整变压器的分接头来提高电压。

已知变比 $K = \dfrac{10}{0.4} = 25$，则系统电压

$U_1 = KU_2 = 25 \times 360 = 9000(\text{V})$

将变压器分接开关调整到 Ⅲ 的位置时

$K = \dfrac{9500}{400} = 23.75$

$U_2 = \dfrac{U_1}{K} = \dfrac{9000}{23.75} = 379(\text{V})$

可见，将分接开关调整到 Ⅲ 的位置后，电压比在 Ⅱ 的位置提高了 19V，电压合适，电动机可以启动。

答：电动机启动困难可将变压器分接开关调整到 Ⅲ 的位置。

24. 型号为 QFS–300–2 型的汽轮发电机，额定电压 $U_N = 20\text{kV}$，额定功率因数为，$\cos\varphi_N = 0.85$，试求额定转速 n_N 以及额定电流 I_N 分别是多少。

解：由型号可知，发电机极数为 2，即极对数 $p = 1$ 对

则额定转速 $n_N = \dfrac{60f}{p} = \dfrac{60 \times 50}{1} = 3000(\text{r/min})$

额定电流可由公式 $P_N = \sqrt{3}U_N I_N \cos\varphi_N$ 计算

则 $I_N = \dfrac{P_N}{\sqrt{3}U_N \cos\varphi_N} = \dfrac{300}{\sqrt{3}\times 20 \times 0.85} = 10.2(\text{kA})$

答：该汽轮发电机的额定转速为3000r/min、额定电流为10.2kA。

25. 一台三相电动机，每相的等效电阻 $R = 29\Omega$，等效的感抗 $X_L = 21.8\Omega$ 功率因数 $\cos\varphi = 0.795$，绕组接成 Y 形，接于380V的三相电源上，试求电动机所消耗的功率 P 是多少。

解：相电压 $U_{ph} = \dfrac{U_{线}}{\sqrt{3}} = \dfrac{380}{\sqrt{3}} = 220(\text{V})$

每相负荷阻抗

$Z = \sqrt{R^2 + X_L^2} = \sqrt{29^2 + 21.8^2} \approx 36.2(\Omega)$

相电流 $I_{ph} = \dfrac{U_{相}}{Z} = \dfrac{220}{36.2} \approx 6.1(\text{A})$

$P = 3I_{ph}U_{ph}\cos\varphi = 3 \times 220 \times 6.1 \times 0.795 \approx 3200\text{W} = 3.2(\text{kW})$

答：电动机所消耗的功率为 3.2 kW。

26. 一台他励式直流发电机额定功率 $P_e = 26$，额定电压 $U_e = 115\text{V}$，额定励磁电流 $I_{1e} = 6.78\text{A}$，若改为电动机运行时，额定电流是多少？

解：因为 $P_e = U_e I_e$，所以

$I_e = \dfrac{P_e}{U_e} = \dfrac{26\,000}{115} = 226(\text{A})$

改为电动机运行时的额定电流

$I_{De} = I_e + I_{1e} = 226 + 6.78 = 232.78(\text{A})$

答：改为电动机运行时，额定电流 I_{De} 为233.78A。

27. 一台四对极异步电动机，接在工频 $f = 50\text{Hz}$ 电源上，已知转差率为 2%，试求该电动机的转速。

解：根据公式 $s = \dfrac{n_1 - n}{n_1} \times 100\%$

同步转速 $n_1 = \dfrac{60f}{P} = \dfrac{60 \times 50}{4} = 750(\text{r/min})$

转差率为 2% 的电动机的转速为

$$n = n_1 - \frac{n_1 s}{100\%} = 750 - \frac{750 \times 2\%}{100\%} = 735 (\text{r/min})$$

答：电动机的转数 n 为 735r/min。

28. 某台汽轮发电机，其定子线电压为 13.8kV，线电流为 6150A，若负载的功率因数由 0.85 降到 0.6 时，求该发电机有功功率、无功功率如何变化。

解：根据公式 $P = \sqrt{3} \, U_{\text{线}} I_{\text{线}} \cos\varphi$，$Q = \sqrt{3} \, U_{\text{线}} I_{\text{线}} \sin\varphi$

当功率因数 $\cos\varphi_1 = 0.85$ 时，$P_1 = \sqrt{3} \times 13.8 \times 6.15 \times 0.85 \approx 125 (\text{MW})$

$\varphi_1 = \arccos 0.85 = 31.79°$，$Q_1 = \sqrt{3} \times 13.8 \times 6.15 \times \sin 31.79° \approx 77.44 (\text{Mvar})$

当功率因数 $\cos\varphi_2 = 0.6$ 时，$\varphi_2 = \arccos 0.6 = 53.1°$

$P_2 = \sqrt{3} \times 13.8 \times 6.15 \times 0.6 \approx 88 (\text{MW})$

$Q_2 = \sqrt{3} \times 13.8 \times 6.15 \times \sin 53.1° \approx 117.6 (\text{Mvar})$

答：可见负载功率因数的变化由 0.85 降到 0.6 时发电机有功功率由 125MW 下降到 88MW。

发电机无功功率由 77.44Mvar 上升到 117.6Mvar。

29. 一个星形连接的对称感性负载，每相电阻 $R = 60\Omega$，感抗 $X_L = 80\Omega$，接到线电压 $U_L = 380V$ 的对称三相电源上，试求线路上的电流。

解：相阻抗：$Z = \sqrt{R^2 + X_L^2} = \sqrt{60^2 + 80^2} = 100 (\Omega)$

由于负载星形连接，所以相电压：$U_\phi = \dfrac{U_L}{\sqrt{3}} = \dfrac{380}{\sqrt{3}} = 220V \, I_\phi = I_L$

所以相电流：$I_\phi = \dfrac{U_\phi}{Z} = \dfrac{220}{100} = 2.2 (\text{A})$

所以：$I_L = I_\phi = 2.2 (\text{A})$

答：线路上流过的电流为 2.2(A)。

30. 已知某发电机的某一时刻的有功功率 P 为 240MW，无功功率 Q 为 70Mvar，此时发电机发出的视在功率是多少？功率因数是多少？

解：根据公式 $S^2 = P^2 + Q^2$ 可得

视在功率：$S = \sqrt{P^2 + Q^2} = \sqrt{240^2 + 70^2} = 250 (\text{MV·A})$

功率因数：$\cos\varphi = \dfrac{P}{S} = \dfrac{240}{250} = 0.96$

答：此时该发电机发的视在功率为 250MV·A，功率因数为 0.96。

31. 某厂一台接线方式为 Yyn0 的低压厂用变压器运行在 6kV 厂用母线上，6kV 侧电流为 50A，0.4kV 侧电流为多少安培？

解：由于该变压器为 Yyn0 接线，所以 $U_{\phi 1} = \dfrac{U_{L1}}{\sqrt{3}}$，$U_{\phi 2} = \dfrac{U_{L2}}{\sqrt{3}}$；

$I_{L1} = I_{\phi 1}$，$I_{L2} = I_{\phi 2}$

由题可知：$U_{L1} = 6\ U_{L2} = 0.4\ I_{L1} = 50(\text{A})$

所以根据公式：$\dfrac{U_{\phi 1}}{U_{\phi 2}} = \dfrac{I_{\phi 2}}{I_{\phi 1}}$可得

$$I_{\phi 2} = I_{L2} = \frac{U_{\phi 1} \times I_{\phi 1}}{U_{\phi 2}} = \frac{\dfrac{U_{L1}}{\sqrt{3}} \times I_{\phi 1}}{\dfrac{U_{L2}}{\sqrt{3}}}$$

$$= \frac{U_{L1} \times I_{L1}}{U_{L2}} = \frac{6 \times 50}{0.4} = 750(\text{A})$$

答：该变压器 0.4kV 侧此时的运行电流是 750A。

电流 I 为 0.4A。电阻和电容上压降分别为 20、400V。

参考文献

[1] 王晓莺. 变压器故障与监测. 北京：机械工业出版社，2004.

[2] 杨新民，杨隽琳. 电力系统微机保护培训教材. 北京：中国电力出版社，2000.

[3] 国家电力调度通信中心. 电力系统继电保护规程汇编. 北京：中国电力出版社，2000.

[4] 国家电力调度通信中心. 电力系统继电保护实用技术向答. 北京：中国电力出版社，2000.

[5] 陈生贵. 电力系统继电保护. 重庆：重庆大学出版社，2003.

[6] 王维俭. 电气主设备继电保护原理与应用. 北京：中国电力出版社，2002.

[7] 华东六省一市电机工程(电力)学会. 600MW火力发电机组培训教材：电气设备及其系统. 北京：中国电力出版社，2000.

[8] 望亭发电厂. 300MW火力发电机组运行与检修技术培训教材：电气. 北京：中国电力出版社，2002.

[9] 吴必信. 电力系统继电保护同步训练. 北京：中国电力出版社，2000.

[10] 李基成. 现代同步发电机励磁系统设计及应用北京：中国电力出版社，2002.

[11] 韩富春. 电力系统自动化技术. 北京：中国水利水电出版社，2003.

[12] 李火元. 电力系统继电保护与自动装置. 北京：中国电力出版社，2006.

[13] 李斌. 电力系统自动装置. 北京：高等教育出版社，2007.

[14] 卓乐友. 微机型自动准同步装置的设计和应用. 北京：中

国电力出版社，2002.

[15] 何永华. 发电厂及变电站的二次回路. 2版. 北京：中国电力出版社，2016.

[16] 王颖明，李剑峰，于剑东，等. 采用微机厂用电快速切换装置应注意的几个问题. 电力自动化设备，2004，24(5)：98-100.

[17] 张保会. 电网继电保护与实时安全性控制面临的问题与需要开展的研究. 电力自动化设备 2004(7)：4-9.

[18] 沙励. 大型发电厂同期系统设计方案. 电力自动化设备，2005(2)：68-72.

[19] 安徽电力调度控制中心. 电力设备监控运行培训手册. 北京，中国电力出版社，2013.

[20] 张利燕. 电力设备用 SF_6 气体技术问答. 北京：中国电力出版社，2012.

[21] 毛锦庆. 电力设备继电保护技术手册. 北京，中国电力出版社，2014.

[22] 刘辉，刘光宇. 电力设备试验常见问题解析. 北京：中国电力出版社，2019.

[23] 史月涛，丁兴武，盖永光. 汽轮机设备与运行. 北京：中国电力出版社，2008.

[24] 常勇. 电气设备系统及运行. 北京：中国电力出版社，2009.

[25] 广东电网公司电力科学研究院. 电气设备及系统. 北京：中国电力出版社，2011.

[26] 徐坊降，袁明，高洪雨，等. 超(超)临界火电机组检修技术丛书：电气设备检修. 北京：中国电力出版社，2014.

[27] 姜荣武. 小型水电站运行与维护丛书：电气设备检修. 北京：中国电力出版社，2015.

[28] 周武仲. 电气设备运行技术基础. 北京：中国电力出版社，2016.

[29] 韩中合，田松峰，马晓芳，等. 火电厂汽机设备及运行. 北京：中国电力出版社，2002.

[30] 肖增弘，徐丰. 汽轮机数字电液调节系统. 北京：中国电力出版社，2003.

[31] 王爽心，葛晓霞. 汽轮机数字电液控制系统. 北京：中国电力出版社，2004.

[32] 西安电力高等专科学校，大唐韩城第二发电有限公司. 600MW火电机组培训教材：汽轮机分册. 北京：中国电力出版社，2006.

[33] 胡念苏. 国产600MW超临界火力发电机组技术丛书：汽轮机设备系统及运行. 北京：中国电力出版社，2006.

[34] 胡念苏. 超超临界机组汽轮机设备及系统. 北京：化学工业出版社，2008.

[35] 胡念苏. 1000MW火力发电机组培训教材：汽轮机设备系统及运行. 北京：中国电力出版社，2010.

[36] 中国大唐集团公司，长沙理工大学. 汽轮机设备检修. 北京：中国电力出版社，2011.

[37] 张燕侠. 热力发电厂. 3版. 北京：中国电力出版社，2014.

[38] 杨义波，张燕侠，杨作梁，等. 热力发电厂. 3版. 北京：中国电力出版社，2019.

[39] 孙为民，杨巧云. 电厂汽轮机. 3版. 北京：中国电力出版社，2017.

[40] 赵素芬. 汽轮机设备. 北京：中国电力出版社，2001.

[41] 陈庚. 单元机组集控运行. 北京：中国电力出版社，2001.

[42] 林文孚，胡燕. 单元机组自动控制技术. 北京：中国电力出版社，2003.

[43] 中国大唐集团公司，长沙理工大学. 点检定修管理. 北京：中国电力出版社，2011.

[44] 冯德群. 电厂锅炉设备及运行维护. 北京：机械工业出版社，2012.

[45] 中国动力工程学会. 火力发电设备技术手册：第四卷. 火

电站系统与辅机北京：机械工业出版社，1998．

[46] 郭迎利，何方．电厂锅炉设备及运行．北京：中国电力出版社，2010．

[47] 张力．电站锅炉原理．重庆：重庆大学出版社，2009．

[48] 谢冬梅，李心刚．热力设备运行．北京：机械工业出版社，2009．

[49] 朱全利．超超临界机组锅炉设备及系统．北京：化学工业出版社，2008．

[50] 西安热工研究院．超临界、超超临界燃煤发电技术．北京：中国电力出版社，2008．

[51] 国电浙江北仑第一发电有限公司．600MW 火电机组全能值班员培训教材．北京：中国电力出版社，2007．

[52] 大唐国际发电股份有限公司．全能值班员技能提升指导丛书：锅炉分册．北京：中国电力出版社，2008．

[53] 易大贤．发电厂动力设备．2 版．北京：中国电力出版社，2008．

[54] 杨成民．600MW 超临界压力火电机组系统与仿真运行．北京：中国电力出版社，2010．